다양한 응용, 쉬운 설명 제3판

벡터해석의 이해와 응용

이병무 지음

KM 경문사

머리말

19세기 중반부터 도입되기 시작한 벡터해석은 수학관련 기초 교과목으로, 응용과학 분야에서 여러 현상이나 법칙을 표현하고 논리적으로 설명하는 데 필수적인 도구이다. 특히 벡터해석은 물리적, 기하학적인 문제들의 수학적인 공식화에서 간결한 표현법을 제공할 뿐만 아니라 개념에 대한 형상을 구체화하는 데 많은 도움을 준다.

이 책의 내용은 벡터, 벡터함수의 미분과 적분, 스톡스 정리, 발산정리와 곡선좌표 그리고 수학, 물리학과 공학의 연구에서 매우 유용하게 응용되는 텐서해석을 포함하고 있다. 이 책에서는 기본개념을 체계적으로 설명하고 다양한 응용문제를 수록하여 문제해결 능력을 폭넓게 기르도록 함으로써, 학생들로 하여금 벡터해석의 효용성을 느끼고 문제해결에 대한 적응력을 향상시키도록 하는 데 주안점을 두었다. 더욱이 어느 정도 기초수학의 수준만 갖추어져도 이 책을 이해할 수 있도록 개념들을 쉽고 자세히 서술하려고 노력했다.

이 책은 오랜 강의 경험을 바탕으로, 참고문헌의 내용을 참조하여 한 학기에 이수해야 할 부분을 체계적으로 담아내는 데 초점을 두었다. 특히 기본개념과 정리에 대한 이해를 돕고 벡터해석의 내용을 광범위한 영역에 걸쳐 활용하기 위하여 반드시 갖추어야 할 기본기능을 익히도록 하였다. 간단하고 응용될 수 있는 정리는 명쾌하게 증명했고, 응용과는 다소 무관한 이론은 사세히 증명하였으나 생략해도 무방하도록 서술하였다. 증명의 일부분은 독자에게 맡겨 스스로 해결점을 찾도록 하고, 많은 예제를 이용하여 본문의 내용을 충분히 이해하고 활용할 수 있는 능력을 배양할 수 있도록 하였다. 다만 간단한 보기를 '예'로, 증명이나 풀이가 뒤따른 것은 '예제'로 구분하였다. 또한 장마다 연습문제를 두었고, 해답을 제시함으로써 학습 의욕을 고취하고, 학생들에게 친근감을 주려고 노력했다. 여기에 실린 문제들은 학생들이 충분히 생각하고 정리와 증명의 필요성을 인식하는 데 도움이 되도록 만들었다.

세계적으로 인정받고 있는 공학교육인증제도(ABEEK)가 우리나라에 도입되고 있는 흐름에 맞추어 집필된 이 책이 출간되어 벡터해석을 공부하고자 하는 학생들에게 많은 도움이 되기를 바란다. 한편 본 교재를 집필하는 데 최선을 다했지만 내용상 미비한 부분이나 시정을 요하는 점이 있을 때는 앞으로 더욱 수정, 보완해 나갈 것을 다짐하며, 아울러 독자 여러분의 따뜻한 조언을 바란다.

끝으로 교재의 개정을 위해 도움을 주신 도서출판 경문사 여러분과 모든 분들께 감사를 드리며, 행운이 깃들기를 기원한다.

2014년 2월
지은이

차 례

제 1 장

벡터와 벡터공간

벡터에 대한 연구는 아일랜드의 수학자 헤밀턴(Hamilton)에 의해 시작되었다. 헤밀턴은 복소수 $z=a+bi$가 실수부분 a와 허수부분 b의 두 실수의 쌍으로 표현될 수 있음을 알았고, 이 수를 공간에서 벡터와 회전을 연구하기 위해 사용하였다. 또한 그는 **사원수**(quaternions)라 불리는 4개의 수 (a, b, c, d)를 고안하여 덧셈과 곱셈의 방법을 개발하였다.

사원수와 벡터의 효용성에 대한 많은 논쟁이 있었지만, 오늘날 고전 혹은 현대물리학의 거의 모든 분야가 벡터로 표현되고, 심지어 사회학과 생명과학에 이르기까지 그 사용 빈도가 점점 증가하고 있다.

헤밀턴 사후 사원수에 대한 그의 업적은 미국의 수학자이며 물리학자인 기브(Gibbs)에 의해 벡터해석의 적절한 방법으로 발전되었고, 또한 독일의 수학자 그로스만(Grossmann)에 의해 n개의 순서쌍으로 일반화되었다.

이 장에서는 벡터대수, 내적과 외적, 그리고 삼중적의 기하학적 성질과 물리적 성질을 이해하고 응용한다.

1.1 직교좌표계

공간 위의 점을 나타내는 방법 중 가장 널리 사용하는 것은 공간에 좌표축을 설정하고 주어진 점을 각 좌표축으로 정사영한 값을 각 성분으로 하여 순서쌍으로 표시하는 것이다.

이차원 평면에서 한 점은 두 실수의 순서쌍 (a, b)로 나타내고, 삼차원 공간에서는 세 실수의 순서쌍 (a, b, c)로 나타낸다. 원점 O(origin)에서 서로 수직으로 만나는 세 **좌표축**(coordinate axes) x축, y축과 z축을 택하면 세 좌표축은 세 좌표평면 xy평면, yz평면과 xz평면을 결정하고, 이 세 좌표평면은 **팔분공간**이라 부르는 8개의 공간으로 나눈다. 이때 z축의 방향은 **오른손법칙**(오른손 나사계)에 의하여 결정된다.

일반적으로 n개의 성분을 갖는 순서쌍 전체의 집합, 즉 카테시안 곱을 n차원 공간이라 하고 R^n으로 표시한다. 이것을 n**차원 직교좌표계**라 한다.

특별한 언급이 없는 한, 이 책에서는 R^2 (또는 R^3)에서의 직교좌표계 $O-xy$ (또는 $O-xyz$)에서 생각하기로 한다.

1.2 평면벡터와 공간벡터

1. 벡터와 스칼라

공간 위의 두 점 P와 Q에 대하여 P에서 Q에 이르는 **유향선분**(directed line segment)을 $\overrightarrow{PQ}$로 나타내고, P를 시점(initial point) 또는 작용점, Q를 종점(terminal point)이라 한다. 기하학적 개념과 밀접한 관계가 있는 유향선분의 중요한 두 요소는 크기(magnitude)와 방향(direction)이다. 이때 유향선분 $\overrightarrow{PQ}$의 크기는 선분 PQ의 길이를 나타내며 $\| \overrightarrow{PQ} \|$으로 정의한다. 또한 두 유향선분이 같은 크기와 방향을 가질 때, 두 유향선분을 동치라고 한다.

동치인 유향선분의 집합을 **벡터**(vector)라 하고, 보통 볼드체 문자인

$$\mathbf{A},\ \mathbf{B},\ \mathbf{C},\ \cdots,\ \mathbf{X},\ \mathbf{Y},\ \mathbf{Z} \text{ 또는 } \mathbf{a},\ \mathbf{b},\ \mathbf{c},\ \cdots,\ \mathbf{x},\ \mathbf{y},\ \mathbf{z}$$

등으로 표시한다. 따라서 크기와 방향이 같은 두 벡터 $\mathbf{a}$와 $\mathbf{b}$는 시점의 위치와 관계없이 '같다'고 하고, $\mathbf{a}=\mathbf{b}$로 표기한다.

한편 벡터 $\mathbf{a}$에 스칼라 m을 곱한 벡터를 $m\mathbf{a}$로 정의한다. 특히 벡터 $\mathbf{a}$와 크기가 같고 방향이 반대인 벡터를 $-\mathbf{a}$로 나타낸다. 또한 벡터 $\mathbf{a}$와 $\mathbf{b}$의 시점이 일치할 때, $\mathbf{a}$의 종점과 $\mathbf{b}$의 시점을 연결해서 생기는 벡터 $\mathbf{c}$를 두 벡터 $\mathbf{a}$와 $\mathbf{b}$의 합(sum) 또는 **합성벡터**라 하고 $\mathbf{c}=\mathbf{a}+\mathbf{b}$로 나타낸다. 영벡터 $\mathbf{0}$은 크기가 0이고, 특정한 방향을 갖지 않는 벡터이다.

편의상 이차원 벡터는 두 실수의 순서쌍 $(a,\ b)$로 표기하고, 삼차원 공간에서의 벡터는 세 실수의 순서쌍 $(a,\ b,\ c)$로 표기한다.

벡터 $(a,\ b)$ 또는 $(a,\ b,\ c)$와 동치인 유향선분을 벡터 $(a,\ b)$ 또는 $(a,\ b,\ c)$의 **표현**(representation)이라고 한다.

예 시점 $A(x,\ y)$와 종점 $B(x+a,\ y+b)$에서 유향선분 $\overrightarrow{AB}$는 벡터 $\mathbf{a}=(a,\ b)$의 한 표현이다.

직교좌표계 O-xyz를 고정하면, O를 시점으로 하는 벡터 전체와 공간 위의 점 전체 사이에 일대일 대응이 생긴다. 이때 공간 위의 점 P의 위치를 나타내기 위하여 사용되는 벡터 $\mathbf{a}=\overrightarrow{OP}$를 **위치벡터**(position vector)라 한다. 특히 시점이 바뀌면 효과가 달라지는 벡터를 **속박벡터**(bound vector)라 하고, 시점의 위치를 문제 삼지 않는 벡터를 **자유벡터**(free vector)라고 한다.

공간에서의 점은 위치벡터 또는 벡터라는 개념과 동일하게 사용된다.

예 이차원 공간에서 벡터 (a, b)는 점 $P(a, b)$의 위치벡터이고, 삼차원 공간에서 벡터 (a, b, c)는 점 $P(a, b, c)$의 위치벡터이다.

참고 벡터 또는 벡터량은 공간에서의 점의 평행이동, 힘, 전기력, 변위, 속도와 가속도 등과 같이 크기와 방향을 가지는 양(quantity)이고, 스칼라(scalar) 또는 스칼라양은 질량, 에너지, 온도, 길이, 넓이, 속력, 밀도, 전압, 시간과 온도, 그리고 어떤 실수와 같이 방향이 없고 크기만을 가지는 양이다. □

정의 1	공선벡터와 공면벡터
시점이 같은 두 벡터 $\mathbf{a}$와 $\mathbf{b}$가 동일 직선 위에 있을 때 $\mathbf{a}$와 $\mathbf{b}$를 **공선벡터**(colinear vectors)라 하고, 시점이 같은 세 벡터 $\mathbf{a}$, $\mathbf{b}$와 $\mathbf{c}$가 동일 평면 위에 있을 때 $\mathbf{a}$, $\mathbf{b}$와 $\mathbf{c}$를 **공면벡터**(coplanar vectors)라고 한다.	

두 벡터 $\mathbf{a}$와 $\mathbf{b}$가 공선벡터이기 위한 필요충분조건은

$$m\mathbf{a}+n\mathbf{b}=\mathbf{0}$$

을 만족하는, 동시에는 0이 아닌 스칼라 m과 n이 존재하는 것이다. 이때 두 벡터 $\mathbf{a}$와 $\mathbf{b}$를 **일차종속**(linearly dependent)이라 한다. 특히 $\mathbf{a}$와 $\mathbf{b}$가 일차종속이 아닐 때 **일차독립**(linearly independent)이라 한다. 또한 세 벡터 $\mathbf{a}$, $\mathbf{b}$와 $\mathbf{c}$가 공면벡터이기 위한 필요충분조건은 동시에는 0이 아닌 스칼라 l, m과 n이 존재하여

$$l\mathbf{a}+m\mathbf{b}+n\mathbf{c}=\mathbf{0}$$

을 만족하는 것이다. 따라서 세 벡터 $\mathbf{a}$, $\mathbf{b}$와 $\mathbf{c}$가 한 평면 위의 유향선분으로 나타낼 수 있으면 $\mathbf{a}$, $\mathbf{b}$와 $\mathbf{c}$는 일차종속, 즉 공면벡터가 된다.

예 $\mathbf{a}$와 $\mathbf{b}$가 **비공선벡터**(non-colinear vector)일 때, $x\mathbf{a}+y\mathbf{b}=\mathbf{0}$은 $x=y=0$을 의미한다.

참고 세 벡터 $\mathbf{a}=(a_1, a_2, a_3)$, $\mathbf{b}=(b_1, b_2, b_3)$와 $\mathbf{c}=(c_1, c_2, c_3)$가 공면벡터가 될 필요충분조건은

$$D = \begin{vmatrix} a_1 & a_2 & a_3 \\ b_1 & b_2 & b_3 \\ c_1 & c_2 & c_3 \end{vmatrix} = 0$$

이다. □

예제 평행사변형의 두 대각선은 서로 다른 것을 이등분한다.

(증명) 평행사변형 $ABCD$의 두 대각선이 한 점 P에서 교차한다고 하자. 그러면 $\overrightarrow{BD} + \mathbf{a} = \mathbf{b}$이므로, $\overrightarrow{BD} = \mathbf{b} - \mathbf{a}$가 된다. 따라서

$$\overrightarrow{BP} = x(\mathbf{b} - \mathbf{a})$$

이다. 또한 $\overrightarrow{AC} = \mathbf{a} + \mathbf{b}$이므로 $\overrightarrow{AP} = y(\mathbf{a} + \mathbf{b})$이다. 그러나

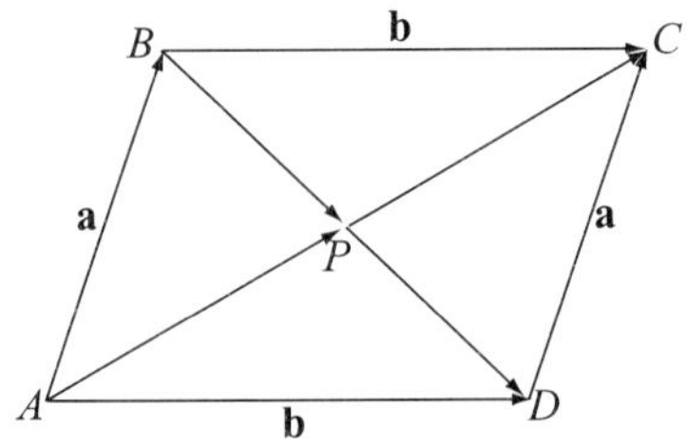

▌그림 1.1▐

$\overrightarrow{AB} = \overrightarrow{AP} + \overrightarrow{PB} = \overrightarrow{AP} - \overrightarrow{BP}$, 즉

$$\mathbf{a} = y(\mathbf{a} + \mathbf{b}) - x(\mathbf{b} - \mathbf{a}) = (x + y)\mathbf{a} + (y - x)\mathbf{b}$$

가 성립한다. 그런데 $\mathbf{a}$와 $\mathbf{b}$가 비공선벡터이므로

$$x + y = 1, \quad y - x = 0$$

을 만족한다. 즉 $x = y = \dfrac{1}{2}$이므로 P는 두 대각선의 중점이 된다. 따라서 평행사변형의 두 대각선은 서로 다른 것을 이등분한다. ◆

고등학교 수학에서 이미 학습한 벡터의 내적(1.3절 참조)을 이용하여 다음 두 예제를 증명한다.

예제 마름모의 두 대각선은 서로 직교한다.

(증명) $\overrightarrow{OQ} = \overrightarrow{OP} + \overrightarrow{PQ} = \mathbf{a} + \mathbf{b}$, $\overrightarrow{OR} + \overrightarrow{RP} = \overrightarrow{OP}$ 또는 $\mathbf{b} + \overrightarrow{RP} = \mathbf{a}$이고, $\overrightarrow{RP} = \mathbf{a} - \mathbf{b}$ 이므로

$$\overrightarrow{OQ} \cdot \overrightarrow{RP} = (\mathbf{a} + \mathbf{b}) \cdot (\mathbf{a} - \mathbf{b}) = \|\mathbf{a}\|^2 - \|\mathbf{b}\|^2$$

이 성립한다.

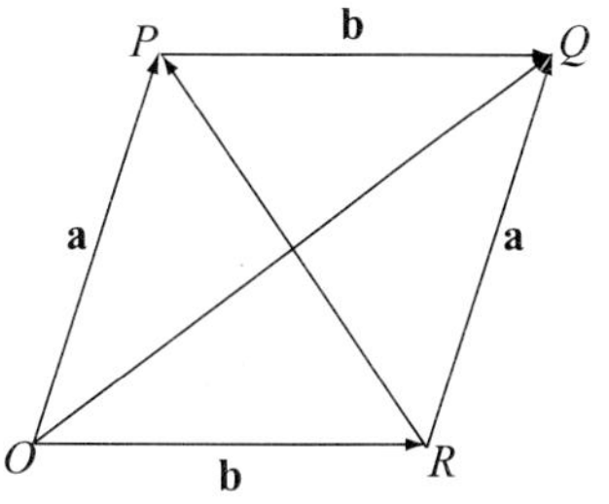

▌그림 1.2▐

그런데 $\|\mathbf{a}\| = \|\mathbf{b}\|$이므로, $\overrightarrow{OQ} \cdot \overrightarrow{RP} = 0$이 된다. 즉 $\overrightarrow{OQ}$는 $\overrightarrow{RP}$에 수직이다. 따라서 마름모의 두 대각선은 서로 직교한다. ◆

예제 a, b와 c를 크기로 갖는 세 벡터 $\mathbf{a}$, $\mathbf{b}$와 $\mathbf{c}$가 삼각형의 세 변을 나타낼 때

$$c^2 = a^2 + b^2 - 2ab \cos \theta$$

가 성립한다. 이것을 평면 삼각형에 대한 **코사인법칙**(the law of cosines) 또는 **여현법칙**이라 한다.

(증명) a, b와 c를 크기로 갖는 세 벡터 $\mathbf{a}$, $\mathbf{b}$와 $\mathbf{c}$가 삼각형의 세 변

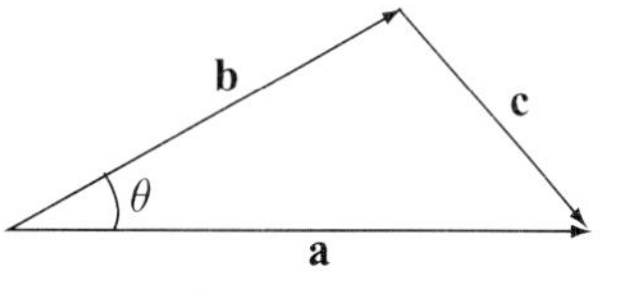

▌그림 1.3▐

을 나타낸다고 하면

$$\mathbf{b} + \mathbf{c} = \mathbf{a}, \text{ 즉 } \mathbf{c} = \mathbf{a} - \mathbf{b}$$

이므로

$$\mathbf{c} \cdot \mathbf{c} = (\mathbf{a} - \mathbf{b}) \cdot (\mathbf{a} - \mathbf{b}) = \mathbf{a} \cdot \mathbf{a} + \mathbf{b} \cdot \mathbf{b} - 2\mathbf{a} \cdot \mathbf{b}$$

를 얻는다. 이제 두 벡터 **a**, **b** 사이의 각을 θ라 하면

$$c^2 = a^2 + b^2 - 2ab\cos\theta$$

가 성립한다. ◆

2. 평면 위의 벡터

xy 평면에서의 벡터 $\mathbf{u}$는 두 실수의 순서쌍 $(a,\ b)$로 표기된다. 이때 두 수 a와 b를 벡터 $\mathbf{u}$의 성분(component)이라고 한다. 특히 벡터 $(0,\ 0)$을 **영벡터**(zero vector)라 하고 $\mathbf{0}$으로 표기하며, 평면 위의 모든 벡터들의 집합은 R^2으로 나타낸다.

평면 위의 각 벡터는 기하학적으로 $(0,\ 0)$에서 $(a,\ b)$로 그린 화살표로 나타내고, 실수와 벡터를 구분하기 위해 실수 대신 스칼라라는 용어를 사용한다.

$\mathbf{u} = (a,\ b)$일 때, 벡터 $\mathbf{u}$의 크기는 피타고라스 정리에 의하여 **노름**(norm)

$$\|\mathbf{u}\| = \sqrt{a^2 + b^2}$$

으로 주어진다.

벡터 $\mathbf{u} = (a,\ b)$의 방향은 x축 양의 방향으로부터 시계바늘방향의 반대방향(간단히, 시계반대방향)으로의 각 θ (단, $0 \le \theta \le 2\pi$)를 말하며, 단위는 라디안이다. 이때 $a \ne 0$이면 $\tan\theta = \dfrac{b}{a}$이다.

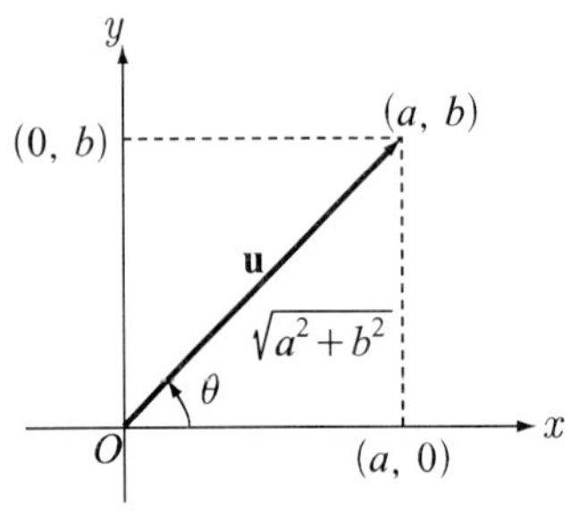

▌그림 1.4▐

참고▐ 평면 위의 두 벡터 $\mathbf{u} = (x_1,\ y_1)$과 $\mathbf{v} = (x_2,\ y_2)$, 그리고 스칼라 α에 대하여

(1) $\mathbf{u} + \mathbf{v} = (x_1 + x_2,\ y_1 + y_2)$　　　(2) $\alpha\mathbf{u} = (\alpha x_1,\ \alpha y_1)$

로 정의할 수 있다. □

실수평면 R^2에서, 벡터 $(1,\ 0)$을 벡터기호 $\mathbf{i}$로 표시하고, 벡터 $(0,\ 1)$을 벡터기호 $\mathbf{j}$로 표시할 때, $(a,\ b)$가 R^2의 벡터라면

$$(a,\ b) = a(1,\ 0) + b(0,\ 1)$$

이므로, $\mathbf{v} = (a,\ b) = a\mathbf{i} + b\mathbf{j}$로 표현된다.

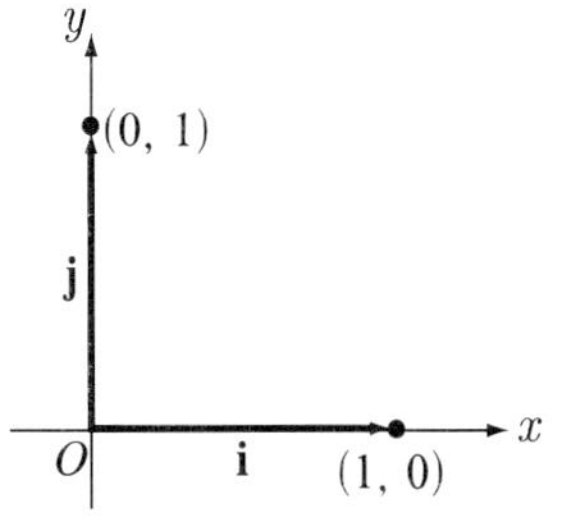

┃그림 1.5┃

더욱이 $(a,\ b)$라는 표현이 평면 위의 단 하나의 점을 나타내므로, R^2에서의 모든 벡터는 $a\mathbf{i} + b\mathbf{j}$라는 형태로 유일하게 표현된다. 벡터 $\mathbf{v}$가 $a\mathbf{i} + b\mathbf{j}$ 형태로 쓰일 때, a가 $\mathbf{v}$의 수평성분이고, b가 수직성분이 된다. 이때 벡터 $\mathbf{v}$는 **수평성분과 수직성분으로 분해된다**고 하고, 두 벡터 $\mathbf{i}$와 $\mathbf{j}$를 벡터 R^2의 **표준기저벡터**(standard base vector) 또는 **기본벡터**라 한다.

이제 벡터 $\mathbf{v}$가 두 점 $P(a_1,\ b_1)$과 $Q(a_2,\ b_2)$의 방향선분 $\overrightarrow{PQ}$로 표현되었다고 가정하자. 그러면

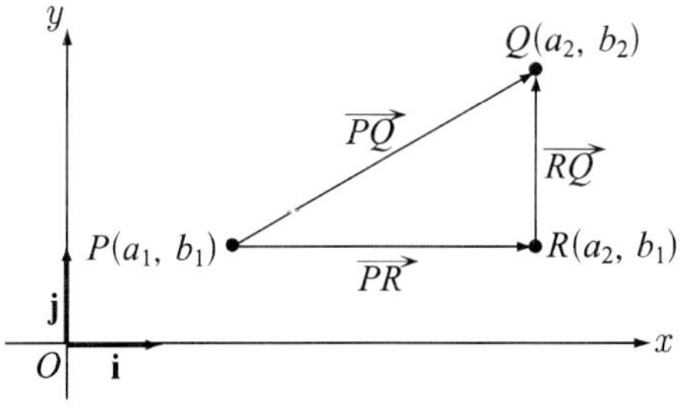

┃그림 1.6┃

$$\mathbf{v} = \overrightarrow{PQ} = \overrightarrow{PR} + \overrightarrow{RQ}$$

가 된다. 그런데 $\overrightarrow{PR}$의 길이는 $a_2 - a_1$이고, 또 벡터 $\mathbf{i}$와 같은 방향이므로

$$\overrightarrow{PR} = (a_2 - a_1)\mathbf{i}$$

로 쓸 수 있고, 마찬가지로

$$\overrightarrow{RQ} = (b_2 - b_1)\mathbf{j}$$

가 되어

$$\mathbf{v} = (a_2 - a_1)\mathbf{i} + (b_2 - b_1)\mathbf{j}$$

로 쓸 수 있다.

예 점 $P(-2, 3)$에서 $Q(1, 5)$까지의 방향선분 $\overrightarrow{PQ}$로 표현된 벡터 $\mathbf{v}$는

$$\mathbf{v} = (a_2 - a_1)\mathbf{i} + (b_2 - b_1)\mathbf{j} = 3\mathbf{i} + 2\mathbf{j}$$

로 주어진다.

단위벡터(unit vector)는 길이가 1인 벡터이다. $\mathbf{u} = a\mathbf{i} + b\mathbf{j}$가 단위벡터라면

$$\|\mathbf{u}\| = \sqrt{a^2 + b^2} = 1$$

이므로, $a^2 + b^2 = 1$이 되어 $\mathbf{u}$는 단위원 위의 점이다. 만일 θ가 벡터 $\mathbf{u}$의 방향이면, $a = \cos\theta$, $b = \sin\theta$가 된다. 따라서 단위벡터 $\mathbf{u}$는 θ가 $\mathbf{u}$의 방향일 때

$$\mathbf{u} = (\cos\theta)\mathbf{i} + (\sin\theta)\mathbf{j}$$

로 표현된다.

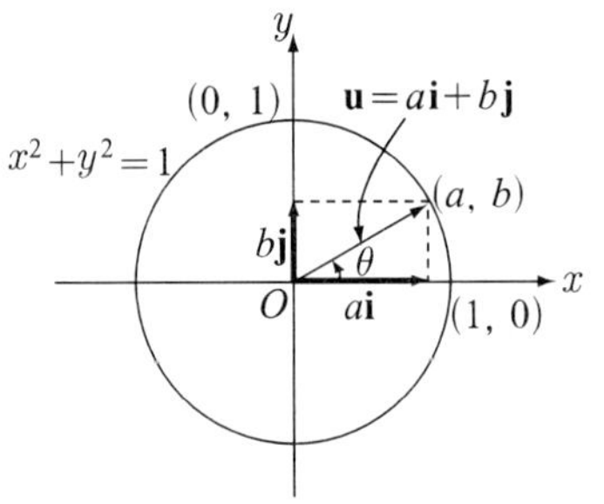

그림 1.7

예 $\mathbf{v}$가 임의의 $\mathbf{0}$이 아닌 벡터일 때, $\mathbf{u} = \mathbf{v}/\|\mathbf{v}\|$는 $\mathbf{v}$와 같은 방향을 가지는 단위벡터이다. 따라서 임의의 벡터 $\mathbf{v}$는

$$\mathbf{v} = \|\mathbf{v}\|\mathbf{u}$$

로 표시할 수 있다.

참고 한 물체에 하나 이상의 힘이 작용할 때, 그 물체에 작용하는 힘의 결과는 작용하는 힘들의 벡터합으로 정의된다. □

3. 공간벡터

공간 위의 벡터 $\mathbf{v}$는 실수의 세 순서쌍 (a, b, c)이다. 성분 a는 $\mathbf{v}$의 x 좌표, b는 y 좌표, 그리고 c는 z 좌표이다. 특히 벡터 $(0, 0, 0)$을 영벡터라 하고 $\mathbf{0}$으로 표기하며, 공간 위의 모든 벡터들의 집합은 R^3으로 표시된다.

$\mathbf{v} = (a, b, c)$일 때, 벡터 $\mathbf{v}$의 크기는 노름

$$\|\mathbf{v}\| = \sqrt{a^2 + b^2 + c^2}$$

으로 주어진다.

정의 2	벡터의 합과 스칼라곱

(1) 두 벡터 $\mathbf{u} = (x_1, y_1, z_1)$와 $\mathbf{v} = (x_2, y_2, z_2)$에 대하여, 두 벡터의 합을

$$\mathbf{u} + \mathbf{v} = (x_1 + x_2,\ y_1 + y_2,\ z_1 + z_2)$$

라 하고, 두 벡터의 차를 $\mathbf{u} - \mathbf{v} = \mathbf{u} + (-\mathbf{v})$로 정의한다.

(2) 스칼라 α(실수 α를 벡터와 구별하기 위해 스칼라라고 함)와 벡터 $\mathbf{u} = (x_1, y_1, z_1)$에 대하여, 스칼라곱(또는 스칼라배) $\alpha\mathbf{u}$를

$$\alpha\mathbf{u} = (\alpha x_1,\ \alpha y_1,\ \alpha z_1)$$

으로 정의한다.

R^3 위의 벡터들은 정의 2에서의 덧셈과 스칼라곱(scalar multiplication)을 가지는 벡터공간을 이룬다.

예제 두 벡터 $\mathbf{u} = 2\mathbf{i} + 4\mathbf{j} - 5\mathbf{k}$와 $\mathbf{v} = \mathbf{i} + 2\mathbf{j} + 3\mathbf{k}$의 합에 평행한 단위벡터를 구하시오.

(풀이) 두 벡터의 합을 $\mathbf{r}$이라 할 때, $\mathbf{r} = \mathbf{u} + \mathbf{v} = 3\mathbf{i} + 6\mathbf{j} - 2\mathbf{k}$이고, $\mathbf{r}$의 크기는 $\|\mathbf{r}\| = \|3\mathbf{i} + 6\mathbf{j} - 2\mathbf{k}\| = 7$이 된다. 따라서 $\mathbf{r}$에 평행한 단위벡터는

$$\frac{\mathbf{r}}{\|\mathbf{r}\|} = \frac{3}{7}\mathbf{i} + \frac{6}{7}\mathbf{j} - \frac{2}{7}\mathbf{k}$$

로 주어진다. ◆

정리 3	**벡터에 대한 연산법칙**

공간 위의 세 벡터 $\mathbf{u}$, $\mathbf{v}$와 $\mathbf{w}$, 그리고 스칼라 α, β와 영벡터 $\mathbf{0}$에 대하여 다음이 성립한다.

(1) $\mathbf{u}+\mathbf{v}=\mathbf{v}+\mathbf{u}$ (2) $\mathbf{u}+(\mathbf{v}+\mathbf{w})=(\mathbf{u}+\mathbf{v})+\mathbf{w}$

(3) $\mathbf{v}+\mathbf{0}=\mathbf{v}$ (4) $0\mathbf{v}=\mathbf{0}$

(5) $\alpha\mathbf{0}=\mathbf{0}$ (6) $\alpha\mathbf{u}=\mathbf{u}\alpha$

(7) $(\alpha\beta)\mathbf{v}=\alpha(\beta\mathbf{v})$ (8) $\mathbf{v}+(-\mathbf{v})=\mathbf{0}$

(9) $1\mathbf{v}=\mathbf{v}$ (10) $(\alpha+\beta)\mathbf{v}=\alpha\mathbf{v}+\beta\mathbf{v}$

(11) $\alpha(\mathbf{u}+\mathbf{v})=\alpha\mathbf{u}+\alpha\mathbf{v}$

이제 R^3에서 벡터의 방향을 정의한다. 벡터 $\mathbf{v}$가 두 점 $O(0,\ 0,\ 0)$과 $P(x_0,\ y_0,\ z_0)$의 방향선분 $\overrightarrow{OP}$로 표현되었다고 하자. α를 벡터 $\mathbf{v}$와 x 축의 양의 방향과 이루는 각, β를 벡터 $\mathbf{v}$와 y 축의 양의 방향과 이루는 각, 그리고 γ를 z 축의 양의 방향과 이루는 각이라고 하자. 이때 각 α와 β, 그리고 γ를 벡터 $\mathbf{v}$의 **방향각**(direction angle)이라고 한다. 즉 $\mathbf{0}$이 아닌 벡터 $\mathbf{v}$의 방향각은 $\mathbf{v}$가 양의 x 축, 양의 y 축, 그리고 양의 z 축과 각각 이루는 각 α, β와 γ이다. 이때 관계식

$$\cos\alpha=\frac{x_0}{\|\mathbf{v}\|},\ \cos\beta=\frac{y_0}{\|\mathbf{v}\|},\ \cos\gamma=\frac{z_0}{\|\mathbf{v}\|}$$

를 얻는다.

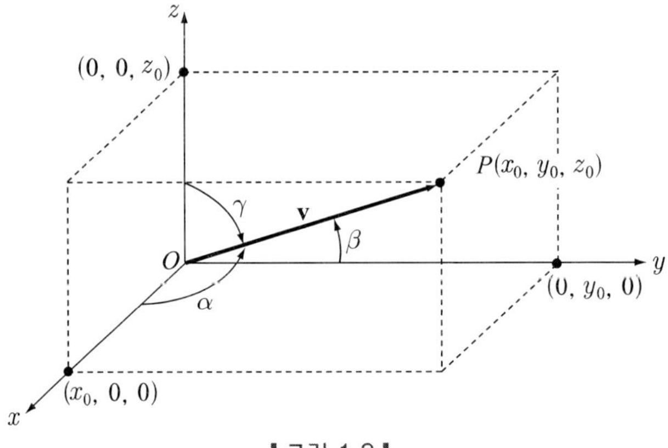

| 그림 1.8 |

만일 $\mathbf{v}$가 단위벡터라면 $\|\mathbf{v}\|=1$이므로

$$\cos\alpha=x_0,\ \cos\beta=y_0,\ \cos\gamma=z_0$$

가 된다. 정의로부터 α, β와 γ는 모두 0과 π 사이의 각이고, 이 각들의 코사인 값을 벡터 $\mathbf{v}$의 **방향코사인**(direction cosine) 또는 **방향여현**이라 한다. 이때

$$\cos^2\alpha+\cos^2\beta+\cos^2\gamma=1 \tag{1}$$

을 만족한다. 방향코사인으로부터 어떤 벡터의 크기는 알 수가 없다. 만일 α, β와 γ가 (1)을 만족하는 0과 π 사이의 실수라고 하면

$$\mathbf{v}=(x_0,\ y_0,\ z_0)=(\|\mathbf{v}\|\cos\alpha,\ \|\mathbf{v}\|\cos\beta,\ \|\mathbf{v}\|\cos\gamma)=\|\mathbf{v}\|(\cos\alpha,\ \cos\beta,\ \cos\gamma)$$

이므로, 유일한 벡터

$$\frac{\mathbf{v}}{\|\mathbf{v}\|}=(\cos\alpha,\ \cos\beta,\ \cos\gamma)$$

를 결정한다. 이것은 방향코사인이 $\mathbf{v}$와 방향이 같은 단위벡터의 성분임을 의미하고 있다. 만일 $\mathbf{u}=(a,\ b,\ c)$이고 $\|\mathbf{u}\|\neq 0$이면, a, b와 c를 벡터 $\mathbf{u}$의 **방향수**(direction number)라 한다.

R^3에서 표준기저벡터로 정의되는 다음 세 벡터

$$\mathbf{i}=(1,\ 0,\ 0),\ \mathbf{j}=(0,\ 1,0),\ \mathbf{k}=(0,\ 0,\ 1)$$

은 양의 x축, 양의 y축, 그리고 양의 z축 방향을 각각 나타내는 수직인 단위벡터이다. 이때 특별한 언급이 없는 한, **우수직교좌표계**(right-handed rectangular coordinate systems)를 사용한다. 만일 $\mathbf{u}=(a,\ b,\ c)$가 R^3 위의 임의의 벡터라면

$$\mathbf{u}=(a,\ b,\ c)=(a,\ 0,\ 0)+(0,\ b,\ 0)+(0,\ 0,\ c)=a\mathbf{i}+b\mathbf{j}+c\mathbf{k}$$

이므로, R^3의 임의의 벡터는 $\mathbf{i}$, $\mathbf{j}$와 $\mathbf{k}$를 이용하여 유일하게 표현할 수 있다.

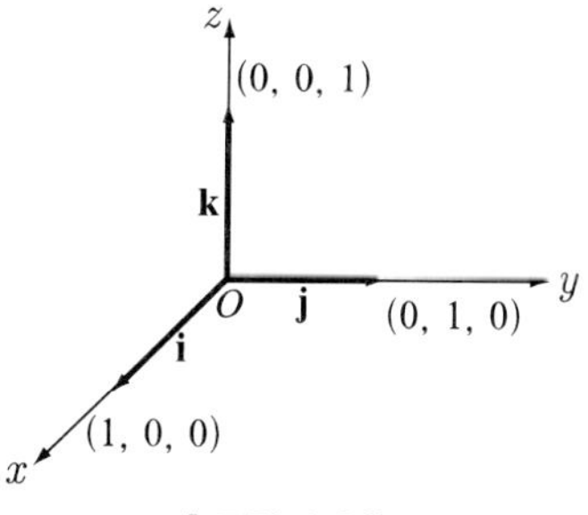

▌그림 1.9▐

예 $P(a_1,\ b_1,\ c_1)$과 $Q(a_2,\ b_2,\ c_2)$가 R^3에서 임의의 두 점일 때, 벡터 $\mathbf{v}$의 표현 $\overrightarrow{PQ}$로부터

$$\mathbf{v}=(a_2-a_1)\mathbf{i}+(b_2-b_1)\mathbf{j}+(c_2-c_1)\mathbf{k}$$

가 된다.

참고 일반적으로 같은 시점을 갖는 세 개의 **비공면벡터**(non-coplanar vectors) $\mathbf{a}$, $\mathbf{b}$와 $\mathbf{c}$에 대하여, $\mathbf{a}$에서 $\mathbf{b}$로의 π보다 작은 각을 가지면서 오른쪽으로 회전된 나선형의 나사가 $\mathbf{c}$ 방향으로 나아갈 때, $\mathbf{a}$, $\mathbf{b}$와 $\mathbf{c}$는 **우수계**(right-handed system)를 형성한다고 한다. □

1.3 벡터의 내적과 외적

1. 벡터의 내적

정의 4	내적

두 벡터 $\mathbf{u} = a_1\mathbf{i} + b_1\mathbf{j} + c_1\mathbf{k}$와 $\mathbf{v} = a_2\mathbf{i} + b_2\mathbf{j} + c_2\mathbf{k}$의 **내적**(inner product) 또는 **스칼라적**(scalar product) $\mathbf{u}\cdot\mathbf{v}$를

$$\mathbf{u}\cdot\mathbf{v} = a_1 a_2 + b_1 b_2 + c_1 c_2$$

로 정의하고, "$\mathbf{u}$ dot $\mathbf{v}$"로 읽는다.

벡터의 내적은 같은 차원의 벡터에 적용됨에 유의한다. 내적을 표준기저벡터에 적용하면

$$\mathbf{i}\cdot\mathbf{j} = \mathbf{j}\cdot\mathbf{k} = \mathbf{k}\cdot\mathbf{i} = 0$$
$$\mathbf{i}\cdot\mathbf{i} = \mathbf{j}\cdot\mathbf{j} = \mathbf{k}\cdot\mathbf{k} = 1$$

을 얻는다. 외적에는 몇 가지 유용한 대수법칙이 성립한다. 다음 정리는 내적의 정의를 이용하여 쉽게 유도할 수 있다.

정리 5	내적의 성질

임의의 벡터 $\mathbf{u}$, $\mathbf{v}$와 $\mathbf{w}$, 그리고 스칼라 α에 대하여

(1) $\mathbf{u}\cdot\mathbf{v} = \mathbf{v}\cdot\mathbf{u}$

(2) $\mathbf{u}\cdot(\mathbf{v}+\mathbf{w}) = \mathbf{u}\cdot\mathbf{w} + \mathbf{u}\cdot\mathbf{w}$

(3) $(\alpha\mathbf{u})\cdot\mathbf{v} = \alpha(\mathbf{u}\cdot\mathbf{v}) = \mathbf{u}\cdot(\alpha\mathbf{v})$

(4) $\mathbf{0}\cdot\mathbf{u} = 0$

(5) $\mathbf{u}\cdot\mathbf{u} = \|\mathbf{u}\|^2$

이 성립한다.

벡터 $\mathbf{u}$와 $\mathbf{v}$가 $\mathbf{0}$이 아닐 때, 두 벡터 사이의 각 θ는 시점이 원점이면서 두 벡터 $\mathbf{u}$, $\mathbf{v}$와 동치인 벡터 사이의 가장 작은 음이 아닌 각으로 정의한다. 만일 어떤 스칼라 α에 대하여, $\mathbf{u}=\alpha\mathbf{v}$이면서 $\alpha>0$이면 $\theta=0$으로, $\alpha<0$이면 $\theta=\pi$로 정의한다. 물리학자는 다음 정리에 나타나는 식을 내적의 정의로 사용한다.

정리 6

$\mathbf{0}$이 아닌 두 벡터 $\mathbf{u}$와 $\mathbf{v}$가 이루는 사잇각(교각)을 θ (단, $0\le\theta\le\pi$)라 하면

$$\cos\theta=\frac{\mathbf{u}\cdot\mathbf{v}}{\|\mathbf{u}\|\|\mathbf{v}\|}$$

가 된다. 이때 $\cos\theta$를 두 벡터 $\mathbf{u}$와 $\mathbf{v}$의 **여현**이라 한다.

$\mathbf{0}$이 아닌 두 벡터 $\mathbf{u}$와 $\mathbf{v}$가 "사잇각이 0 또는 π일 때 평행하다."고 하고, "사잇각이 $\frac{\pi}{2}$일 때 수직(perpendicular) 또는 **직교**(orthogonal)한다."고 한다. 영벡터는 모든 벡터에 수직인 것으로 정의한다.

예 $\mathbf{u}$와 $\mathbf{v}$가 R^2 또는 R^3 위에서 $\mathbf{0}$이 아닐 때, $\mathbf{u}$와 $\mathbf{v}$가 평행일 필요충분조건은 어떤 스칼라 α에 대하여 $\mathbf{u}=\alpha\mathbf{v}$이고, $\mathbf{u}$와 $\mathbf{v}$가 수직일 필요충분조건은 $\mathbf{u}\cdot\mathbf{v}=0$이다.

참고 두 벡터 $\mathbf{a}$와 $\mathbf{b}$ 중 어느 하나가 영벡터일 때, $\mathbf{a}\cdot\mathbf{b}=0$이 된다. 이 경우에 사잇각 θ는 정의되지 않는 것으로 한다. □

벡터의 내적과 노름은 공간기하의 해석을 용이하게 한다. 다음 정리는 벡터의 연산법칙과 내적의 성질로부터 쉽게 유도할 수 있다.

정리 7

두 벡터 $\mathbf{u}$와 $\mathbf{v}$가 $\mathbf{0}$이 아니고, α가 스칼라일 때

(1) $\|\mathbf{u}\|\ge 0$이고, $\|\mathbf{u}\|=0 \Leftrightarrow \mathbf{u}=\mathbf{0}$

(2) $\|\alpha\mathbf{u}\|=|\alpha|\,\|\mathbf{u}\|$

(3) $|\mathbf{u}\cdot\mathbf{v}|\le\|\mathbf{u}\|\|\mathbf{v}\|$ (코시-슈바르츠 부등식)

(4) $\|\mathbf{u}+\mathbf{v}\|\le\|\mathbf{u}\|+\|\mathbf{v}\|$ (삼각부등식)

(5) $\|\mathbf{u}+\mathbf{v}\|^2+\|\mathbf{u}-\mathbf{v}\|^2=2(\|\mathbf{u}\|^2+\|\mathbf{v}\|^2)$ (평행사변형 법칙)

이 성립한다.

벡터 $\mathbf{a}$의 방향코사인 $\cos\alpha$, $\cos\beta$와 $\cos\gamma$는

$$\cos\alpha = \frac{\mathbf{a}\cdot\mathbf{i}}{\|\mathbf{a}\|\|\mathbf{i}\|} = \frac{a_1}{\|\mathbf{a}\|},\ \cos\beta = \frac{\mathbf{a}\cdot\mathbf{j}}{\|\mathbf{a}\|\|\mathbf{j}\|} = \frac{a_2}{\|\mathbf{a}\|},\ \cos\gamma = \frac{\mathbf{a}\cdot\mathbf{k}}{\|\mathbf{a}\|\|\mathbf{k}\|} = \frac{a_3}{\|\mathbf{a}\|}$$

가 된다. 따라서 벡터 $\mathbf{a}=(1, 2, 3)$의 방향코사인은 $\|\mathbf{a}\| = \sqrt{14}$로부터

$$\cos\alpha = \frac{1}{\sqrt{14}},\ \cos\beta = \frac{2}{\sqrt{14}},\ \cos\gamma = \frac{3}{\sqrt{14}}$$

으로 주어진다.

예제 벡터 $\mathbf{a}=(3, -6, 2)$가 좌표축과 이루는 각을 구하시오.

(풀이) $\mathbf{a}$가 양의 x축, 양의 y축, 그리고 양의 z축과 이루는 각을 각각 α, β와 γ라 하면

$$\mathbf{a}\cdot\mathbf{i} = \|\mathbf{a}\|\|\mathbf{i}\|\cos\alpha = 7\cos\alpha$$
$$\mathbf{a}\cdot\mathbf{i} = (3,\ -6,\ 2)\cdot(1,\ 0,\ 0) = 3$$

이므로, $\cos\alpha = \frac{3}{7} \approx 0.4286$이 된다. 따라서 $\alpha \approx 64.6^\circ$이다. 같은 방법으로

$$\cos\beta = -\frac{6}{7},\ \cos\gamma = \frac{2}{7}$$

를 얻는다. 따라서 $\beta \approx 149^\circ$와 $\gamma \approx 73.4^\circ$가 된다. ◆

2. 정사영

한 벡터의 다른 벡터로의 **정사영**(projection)은 벡터에 대한 유용한 개념 중의 하나이다.

예제 $\mathbf{0}$이 아닌 벡터 $\mathbf{v}$에 대하여 $\mathbf{u}$가 $\mathbf{v}$와 서로 다른 벡터일 때, 벡터

$$\mathbf{w} = \mathbf{u} - [(\mathbf{u}\cdot\mathbf{v})/\|\mathbf{v}\|^2]$$

은 벡터 $\mathbf{v}$와 수직이다.

(증명) $$\mathbf{w}\cdot\mathbf{v} = \left(\mathbf{u} - \frac{(\mathbf{u}\cdot\mathbf{v})\mathbf{v}}{\|\mathbf{v}\|^2}\right)\cdot\mathbf{v} = \mathbf{u}\cdot\mathbf{v} - \frac{(\mathbf{u}\cdot\mathbf{v})(\mathbf{v}\cdot\mathbf{v})}{\|\mathbf{v}\|^2}$$

$$= \mathbf{u} \cdot \mathbf{v} - \frac{(\mathbf{u} \cdot \mathbf{v})\|\mathbf{v}\|^2}{\|\mathbf{v}\|^2} = \mathbf{u} \cdot \mathbf{v} - \mathbf{u} \cdot \mathbf{v} = 0$$

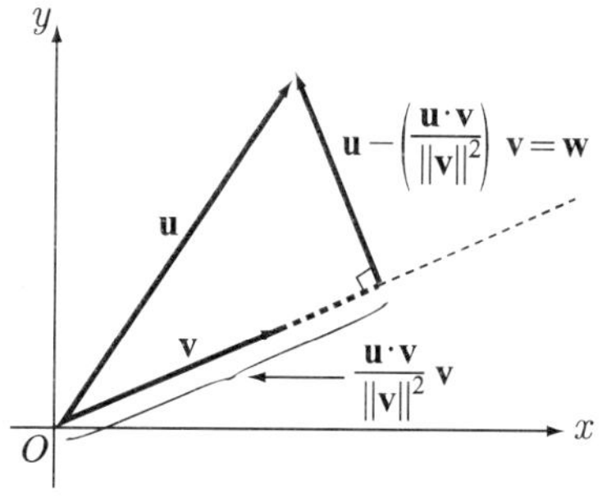

| 그림 1.10 |

이므로, $\mathbf{w}$와 $\mathbf{v}$는 수직이다. ◆

시작점 P를 갖는 두 벡터 $\mathbf{v}$와 $\mathbf{u}$의 표현을 $\overrightarrow{PQ}$와 $\overrightarrow{PR}$이라고 하자. S를 R에서 $\overrightarrow{PQ}$를 포함하는 직선에 내린 수선의 발이라고 할 때, $\overrightarrow{PS}$인 벡터를 $\mathbf{v}$ 위로의 $\mathbf{u}$의 벡터사영이라 한다.

정의 8	벡터사영

$\mathbf{0}$이 아닌 두 벡터 $\mathbf{u}$와 $\mathbf{v}$에 대하여 $\mathbf{v}$ 위로의 $\mathbf{u}$의 **벡터사영**(vector projection)을 $\text{proj}_{\mathbf{v}}\mathbf{u}$로 표현하고

$$\text{proj}_{\mathbf{v}}\mathbf{u} = \frac{\mathbf{u} \cdot \mathbf{v}}{\|\mathbf{v}\|^2}\mathbf{v} = \left(\frac{\mathbf{u} \cdot \mathbf{v}}{\|\mathbf{v}\|}\right)\frac{\mathbf{v}}{\|\mathbf{v}\|}$$

로 정의한다. $\mathbf{v}$ 방향의 $\mathbf{u}$의 성분은 $\frac{\mathbf{u} \cdot \mathbf{v}}{\|\mathbf{v}\|}$이다.

참고 두 벡터 $\mathbf{u}$와 $\mathbf{v}$에 대하여 $\mathbf{u}$와 $\text{proj}_{\mathbf{v}}\mathbf{u}$는 "$\mathbf{u} \cdot \mathbf{v} > 0$일 경우 같은 방향"을 가지며, "$\mathbf{u} \cdot \mathbf{v} < 0$일 경우 반대 방향"을 가진다. □

예 두 벡터 $\mathbf{u}$와 $\mathbf{v}$가 수직이면 $\mathbf{u} \cdot \mathbf{v} = 0$이므로, $\text{proj}_{\mathbf{v}}\mathbf{u} = \mathbf{0}$을 만족한다.

정리 9 **벡터사영의 성질**

$\mathbf{0}$이 아닌 두 벡터 $\mathbf{u}$와 $\mathbf{v}$에 대하여 $\mathbf{v}$ 위로의 $\mathbf{u}$의 벡터사영 $\text{proj}_{\mathbf{v}}\mathbf{u}$는 다음 성질을 만족하는 유일한 벡터이다.

(1) $\text{proj}_{\mathbf{v}}\mathbf{u}$는 $\mathbf{v}$와 평행하다. (2) $\mathbf{u}-\text{proj}_{\mathbf{v}}\mathbf{u}$는 $\mathbf{v}$와 수직이다.

두 벡터 $\mathbf{u}$와 $\mathbf{v}$에 대하여 $\mathbf{v}$ 위로의 $\mathbf{u}$의 스칼라사영(scalar projection), 즉 $\mathbf{v}$ 방향의 $\mathbf{u}$의 성분은 θ가 $\mathbf{v}$와 $\mathbf{u}$의 사잇각일 때

$$\text{comp}_{\mathbf{v}}\mathbf{u}=\|\mathbf{u}\|\cos\theta$$

로 정의한다. 특히

$$\text{comp}_{\mathbf{v}}\mathbf{u}=\frac{\mathbf{u}\cdot\mathbf{v}}{\|\mathbf{v}\|}=\frac{\mathbf{v}}{\|\mathbf{v}\|}\cdot\mathbf{u}$$

이므로, $\mathbf{v}$ 위로의 $\mathbf{u}$의 스칼라사영은 $\mathbf{v}$와 방향이 같은 단위벡터와 $\mathbf{u}$와의 내적이고, $\mathbf{v}$ 위로의 $\mathbf{u}$의 벡터사영은

$$\left(\frac{\mathbf{u}\cdot\mathbf{v}}{\|\mathbf{v}\|}\right)\frac{\mathbf{v}}{\|\mathbf{v}\|}=\frac{\mathbf{u}\cdot\mathbf{v}}{\|\mathbf{v}\|^2}\mathbf{v}$$

가 된다.

참고 두 벡터 $\mathbf{u}$와 $\mathbf{v}$의 내적은

$$\mathbf{u}\cdot\mathbf{v}=\|\mathbf{u}\|\|\mathbf{v}\|\cos\theta=\|\mathbf{v}\|(\|\mathbf{u}\|\cos\theta)$$

로 표현되므로, $\mathbf{u}$와 $\mathbf{v}$의 내적은 $\mathbf{v}$의 크기에 $\mathbf{v}$ 위로의 $\mathbf{u}$의 스칼라사영을 곱한 것, 즉 $\mathbf{v}$의 크기에 $\mathbf{v}$에 평행한 $\mathbf{u}$의 성분을 곱한 것으로 설명될 수 있다. □

예제 벡터 $\mathbf{v}=(-2,\ 3,\ 1)$ 위로의 벡터 $\mathbf{u}=(1,\ 1,\ 2)$의 스칼라사영과 벡터사영을 구하시오.

풀이 $\|\mathbf{v}\|=\sqrt{14}$이고 $\mathbf{u}\cdot\mathbf{v}=3$이므로, $\mathbf{v}$ 위로의 $\mathbf{u}$의 스칼라사영은

$$\|\mathbf{u}\|\cos\theta=\frac{\mathbf{u}\cdot\mathbf{v}}{\|\mathbf{v}\|}=\frac{3}{\sqrt{14}}$$

이고, 또한 벡터사영은 이 스칼라사영을 $\mathbf{v}$ 방향의 단위벡터에 곱한 것이므로

$$\left(\frac{\mathbf{u}\cdot\mathbf{v}}{\|\mathbf{v}\|}\right)\frac{\mathbf{v}}{\|\mathbf{v}\|}=\frac{3}{\sqrt{14}}\frac{\mathbf{v}}{\|\mathbf{v}\|}=\left(-\frac{3}{7},\ \frac{9}{14},\ \frac{3}{14}\right)$$

이 된다. ◆

참고 (내적의 물리학적 의미) 물리학에서 일을 구할 때 사영이 응용된다. 일정한 힘 $\mathbf{F}$로 물체를 거리 d만큼 이동시켰을 때 한 일 W는 힘 $\mathbf{F}$의 움직인 방향으로의 성분의 길이와 움직인 거리의 곱, 즉 $W=\|\mathbf{F}\|d$로 정의된다. 그런데 이 경우는 "힘이 물체가 움직인 방향으로 작용했을 때"만 적용된다. □

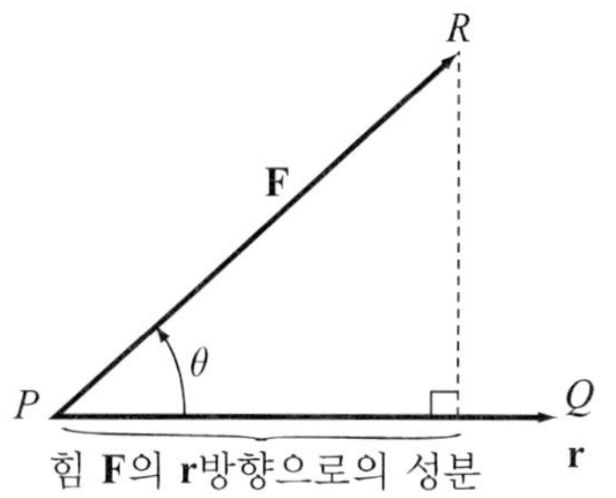

그림 1.11

그러나 힘이 벡터 $\mathbf{F}=\overrightarrow{PR}$의 방향으로 작용하는 경우를 생각해 보자. 힘이 물체를 P에서 Q로 이동시킨다면 변위벡터는 $\mathbf{r}=\overrightarrow{PQ}$이다. 이 힘에 의하여 한 일은

$$W=(\|\mathbf{F}\|\cos\theta)\|\mathbf{r}\|$$

이다. 따라서 $\mathbf{r}$이 변위벡터일 때, 일정한 힘 $\mathbf{F}$에 의하여 한 일은 내적 $\mathbf{F}\cdot\mathbf{r}$이 된다.

예제 $\mathbf{F}=2\mathbf{i}\quad\mathbf{j}\quad\mathbf{k}$로 주어진 힘이 벡터 $\mathbf{r}-3\mathbf{i}+2\mathbf{j}-5\mathbf{k}$를 따라 물체를 움직일 때, 한 일 W를 구하시오.

풀이 $\mathbf{r}$이 변위벡터일 때, 일정한 힘 $\mathbf{F}$에 의하여 한 일 W는 내적 $\mathbf{F}\cdot\mathbf{r}$이므로

$$W=\mathbf{F}\cdot\mathbf{r}=(2\mathbf{i}-\mathbf{j}-\mathbf{k})\cdot(3\mathbf{i}+2\mathbf{j}-5\mathbf{k})=9$$

가 된다. ◆

3. 벡터의 외적

두 벡터 $\mathbf{u}$와 $\mathbf{v}$의 외적 $\mathbf{u}\times\mathbf{v}$는 벡터가 된다. 내적의 결과는 스칼라이지만 외적의 결과는 벡터인 것에 유의한다.

정의 10	벡터의 외적

두 벡터 $\mathbf{u}=a_1\mathbf{i}+b_1\mathbf{j}+c_1\mathbf{k}$ 와 $\mathbf{v}=a_2\mathbf{i}+b_2\mathbf{j}+c_2\mathbf{k}$의 외적(cross product) 또는 벡터적(vector product) $\mathbf{u}\times\mathbf{v}$는

$$\mathbf{u}\times\mathbf{v}=(b_1c_2-b_2c_1)\mathbf{i}+(a_2c_1-a_1c_2)\mathbf{j}+(a_1b_2-a_2b_1)\mathbf{k}$$

로 정의하고, "$\mathbf{u}$ cross $\mathbf{v}$"로 읽는다.

외적은 행렬식의 표현법을 이용한다. 벡터의 외적을 이차 행렬식과 표준기저벡터 $\mathbf{i}$, $\mathbf{j}$와 $\mathbf{k}$를 이용하여 표현하면

$$\mathbf{u}=a_1\mathbf{i}+b_1\mathbf{j}+c_1\mathbf{k},\ \mathbf{v}=a_2\mathbf{i}+b_2\mathbf{j}+c_2\mathbf{k}$$

일 때 $\mathbf{u}\times\mathbf{v}$는

$$\mathbf{u}\times\mathbf{v}=\begin{vmatrix} b_1 & c_1 \\ b_2 & c_2 \end{vmatrix}\mathbf{i}-\begin{vmatrix} a_1 & c_1 \\ a_2 & c_2 \end{vmatrix}\mathbf{j}+\begin{vmatrix} a_1 & b_1 \\ a_2 & b_2 \end{vmatrix}\mathbf{k}$$

로 주어진다. 따라서 행렬식의 표현법을 이용하면

$$\mathbf{u}\times\mathbf{v}=\begin{vmatrix} \mathbf{i} & \mathbf{j} & \mathbf{k} \\ a_1 & b_1 & c_1 \\ a_2 & b_2 & c_2 \end{vmatrix}$$

로 정의된다. 이 표현은 실제 행렬식이 아니지만 벡터의 외적을 기억하는 좋은 방법이다.

정리 11

두 벡터 $\mathbf{u}=a_1\mathbf{i}+b_1\mathbf{j}+c_1\mathbf{k}$와 $\mathbf{v}=a_2\mathbf{i}+b_2\mathbf{j}+c_2\mathbf{k}$에 대하여, 외적 $\mathbf{u}\times\mathbf{v}$는 $\mathbf{u}$와 $\mathbf{v}$ 모두와 직교한다.

(증명)

$$(\mathbf{u}\times\mathbf{v})\cdot\mathbf{u}=\begin{vmatrix} b_1 & c_1 \\ b_2 & c_2 \end{vmatrix}a_1-\begin{vmatrix} a_1 & c_1 \\ a_2 & c_2 \end{vmatrix}b_1+\begin{vmatrix} a_1 & b_1 \\ a_2 & b_2 \end{vmatrix}c_1=0$$

이므로, $\mathbf{u}\times\mathbf{v}$는 $\mathbf{u}$와 직교한다. 같은 방법으로 $(\mathbf{u}\times\mathbf{v})\cdot\mathbf{v}=0$이므로, $\mathbf{u}\times\mathbf{v}$는 $\mathbf{v}$와 직교한다. 따라서 벡터 $\mathbf{u}\times\mathbf{v}$는 $\mathbf{u}$와 $\mathbf{v}$ 모두에 직교한다. ◆

예 두 벡터 $\mathbf{u}=2\mathbf{i}+2\mathbf{j}-3\mathbf{k}$와 $\mathbf{v}=\mathbf{i}+3\mathbf{j}+\mathbf{k}$에 의해 주어진 평면에 수직인 단위벡터를 구해보자. 외적 $\mathbf{u}\times\mathbf{v}$는 $\mathbf{u}$와 $\mathbf{v}$ 모두와 직교하므로

$$\mathbf{u}\times\mathbf{v}=\begin{vmatrix}\mathbf{i} & \mathbf{j} & \mathbf{k}\\ 2 & 2 & -3\\ 1 & 3 & 1\end{vmatrix}=11\mathbf{i}-5\mathbf{j}+4\mathbf{k}$$

로부터 $\mathbf{u}\times\mathbf{v}$에 평행인 단위벡터는

$$\frac{\mathbf{u}\times\mathbf{v}}{\|\mathbf{u}\times\mathbf{v}\|}=\frac{11\mathbf{i}-5\mathbf{j}+4\mathbf{k}}{\sqrt{11^2+(-5)^2+4^2}}=\frac{11}{9\sqrt{2}}\mathbf{i}-\frac{5}{9\sqrt{2}}\mathbf{j}+\frac{4}{9\sqrt{2}}\mathbf{k}$$

가 된다. 따라서 $\mathbf{u}$와 $\mathbf{v}$ 모두에 수직인 단위벡터는

$$\frac{11}{9\sqrt{2}}\mathbf{i}-\frac{5}{9\sqrt{2}}\mathbf{j}+\frac{4}{9\sqrt{2}}\mathbf{k}$$

로 주어진다. 한편 또다른 벡터는

$$-\frac{11}{9\sqrt{2}}\mathbf{i}+\frac{5}{9\sqrt{2}}\mathbf{j}-\frac{4}{9\sqrt{2}}\mathbf{k}$$

이다.

외적을 표준기저벡터에 적용하면

$$\mathbf{i}\times\mathbf{j}=\mathbf{k},\ \mathbf{j}\times\mathbf{k}=\mathbf{i},\ \ \mathbf{k}\times\mathbf{i}=\mathbf{j}$$
$$\mathbf{j}\times\mathbf{i}=-\mathbf{k},\ \mathbf{k}\times\mathbf{j}=-\mathbf{i},\ \ \mathbf{i}\times\mathbf{k}=-\mathbf{j}$$

를 얻는다. 따라서 외적은 교환법칙이 성립하지 않는다. 또한

$$\mathbf{i}\times(\mathbf{i}\times\mathbf{j})=-\mathbf{j},\ (\mathbf{i}\times\mathbf{i})\times\mathbf{j}=\mathbf{0}$$

이므로, 곱에 관한 결합법칙도 성립하지 않는다. 그러나 외적에는 몇 가지 유용한 대수법칙이 성립한다.

다음 정리는 외적의 정의를 이용하여 쉽게 유도할 수 있다.

정리 12 외적의 성질

$\mathbf{u}$, $\mathbf{v}$와 $\mathbf{w}$가 R^3의 세 벡터이고, α가 스칼라일 때

(1) $\mathbf{u}\times\mathbf{0}=\mathbf{0}\times\mathbf{u}=\mathbf{0}$ (2) $\mathbf{u}\times\mathbf{v}=-\mathbf{v}\times\mathbf{u}$

(3) $(\alpha\mathbf{u})\times\mathbf{v}=\alpha(\mathbf{u}\times\mathbf{v})=\mathbf{u}\times(\alpha\mathbf{v})$ (4) $\mathbf{u}\times(\mathbf{v}+\mathbf{w})=\mathbf{u}\times\mathbf{v}+\mathbf{u}\times\mathbf{w}$

(5) $(\mathbf{u}+\mathbf{v})\times\mathbf{w}=\mathbf{u}\times\mathbf{w}+\mathbf{v}\times\mathbf{w}$

가 성립한다.

두 벡터 $\mathbf{u}$와 $\mathbf{v}$의 외적 $\mathbf{u}\times\mathbf{v}$는 $\mathbf{u}$와 $\mathbf{v}$를 지나는 평면에 수직이고, 방향은 오른손법칙에 의하여 주어진다. 한편 $\mathbf{u}\times\mathbf{v}$의 크기 $\|\mathbf{u}\times\mathbf{v}\|$은 다음 정리로 주어진다.

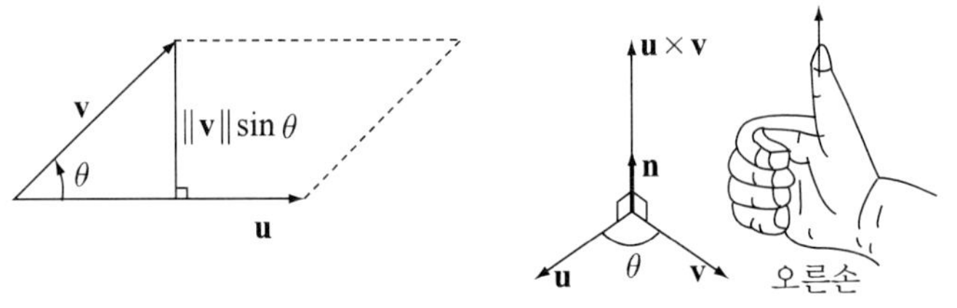

▌그림 1.12▐

정리 13

θ (단, $0\le\theta\le\pi$)가 두 벡터 $\mathbf{u}$와 $\mathbf{v}$의 사잇각이면

$$\|\mathbf{u}\times\mathbf{v}\|=\|\mathbf{u}\|\|\mathbf{v}\|\sin\theta$$

가 된다. 따라서 $\|\mathbf{u}\times\mathbf{v}\|$은 $\mathbf{u}$와 $\mathbf{v}$에 의하여 결정되는 평행사변형의 넓이와 같다.

(증명) 각 성분을 비교함으로써

$$\|\mathbf{u}\times\mathbf{v}\|^2=\|\mathbf{u}\|^2\|\mathbf{v}\|^2-(\mathbf{u}\cdot\mathbf{v})^2$$

임을 알 수 있다. 그런데 $(\mathbf{u}\cdot\mathbf{v})^2=\|\mathbf{u}\|^2\|\mathbf{v}\|^2\cos^2\theta$이므로

$$\begin{aligned}\|\mathbf{u}\times\mathbf{v}\|^2&=\|\mathbf{u}\|^2\|\mathbf{v}\|^2-\|\mathbf{u}\|^2\|\mathbf{v}\|^2\cos^2\theta\\&=\|\mathbf{u}\|^2\|\mathbf{v}\|^2(1-\cos^2\theta)=\|\mathbf{u}\|^2\|\mathbf{v}\|^2\sin^2\theta\end{aligned}$$

이다. 따라서 $0\le\theta\le\pi$일 때 $\sin\theta\ge 0$이므로

$$\|\mathbf{u}\times\mathbf{v}\|=\|\mathbf{u}\|\|\mathbf{v}\|\sin\theta$$

가 된다. ◆

물리학자는, 외적 $\mathbf{u}\times\mathbf{v}$를 오른손법칙에 의하여 결정되는 방향에 따라 $\mathbf{u}$와 $\mathbf{v}$ 모두에 수직이 되고 크기가 $\|\mathbf{u}\|\|\mathbf{v}\|\sin\theta$인 벡터, 즉

$$\mathbf{u}\times\mathbf{v}=\|\mathbf{u}\|\|\mathbf{v}\|\sin\theta\,\mathbf{n}$$

으로 정의한다. 여기서 $\mathbf{n}$은 $\mathbf{u}$와 $\mathbf{v}$ 모두에 수직인 단위벡터이다. 따라서 $\mathbf{0}$이 아닌 두 벡터 $\mathbf{u}$와 $\mathbf{v}$가 평행일 필요충분조건은 $\mathbf{u}\times\mathbf{v}=\mathbf{0}$이 된다.

예제 a, b와 c를 크기로 갖는 세 벡터 $\mathbf{a}$, $\mathbf{b}$와 $\mathbf{c}$가 삼각형 $\triangle ABC$의 세 변을 나타낼 때

$$\frac{\sin A}{a}=\frac{\sin B}{b}=\frac{\sin C}{c}$$

가 성립한다. 이것을 평면 삼각형에 대한 **사인법칙**(the law of sines) 또는 **정현법칙**이라 한다.

(증명) a, b 와 c를 크기로 갖는 세 벡터 $\mathbf{a}$, $\mathbf{b}$와 $\mathbf{c}$가 삼각형 $\triangle ABC$의 세 변을 나타낸다고 하면, $\mathbf{a}+\mathbf{b}+\mathbf{c}=\mathbf{0}$이 된다.

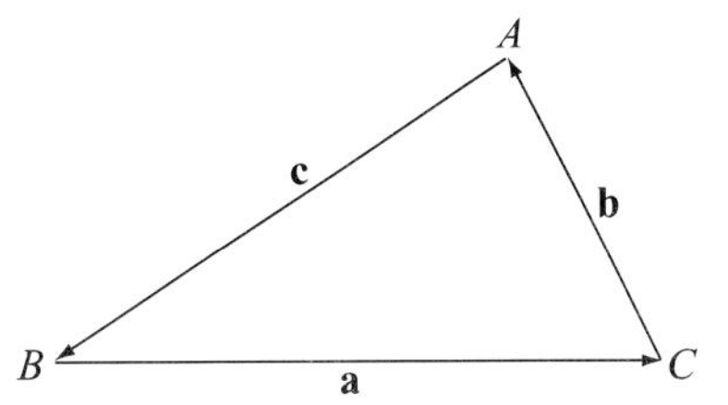

▌그림 1.13▐

양변에 계속해서 $\mathbf{a}$, $\mathbf{b}$와 $\mathbf{c}$를 곱하면 $\mathbf{a}\times\mathbf{b}=\mathbf{b}\times\mathbf{c}=\mathbf{c}\times\mathbf{a}$, 즉

$$ab\sin C=bc\sin A=ca\sin B$$

를 얻는다. 따라서

$$\frac{\sin A}{a}=\frac{\sin B}{b}=\frac{\sin C}{c}$$

가 성립한다. ◈

예제 이웃하는 세 꼭지점이 $P(1,\ 4,\ 6)$, $Q(-2,\ 5,\ -1)$과 $R(1,\ -1,\ 1)$인 삼각형 $\triangle PQR$의 면적 A를 구하시오.

(풀이) 유향선분 $\overrightarrow{PQ}$와 $\overrightarrow{PR}$에 대응되는 벡터는 각각

$$\mathbf{u}=(-3,\ 1,\ -7),\ \ \mathbf{v}=(0,\ -5,\ -5)$$

이므로, 두 벡터의 외적 $\mathbf{u}\times\mathbf{v}$는

$$\mathbf{u}\times\mathbf{v}=\begin{vmatrix}\mathbf{i} & \mathbf{j} & \mathbf{k}\\ -3 & 1 & -7\\ 0 & -5 & -5\end{vmatrix}=-40\mathbf{i}-15\mathbf{j}+15\mathbf{k}$$

이다. 따라서 삼각형 $\triangle PQR$의 면적 A는

$$A=\frac{1}{2}\|\mathbf{u}\times\mathbf{v}\|=\frac{5\sqrt{82}}{2}$$

으로 주어진다. ◆

참고 (능률과 능률벡터) 점 P 둘레에 힘 $\mathbf{F}$의 능률(모멘트) m은 P에서 $\mathbf{F}$의 작용선에 내린 수직거리에 $\mathbf{F}$의 크기 $\|\mathbf{F}\|=F$를 곱한 것이다. 따라서 P에서 $\mathbf{F}$의 시점 Q에 이르는 벡터를 $\mathbf{r}$이라 하면

$$m=F(r\cos\theta)=rF\sin\theta=\|\mathbf{r}\times\mathbf{F}\|$$

으로 주어진다. 또한 $\mathbf{r}$과 $\mathbf{F}$에 의해 정해지는 평면에 대하여 점 P에서 직교하는 오른손 나사를 생각하면, 점 P에서 힘 $\mathbf{F}$의 능률벡터 $\mathbf{M}$은

$$\mathbf{M}=\mathbf{r}\times\mathbf{F}$$

로 정의된다. □

예 어떤 볼트에 길이가 30cm인 렌치를 가지고 60° 아래 방향으로 30 N(뉴턴)의 힘을 줄 때, 볼트의 중심에 대한 능률은

$$\begin{aligned}m&=\|\mathbf{r}\times\mathbf{F}\|=\|\mathbf{r}\|\|\mathbf{F}\|\sin 60^\circ\\ &=0.3\times 50\times\frac{\sqrt{3}}{2}\approx 13(\mathrm{N}\cdot m)=13\,\mathrm{J}\ (\text{줄})\end{aligned}$$

로 주어진다.

1.4 벡터의 삼중적

세 벡터 $\mathbf{u}$, $\mathbf{v}$와 $\mathbf{w}$의 삼중적은 $(\mathbf{u}\cdot\mathbf{v})\mathbf{w}$, $\mathbf{u}\cdot(\mathbf{v}\times\mathbf{w})$와 $\mathbf{u}\times(\mathbf{v}\times\mathbf{w})$로 생각할 수 있다.

(1) $(\mathbf{u}\cdot\mathbf{v})\mathbf{w}$

$\mathbf{u}\cdot\mathbf{v}$가 스칼라이므로, $(\mathbf{u}\cdot\mathbf{v})\mathbf{w}$는 단순히 벡터에 스칼라를 곱한 것으로써

$$(\mathbf{u}\cdot\mathbf{v})\mathbf{w} \neq \mathbf{u}(\mathbf{v}\cdot\mathbf{w})$$

가 된다.

(2) $\mathbf{u}\cdot(\mathbf{v}\times\mathbf{w})$

정의 14	스칼라삼중적
$\mathbf{u}$, $\mathbf{v}$와 $\mathbf{w}$가 R^3의 세 벡터일 때, 스칼라 $\mathbf{u}\cdot(\mathbf{v}\times\mathbf{w})$ 를 **스칼라삼중적**(scalar triple product)이라 한다.	

참고 세 벡터

$$\mathbf{u} = a_1\mathbf{i} + b_1\mathbf{j} + c_1\mathbf{k},\ \mathbf{v} = a_2\mathbf{i} + b_2\mathbf{j} + c_2\mathbf{k},\ \mathbf{w} = a_3\mathbf{i} + b_3\mathbf{j} + c_3\mathbf{k}$$

의 스칼라삼중적은 행렬식

$$\mathbf{u}\cdot(\mathbf{v}\times\mathbf{w}) = \begin{vmatrix} a_1 & b_1 & c_1 \\ a_2 & b_2 & c_2 \\ a_3 & b_3 & c_3 \end{vmatrix}$$

로 표현할 수 있으므로, 행렬식의 성질로부터

$$\mathbf{u}\cdot(\mathbf{v}\times\mathbf{w}) = \mathbf{v}\cdot(\mathbf{w}\times\mathbf{u}) = \mathbf{w}\cdot(\mathbf{u}\times\mathbf{v})$$

를 얻는다. 따라서 $\mathbf{u}\cdot(\mathbf{v}\times\mathbf{w}) = (\mathbf{u}\times\mathbf{v})\cdot\mathbf{w}$가 성립한다. □

예 $\mathbf{u}$와 $\mathbf{v}$가 R^3의 두 벡터일 때

$$\mathbf{u}\cdot(\mathbf{u}\times\mathbf{v})=\mathbf{v}\cdot(\mathbf{u}\times\mathbf{v})=0$$

이 된다.

스칼라삼중적의 기하학적 의미는 한 꼭지점을 공유하는 세 변으로서 오른손법칙을 갖는 세 벡터 $\mathbf{u}$, $\mathbf{v}$와 $\mathbf{w}$에 의하여 결정되는 평행육면체를 생각함으로 알 수 있다.

정리 15

세 벡터 $\mathbf{u}$, $\mathbf{v}$와 $\mathbf{w}$가 비공면벡터일 때, $\mathbf{u}$, $\mathbf{v}$와 $\mathbf{w}$에 의하여 결정되는 평행육면체의 체적 V는

$$V=|\mathbf{u}\cdot(\mathbf{v}\times\mathbf{w})|$$

으로 주어진다.

(증명)

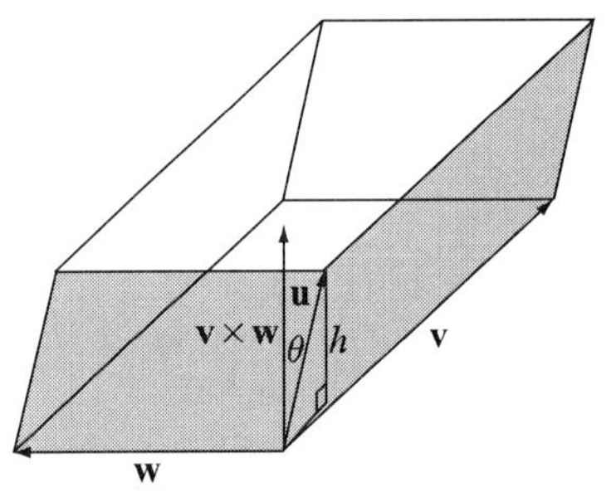

▌그림 1.14▐

평행육면체의 밑면은 평행사변형이므로, 밑면의 면적 A는 $A=\|\mathbf{v}\times\mathbf{w}\|$이다. 또한 θ를 $\mathbf{u}$와 $\mathbf{v}\times\mathbf{w}$의 사잇각이라 하면, 평행육면체의 높이 h는 $h=\|\mathbf{u}\|\,|\cos\theta|$이 된다. 따라서 평행육면체의 체적 V는

$$V=Ah=\|\mathbf{v}\times\mathbf{w}\|\|\mathbf{u}\||\cos\theta|=|\mathbf{u}\cdot(\mathbf{v}\times\mathbf{w})|$$

으로 주어진다. ◆

참고 스칼라삼중적을 이용하여, 세 벡터가 동일 평면 위에 놓여 있음을 보일 수 있다. 세 벡터 $\mathbf{u}$, $\mathbf{v}$와 $\mathbf{w}$가 동일 평면 위에 있을 필요충분조건은 $\mathbf{u}\cdot(\mathbf{v}\times\mathbf{w})=0$이다. □

예제 모두가 같은 직선 위에 있지 않은 세 점 P, Q와 R이 주어진 원점에 관해서 위치벡터 $\mathbf{a}$, $\mathbf{b}$와 $\mathbf{c}$를 가질 때, 벡터

$$\mathbf{a}\times\mathbf{b}+\mathbf{b}\times\mathbf{c}+\mathbf{c}\times\mathbf{a}$$

는 P, Q와 R에 의해 결정된 평면에 수직이다.

(증명) $\mathbf{r}$을 P, Q와 R에 의해 결정된 평면 위의 임의의 점의 위치벡터라 하자. 그러면 $\mathbf{r}-\mathbf{a}$, $\mathbf{b}-\mathbf{a}$와 $\mathbf{c}-\mathbf{a}$는 동일 평면 위에 있다. 따라서 $(\mathbf{r}-\mathbf{a})\cdot(\mathbf{b}-\mathbf{a})\times(\mathbf{c}-\mathbf{a})=0$, 즉

$$(\mathbf{r}-\mathbf{a})\cdot(\mathbf{a}\times\mathbf{b}+\mathbf{b}\times\mathbf{c}+\mathbf{c}\times\mathbf{a})=0$$

이 된다. 그러므로 $\mathbf{a}\times\mathbf{b}+\mathbf{b}\times\mathbf{c}+\mathbf{c}\times\mathbf{a}$는 P, Q와 R에 의해 결정된 평면에 수직이다. ◈

(3) $\mathbf{u}\times(\mathbf{v}\times\mathbf{w})$

정의 16	벡터삼중적

세 벡터 $\mathbf{u}$, $\mathbf{v}$와 $\mathbf{w}$가 R^3의 벡터일 때, $\mathbf{u}$, $\mathbf{v}$와 $\mathbf{w}$의 벡터삼중적(triple vector product)은 벡터

$$\mathbf{u}\times(\mathbf{v}\times\mathbf{w})$$

로 정의된다.

벡터삼중적은 결합법칙이 성립하지 않는다. 즉 세 벡터 $\mathbf{u}$, $\mathbf{v}$와 $\mathbf{w}$가 R^3의 벡터일 때, 일반적으로

$$\mathbf{u}\times(\mathbf{v}\times\mathbf{w})\neq(\mathbf{u}\times\mathbf{v})\times\mathbf{w}$$

가 된다.

예 세 벡터 $\mathbf{u}=2\mathbf{i}+\mathbf{j}+\mathbf{k}$, $\mathbf{v}=\mathbf{i}-\mathbf{j}-\mathbf{k}$와 $\mathbf{w}=\mathbf{i}+2\mathbf{j}$에 대하여

$$(\mathbf{u}\times\mathbf{v})\times\mathbf{w}=6\mathbf{i}-3\mathbf{j}-3\mathbf{k},\ \mathbf{u}\times(\mathbf{v}\times\mathbf{w})=4\mathbf{i}-4\mathbf{j}-4\mathbf{k}$$

이므로

$$\mathbf{u}\times(\mathbf{v}\times\mathbf{w})\neq(\mathbf{u}\times\mathbf{v})\times\mathbf{w}$$

가 성립한다.

참고 괄호를 생략하여 $\mathbf{u}\cdot(\mathbf{v}\times\mathbf{w})$를 간략히 $\mathbf{u}\cdot\mathbf{v}\times\mathbf{w}$로 표시하기도 한다. 그러나 $\mathbf{u}\times(\mathbf{v}\times\mathbf{w})$의 괄호는 반드시 사용하여야 함에 유의한다. □

정리 17 라그랑주 항등식

$\mathbf{u}$, $\mathbf{v}$와 $\mathbf{w}$가 R^3의 세 벡터일 때, 다음이 성립한다.

(1) $\mathbf{u}\times(\mathbf{v}\times\mathbf{w})=(\mathbf{u}\cdot\mathbf{w})\mathbf{v}-(\mathbf{u}\cdot\mathbf{v})\mathbf{w}$

(2) $(\mathbf{u}\times\mathbf{v})\times\mathbf{w}=(\mathbf{u}\cdot\mathbf{w})\mathbf{v}-(\mathbf{v}\cdot\mathbf{w})\mathbf{u}$

예 $\mathbf{u}$, $\mathbf{v}$와 $\mathbf{w}$가 R^3의 세 벡터일 때

$$\mathbf{u}\times(\mathbf{v}\times\mathbf{w})+\mathbf{v}\times(\mathbf{w}\times\mathbf{u})+\mathbf{w}\times(\mathbf{u}\times\mathbf{v})=\mathbf{0}$$

이 성립한다.

정리 18

$\mathbf{u}$, $\mathbf{v}$, $\mathbf{w}$와 $\mathbf{y}$가 R^3의 네 벡터일 때, 다음이 성립한다.

(1) $(\mathbf{u}\times\mathbf{v})\cdot(\mathbf{w}\times\mathbf{y})=(\mathbf{u}\cdot\mathbf{w})(\mathbf{v}\cdot\mathbf{y})-(\mathbf{u}\cdot\mathbf{y})(\mathbf{v}\cdot\mathbf{w})$

(2) $(\mathbf{u}\times\mathbf{v})\times(\mathbf{w}\times\mathbf{y})=[\mathbf{u}\cdot(\mathbf{v}\times\mathbf{y})]\mathbf{w}-[\mathbf{u}\cdot(\mathbf{v}\times\mathbf{w})]\mathbf{y}$

참고 (벡터의 상반집합) 벡터 $\mathbf{a}$, $\mathbf{b}$, $\mathbf{c}$와 $\mathbf{a}'$, $\mathbf{b}'$, $\mathbf{c}'$이

$$\mathbf{a}\cdot\mathbf{a}'=\mathbf{b}\cdot\mathbf{b}'=\mathbf{c}\cdot\mathbf{c}'=1$$
$$\mathbf{a}'\cdot\mathbf{b}=\mathbf{a}'\cdot\mathbf{c}=\mathbf{b}'\cdot\mathbf{a}=\mathbf{b}'\cdot\mathbf{c}=\mathbf{c}'\cdot\mathbf{a}=\mathbf{c}'\cdot\mathbf{b}=0$$

을 만족할 때 상반벡터라 하고, 상반벡터의 집합 $\{\mathbf{a}, \mathbf{b}, \mathbf{c}\}$와 $\{\mathbf{a}', \mathbf{b}', \mathbf{c}'\}$을 상반집합 (reciprocal sets)이라 한다. □

1.5 직선과 평면의 방정식

이 절에서는 벡터의 내적을 이용하여, 공간에서의 직선과 평면의 방정식을 구하고, 이들 사이의 관계를 살펴본다.

1. 직선의 벡터방정식

삼차원 공간에서 직선 L은 L 위의 한 점 $P_0(x_0, y_0, z_0)$와 L의 방향이 주어지면 구할 수 있다.

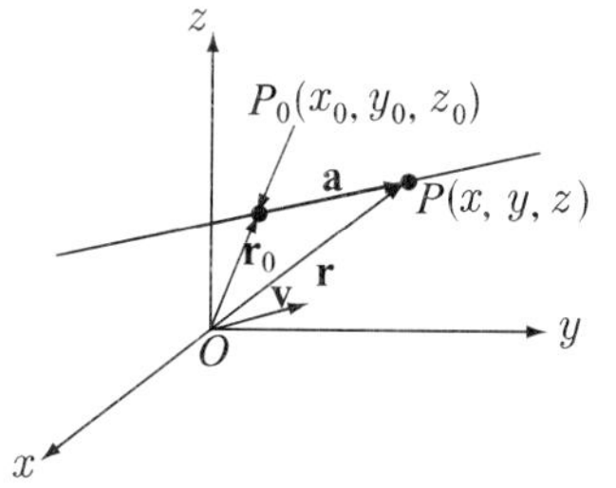

그림 1.15

L과 평행인 벡터를 $\mathbf{v}$, L 위의 임의의 점을 $P(x, y, z)$, $\mathbf{r}_0$와 $\mathbf{r}$을 각각 P_0와 P의 위치벡터라 하고, $\mathbf{a}$를 $\overrightarrow{P_0P}$를 표현으로 갖는 하나의 벡터라 하면, $\mathbf{r}=\mathbf{r}_0+\mathbf{a}$를 얻는다. 그런데 $\mathbf{a}$와 $\mathbf{v}$가 평행이므로, $\mathbf{a}=t\mathbf{v}$를 만족하는 스칼라 t가 존재한다. 이때

$$\mathbf{r}=\mathbf{r}_0+t\mathbf{v} \ (\text{단, } t\in R)$$

를 직선 L의 **벡터방정식**(vector equation)이라 하고, t를 매개변수라 한다. 한편 벡터 $\mathbf{v}$를 $\mathbf{v}=(a, b, c)$라 놓으면 $t\mathbf{v}=(ta, tb, tc)$이므로, $\mathbf{r}=(x, y, z)$와 $\mathbf{r}_0=(x_0, y_0, z_0)$라 할 때 벡터방정식은

$$(x, y, z)=(x_0+ta, y_0+tb, z_0+tc)$$

가 된다. 그러므로 $t\in R$일 때 세 방정식

$$x=x_0+ta, \ y=y_0+tb, \ z=z_0+tc$$

를 얻는다. 이 방정식을 점 $P_0(x_0, y_0, z_0)$를 지나고, 벡터 $\mathbf{v}=(a, b, c)$에 평행인 직선 L의 **매개변수방정식**(parametric equation)이라 한다.

참고 시점과 종점의 위치벡터가 각각 $\mathbf{a}$와 $\mathbf{b}$로 주어진 선분의 벡터방정식은

$$\mathbf{r}=\alpha\mathbf{a}+\beta\mathbf{b} \ (\text{단, } \alpha+\beta=1)$$

로 나타낼 수 있다. □

예제 한 점 (2, 0, 4)를 지나고 벡터 $2\mathbf{i}+\mathbf{j}+3\mathbf{k}$에 평행인 직선의 벡터방정식과 매개변수방정식을 구하시오.

(풀이) $\mathbf{r}_0=(2, 0, 4)$이고 $\mathbf{v}=(2, 1, 3)$이므로, 벡터방정식은

$$\mathbf{r}=(2\mathbf{i}+4\mathbf{k})+t(2\mathbf{i}+\mathbf{j}+3\mathbf{k})$$

또는

$$\mathbf{r}=(2+2t)\mathbf{i}+t\mathbf{j}+(4+3t)\mathbf{k}$$

이고, 매개변수방정식은

$$x=2+2t,\ y=t,\ z=4+3t$$

로 주어진다. ◈

일반적으로 벡터 $\mathbf{v}=(a, b, c)$가 직선 L의 방향을 결정할 때, a, b와 c를 L의 **방향수**(direction number)라 한다. 직선 L을 표현하는 다른 방법은 매개변수방정식에서 매개변수 t를 소거하는 것이다. a, b와 c 중 어느 것도 0이 아니면

$$\frac{x-x_0}{a}=\frac{y-y_0}{b}=\frac{z-z_0}{c}$$

를 얻는다. 이 방정식을 L의 **대칭방정식**(symmetric equation)이라 한다. a, b와 c 중 어느 하나가 0인 경우에도 역시 t를 소거할 수 있다.

예 $a=0$일 때, L의 방정식은

$$x=x_0,\ \frac{y-y_0}{b}=\frac{z-z_0}{c}$$

로 주어진다. 이것은 L이 수직면 $x=x_0$ 위에 놓여 있음을 의미한다.

예제 두 점 $A(2, 4, -3)$과 $B(3, -1, 1)$을 지나는 직선의 매개변수방정식과 대칭방정식을 구하시오.

(풀이) $\overrightarrow{AB}$를 가지는 벡터는 $\mathbf{v}=(1, -5, 4)$이고, $\mathbf{v}$는 직선과 평행이며, 방향수는 $a=1$, $b=-5$와 $c=4$이다. 따라서 점 $A(2, 4, -3)$을 P_0라 두면, 매개변수방정식은

$$x=2+t,\ y=4-5t,\ z=-3+4t$$

이고, 대칭방정식은

$$\frac{x-2}{1}=\frac{y-4}{-5}=\frac{z+3}{4}$$

이 된다. ◆

참고 두 점 $P_0(x_0,\ y_0,\ z_0)$와 $P_1(x_1,\ y_1,\ z_1)$을 지나는 직선 L의 방향수가 x_1-x_0, y_1-y_0와 z_1-z_0이므로, 직선 L의 대칭방정식은

$$\frac{x-x_0}{x_1-x_0}=\frac{y-y_0}{y_1-y_0}=\frac{z-z_0}{z_1-z_0}$$

로 주어진다. □

2. 평면의 벡터방정식

공간에서 평면의 방정식은 평면 π 위의 한 점 $P_0(x_0,\ y_0,\ z_0)$와 평면 위의 모든 벡터와 수직인 벡터 $\mathbf{n}$에 의하여 유일하게 결정된다. 이때 평면 π에 수직인 벡터 $\mathbf{n}$을 **법선벡터**(normal vector)라 한다.

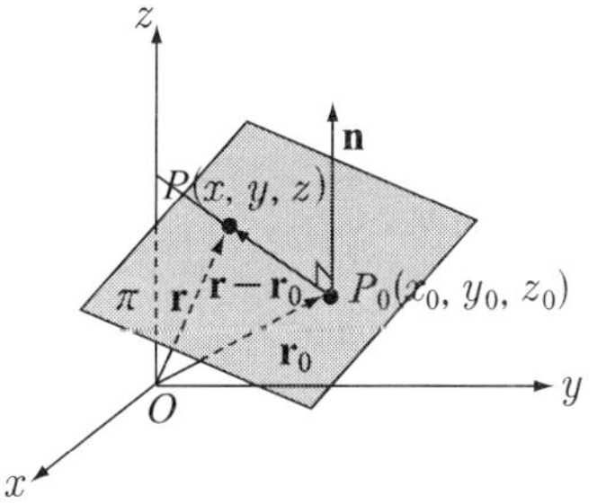

▌그림 1.16▐

$P(x,\ y,\ z)$를 평면 위의 임의의 점이라 하고, $\mathbf{r}_0$와 $\mathbf{r}$을 P_0와 P의 위치벡터라 하면 벡터 $\mathbf{r}-\mathbf{r}_0$는 $\overrightarrow{P_0P}$로 표현된다. 그런데 법선벡터 $\mathbf{n}$은 $\mathbf{r}-\mathbf{r}_0$와 직교하므로

$$\mathbf{n}\cdot(\mathbf{r}-\mathbf{r}_0)=0,\ \text{즉}\ \ \mathbf{n}\cdot\mathbf{r}=\mathbf{n}\cdot\mathbf{r}_0$$

가 성립한다. 이 방정식을 **평면의 벡터방정식**이라 한다. 이제 $\mathbf{n}=(a,\ b,\ c)$, $\mathbf{r}=(x,\ y,\ z)$, 그리고 $\mathbf{r}_0=(x_0,\ y_0,\ z_0)$라 놓으면, 벡터방정식은

$$(a,\ b,\ c)\cdot(x-x_0,\ y-y_0,\ z-z_0)=0$$

즉

$$a(x-x_0)+b(y-y_0)+c(z-z_0)=0$$

으로 변형된다. 이때 $d=ax_0+by_0+cz_0$라 놓으면 벡터방정식은 $ax+by+cz=d$로 유도된다. 역으로 a, b와 c가 모두는 0이 아닐 때, $ax+by+cz=d$는 법선벡터가 $\mathbf{n}=(a,\ b,\ c)$인 평면을 나타낸다.

예제 세 점 $P(1,\ 2,\ 1)$, $Q(-2,\ 3,\ -1)$과 $R(1,\ 0,\ 4)$를 지나는 평면의 방정식을 구하시오.

풀이 벡터 $\overrightarrow{PQ}=-3\mathbf{i}+\mathbf{j}-2\mathbf{k}$와 $\overrightarrow{PR}=-2\mathbf{j}+3\mathbf{k}$는 평면 위에 있으므로 법선벡터와 수직이다. 그런데

$$\mathbf{n}=\overrightarrow{PQ}\times\overrightarrow{PR}=\begin{vmatrix}\mathbf{i}&\mathbf{j}&\mathbf{k}\\-3&1&-2\\0&-2&3\end{vmatrix}=-\mathbf{i}+9\mathbf{j}+6\mathbf{k}$$

이므로, 평면의 방정식은

$$-(x-1)+9(y-2)+6(z-1)=0,\ \text{즉}\ -x+9y+6z=23$$

이 된다. ◈

참고 세 점 $P_1(x_1,\ y_1,\ z_1)$, $P_2(x_2,\ y_2,\ z_2)$와 $P_3(x_3,\ y_3,\ z_3)$의 위치벡터를 각각 $\mathbf{r}_1=x_1\mathbf{i}+y_1\mathbf{j}+z_1\mathbf{k}$, $\mathbf{r}_2=x_2\mathbf{i}+y_2\mathbf{j}+z_2\mathbf{k}$와 $\mathbf{r}_3=x_3\mathbf{i}+y_3\mathbf{j}+z_3\mathbf{k}$라 할 때, P_1, P_2와 P_3를 지나는 평면의 방정식은

$$\begin{vmatrix}x-x_1&y-y_1&z-z_1\\x_2-x_1&y_2-y_1&z_2-z_1\\x_3-x_1&y_3-y_1&z_3-z_1\end{vmatrix}=0$$

으로 주어진다. □

두 평면은 그들의 법선벡터가 평행일 때 평행이 된다. 두 평면이 평행이 아니면, 그들은 한 직선에서 만나고 두 평면의 사잇각은 그들의 법선벡터 사이의 예각으로 정의한다.

정리 19

한 점 $P_1(x_1,\ y_1,\ z_1)$에서 평면 $ax+by+cz=d$까지의 거리 D는

$$D=\frac{|ax_1+by_1+cz_1-d|}{\sqrt{a^2+b^2+c^2}}$$

으로 주어진다.

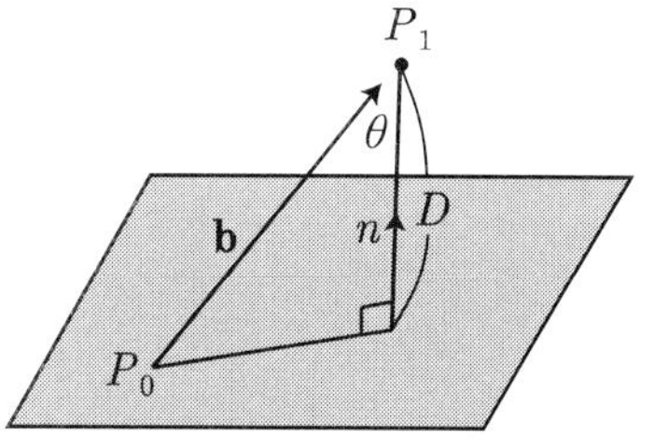

▌그림 1.17▐

(증명) 평면 위의 한 점을 $P_0(x_0,\ y_0,\ z_0)$라 하고, $\mathbf{b}$를 $\overrightarrow{P_0P_1}$에 대응하는 벡터라 하면 $\mathbf{b}=(x_1-x_0,\ y_1-y_0,\ z_1-z_0)$이다. 그런데 P_1에서 평면까지의 거리는 법선벡터 $\mathbf{n}=(a,\ b,\ c)$ 위로의 $\mathbf{b}$의 스칼라사영의 절대값과 같으므로

$$\begin{aligned} D &= \|\mathbf{b}\||\cos\theta| = \frac{|\mathbf{n}\cdot\mathbf{b}|}{\|\mathbf{n}\|} \\ &= \frac{|a(x_1-x_0)+b(y_1-y_0)+c(z_1-z_0)|}{\sqrt{a^2+b^2+c^2}} \\ &= \frac{|(ax_1+by_1+cz_1)-(ax_0+by_0+cz_0)|}{\sqrt{a^2+b^2+c^2}} \end{aligned}$$

이 된다. 그런데 $ax_0+by_0+cz_0=d$이므로

$$D=\frac{|ax_1+by_1+cz_1-d|}{\sqrt{a^2+b^2+c^2}}$$

으로 주어진다. ◆

예제 벡터 $\mathbf{a}=2\mathbf{i}+3\mathbf{j}+6\mathbf{k}$에 수직이고, 벡터 $\mathbf{b}=\mathbf{i}+5\mathbf{j}+3\mathbf{k}$의 종점을 지나는 평면의 방정식을 구하시오. 또한 원점으로부터 이 평면에 이르는 거리를 구하시오.

(풀이) $\mathbf{r}$을 평면 위의 임의의 점 $P(x,\ y,\ z)$의 위치벡터라 하고 Q를 벡터 $\mathbf{b}$의 종점이라 하면, $\overrightarrow{PQ}=\mathbf{b}-\mathbf{r}$이 $\mathbf{a}$에 수직이므로

$$(\mathbf{b}-\mathbf{r})\cdot\mathbf{a}=0 \text{ 또는 } \mathbf{r}\cdot\mathbf{a}=\mathbf{b}\cdot\mathbf{a}$$

가 구하는 평면의 방정식이 된다. 따라서

$$(x\mathbf{i}+y\mathbf{j}+z\mathbf{k})\cdot(2\mathbf{i}+3\mathbf{j}+6\mathbf{k})=(\mathbf{i}+5\mathbf{j}+3\mathbf{k})\cdot(2\mathbf{i}+3\mathbf{j}+6\mathbf{k})$$

즉 $2x+3y+6z=35$를 얻는다. 이제 원점으로부터 평면에 이르는 거리를 구해 보자. 원점으로부터 평면에 이르는 거리 D는 $\mathbf{a}$ 위로의 $\mathbf{b}$ 의 스칼라사영의 절대값과 같으므로

$$\begin{aligned} D &= \left|\mathbf{b}\cdot\frac{\mathbf{a}}{\|\mathbf{a}\|}\right| \\ &= \left|(\mathbf{i}+5\mathbf{j}+3\mathbf{k})\cdot\left(\frac{2}{7}\mathbf{i}+\frac{3}{7}\mathbf{j}+\frac{6}{7}\mathbf{k}\right)\right| = 5 \end{aligned}$$

가 된다. ◆

참고 (**유향평면과 면적벡터**) 한 평면에서 겉과 속을 생각할 때 **유향평면**(oriented plane)이라 하고, 속에서 겉을 향하여 유향평면에 수직인 단위벡터 $\mathbf{n}$을 이 유향평면의 단위법선벡터라 한다.

유향평면 π 위에서 단순닫힌곡선 C로 둘러싸인 영역 D의 넓이를 S라 하고, D에 π와 같은 겉과 속을 생각한다. 즉 C에 π와 같은 회전방향을 D의 방향으로 나타낸다. 이때 D에 대하여 벡터

$$\mathbf{S}=S\mathbf{n}$$

을 방향이 있는 영역 D의 **면적벡터**(areal vector)라 한다. 여기서 $\mathbf{n}$은 π의 단위법선벡터이다.

한편 면적벡터 $\mathbf{S}$의 도형 D를 유향평면 π 위에 정사영하여 얻어지는 도형 D'의 넓이를 S'이라 하면

$$S'=\mathbf{S}\cdot\mathbf{n}$$

이 된다. 여기서 S'의 부호는 D와 π의 방향관계로부터 결정된다. □

예 두 벡터 $\mathbf{a}=\overrightarrow{OA}$와 $\mathbf{b}=\overrightarrow{OB}$의 외적 $\mathbf{a}\times\mathbf{b}$를 생각하면, 삼각형 $\triangle OAB$의 면적벡터는

$$\mathbf{S}=\frac{1}{2}(\mathbf{a}\times\mathbf{b})$$

로 주어진다.

1.6 벡터공간

1. 벡터공간

본 절에서는 지금까지의 개념을 실벡터공간이라는 추상적 세계로 일반화한다.

정의 20	실벡터공간

공집합이 아닌 집합 V가 두 연산 덧셈과 스칼라곱에 대하여 닫혀있고 다음 조건을 만족할 때, V를 R 위에서의 벡터공간, 또는 간단히 **실벡터공간**(real vector space)이라 한다.

(1) $\mathbf{x}+\mathbf{y}=\mathbf{y}+\mathbf{x}$ (단, $\mathbf{x}, \mathbf{y} \in V$)

(2) $(\mathbf{x}+\mathbf{y})+\mathbf{z}=\mathbf{x}+(\mathbf{y}+\mathbf{x})$ (단, $\mathbf{x}, \mathbf{y}, \mathbf{z} \in V$)

(3) 모든 $\mathbf{x} \in V$에 대하여, $\mathbf{x}+\boldsymbol{\theta}=\mathbf{x}$를 만족하는 $\boldsymbol{\theta} \in V$가 존재한다.

(4) 각 $\mathbf{x} \in V$에 대하여, $\mathbf{x}+(-\mathbf{x})=\boldsymbol{\theta}$를 만족하는 $-\mathbf{x} \in V$가 존재한다.

(5) $\lambda(\mathbf{x}+\mathbf{y})=\lambda\mathbf{x}+\lambda\mathbf{y}$ (단, $\lambda \in R$, $\mathbf{x}, \mathbf{y} \in V$)

(6) $(\lambda+\mu)\mathbf{x}=\lambda\mathbf{x}+\mu\mathbf{x}$ (단, $\lambda, \mu \in R$, $\mathbf{x} \in V$)

(7) $\lambda(\mu\mathbf{x})=(\lambda\mu)\mathbf{x}$ (단, $\lambda, \mu \in R$, $\mathbf{x} \in V$)

(8) $1 \cdot \mathbf{x}=\mathbf{x}$ (단, $\mathbf{x} \in V$)

이 책에서는 특별한 언급이 없는 한, 실벡터공간을 간단히 벡터공간이라 한다. '실'이라는 글자의 의미는 사용된 스칼라가 실수라는 것이다. 실수 대신 복소수를 사용함으로 복소벡터공간을 정의할 수 있다. 벡터는 벡터공간의 원소로 주어지고, 특히 $\boldsymbol{\theta}$를 **가법항등원**이라 한다.

예 $V=\{\mathbf{0}\}$은 벡터공간이 된다. 이것을 **자명한 벡터공간**(trivial vector space)이라 한다. 그러나 $V=\{(x, y) \mid y=2x+1, x \in R\}$, 즉 직선 $y=2x+1$ 위의 점들의 집합 V는 벡터공간이 아니다. 왜냐하면 (x_1, y_1)과 (x_2, y_2)가 V의 두 점이라 할 때, $(x_1+x_2, y_1+y_2) \notin V$이기 때문이다.

예 n차원 유클리드 공간 $R^n=\{\mathbf{x} \mid \mathbf{x}=(x_1, x_2, \cdots, x_n), x_i \in R\}$ 위에서 덧셈과 스칼라곱을

$$\mathbf{x}+\mathbf{y}=(x_1+y_1, x_2+y_2, \cdots, x_n+y_n), \quad \alpha\mathbf{x}=(\alpha x_1, \alpha x_2, \cdots, \alpha x_n)$$

으로 정의하면, R^n은 벡터공간이 된다. 사실 R^n은 R^2과 R^3의 자연스러운 일반화이다. R^n에서 벡터 $\mathbf{x}$는 **행벡터** (row vector) 또는 **열벡터** (column vector)로 표현된다.

예 $V = C[0, 1] = \{f \mid f : [0, 1] \to R$은 연속함수$\}$ 위에서 덧셈과 스칼라곱을

$$(f+g)(x) = f(x) + g(x), \ (\alpha f)(x) = \alpha f(x)$$

로 정의하면 $C[0, 1]$은 벡터공간이 된다.

참고 V를 $C^n = \{\mathbf{x} \mid \mathbf{x} = (x_1, x_2, \cdots, x_n), x_i$는 복소수$\}$라 하고 스칼라 집합을 복소수집합이라고 할 때, 덧셈과 스칼라곱을

$$\mathbf{x} + \mathbf{y} = (x_1 + y_1, x_2 + y_2, \cdots, x_n + y_n), \ \alpha\mathbf{x} = (\alpha x_1, \alpha x_2, \cdots, \alpha x_n)$$

으로 정의하면 C^n은 벡터공간이 된다. □

정리 21

V가 벡터공간일 때, 다음이 성립한다.

(1) 모든 실수 α에 대하여, $\alpha\mathbf{0} = \mathbf{0}$

(2) 모든 $\mathbf{x} \in V$에 대하여, $0\mathbf{x} = \mathbf{0}$

(3) 만일 $\alpha\mathbf{x} = \mathbf{0}$이면, $\alpha = 0$ 또는 $\mathbf{x} = \mathbf{0}$이다.

(4) 모든 $\mathbf{x} \in V$에 대하여, $(-1)\mathbf{x} = -\mathbf{x}$이다.

이때 $-\mathbf{x}$를 $\mathbf{x}$의 덧셈에 관한 **역원**이라고 한다.

2. 부분공간

벡터공간은 벡터공간이 되는 부분집합을 포함한다.

정의 22 부분공간

H가 벡터공간 V의 공집합이 아닌 부분집합이고 V에서 정의된 덧셈과 스칼라곱에 대하여 벡터공간이 되면, H를 V의 **부분공간** (subspace)이라 한다.

모든 벡터공간의 부분공간은 $\mathbf{0}$을 포함함에 유의한다.

정리 23

벡터공간 V의 공집합이 아닌 부분집합 H가 다음 두 조건

(1) $\mathbf{x}, \mathbf{y} \in H$이면 $\mathbf{x}+\mathbf{y} \in H$

(2) $\mathbf{x} \in H$이면, 모든 스칼라 α에 대하여 $\alpha\mathbf{x} \in H$

를 만족하면 H는 V의 부분공간이 된다.

임의의 벡터공간 V에 대하여 부분집합 $\{\mathbf{0}\}$은 부분공간이 된다. 왜냐하면 $\mathbf{0}+\mathbf{0}=\mathbf{0}$이고 $\alpha\mathbf{0}=\mathbf{0}$이기 때문이다. 이 부분공간을 **자명한 부분공간**(trivial subspace)이라고 한다. 또한 V 자신 역시 부분공간이라 할 수 있다. 따라서 모든 벡터공간 V는 두 개의 부분공간 $\{\mathbf{0}\}$과 V를 포함한다.

예 $H=\left\{f \in C[0,1] \,\middle|\, \int_0^1 f(x)\,dx=0\right\}$일 때, H는 $C[0,1]$의 부분공간이 된다.

예 $V=\{(x, y, z) \mid ax+by+cz=0\,;\, a, b, c$는 실수$\}$는 벡터공간이므로, V는 R^3의 부분공간이다. 또한 P_n이 n과 같거나 작은 차수를 갖는 다항식들의 벡터공간이면, $0 \le m < n$인 m에 대하여 P_m은 P_n의 진부분공간이 된다.

참고 $\mathbf{v}_1, \mathbf{v}_2, \cdots, \mathbf{v}_n$이 벡터공간 V의 원소이고, $a_1, a_2, \cdots, a_n$이 스칼라일 때

$$H=\{\mathbf{v} \in V \mid \mathbf{v}=a_1\mathbf{v}_1+a_2\mathbf{v}_2+\cdots+a_n\mathbf{v}_n\}$$

은 V의 부분공간이 된다. □

3. 일차결합, 일차독립, 기저

$\mathbf{v}_1, \mathbf{v}_2, \cdots, \mathbf{v}_n$이 벡터공간 V의 벡터이고 $a_1, a_2, \cdots, a_n$이 스칼라일 때

$$a_1\mathbf{v}_1+a_2\mathbf{v}_2+\cdots+a_n\mathbf{v}_n$$

을 벡터 $\mathbf{v}_1, \mathbf{v}_2, \cdots, \mathbf{v}_n$의 **일차결합**(linear combination)이라 한다.

예 P_n에서 모든 다항식은 단항식 $1, x, x^2, \cdots, x^n$의 일차결합이다.

정의 24	일차독립과 일차종속

$\mathbf{v}_1, \mathbf{v}_2, \cdots, \mathbf{v}_n$을 벡터공간 V의 벡터라 하자. 만일 적어도 하나는 0이 아닌 n개의 스칼라 $a_1, a_2, \cdots, a_n$에 대하여

$$a_1\mathbf{v}_1 + a_2\mathbf{v}_2 + \cdots + a_n\mathbf{v}_n = \mathbf{0}$$

을 만족하면, $\mathbf{v}_1, \mathbf{v}_2, \cdots, \mathbf{v}_n$을 **일차종속**이라고 하고, 일차종속이 아니면, 즉 $a_1 = a_2 = \cdots = a_n = 0$일 때 **일차독립**이라고 한다.

참고 정의에 의해 공집합은 일차독립이다. 그러나 벡터들 중의 적어도 하나가 $\mathbf{0}$이면 그 집합은 일차종속이 된다. □

예 두 벡터가 일차종속일 필요충분조건은 한 벡터가 다른 벡터의 스칼라배인 것이다.

정리 25

벡터공간 V에서 $\mathbf{0}$이 아닌 벡터 $\mathbf{v}_1, \mathbf{v}_2, \cdots, \mathbf{v}_n$이 일차종속이 되기 위한 필요충분조건은 적어도 하나의 벡터는 그 앞에 있는 벡터들의 일차결합, 즉 $1 < k \le n$인 k에 대하여 적당한 스칼라 $a_1, a_2, \cdots, a_n$이 존재하여

$$\mathbf{v}_k = a_1\mathbf{v}_1 + a_2\mathbf{v}_2 + \cdots + a_{k-1}\mathbf{v}_{k-1}$$

로 표현되는 것이다.

예제 단항식들 $1, x, x^2, \cdots, x^n$은 P_n에서 일차독립이다.

(증명) $1, x, x^2, \cdots, x^n$이 일차종속이면

$$x^k = a_0 + a_1 x + a_2 x^2 + \cdots + a_{k-1} x^{k-1}$$

이 되고, 자연수 k와 상수 $a_0, a_1, \cdots, a_{k-1}$이 존재한다. 그러나 좌변은 k차인 다항식인 반면에 우변은 $k-1$과 같거나 더 작은 차수이므로 이것은 불가능하다. 따라서 단항식들은 일차독립이 된다. ◆

참고 R^n의 m개의 벡터들의 집합은 $m > n$인 경우에 일차종속이다. □

정의 26	생성

벡터공간 V의 벡터 $\mathbf{v}_1, \mathbf{v}_2, \cdots, \mathbf{v}_n$의 일차결합으로 V의 모든 벡터들을 표현할 수 있을 때, 즉 모든 $\mathbf{v} \in V$에 대하여

$$\mathbf{v} = a_1\mathbf{v}_1 + a_2\mathbf{v}_2 + \cdots + a_n\mathbf{v}_n$$

이 되는 스칼라 $a_1, a_2, \cdots, a_n$이 존재할 때, $\mathbf{v}_1, \mathbf{v}_2, \cdots, \mathbf{v}_n$이 V를 생성(span)한다고 한다.

예 표준기저벡터 $\mathbf{i} = (1, 0, 0)$, $\mathbf{j} = (0, 1, 0)$과 $\mathbf{k} = (0, 0, 1)$은 R^3을 생성한다. 또한 단항식 $1, x, x^2, \cdots, x^n$은 P_n을 생성한다.

정의 27	기저

벡터의 집합 $\{\mathbf{v}_1, \mathbf{v}_2, \cdots, \mathbf{v}_n\}$이 다음 두 조건

(1) $\{\mathbf{v}_1, \mathbf{v}_2, \cdots, \mathbf{v}_n\}$은 일차독립이다.
(2) $\{\mathbf{v}_1, \mathbf{v}_2, \cdots, \mathbf{v}_n\}$이 V를 생성한다.

를 만족할 때, $\{\mathbf{v}_1, \mathbf{v}_2, \cdots, \mathbf{v}_n\}$을 V의 기저(basis)라고 한다.

예 $\{(1, 2), (-1, 1)\}$은 일차독립이면서 R^2을 생성하므로 R^2의 기저이다. 또한 $\{1, x, x^2, \cdots, x^n\}$은 P_n의 기저가 된다.

참고 R^n에서 임의의 n개의 일차독립인 벡터들의 집합은 R^n의 기저가 된다. 또한 벡터공간에서 임의의 두 기저들은 항상 같은 수의 벡터를 가진다. □

정의 28	벡터공간의 차수

자명하지 않은 벡터공간 V가 유한기저를 가질 때, V의 차수(또는 차원)은 그 기저에 포함된 벡터들의 수로 정의하고, $\dim V = n$으로 표시한다. 만일 V가 유한기저를 갖지 않는다면, V는 무한차수를 갖는다고 한다. 또한 자명한 벡터공간 $V = \{\mathbf{0}\}$의 차수는 0으로 정의한다.

예 $\dim R^n = n$이고, $\dim P_n = n+1$이다. 또한 함수 $1,\ x,\ x^2,\ \cdots$가 모두 $C[0,\ 1]$의 원소이고 일차독립이므로, $C[0,\ 1]$은 무한차수의 벡터공간이 된다.

예제 R^3의 부분공간

$$V = \{(x,\ y,\ z) \mid ax + by + cz = 0\ ;\ a,\ b\text{와 } c\text{는 실수}\}$$

의 차수를 구하시오.

풀이 적어도 $a,\ b$와 c 중 하나는 0이 아니므로, $c \neq 0$이라고 가정하자. 그러면 $(x,\ y,\ z) \in V$에 대해 $z = -\dfrac{a}{c}x - \dfrac{b}{c}y$이고

$$(x,\ y,\ z) = \left(x,\ y,\ -\frac{a}{c}x - \frac{b}{c}y\right) = x\left(1,\ 0,\ -\frac{a}{c}\right) + y\left(0,\ 1,\ -\frac{b}{c}\right)$$

이다. 따라서 $\left(1,\ 0,\ -\dfrac{a}{c}\right)$와 $\left(0,\ 1,\ -\dfrac{b}{c}\right)$가 V를 생성하고 일차독립이므로, 평면 V의 기저가 되며 $\dim V = 2$이다. ◆

벡터공간 V에서 $\{\mathbf{v}_1,\ \mathbf{v}_2,\ \cdots,\ \mathbf{v}_n\}$의 생성은 $\mathbf{v}_1,\ \mathbf{v}_2,\ \cdots,\ \mathbf{v}_n$의 일차결합들의 집합이다. 이때 스칼라 $a_1,\ a_2,\ \cdots,\ a_n$에 대하여

$$\text{span}\{\mathbf{v}_1,\ \mathbf{v}_2,\ \cdots,\ \mathbf{v}_n\} = \{\mathbf{v} \mid \mathbf{v} = a_1\mathbf{v}_1 + a_2\mathbf{v}_2 + \cdots + a_n\mathbf{v}_n\}$$

으로 정의하면, $\text{span}\{\mathbf{v}_1,\ \mathbf{v}_2,\ \cdots,\ \mathbf{v}_n\}$은 V의 부분공간이 된다.

참고 H가 유한차원의 벡터공간 V의 부분공간이면, H도 유한차원이 되고

$$\dim H \le \dim V$$

가 성립한다. □

1.7 R^n에서의 내적과 정규직교기저

정의 29	R^n의 내적

R^n에서의 두 벡터 $\mathbf{x}=(x_1, x_2, \cdots, x_n)$과 $\mathbf{y}=(y_1, y_2, \cdots, y_n)$에 대하여, $\mathbf{x}$와 $\mathbf{y}$의 내적은

$$\mathbf{x} \cdot \mathbf{y} = x_1y_1 + x_2y_2 + \cdots + x_ny_n$$

으로 정의한다. 이 정의에서 $\mathbf{x}$와 $\mathbf{y}$는 행벡터 또는 열벡터이다.

R^n의 가장 일반적인 기저는 표준기저 $E=\{\mathbf{e}_1, \mathbf{e}_2, \cdots, \mathbf{e}_n\}$이다. 여기서

$$\mathbf{e}_j = (0, 0, \cdots, 0, 1, 0, \cdots, 0, 0) \text{ (단, } j\text{번째 위치에서 1)}$$

이다. 이 기저는 다음 두 가지 성질을 가진다.

(1) $\mathbf{e}_i \cdot \mathbf{e}_j = 0$ (단, $i \neq j$)　　(2) $\mathbf{e}_i \cdot \mathbf{e}_i = 1$

정의 30	정규직교집합

R^n의 벡터들의 집합 $S=\{\mathbf{v}_1, \mathbf{v}_2, \cdots, \mathbf{v}_k\}$가 다음 두 성질

(1) $\mathbf{v}_i \cdot \mathbf{v}_j = 0$ (단, $i \neq j$)　　(2) $\mathbf{v}_i \cdot \mathbf{v}_i = 1$

을 만족할 때, S를 **정규직교집합**(orthonormal set)이라 하고, 특히 (1)만 만족할 때 **직교집합**(orthogonal set)이라 한다.

참고 (내적의 성질) $\mathbf{u}$, $\mathbf{v}$와 $\mathbf{w}$가 R^n의 벡터이고 α가 실수일 때, 다음이 성립한다.

(1) $\mathbf{u} \cdot \mathbf{v} = \mathbf{v} \cdot \mathbf{u}$

(2) $\mathbf{u} \cdot (\mathbf{v}+\mathbf{w}) = \mathbf{u} \cdot \mathbf{w} + \mathbf{v} \cdot \mathbf{w}$

(3) $(\alpha\mathbf{u}) \cdot \mathbf{v} = \alpha(\mathbf{u} \cdot \mathbf{v}) = \mathbf{u} \cdot (\alpha\mathbf{v})$

(4) $\mathbf{0} \cdot \mathbf{u} = 0$

(5) $\mathbf{u} \cdot \mathbf{u} - \|\mathbf{u}\|^2$ □

정의 31	노름

$\mathbf{u} \in R^n$일 때, 노름 $\|\mathbf{u}\|$으로 표현되는 $\mathbf{u}$의 크기는

$$\|\mathbf{u}\| = \sqrt{\mathbf{u} \cdot \mathbf{u}} \geq 0$$

으로 주어진다. 이때 $\|\mathbf{u}\| = 0$일 필요충분조건은 $\mathbf{u} = \mathbf{0}$이다.

예제 $S = \{\mathbf{v}_1, \mathbf{v}_2, \cdots, \mathbf{v}_k\}$가 $\mathbf{0}$이 아닌 벡터들의 직교집합이면, S는 일차독립이다.

(증명) $a_1\mathbf{v}_1 + a_2\mathbf{v}_2 + \cdots + a_k\mathbf{v}_k = \mathbf{0}$이라 가정하자. $i = 1, 2, \cdots, k$에 대하여

$$\begin{aligned} 0 = \mathbf{0} \cdot \mathbf{v}_i &= (a_1\mathbf{v}_1 + a_2\mathbf{v}_2 + \cdots + a_k\mathbf{v}_k) \cdot \mathbf{v}_i \\ &= a_1(\mathbf{v}_1 \cdot \mathbf{v}_i) + a_2(\mathbf{v}_2 \cdot \mathbf{v}_i) + \cdots + a_k(\mathbf{v}_k \cdot \mathbf{v}_i) \\ &= a_i\|\mathbf{v}_i\|^2 \end{aligned}$$

이 된다. $\mathbf{v}_i \neq \mathbf{0}$이므로 $\|\mathbf{v}_i\|^2 > 0$이 되어 $a_i = 0$을 얻는다. 모든 $i = 1, 2, \cdots, k$에 대하여 성립하므로 증명이 완료된다. ◆

다음 그람-슈미트 정규직교화 과정(Gram-Schmidt orthonormalization process)은 R^n의 모든 기저는 정규직교기저로 변형할 수 있음을 보여준다. 이 방법은 R^2과 R^3에서의 정사영의 개념을 일반화한 것이다.

정리 32	그람-슈미트 정규직교화

H가 R^n의 m차 부분공간일 때, H는 정규직교기저를 가진다.

(증명) $S = \{\mathbf{v}_1, \mathbf{v}_2, \cdots, \mathbf{v}_m\}$이 H의 기저라 하자. S로부터 정규직교기저를 만듦으로써 증명을 하도록 한다.

[단계 1]

$$\mathbf{u}_1 = \frac{\mathbf{v}_1}{\|\mathbf{v}_1\|}$$

이라 놓으면, $\mathbf{u}_1 \cdot \mathbf{u}_1 = 1$이므로 $\|\mathbf{u}_1\| = 1$

[단계 2]

$$\mathbf{v}_2' = \mathbf{v}_2 - (\mathbf{v}_2 \cdot \mathbf{u}_1)\mathbf{u}_1$$

이라 놓으면, $\mathbf{v}_2' \cdot \mathbf{u}_1 = 0$이 되어 $\mathbf{v}_2'$은 $\mathbf{u}_1$에 수직이다. 여기서 $\mathbf{v}_2' \neq \mathbf{0}$이다.

[단계 3]

$$\mathbf{u}_2 = \frac{\mathbf{v}_2'}{\|\mathbf{v}_2'\|}$$

이라 놓으면, $\{\mathbf{u}_1, \mathbf{u}_2\}$는 정규직교집합이 된다.

이와 같이 $\mathbf{u}_1, \mathbf{u}_2, \cdots, \mathbf{u}_k$ (단, $k < m$)가 만들어져서 정규직교집합을 이룬다고 가정하고 새로운 벡터 $\mathbf{u}_{k+1}$을 구해보자.

[단계 4]

$$\begin{aligned}\mathbf{v}_{k+1}' = \mathbf{v}_{k+1} &- (\mathbf{v}_{k+1} \cdot \mathbf{u}_1)\mathbf{u}_1 - (\mathbf{v}_{k+1} \cdot \mathbf{u}_2)\mathbf{u}_2 \\ &- \cdots - (\mathbf{v}_{k+1} \cdot \mathbf{u}_k)\mathbf{u}_k\end{aligned}$$

라 놓으면, $i = 1, 2, \cdots, k$에 대하여 $\mathbf{v}_{k+1}' \cdot \mathbf{u}_i = 0$이 성립한다. 따라서 $\{\mathbf{u}_1, \mathbf{u}_2, \cdots, \mathbf{u}_k, \mathbf{v}_{k+1}'\}$은 직교하며 일차독립인 집합이다. 물론 $\mathbf{v}_{k+1}' \neq \mathbf{0}$이다.

[단계 5]

$$\mathbf{u}_{k+1} = \frac{\mathbf{v}_{k+1}'}{\|\mathbf{v}_{k+1}'\|}$$

으로 놓으면, $\{\mathbf{u}_1, \mathbf{u}_2, \cdots, \mathbf{u}_k, \mathbf{u}_{k+1}\}$은 정규직교집합이 된다. 이러한 방법을 m까지 계속하면 우리가 원하는 정규직교기저를 찾을 수 있다. ◈

예제 다음에 주어진 기저로부터 R^3의 정규직교기저를 구하시오.

$$S = \{\mathbf{v}_1, \mathbf{v}_2, \mathbf{v}_3\} = \{(1, 1, 0), (0, 1, 1), (1, 0, 1)\}$$

풀이 $\|\mathbf{v}_1\| = \sqrt{2}$ 이므로, $\mathbf{u}_1 = \left(\frac{1}{\sqrt{2}}, \frac{1}{\sqrt{2}}, 0\right)$이다. 따라서

$$\mathbf{v}_2' = \mathbf{v}_2 - (\mathbf{v}_2 \cdot \mathbf{u}_1)\mathbf{u}_1 = \left(-\frac{1}{2}, \frac{1}{2}, 1\right)$$

을 얻는다. 또한 $\|\mathbf{v}_2'\| = \sqrt{\frac{3}{2}}$ 이므로

$$\mathbf{u}_2 = \sqrt{\frac{2}{3}}\left(-\frac{1}{2}, \frac{1}{2}, 1\right) = \left(-\frac{1}{\sqrt{6}}, \frac{1}{\sqrt{6}}, \frac{2}{\sqrt{6}}\right)$$

가 된다. 계속하여

$$\mathbf{v}_3{}' = \mathbf{v}_3 - (\mathbf{v}_3 \cdot \mathbf{u}_1)\mathbf{u}_1 - (\mathbf{v}_3 \cdot \mathbf{u}_2)\mathbf{u}_2 = \left(\frac{2}{3},\ -\frac{2}{3},\ \frac{2}{3}\right)$$

를 얻어 $\|\mathbf{v}_3{}'\| = \dfrac{2}{\sqrt{3}}$ 이고

$$\mathbf{u}_3 = \frac{\sqrt{3}}{2}\left(\frac{2}{3},\ -\frac{2}{3},\ \frac{2}{3}\right) = \left(\frac{1}{\sqrt{3}},\ -\frac{1}{\sqrt{3}},\ \frac{1}{\sqrt{3}}\right)$$

이 된다. 따라서 정규직교기저는

$$\left\{\left(\frac{1}{\sqrt{2}},\ \frac{1}{\sqrt{2}},\ 0\right),\ \left(-\frac{1}{\sqrt{6}},\ \frac{1}{\sqrt{6}},\ \frac{2}{\sqrt{6}}\right),\ \left(\frac{1}{\sqrt{3}},\ -\frac{1}{\sqrt{3}},\ \frac{1}{\sqrt{3}}\right)\right\}$$

로 주어진다. ◆

연습문제

1. 점 G가 삼각형 $\triangle ABC$의 무게중심일 때

$$\overrightarrow{GA} + \overrightarrow{GB} + \overrightarrow{GC} = \mathbf{0}$$

임을 보이시오.

2. 삼각형 $\triangle ABC$의 세 꼭지점 $A(1,\ 0,\ 2)$, $B(2,\ -3,\ 1)$과 $C(4,\ 7,\ 2)$에 각각 5, 3과 2 단위의 질량이 주어질 때, 질량중심 $\mathbf{r}$을 구하시오.

3. 삼각형 ABC의 세 꼭지점의 위치벡터를 각각 $\mathbf{a}$, $\mathbf{b}$와 $\mathbf{c}$라 하고, 세 변 BC, CA와 AB의 길이를 각각 α, β와 γ라 할 때, 삼각형 ABC의 내심 I의 위치벡터 $\mathbf{r}$은

$$\mathbf{r} = \frac{1}{\alpha+\beta+\gamma}(\alpha\mathbf{a} + \beta\mathbf{b} + \gamma\mathbf{c})$$

로 주어짐을 보이시오.

4. 코시-슈바르츠 부등식 $|\mathbf{u}\cdot\mathbf{v}| \le \|\mathbf{u}\|\|\mathbf{v}\|$을 이용하여, 삼각부등식 $\|\mathbf{u}+\mathbf{v}\| \le \|\mathbf{u}\|+\|\mathbf{v}\|$을 증명하시오.

5. 다음을 증명하시오.

(1) 삼각형 $\triangle ABC$의 무게중심을 G라 하고, 점 a, b, c와 G의 위치벡터를 각각 $\mathbf{a}=\overrightarrow{OA}$, $\mathbf{b}=\overrightarrow{OB}$, $\mathbf{c}=\overrightarrow{OC}$와 $\mathbf{r}=\overrightarrow{OG}$라 할 때

$$\mathbf{r}=\frac{1}{3}(\mathbf{a}+\mathbf{b}+\mathbf{c})$$

가 성립한다.

(2) 사다리꼴에서 평행하지 않은 두 변의 중점을 이어 만들어진 선분은 평행한 두 변과 평행하며, 그 크기는 평행한 두 변 크기의 합의 $\frac{1}{2}$이다.

6. 세 점 P_1, P_2와 P_3에 각각 질량 m_1, m_2와 m_3의 질점이 대응될 때, 이 질점계의 무게중심 G의 위치벡터 $\mathbf{r}$은

$$\mathbf{c}=\frac{m_1\mathbf{r}_1+m_2\mathbf{r}_2+m_3\mathbf{r}_3}{m_1+m_2+m_3}$$

로 주어짐을 보이시오. 여기서 $\mathbf{r}_1$, $\mathbf{r}_2$와 $\mathbf{r}_3$는 각각 세 점 P_1, P_2와 P_3의 위치벡터이다. 이 무게중심 G를 세 개의 물체가 이루는 질점계의 **질량중심**(center of mass)이라 한다.

7. 세 위치벡터 $\mathbf{a}=\overrightarrow{OA}$, $\mathbf{b}=\overrightarrow{OB}$와 $\mathbf{c}=\overrightarrow{OC}$의 종점 A, B와 C가 동일 직선 위에 있기 위한 필요충분조건은

$$l\mathbf{a}+m\mathbf{b}+n\mathbf{c}=\mathbf{0} \quad (\text{단, } l+m+n=0)$$

을 만족하는, 동시에는 0이 아닌 l, m과 n이 존재하는 것임을 보이시오.

8. $\mathbf{r}_1$과 $\mathbf{r}_2$가 양의 x 축과 각각 α와 β의 각을 이루는 xy 평면에서의 단위벡터이면

$$\mathbf{r}_1=\cos\alpha\,\mathbf{i}+\sin\alpha\,\mathbf{j},\ \mathbf{r}_2=\cos\beta\,\mathbf{i}+\sin\beta\,\mathbf{j}$$

가 된다. 이때 $\mathbf{r}_1$과 $\mathbf{r}_2$의 내적 $\mathbf{r}_1\cdot\mathbf{r}_2$를 이용하여 삼각공식

$$\cos(\alpha\pm\beta)=\cos\alpha\cos\beta\mp\sin\alpha\sin\beta$$

가 성립함을 보이시오.

9. 세 벡터 $\mathbf{a}$, $\mathbf{b}$와 $\mathbf{c}$가 비공면벡터일 때

$$\mathbf{a}\times(\mathbf{b}+\mathbf{c})=\mathbf{a}\times\mathbf{b}+\mathbf{a}\times\mathbf{c}$$

가 성립함을 보이시오.

10. 두 벡터 $\mathbf{u}=2\mathbf{i}+a\mathbf{j}+\mathbf{k}$와 $\mathbf{u}=4\mathbf{i}-2\mathbf{j}-2\mathbf{k}$가 수직일 때, a를 구하시오.

11. 다음 각 경우에 $\mathbf{a}$ 위로 $\mathbf{b}$의 스칼라사영과 벡터사영을 구하시오.

(1) $\mathbf{a}=(2,\ 3)$, $\mathbf{b}=(4,\ 1)$ (2) $\mathbf{a}=(4,\ 2,\ 0)$, $\mathbf{b}=(1,\ 1,\ 1)$

12. $\mathbf{u}\times(\mathbf{v}\times\mathbf{w})=(\mathbf{u}\times\mathbf{v})\times\mathbf{w}$일 필요충분조건은 $(\mathbf{u}\times\mathbf{w})\times\mathbf{v}=\mathbf{0}$임을 보이시오.

13. 벡터의 집합 $\{2\mathbf{i}+3\mathbf{j}-\mathbf{k},\ \mathbf{i}-\mathbf{j}-2\mathbf{k},\ -\mathbf{i}+2\mathbf{j}+2\mathbf{k}\}$의 상반집합을 구하시오.

14. 벡터의 집합 $\{\mathbf{a},\ \mathbf{b},\ \mathbf{c}\}$와 $\{\mathbf{a}',\ \mathbf{b}',\ \mathbf{c}'\}$이 상반집합이 될 필요충분조건은, $\mathbf{a}\cdot\mathbf{b}\times\mathbf{c}=0$일 때

$$\mathbf{a}'=\frac{\mathbf{b}\times\mathbf{c}}{\mathbf{a}\cdot\mathbf{b}\times\mathbf{c}},\quad \mathbf{b}'=\frac{\mathbf{c}\times\mathbf{a}}{\mathbf{a}\cdot\mathbf{b}\times\mathbf{c}},\quad \mathbf{c}'=\frac{\mathbf{a}\times\mathbf{b}}{\mathbf{a}\cdot\mathbf{b}\times\mathbf{c}}$$

임을 보이시오.

15. 주어진 조건을 만족하는 직선의 벡터방정식, 매개변수방정식과 대칭방정식을 구하시오.

(1) 두 점 $(2,\ 1,\ 3)$과 $(1,\ 2,\ -1)$을 포함한다.

(2) 점 $(4,\ 1,\ -6)$을 지나고 매개변수방정식이 $x=2+3t,\ y=-1+6t,\ z=5+2t$인 직선과 평행하다.

16. 주어진 조건을 만족하는 평면의 방정식을 구하시오.

(1) 한 점 $(1,\ 6,\ -4)$를 지나 직선 $x=1+2t,\ y=2-3t,\ z=3-t$를 포함한다.

(2) 세 점 $(1,\ 0,\ 2)$, $(3,\ -1,\ 6)$과 $(5,\ 2,\ 4)$를 포함한다.

17. 두 평면 $x+y+z=1$과 $x-2y+3z=1$의 사잇각을 구하시오.

18. 두 벡터 $\mathbf{a}=3\mathbf{i}+\mathbf{j}+2\mathbf{k}$와 $\mathbf{b}=\mathbf{i}-2\mathbf{j}-4\mathbf{k}$가 각각 점 P와 Q의 위치벡터일 때

(1) Q를 지나고 $\overrightarrow{PQ}$에 수직인 평면의 방정식을 구하시오.

(2) 점 $(-1,\ 1,\ 1)$로부터 평면에 이르는 거리는 얼마인가?

19. 다음 물음에 답하시오.

(1) 두 직선

$$\frac{x-1}{2}=\frac{y+2}{-1}=\frac{z-1}{-2},\ \frac{x}{2}=\frac{y-2}{-1}=\frac{z-3}{-2}$$

사이의 거리를 구하시오.

(2) 두 평면 $x+y+z=5$와 $x+y+z=10$ 사이의 거리를 구하시오.

20. 두 점 A와 B가 일차독립인 두 위치벡터 $\mathbf{a}$와 $\mathbf{b}$로 각각 표시될 때, 벡터방정식

$$\mathbf{r}=(\mathbf{b}-\mathbf{a})=\mathbf{a}\times\mathbf{b}$$

의 해 $\mathbf{r}=\overrightarrow{OP}$의 종점 P의 자취는 직선 $\overleftrightarrow{AB}$임을 보이시오.

21. 세 점 A, B와 C의 위치벡터를 각각 $\mathbf{a}$, $\mathbf{b}$와 $\mathbf{c}$라 할 때, 이 순서대로 방향이 정해진 꼭지점을 갖는 삼각형의 면적벡터를 구하시오.

22. 다음에 주어진 집합과 연산이 벡터공간을 이룸을 보이시오. 만일 아니라면 그 이유를 밝히시오.

(1) R^3에서 원점을 지나는 직선에 놓인 벡터들의 집합

(2) 집합 $\{a+b\sqrt{2}\mid a\subset Q,\ b\subset Q\}$와 일반적인 덧셈과 유리수로 한정된 스칼라곱

23. 양의 실수들의 집합이 두 연산 $x+y=xy$와 $\alpha x=x^{\alpha}$에 대하여 벡터공간이 됨을 보이시오.

24. $H=\left\{f\in C[0,\ 1]\,\middle|\,\int_0^1 f(x)\,dx=0\right\}$일 때, H는 $C[0,\ 1]$의 부분공간이 됨을 보이시오.

25. R^4의 초평면(Hyperplane) $H=\{(x,\ y,\ z,\ w)\mid ax+by+cz+dw=0;\ abcd\neq 0\}$에 대하여, 다음 물음에 답하시오.

(1) H가 R^4의 진부분공간임을 보이시오.

(2) H의 기저를 구하시오.

26. V의 부분공간 H와 K에 대하여

$$H+K=\{\mathbf{h}+\mathbf{k} \mid \mathbf{h}\in H,\ \mathbf{k}\in K\}$$

라 정의할 때, 다음 물음에 답하시오.

(1) $H+K$가 V의 부분공간임을 보이시오.

(2) $H\cap K=\{\mathbf{0}\}$이면, $\dim(H+K)=\dim H+\dim K$임을 보이시오.

27. $\{(a,\ b),\ (b,\ -a)\}$와 $\{(a,\ b),\ (-b,\ a)\}$가 R^2의 정규직교기저가 되도록 하는 $a,\ b$의 조건을 구하시오.

28. (파시발 등식) $\{\mathbf{u}_1,\ \mathbf{u}_2,\ \cdots,\ \mathbf{u}_n\}$이 R^n의 정규직교기저이고, $\mathbf{v}$가 R^n의 임의의 벡터일 때

$$\|\mathbf{v}\|^2=|\mathbf{v}\cdot\mathbf{u}_1|^2+|\mathbf{v}\cdot\mathbf{u}_2|^2+\cdots+|\mathbf{v}\cdot\mathbf{u}_n|^2$$

이 성립함을 보이시오.

29. 주어진 벡터공간의 정규직교기저를 구하시오.

(1) $\{(x,\ y,\ z)\in R^3 \mid x-y-z=0\}$

(2) $\{(x,\ y,\ z,\ w)\in R^4 \mid x=z,\ y=w\}$

제 2 장

일변수 벡터함수의 미분

벡터함수를 이용한 삼차원 공간에서 공간곡선에 대한 기하학적 지식은 응용분야에 많은 정보를 제공한다. 특히, 공간 위에서 곡선과 곡면을 연구하는 **미분기하학**(differential geometry)은 상대성이론, 지리학, 측지학, 항공분야와 설계 등 물리학이나 공학 분야에 많이 응용된다.

2.1 벡터함수

$D \subset R$일 때, D의 모든 원소 t에 대하여 유일한 벡터 $\mathbf{f}(t)$를 대응시키는 함수 $\mathbf{f}$를 t에 대한 **벡터함수**(vector-valued function)라 한다. 일반적으로 정의역이 실수의 집합이고, 치역이 벡터들의 집합으로 주어진 함수를 **일변수 벡터함수**라 한다. 벡터함수에서는 시간을 나타내는 문자 t를 주로 독립변수로 사용한다.

특히 R^3에서 직교좌표계 $O-xyz$를 취할 때, $\mathbf{f}(t)$가 R^3 내의 벡터이면 그것은 적당한 성분함수

$$f,\ g,\ h : R \to R$$

에 의하여

$$\mathbf{f}(t) = f(t)\mathbf{i} + g(t)\mathbf{j} + h(t)\mathbf{k}$$

로 표시할 수 있다. 여기서 $\mathbf{i}$, $\mathbf{j}$와 $\mathbf{k}$는 표준기저벡터이다.

우리는 이 책에서 함수값이 이차원 또는 삼차원 벡터로 주어지는 벡터함수에 관심을 가질 것이다.

참고 $D \subset R^2$일 때, D 내의 모든 (u, v)에 대하여 유일한 벡터 $\mathbf{f}(u, v)$를 대응시키는 함수 $\mathbf{f}$를 **이변수 벡터함수**라 한다. 이 개념은 n변수의 벡터함수로 확장된다. □

2.2 벡터함수의 도함수

이 절에서는 $D \subset R$일 때, D 내의 모든 실변수 t에 대하여 유일한 벡터 $\mathbf{f}(t)$를 대응시키는 벡터함수의 미분에 대하여 서술한다. 연속인 벡터함수와 공간곡선 사이에는 밀접한 관계가 있다.

1. 벡터함수의 미분

(1) 공역이 R^2인 벡터함수

$\mathbf{f}(t)$가 R^2 내의 벡터인 이차원 벡터함수 $\mathbf{f}$에 대하여 먼저 서술한다. 이것은 $\mathbf{f}$의 정의역에 있는 모든 t에 대하여 R^2의 벡터 $\mathbf{f}(t)$가 유일하게 대응하는 것을 의미한다.

$\mathbf{f}(t)$가 R^2 내의 벡터이면 그것은

$$\mathbf{f}(t) = f_1(t)\mathbf{i} + f_2(t)\mathbf{j}$$

로 표시될 수 있다. 두 좌표축 위의 정사영 $f_1(t)$와 $f_2(t)$는 실변수 t를 가진 실가함수이다.

벡터함수 $\mathbf{f}$의 연속과 미분가능의 개념은 **성분함수**(component function) f_1과 f_2의 연속과 미분가능의 경우로 확대될 것이다.

정의 1	벡터함수
$f_1(t)$와 $f_2(t)$가 벡터함수 $\mathbf{f}(t)$의 성분함수일 때, $f_1(t)$와 $f_2(t)$를 정의하는 모든 실수 t에 대하여 $\mathbf{f}$는 $$\mathbf{f}(t) = (f_1(t),\ f_2(t)) = f_1(t)\mathbf{i} + f_2(t)\mathbf{j}$$ 로 정의된다. 이때 $\mathbf{f}$의 정의역은 f_1과 f_2의 정의역의 교집합으로 주어진다.	

예 $\mathbf{f}(t) = f_1(t)\mathbf{i} + f_2(t)\mathbf{j} = (1/t)\mathbf{i} + \sqrt{t+1}\,\mathbf{j}$일 때, $f_1(t)$는 $t \neq 0$에서 정의되고 $f_2(t)$는 $t \geq -1$에 대하여 정의되므로, $\mathbf{f}$의 정의역은 $\{t \mid t \geq -1,\ t \neq 0\}$이 된다.

벡터함수 $\mathbf{f}$의 정의역에 있는 각 t에 대하여 벡터 $f_1(t)\mathbf{i} + f_2(t)\mathbf{j}$의 종점은 "$x = f_1(t)$, $y = f_2(t)$"인 xy 평면 위의 점 $(x,\ y)$이다.

정의 2	평면곡선과 벡터방정식
$f_1(t)$와 $f_2(t)$가 구간 I에서 정의된 연속인 실가함수일 때 $$x = f_1(t),\ y = f_2(t) \qquad (1)$$ 로 주어진 모든 점 $(x,\ y)$의 집합 C를 **평면곡선**(plane curve) 또는 간단하게 곡선(curve)이라 한다. 이때 벡터함수	

$$\mathbf{f}(t) = (f_1(t),\ f_2(t)) = f_1(t)\mathbf{i} + f_2(t)\mathbf{j}$$

를 곡선 C의 벡터방정식이라 하고, 방정식 (1)을 C의 매개변수방정식이라 한다.

벡터함수 $\mathbf{f}(t) = f_1(t)\mathbf{i} + f_2(t)\mathbf{j}$는 벡터 $\mathbf{f}(t)$의 종점이 그리는 곡선 C를 정의한다. 이때 자취 C를 따라 나타나는 방향이 정해진다. 고정점 $P_0 = f_1(0)\mathbf{i} + f_2(0)\mathbf{j}$로부터 t가 증가할 때 종점 P가 진행하는 방향을 C의 **양의 방향**(positive sense)이라 하고, t가 감소할 때 음의 방향(negative sense)이라 한다.

예 벡터방정식

$$\mathbf{f}(t) = (\cos t)\mathbf{i} + (\sin t)\mathbf{j} \quad (\text{단, } 0 \le t \le 2\pi)$$

로 주어진 곡선을 생각하자. 모든 t (단, $0 \le t \le 2\pi$)에 대하여

$$\| \mathbf{f}(t) \| = \sqrt{\cos^2 t + \sin^2 t} = 1$$

이고, 곡선을 매개변수방정식으로 표시하면

$$x = \cos t,\ y = \sin t$$

이므로, 단위원 $x^2 + y^2 = 1$이 된다. 이 방정식을 매개변수방정식으로 주어진 곡선의 **카테시안 방정식**(cartesian equation)이라 한다.

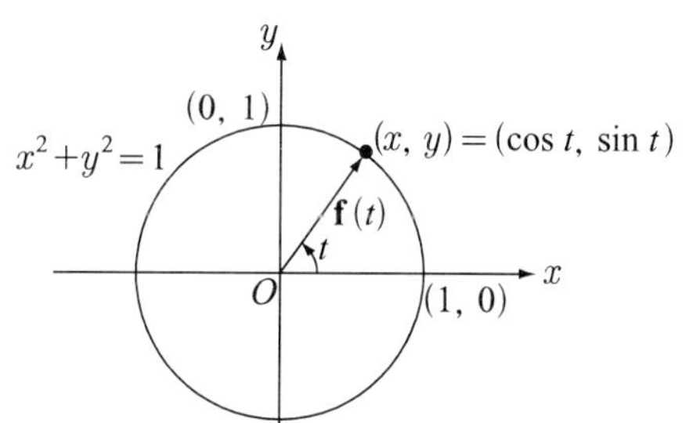

❙그림 2.1❙

참고 곡선 $\mathbf{f}(t) = x(t)\mathbf{i} + y(t)\mathbf{j}$의 카테시안 방정식은 변수 x와 y만이 관계하는 방정식이다. 즉 곡선의 카테시안 빙징식은 매개변수가 나타나지 않음에 유의힌다. □

예 곡선이 내개번수방정식

$$x = t+3,\ y = t^2 - t + 2$$

로 주어질 때, $x = t+3$으로부터 $t = x-3$이므로

$$y = t^2 - t + 2 = (x-3)^2 - (x-3) + 2 = x^2 - 7x + 14$$

가 된다. 따라서 이 카테시안 방정식은 포물선을 나타낸다.

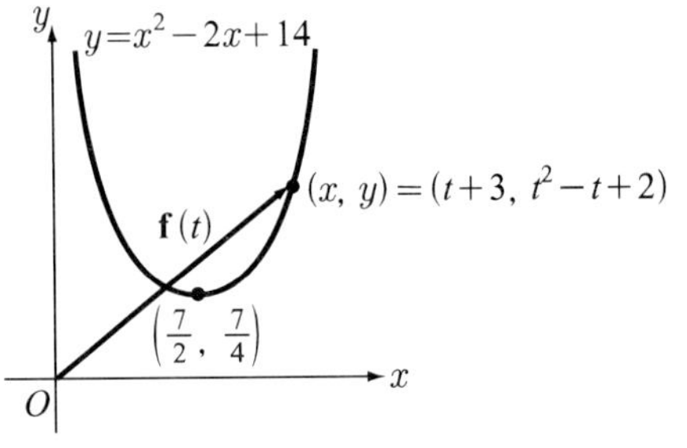

❙그림 2.2❙

① 벡터함수의 극한과 연속성

이제 벡터함수 $\mathbf{f}(t)$의 성분함수 $f_1(t)$와 $f_2(t)$의 연속성을 생각한다. 실변수 실가함수의 연속이 극한으로 정의되므로, 이 개념을 벡터함수로 확장한다.

정의 3	벡터함수의 극한
	$\mathbf{f}(t) = f_1(t)\mathbf{i} + f_2(t)\mathbf{j}$ 일 때, 각 성분함수의 극한이 존재하면 $$\lim_{t \to a} \mathbf{f}(t) = \left[\lim_{t \to a} f_1(t)\right]\mathbf{i} + \left[\lim_{t \to a} f_2(t)\right]\mathbf{j}$$ 로 정의한다. 이때 $\epsilon - \delta$ 논법을 사용할 수 있다.

벡터함수의 극한값은 성분함수의 극한값에 의해서 결정되므로, 벡터함수의 극한값을 계산하기 위해서는 성분함수의 극한값을 구해야 한다. 벡터함수의 극한은 실가함수의 극한에서와 같은 성질을 갖는다.

예제 $\mathbf{f}(t) = [(\sin t)/t]\mathbf{i} + [\ln(3+t)]\mathbf{j}$ 일 때, $\lim_{t \to 0} \mathbf{f}(t)$를 구하시오.

(풀이)

$$\lim_{t \to 0} \mathbf{f}(t) = \lim_{t \to 0}\left[\frac{\sin t}{t}\right]\mathbf{i} + \lim_{t \to 0}[\ln(3+t)]\mathbf{j} = \mathbf{i} + (\ln 3)\mathbf{j}$$ ◆

정의 4	벡터함수의 연속
벡터함수 $\mathbf{f}$가 $\lim_{t \to a} \mathbf{f}(t) = \mathbf{f}(a)$를 만족할 때, $\mathbf{f}$를 $t = a$에서 연속이라고 한다.	

극한의 정의로부터 벡터함수 $\mathbf{f}$가 $t = a$에서 연속일 필요충분조건이 성분함수 f_1과 f_2가 $t = a$에서 연속임을 알 수 있다.

② 벡터함수의 미분

정의 5　벡터함수의 미분가능

벡터함수 $\mathbf{f}$의 **도함수**(derivative) $\mathbf{f}'$은, 실가함수에서와 같이 열린구간 I 내의 모든 t에 대하여 극한이 존재하는 경우에

$$\frac{d\mathbf{f}}{dt} = \mathbf{f}'(t) = \lim_{\Delta t \to 0} \frac{\mathbf{f}(t + \Delta t) - \mathbf{f}(t)}{\Delta t}$$

로 정의한다. 이때 $\mathbf{f}$는 I에서 **미분가능**(differentiable)하다고 한다. 한편 $\mathbf{f}'$의 정의역은 극한값이 존재하는 모든 t의 집합이다. 도함수를 **도벡터**(derived vector)라고도 부른다.

참고 벡터함수의 도함수는 성분함수의 도함수에 의해 결정됨에 유의한다. □

정리 6

$\mathbf{f}(t) = f_1(t)\mathbf{i} + f_2(t)\mathbf{j}$이면, $f_1'(t)$와 $f_2'(t)$가 존재하는 임의의 값 t에 대하여

$$\mathbf{f}'(t) = f_1'(t)\mathbf{i} + f_2'(t)\mathbf{j}$$

가 성립한다.

(증명)

$$\begin{aligned}\mathbf{f}'(t) &= \lim_{\Delta t \to 0} \frac{\mathbf{f}(t+\Delta t) - \mathbf{f}(t)}{\Delta t} \\ &= \left[\lim_{\Delta t \to 0} \frac{f_1(t+\Delta t) - f_1(t)}{\Delta t}\right]\mathbf{i} + \left[\lim_{\Delta t \to 0} \frac{f_2(t+\Delta t) - f_2(t)}{\Delta t}\right]\mathbf{j} \\ &= f_1'(t)\mathbf{i} + f_2'(t)\mathbf{j}\end{aligned}$$

◈

예제 $\mathbf{f}(t) = (\cos t)\mathbf{i} + e^{2t}\mathbf{j}$일 때, $\mathbf{f}'(t)$를 구하시오.

(풀이) $$\mathbf{f}'(t) = \frac{d}{dt}(\cos t)\mathbf{i} + \frac{d}{dt}e^{2t}\mathbf{j} = -(\sin t)\mathbf{i} + 2e^{2t}\mathbf{j}$$ ◆

참고 벡터함수의 일계 도함수를 구하는 방법을 알았으므로, 같은 방법을 반복적으로 사용하여 고계 도함수도 정의할 수 있다. 벡터함수가 n계 도함수를 가질 때, **n계 미분가능**(differentiable of order n)하다고 한다. 특히 n계 도함수가 연속인 벡터함수를 C^n-급(C^n-class)의 벡터함수라고 한다. 이때 단지 연속인 벡터함수를 C^0-급이라고 하고, 또한 몇 번이든지 미분가능하고 연속인 함수를 C^∞-급이라고 한다. □

곡선 C 위의 점 P에서의 **접선**(tangent line)은, C를 따라 P에 접근하는 점 Q에 대하여 P와 Q를 잇는 직선(할선)들의 극한으로 정의한다.

이제 $\mathbf{f}'$에 대한 기하학적 의미를 살펴보자. $\mathbf{f}$의 정의역에 있는 변수 t에 대하여 벡터 $\mathbf{f}(t) = f_1(t)\mathbf{i} + f_2(t)\mathbf{j}$의 집합은 R^2에서 곡선 C를 나타낸다.

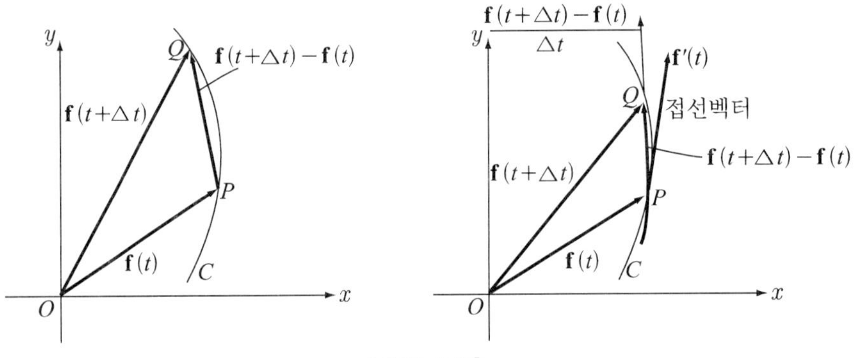

| 그림 2.3 |

$\mathbf{f}'(t) \neq \mathbf{0}$을 가정하고

$$\lim_{\Delta t \to 0} \frac{\mathbf{f}(t+\Delta t) - \mathbf{f}(t)}{\Delta t}$$

를 생각하자. 여기서 $\mathbf{f}(t+\Delta t) - \mathbf{f}(t)$는 현의 벡터(할선벡터)이다. 이 할선벡터의 방향은 $\Delta t \to 0$에 따라 $\mathbf{f}(t)$에서 C의 접선의 방향에 접근한다. 따라서 $\mathbf{f}'(t)$는 C의 접선과 같은 방향을 가진다. 이와 같은 이유로 $\mathbf{f}'(t)$가 존재하여 $\mathbf{f}'(t) \neq \mathbf{0}$이면, 벡터 $\mathbf{f}'(t)$를 $\mathbf{f}(t)$에서 곡선 C의 **접선벡터**(tangent vector)라 한다. 한편 **단위접선벡터**(unit tangent vector)를 $\mathbf{T}$로 표기하고, 특히 $\mathbf{f}'(t) \neq \mathbf{0}$일 경우 $\mathbf{T}(t) = \dfrac{\mathbf{f}'(t)}{\|\mathbf{f}'(t)\|}$로 주어진다.

예제 타원 $x^2+4y^2=4$를 매개변수의 벡터방정식 $\mathbf{f}(t)=2\cos t\,\mathbf{i}+\sin t\,\mathbf{j}$로 나타낼 때, 한 점 $P\left(\sqrt{2}, \frac{\sqrt{2}}{2}\right)$에서 접선의 벡터방정식 $\mathbf{r}$을 구하시오.

(풀이) $\mathbf{f}'(t)=-2\sin t\,\mathbf{i}+\cos t\,\mathbf{j}$이고 점 P는 $t=\frac{\pi}{4}$에 대응하므로

$$\mathbf{f}'\left(\frac{\pi}{4}\right)=-\sqrt{2}\,\mathbf{i}+\frac{1}{\sqrt{2}}\,\mathbf{j}$$

가 된다. 따라서 접선의 벡터방정식은

$$\mathbf{r}=\mathbf{f}\left(\frac{\pi}{4}\right)+\alpha\mathbf{f}'\left(\frac{\pi}{4}\right)=\sqrt{2}(1-\alpha)\mathbf{i}+\frac{1}{\sqrt{2}}(1+\alpha)\mathbf{j}$$

이다. 여기서 스칼라 α는 매개변수이다. ◆

참고 $\mathbf{f}'(t)=\mathbf{0}$인 점에서는 일반적으로 접선을 구할 수 없다. 이러한 점을 곡선의 **특이점**(singular point)이라 한다. □

(2) 공역이 R^3인 벡터함수

실가함수 $f_1(t)$, $f_2(t)$와 $f_3(t)$가 벡터 $\mathbf{f}(t)$의 성분함수일 때, R^3에서 한 실변수 t의 벡터함수 $\mathbf{f}(t)$는

$$\mathbf{f}(t)=(f_1(t),\ f_2(t),\ f_3(t))=f_1(t)\mathbf{i}+f_2(t)\mathbf{j}+f_3(t)\mathbf{k}$$

로 자연스럽게 정의된다. 이때 $\mathbf{f}$의 정의역은 f_1, f_2와 f_3의 정의역의 공통집합으로 주어진다.

f_1, f_2와 f_3가 구간 I에서 정의된 연속인 실가함수일 때

$$x=f_1(t),\ y=f_2(t),\ z=f_3(t) \tag{1}$$

로 주어진 모든 점 (x, y, z)의 집합 C를 **공간곡선**(space curve)이라 한다. 이때 방정식 (1)을 C의 매개변수방정식, t를 매개변수라 한다.

벡터함수 $\mathbf{f}(t)=f_1(t)\mathbf{i}+f_2(t)\mathbf{j}+f_3(t)\mathbf{k}$는 C의 점 $P(f_1(t),\ f_2(t),\ f_3(t))$의 위치벡터이므로, 임의의 연속인 벡터함수 $\mathbf{f}$는 공간곡선 C를 정의한다.

예제 벡터함수 $\mathbf{r}(t)=2\cos t\,\mathbf{i}+\sin t\,\mathbf{j}+t\mathbf{k}$에 의하여 정의되는 곡선을 설명하시오.

(풀이) 이 곡선의 매개변수방정식이

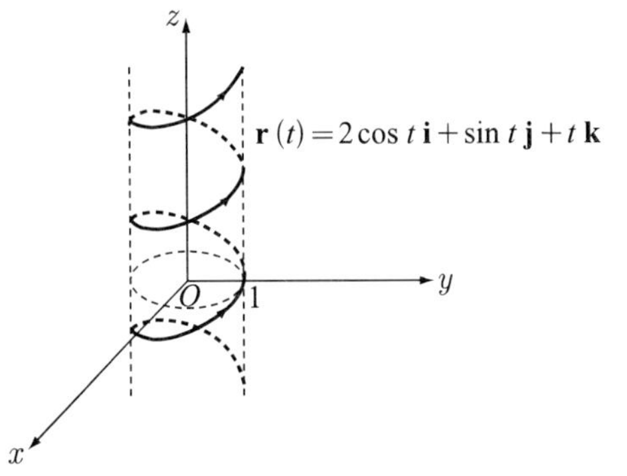

▌그림 2.4▌

$$x = 2\cos t,\ y = \sin t,\ z = t$$

이므로, 주어진 곡선은 타원주면체 $\left(\frac{x}{2}\right)^2 + y^2 = 1$ 위에 놓여 있다. 이때 $z = t$이므로, 이 곡선은 t가 증가함에 따라 주면체를 따라 위쪽으로 선회한다. 이 곡선을 나선(helix)이라 한다. ◆

참고 특히 $\mathbf{r}(t) = \cos t\,\mathbf{i} + \sin t\,\mathbf{j} + t\,\mathbf{k}$는 **원형나선**(circular helix)의 벡터방정식이다. 원형나선의 모양은 스프링 모양이고, 이것은 세포의 유전물질인 DNA의 모양에서도 나타난다. 1953년 와트슨(Watson)과 크릭(Crick)은 DNA 분자의 구조가 서로 얽힌 두 개의 평행한 원형나선 구조임을 밝혔다. □

① 벡터함수의 극한과 연속성

벡터함수 $\mathbf{f}(t) = f_1(t)\mathbf{i} + f_2(t)\mathbf{j} + f_3(t)\mathbf{k}$에 대하여, 각 성분함수의 극한이 존재하면

$$\lim_{t \to a} \mathbf{f}(t) = \left[\lim_{t \to a} f_1(t)\right]\mathbf{i} + \left[\lim_{t \to a} f_2(t)\right]\mathbf{j} + \left[\lim_{t \to a} f_3(t)\right]\mathbf{k}$$

로 정의한다. 또한 $\lim_{t \to a} \mathbf{f}(t) = \mathbf{f}(a)$를 만족할 때, 벡터함수 $\mathbf{f}$를 $t = a$에서 연속이라고 한다. 극한의 정의로부터 벡터함수 $\mathbf{f}$가 $t = a$에서 연속일 필요충분조건은 그의 성분함수 f_1, f_2와 f_3가 $t = a$에서 연속임을 알 수 있다.

예제 벡터함수 $\mathbf{f}(t) = e^t\mathbf{i} + \sqrt{t}\,\mathbf{j} - \sin t\,\mathbf{k}$는 $t = 1$에서 연속이다.

(증명) $\mathbf{f}(t)$의 세 성분함수

$$f_1(t) = e^t,\ f_2(t) = \sqrt{t},\ f_3(t) = \sin t$$

가 $t = 1$에서 모두 연속이므로, 벡터함수 $\mathbf{f}(t)$는 $t = 1$에서 연속이 된다. ◆

② 벡터함수의 미분

벡터함수 $\mathbf{f}$의 도함수 $\mathbf{f}'$은, 실가함수에서와 같이 열린구간 I 내의 모든 t에 대하여 극한이 존재하는 경우에

$$\frac{d\mathbf{f}}{dt} = \mathbf{f}'(t) = \lim_{\Delta t \to 0} \frac{\mathbf{f}(t+\Delta t) - \mathbf{f}(t)}{\Delta t}$$

로 정의한다. 이때 벡터함수 $\mathbf{f}$는 열린구간 I에서 미분가능하다고 한다.

정리 7

$\mathbf{f}(t) = f_1(t)\mathbf{i} + f_2(t)\mathbf{j} + f_3(t)\mathbf{k}$이면, $f_1'(t)$, $f_2'(t)$와 $f_3'(t)$가 존재하는 임의의 값 t에 대하여

$$\mathbf{f}'(t) = f_1'(t)\mathbf{i} + f_2'(t)\mathbf{j} + f_3'(t)\mathbf{k}$$

가 성립한다.

참고 벡터함수 $\mathbf{f}$가 미분가능할 필요충분조건은 각 성분함수 f_1, f_2와 f_3가 미분가능할 때이고, 그 경우

$$\mathbf{f}'(t) = f_1'(t)\mathbf{i} + f_2'(t)\mathbf{j} + f_3'(t)\mathbf{k}$$

가 성립한다. □

예제 매개변수방정식 $x = 2\cos t$, $y = \sin t$, $z = t$로 주어진 나선에 대하여, 한 점 $(0,\ 1,\ \pi/2)$에서의 접선의 매개변수방정식을 구하시오.

(풀이) 나선의 벡터방정식이 $\mathbf{r}(t) = 2\cos t\,\mathbf{i} + \sin t\,\mathbf{j} + t\,\mathbf{k}$이므로

$$\mathbf{r}'(t) = -2\sin t\,\mathbf{i} + \cos t\,\mathbf{j} + \mathbf{k}$$

이다. 점 $(0,\ 1,\ \pi/2)$에 대응되는 매개변수의 값은 $t = \pi/2$이므로, 접선벡터는 $\mathbf{r}'(\pi/2) = -2\mathbf{i} + \mathbf{k}$이다. 접선은 $(0,\ 1,\ \pi/2)$를 지나고 벡터 $-2\mathbf{i} + \mathbf{k}$에 평행인 직선이므로, 매개변수방정식은

$$x = -2t,\ y = 1,\ z = \frac{\pi}{2} + t$$

로 주어진다. ◆

예제 (테일러 정리) 벡터함수 $\mathbf{f}(t)=(f_1(t), f_2(t), f_3(t))$가 어떤 열린구간에서 n계 도함수를 가질 때

$$\mathbf{f}(t+h)=\mathbf{f}(t)+h\frac{d}{dt}\mathbf{f}(t)+\frac{h^2}{2!}\frac{d^2}{dt^2}\mathbf{f}(t)+\cdots$$
$$+\frac{h^{n-1}}{(n-1)!}\frac{d^{n-1}}{dt^{n-1}}\mathbf{f}(t)+\frac{h^n}{n!}\frac{d^n}{dt^n}\mathbf{f}(t+\theta h)$$

가 성립한다. 여기서

$$\frac{d^n}{dt^n}\mathbf{f}(t+\theta h)=\left(\frac{d^n}{dt^n}f_1(t+\theta_1 h),\ \frac{d^n}{dt^n}f_2(t+\theta_2 h),\ \frac{d^n}{dt^n}f_3(t+\theta_3 h)\right)$$
(단, $0<\theta,\ \theta_1,\ \theta_2,\ \theta_3<1$)

(증명) 성분함수 $f_i(t)$ (단, $i=1, 2, 3$)에 대하여

$$f_i(t+h)=f_i(t)+h\frac{d}{dt}f_i(t)+\frac{h^2}{2!}\frac{d^2}{dt^2}f_i(t)+\cdots$$
$$+\frac{h^{n-1}}{(n-1)!}\frac{d^{n-1}}{dt^{n-1}}f_i(t)+\frac{h^n}{n!}\frac{d^n}{dt^n}f_i(t+\theta_i h)\ \text{(단, } 0<\theta_i<1)$$

이므로

$$\mathbf{f}(t+h)=(f_1(t+h), f_2(t+h), f_3(t+h))$$

에 대입하면 된다. ◆

정리 8 벡터함수의 미분법

$\mathbf{f}: R\to R^3$, $\mathbf{g}: R\to R^3$과 $\mathbf{h}: R\to R^3$이 미분가능한 벡터함수이고, k가 미분가능한 실가함수, α가 스칼라일 때, 다음이 성립한다.

(1) $\frac{d}{dt}[\mathbf{f}(t)+\mathbf{g}(t)]=\mathbf{f}'(t)+\mathbf{g}'(t)$

(2) $\frac{d}{dt}[\alpha\mathbf{f}(t)]=\alpha\mathbf{f}'(t)$

(3) $\frac{d}{dt}[k(t)\mathbf{f}(t)]=k'(t)\mathbf{f}(t)+k(t)\mathbf{f}'(t)$

(4) $\frac{d}{dt}[\mathbf{f}(t)\cdot\mathbf{g}(t)]=\mathbf{f}'(t)\cdot\mathbf{g}(t)+\mathbf{f}(t)\cdot\mathbf{g}'(t)$

(5) $\frac{d}{dt}[\mathbf{f}(t)\times\mathbf{g}(t)]=\mathbf{f}'(t)\times\mathbf{g}(t)+\mathbf{f}(t)\times\mathbf{g}'(t)$

(6) $\dfrac{d}{dt}[\mathbf{f}(t)\cdot\mathbf{g}(t)\times\mathbf{h}(t)]=\mathbf{f}'(t)\cdot\mathbf{g}(t)\times\mathbf{h}(t)$

$+\mathbf{f}(t)\cdot\mathbf{g}'(t)\times\mathbf{h}(t)+\mathbf{f}(t)\cdot\mathbf{g}(t)\times\mathbf{h}'(t)$

(7) $\dfrac{d}{dt}[\mathbf{f}(t)\times(\mathbf{g}(t)\times\mathbf{h}(t))]=\mathbf{f}'(t)\times(\mathbf{g}(t)\times\mathbf{h}(t))$

$+\mathbf{f}(t)\times(\mathbf{g}'(t)\times\mathbf{h}(t))+\mathbf{f}(t)\times(\mathbf{g}(t)\times\mathbf{h}'(t))$

(8) $\dfrac{d}{dt}[\mathbf{f}(k(t))]=k'(t)\,\mathbf{f}'(k(t))$

(증명) 여기서는 (4)만 증명하고, 나머지는 독자에게 남긴다.

$$\mathbf{f}(t)=(f_1(t),\ f_2(t),\ f_3(t)),\ \ \mathbf{g}(t)=(g_1(t),\ g_2(t),\ g_3(t))$$

라 놓으면, $\mathbf{f}(t)\cdot\mathbf{g}(t)=\sum_{i=1}^{3}f_i(t)g_i(t)$이므로

$$\begin{aligned}\frac{d}{dt}[\mathbf{f}(t)\cdot\mathbf{g}(t)]&=\frac{d}{dt}\sum_{i=1}^{3}f_i(t)g_i(t)=\sum_{i=1}^{3}\frac{d}{dt}[f_i(t)g_i(t)]\\&=\sum_{i=1}^{3}[f_i{}'(t)g_i(t)+f_i(t)g_i{}'(t)]\\&=\sum_{i=1}^{3}f_i{}'(t)g_i(t)+\sum_{i=1}^{3}f_i(t)g_i{}'(t)\\&=\mathbf{f}'(t)\cdot\mathbf{g}(t)+\mathbf{f}(t)\cdot\mathbf{g}'(t)\end{aligned}$$ ◆

예 $\mathbf{f}:R\to R^3$이 미분가능한 벡터함수이고, $\mathbf{v}:R\to R^3$이 상수벡터함수일 때

(1) $\dfrac{d}{dt}[\mathbf{v}(t)\cdot\mathbf{f}(t)]=\mathbf{v}(t)\cdot\mathbf{f}'(t)$

(2) $\dfrac{d}{dt}[\mathbf{v}(t)\times\mathbf{f}(t)]=\mathbf{v}(t)\times\mathbf{f}'(t)$

가 성립한다.

예제 두 벡터함수 $\mathbf{f}(t)=2\mathbf{i}+t^2\mathbf{j}-\mathbf{k}$와 $\mathbf{g}(t)=\mathbf{i}+\sin t\mathbf{j}+2\mathbf{k}$의 외적 $\mathbf{f}(t)\times\mathbf{g}(t)$의 도함수를 구하시오.

(풀이) [방법 1] $\mathbf{f}(t)\times\mathbf{g}(t)$를 먼저 구하고, 그 함수를 미분한다.

$$\mathbf{f}(t)\times\mathbf{g}(t)=\begin{vmatrix}\mathbf{i}&\mathbf{j}&\mathbf{k}\\2&t^2&-1\\1&\sin t&2\end{vmatrix}=(2t^2+\sin t)\mathbf{i}-5\mathbf{j}+(2\sin t-t^2)\mathbf{k}$$

이므로

$$\frac{d}{dt}[\mathbf{f}(t)\times\mathbf{g}(t)] = (4t+\cos t)\mathbf{i}+(2\cos t-2t)\mathbf{k}$$

[방법 2] 벡터함수의 미분법(정리 8)을 이용한다.

$$\begin{aligned}\frac{d}{dt}[\mathbf{f}(t)\times\mathbf{g}(t)] &= \mathbf{f}'(t)\times\mathbf{g}(t)+\mathbf{f}(t)\times\mathbf{g}'(t)\\ &= (2t\mathbf{j})\times(\mathbf{i}+\sin t\mathbf{j}+2\mathbf{k})+(2\mathbf{i}+\sin t^2\mathbf{j}-\mathbf{k})\times(\cos t\,\mathbf{j})\\ &= (4t+\cos t)\mathbf{i}+(2\cos t-2t)\mathbf{k}\end{aligned}$$

◆

(3) 공역이 R^n인 벡터함수

이제 공역이 R^n인 벡터함수로 확장해 보자.

정의 9	벡터함수

$f_1, f_2, \cdots, f_n$이 실변수 t의 함수일 때, $f_1(t), f_2(t), \cdots f_n(t)$가 정의되는 모든 t에 대하여 벡터함수 $\mathbf{f}: R\to R^n$은

$$\mathbf{f}(t)=(f_1(t), f_2(t), \cdots, f_n(t))$$

로 정의한다. 이때 $f_1, f_2, \cdots, f_n$을 $\mathbf{f}$의 성분함수라 한다.

참고 벡터함수 $\mathbf{f}$의 정의역은 성분함수 $f_1, f_2, \cdots, f_n$의 정의역의 공통집합으로 주어진다. □

① 벡터함수의 극한과 연속성

정의 10	벡터함수의 극한과 연속

$\mathbf{f}(t)=(f_1(t), f_2(t), \cdots, f_n(t))$로 정의된 벡터함수 $\mathbf{f}: R\to R^n$에 대하여, 각 성분함수의 극한이 존재하면

$$\lim_{t\to a}\mathbf{f}(t)=\left(\lim_{t\to a}f_1(t), \lim_{t\to a}f_2(t), \cdots, \lim_{t\to a}f_n(t)\right)$$

로 정의한다. 또한 $\lim_{t\to a}\mathbf{f}(t)=\mathbf{f}(a)$를 만족할 때, 벡터함수 $\mathbf{f}$를 $t=a$에서 연속이라고 한다.

극한의 정의로부터 벡터함수 $\mathbf{f}$가 $t=a$에서 연속일 필요충분조건은 성분함수 $f_1, f_2, \cdots, f_n$이 $t=a$에서 연속임을 알 수 있다.

$\mathbf{f}(t)=(f_1(t), f_2(t), \cdots, f_n(t))$로 정의된 벡터함수 $\mathbf{f}: R \to R^n$의 각 성분함수가 닫힌 구간 $[a, b]$의 각 t에서 연속일 때, 벡터의 집합

$$C=\{\mathbf{f}(t) \mid a \le t \le b\}$$

를 R^n 내의 곡선이라 한다. 특히 $\mathbf{f}(a)=\mathbf{f}(b)$일 때 C를 닫힌곡선(closed curve) 또는 폐곡선이라 하고, 곡선이 닫혔다(closed)고 한다.

② 벡터함수의 미분

벡터함수 $\mathbf{f}: R \to R^n$의 도함수 $\mathbf{f}'$은, 실가함수에서와 같이 열린구간 I 내의 모든 t에 대하여 극한이 존재하는 경우에

$$\frac{d\mathbf{f}}{dt}=\mathbf{f}'(t)=\lim_{\Delta t \to 0}\frac{\mathbf{f}(t+\Delta t)-\mathbf{f}(t)}{\Delta t}$$

로 정의한다. 이때 벡터함수 $\mathbf{f}: R \to R^n$은 I에서 미분가능하다고 한다.

정리 11

$\mathbf{f}(t)=(f_1(t), f_2(t), \cdots, f_n(t))$로 정의된 벡터함수 $\mathbf{f}: R \to R^n$에 대하여 각 성분함수가 $t=a$에서 미분가능하면, $\mathbf{f}$는 $t=a$에서 미분가능하고

$$\mathbf{f}'(a)=(f_1'(a), f_2'(a), \cdots, f_n'(a))$$

가 된다.

참고 벡터함수 $\mathbf{f}: R \to R^n$이 미분가능할 필요충분조건은 각 성분함수 $f_1, f_2, \cdots, f_n$이 미분가능할 때고, 그 경우

$$\mathbf{f}'(t)=(f_1'(t), f_2'(t), \cdots, f_n'(t))$$

가 성립한다. 특히 $i=1, 2, \cdots, n$에 대하여 f_i'이 $t=a$에서 연속일 때, 벡터함수 $\mathbf{f}: R \to R^n$은 $t=a$에서 연속으로 미분가능(continuously differentiable)하다고 한다. □

예 $\mathbf{f}(t)=(t, t^2, \cdots, t^n)$일 때, $\mathbf{f}'(t)=(1, 2t, \cdots, nt^{n-1})$이 된다. 또한 상수벡터 함수 $\mathbf{f}(t)=(c_1, c_2, \cdots, c_n)$에 대하여, $\mathbf{f}'(t)=(0, 0, \cdots, 0)=\mathbf{0}$이 된다.

도함수에 관한 성질이 공역이 R^n인 벡터함수의 경우에도 적용될 수 있다.

정의 12	단위접선벡터
	C가 벡터함수 $\mathbf{f}(t)$로 정의된 R^n 내의 공간곡선일 때, $\mathbf{f}'(t)\neq\mathbf{0}$일 경우 곡선 위의 한 점 $\mathbf{f}(t)$에서의 단위접선벡터는 $$\mathbf{T}(t)=\frac{\mathbf{f}'(t)}{\lVert\mathbf{f}'(t)\rVert}$$ 로 정의된다.

예제 $\mathbf{f}(t)=(t, t^2, \cdots, t^n)$으로 주어진 곡선의 $t=1$에서의 단위접선벡터를 구하시오.

(풀이) $\mathbf{f}'(t)=(1, 2t, \cdots, nt^{n-1})$이므로, $\mathbf{f}'(1)=(1, 2, \cdots, n)$이고

$$\lVert\mathbf{f}'(1)\rVert=\sqrt{1^2+2^2+\cdots+n^2}=\sqrt{\frac{n(n+1)(2n+1)}{6}}$$

이다. 따라서 $t=1$에서의 단위접선벡터는

$$\mathbf{T}(1)=\frac{\sqrt{6}}{\sqrt{n(n+1)(2n+1)}}(1, 2, \cdots, n)$$

이 된다. ◆

2. 벡터함수의 전미분

스칼라함수 $y=f(x)$에 대하여, x에서의 미분 dy는 정의에 의하여

$$dy=f'(x)\Delta x \quad \text{또는} \quad dy=f'(x)dx$$

로 주어진다. 벡터함수

$$\mathbf{f}(t)=(f_1(t), f_2(t), f_3(t))=f_1(t)\mathbf{i}+f_2(t)\mathbf{j}+f_3(t)\mathbf{k}$$

에 대해서도 $\mathbf{f}(t)$의 t에서의 미분 $d\mathbf{f}(t)$ 또는 $d\mathbf{f}$를

$$d\mathbf{f} = \frac{d\mathbf{f}}{dt}dt = \left(\frac{df_1}{dt}dt,\ \frac{df_2}{dt}dt,\ \frac{df_3}{dt}dt\right) = (df_1,\ df_2,\ df_3) = df_1\mathbf{i} + df_2\mathbf{j} + df_3\mathbf{k}$$

로 정의된다. 보통 미분을 **전미분**(total differential)이라고 한다.

참고 (전미분의 성질) 벡터함수의 미분에 대한 법칙들은 스칼라 함수의 경우와 유사하다. 예를 들면 두 벡터함수 $\mathbf{f}(t)$, $\mathbf{g}(t)$와 스칼라 함수 $\lambda(t)$에 대하여

(1) $d(\lambda\mathbf{f}) = d\lambda\,\mathbf{f} + \lambda\,d\mathbf{f}$

(2) $d(\mathbf{f}+\mathbf{g}) = d\mathbf{f} + d\mathbf{g}$

(3) $d(\mathbf{f}\cdot\mathbf{g}) = \mathbf{f}\cdot d\mathbf{g} + d\mathbf{f}\cdot\mathbf{g}$

(4) $d(\mathbf{f}\times\mathbf{g}) = \mathbf{f}\times d\mathbf{g} + d\mathbf{f}\times\mathbf{g}$

(5) $d\mathbf{f}^2 = d(|\mathbf{f}|^2) = 2\mathbf{f}\cdot d\mathbf{f}$

가 성립한다. □

2.3 곡선과 호의 길이

1. 곡선의 접선과 법선

R^2에서 곡선 C는 실변수 t의 벡터함수

$$\mathbf{f}(t) = x(t)\mathbf{i} + y(t)\mathbf{j} = (x(t),\ y(t))$$

의 매개변수방정식으로 정의되고, $\mathbf{f}'(t)$는 C의 접선벡터가 된다. 이때 곡선 C 위의 각 점에서 $\mathbf{f}'(t) \neq \mathbf{0}$, 즉 f_1'과 f_2'이 존재하여 $[f_1'(t)]^2 + [f_2'(t)]^2 \neq 0$일 때, 적어도 하나의 접선이 존재함에 유의한다.

참고 (곡선에 대한 용어)

(1) 한 평면 위에 놓여있는 곡선을 평면곡선이라 하고, 그렇지 못한 것을 **비평면곡선**(twisted curve)이라 한다. 일반적으로 이 두 종류를 합쳐서 공간곡선이라 한다.

(2) 시점과 종점이 일치하는 곡선을 닫힌곡선 또는 폐곡선이라 하고, 그렇지 않은 곡선을 **열린곡선**(open curve) 또는 개곡선이라 한다. 특히 시점과 종점 이외의 점에서 자신과 한 번 이상 만나는 점을 **중복점**(multiple point)이라 하고, 중복점을 갖지 않는 곡선을 **단순곡선**(simple curve)이라 한다. □

정리 13

연속인 도함수를 갖는 f_1과 f_2에 대하여, (x_0, y_0)가 $x = f_1(t)$와 $y = f_2(t)$로 주어진 R^2 내의 곡선 C 위에 있다고 하자. $t = a$일 때 곡선이 (x_0, y_0)를 지난다면, (x_0, y_0)에서 C의 접선의 기울기 m은 극한값이 존재할 때

$$m = \lim_{t \to a} \frac{f_2{}'(t)}{f_1{}'(t)}$$

로 주어진다. 특히 $f_2{}'(a)$가 존재하고 $f_1{}'(a) \neq 0$이면

$$m = \frac{f_2{}'(a)}{f_1{}'(a)}$$

가 성립한다.

(증명) 변수 Δt에 관하여 로피탈 정리를 적용하면

$$m = \frac{dy}{dx} = \lim_{\Delta t \to 0} \frac{f_2(a+\Delta t) - f_2(a)}{f_1(a+\Delta t) - f_1(a)} = \lim_{\Delta t \to 0} \frac{f_2{}'(a+\Delta t)}{f_1{}'(a+\Delta t)}$$

가 된다.

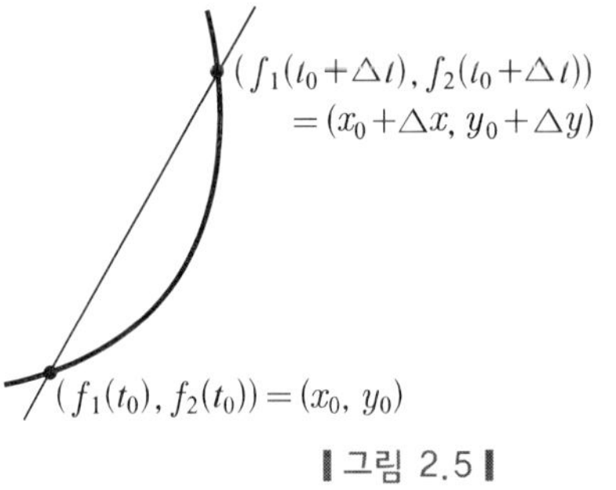

그림 2.5

따라서 $t = a + \Delta t$라 놓으면

$$m=\frac{dy}{dx}=\lim_{t\to a}\frac{f_2'(t)}{f_1'(t)}$$

가 성립한다. 특히 $f_2'(a)$가 존재하고 $f_1'(a)\neq 0$이면

$$m=\frac{f_2'(a)}{f_1'(a)}$$

가 된다. ◆

정리 14

f_1'과 f_2'이 존재하여 $[f_1'(t)]^2+[f_2'(t)]^2\neq 0$, 즉 $\mathbf{f}'(t)\neq\mathbf{0}$일 때

(1) $\left.\frac{dx}{dt}\right|_{t=a}=f_1'(a)=0$이고 $f_2'(a)\neq 0$이면, R^2 내의 곡선 C는 $t=a$에서 수직접선을 가진다.

(2) $\left.\frac{dy}{dt}\right|_{t=a}=f_2'(a)=0$이고 $f_1'(a)\neq 0$이면, R^2 내의 곡선 C는 $t=a$에서 수평접선을 가진다

증명 $t=a$에서 R^2 내의 곡선 C의 접선은

$$\frac{y-y_0}{x-x_0}=\frac{f_2'(a)}{f_1'(a)}$$

또는

$$f_2'(a)(x-x_0)-f_1'(a)(y-y_0)=0$$

이 된다. $f_1'(a)=0$이면

$$\mathbf{f}'(t)\neq\mathbf{0},\ \text{즉}\ [f_1'(t)]^2+[f_2'(t)]^2\neq 0$$

에 의해서 $f_1'(a)=0$이라는 가정은 $f_2'(a)\neq 0$을 의미하므로

$$f_2'(a)(x-x_0)=0$$

이다. 따라서 $f_2'(a)$로 나누어서 방정식

$$x-x_0=0\quad \text{또는}\quad x=x_0$$

를 얻는다. 이 경우 접선은 수직이 된다. $f_2'(a)=0$이면 C는 $t=a$에서 수평접선을 가진다. ◆

예 $x=e^t$, $y=e^{-t}$으로 주어진 곡선 위의 점 (1, 1)에서 접선방정식을 구해보자. 점 (1, 1)은 $t=0$일 때만 가능하므로

$$\frac{dy}{dx}=\frac{d(e^{-t})/dt}{d(e^t)/dt}=-\left.\frac{e^{-t}}{e^t}\right|_{t=0}=-1$$

이 된다. 따라서 접선방정식은

$$\frac{y-1}{x-1}=-1,\ \text{즉}\ y=-x+2$$

로 주어진다.

일정한 길이 또는 일정한 방향을 갖는 벡터함수는 흥미있는 기하학적 응용을 가진다. 여기서 벡터함수의 크기가 일정하다는 것은 변수 t에 관계없이 일정하다는 것이고, 방향이 일정하다는 것은 변수 t에 관계없이 상수벡터와 방향이 항상 같다는 것을 의미한다.

정리 15

벡터함수 $\mathbf{f}(t)=f_1(t)\mathbf{i}+f_2(t)\mathbf{j}+f_3(t)\mathbf{k}$가 미분가능할 때, 다음이 성립한다.

(1) $\|\mathbf{f}(t)\|=c$ (단, c는 상수), 즉 $\mathbf{f}(t)$의 크기가 일정하기 위한 필요충분조건은 모든 t에 대하여 $\mathbf{f}(t)\cdot\mathbf{f}'(t)=0$, 즉 $\mathbf{f}'(t)$와 $\mathbf{f}(t)$가 직교하는 것이다.

(2) $\mathbf{f}(t)$의 방향이 일정하기 위한 필요충분조건은 모든 t에 대하여 $\mathbf{f}(t)\times\mathbf{f}'(t)=\mathbf{0}$, 즉 $\mathbf{f}'(t)$와 $\mathbf{f}(t)$가 평행한 것이다.

(증명) 여기서는 (1)만 증명하고, (2)는 독자에게 남긴다. $\|\mathbf{f}(t)\|=c$ (상수)이면

$$\mathbf{f}(t)\cdot\mathbf{f}(t)=\|\mathbf{f}(t)\|^2=c^2$$

이 된다. 따라서 양변을 미분하면

$$0=\frac{d}{dt}[\mathbf{f}(t)\cdot\mathbf{f}(t)]=2\mathbf{f}'(t)\cdot\mathbf{f}(t)$$

이므로, 모든 t에 대하여 $\mathbf{f}'(t)$는 $\mathbf{f}(t)$와 직교한다. 역으로 모든 t에 대하여 $\mathbf{f}'(t)$가 $\mathbf{f}(t)$와 직교한다고 가정하면

$$\mathbf{f}'(t)\cdot\mathbf{f}(t)=0$$

이므로

$$\frac{d}{dt}[\mathbf{f}(t)\cdot\mathbf{f}(t)] = 2\mathbf{f}'(t)\cdot\mathbf{f}(t) = 0$$

이 된다. 따라서 $\mathbf{f}(t)\cdot\mathbf{f}(t) = \|\mathbf{f}(t)\|^2$은 상수, 즉

$$\|\mathbf{f}(t)\| = c \quad (\text{단, } c\text{는 상수})$$

가 성립한다. ◆

예 벡터방정식 $\mathbf{f}(t) = \cos t\mathbf{i} + \sin t\mathbf{j}$ (단, $0 \le t \le 2\pi$)의 길이가 일정하므로, $\mathbf{f}'(t)$는 모든 t (단, $0 \le t \le 2\pi$)에 대하여 $\mathbf{f}(t)$와 직교한다.

t에서 R^2 내의 벡터함수 $\mathbf{f}(t)$가 미분가능하고, $\mathbf{f}'(t) \neq \mathbf{0}$인 모든 t에 대하여 $\mathbf{T}(t)$가 곡선 $\mathbf{f}(t)$의 단위접선벡터이면 $\|\mathbf{T}(t)\| = 1$이 된다. 따라서 $\mathbf{T}'(t)$가 존재할 때, 정리 15로부터 $\mathbf{T}(t)\cdot\mathbf{T}'(t) = 0$이 성립한다. 즉 $\mathbf{T}'(t)$는 $\mathbf{T}(t)$와 직교한다. 그런데 접선에 수직인 직선이 **법선**(normal line)이므로 $\mathbf{T}'(t)$를 곡선 $\mathbf{f}(t)$의 **법선벡터**(normal vector)라 한다. 특히 $\mathbf{T}'(t) \neq \mathbf{0}$일 때

$$\mathbf{n}(t) = \frac{\mathbf{T}'(t)}{\|\mathbf{T}'(t)\|}$$

를 t에서 R^2 내의 곡선 $\mathbf{f}(t)$의 **단위법선벡터**(unit normal vector)라 한다.

R^2에서 곡선에 대해서 주어진 정의는 R^3 (또는 R^n)에서도 타당하다.

예제 원형나선 $\mathbf{f}(t) = \cos t\mathbf{i} + \sin t\mathbf{j} + t\mathbf{k}$에 대한 단위법선벡터를 구하시오.

(풀이)

$$\mathbf{f}'(t) = -\sin t\mathbf{i} + \cos t\mathbf{j} + \mathbf{k}, \quad \|\mathbf{f}'(t)\| = \sqrt{2}$$

이므로, 단위접선벡터는

$$\mathbf{T}(t) = \frac{\mathbf{f}'(t)}{\|\mathbf{f}'(t)\|} = -\frac{1}{\sqrt{2}}\sin t\mathbf{i} + \frac{1}{\sqrt{2}}\cos t\mathbf{j} + \frac{1}{\sqrt{2}}\mathbf{k}$$

가 되고

$$\mathbf{T}'(t) = -\frac{1}{\sqrt{2}}\cos t\mathbf{i} - \frac{1}{\sqrt{2}}\sin t\mathbf{j}, \quad \|\mathbf{T}'(t)\| = \frac{1}{\sqrt{2}}$$

이므로, 단위법선벡터는

$$\mathbf{n}(t) = \frac{\mathbf{T}'(t)}{\|\mathbf{T}'(t)\|} = -\cos t\mathbf{i} - \sin t\mathbf{j}$$

가 된다. ◆

참고 $\mathbf{T}'(t) \neq 0$일 때, R^2 내의 t에서 곡선 $\mathbf{f}(t)$의 단위법선벡터는

$$\mathbf{n}(t) = \mathbf{T}'(t)/\|\mathbf{T}'(t)\|$$

이다. 따라서 도함수의 정의

$$\mathbf{T}'(t) = \lim_{\Delta t \to 0} \frac{\mathbf{T}(t+\Delta t) - \mathbf{T}(t)}{\Delta t}$$

로부터, $\Delta t > 0$일 경우 벡터 $\mathbf{T}(t+\Delta t) - \mathbf{T}(t)$를 $\mathbf{T}(t)$의 시점으로 옮기면, 곡선 $\mathbf{f}(t)$의 법선벡터 $\mathbf{T}'(t)$는 $\mathbf{T}(t+\Delta t) - \mathbf{T}(t)$와 같은 방향이 된다.

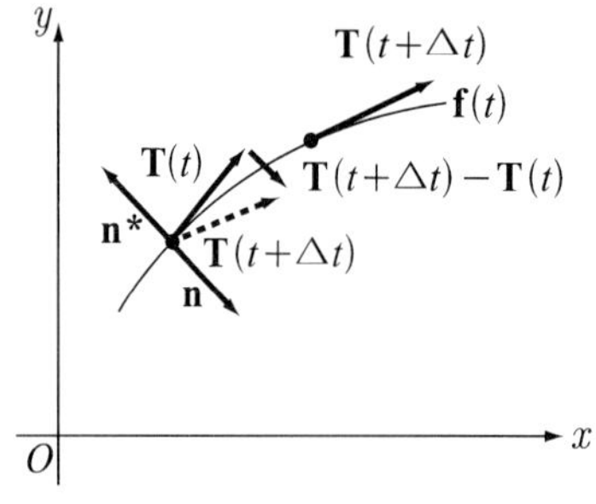

그림 2.6

□

2. 호의 길이

연속인 곡선 위에서 서로 다른 두 점 P와 Q 사이의 부분을 **호**(arc)라 하고, 호의 길이가 유한일 때 **길이를 갖는 호**(rectifiable arc)라 한다. 곡선의 길이는 곡선을 잘게 쪼갠 다음, 인접한 두 점을 잇는 선분들의 길이의 합에 대한 극한으로서 정의한다.

예 평면 위에서

$$f(x) = \begin{cases} \sin\dfrac{1}{x}, & x \neq 0 \\ 0, & x = 0 \end{cases}$$

으로 정의된 함수는 두 점 $A(-1, 0)$과 $B(1, 0)$ 사이에서 곡선의 길이를 갖지 못한다.

구간 I에서 정의된 벡터함수 $\mathbf{f}(t)$로 주어지는 곡선 C에 대하여 $\mathbf{f}'(t)$가 연속이고 $\mathbf{f}'(t) \neq \mathbf{0}$ (단, I의 양 끝점은 제외)일 때, C를 **매끄러운 곡선**(smooth curve) 또는 **원활한 곡선**이라 한다. 또한 곡선 C가 C_i (단, $i = 1, 2, \cdots, n$)의 시점이 C_{i-1}의 끝과 같은 유한

개의 매끄러운 곡선 $C_1,\ C_2,\ \cdots,\ C_n$의 합집합으로 이루어질 때 C를 **구분적으로 매끄러운 곡선**(piecewise smooth curve) 또는 구분적으로 원활한 곡선이라 한다.

정의 16	호의 길이

R^2 내의 곡선 C가 닫힌구간 $[t_0,\ b]$ 내에서 연속인 도함수를 갖는 벡터함수 $\mathbf{f}(t)=x(t)\mathbf{i}+y(t)\mathbf{j}$에 의해서 주어지고, $P_0=\mathbf{f}(t_0)$라 하자. 닫힌구간 $[t_0,\ b]$ 내의 모든 t_1에 대하여

$$\int_{t_0}^{t_1}\|\mathbf{f}'(t)\|\,dt$$

가 존재할 때, $\mathbf{f}$는 $[t_0,\ b]$에서 '**길이를 가진다**(rectifiable)'고 하고, $[t_0,\ t_1]$ 내의 곡선 $\mathbf{f}(t)$의 **호의 길이**(arc length), 즉 P_0로부터 $P_1=\mathbf{f}(t_1)$까지 곡선의 길이 $s(t_1)$은

$$s(t_1)=\int_{t_0}^{t_1}\|\mathbf{f}'(t)\|\,dt \quad (\text{단, } t_0 \le t_1 \le b)$$

로 주어진다.

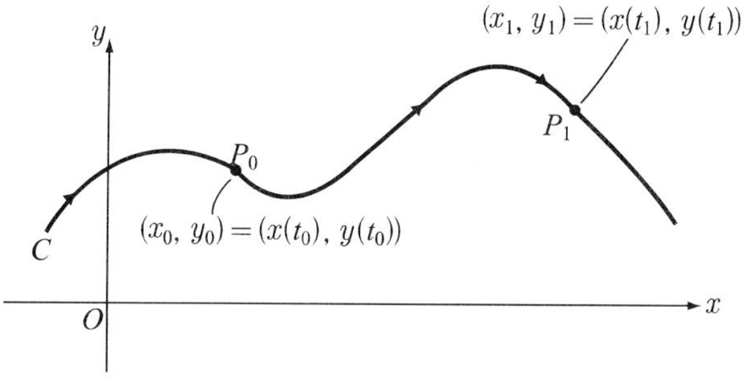

❙그림 2.7❙

$\dfrac{dx}{dt}$와 $\dfrac{dy}{dt}$의 연속성에 의하여

$$\frac{ds}{dt}=\sqrt{\left(\frac{dx}{dt}\right)^2+\left(\frac{dy}{dt}\right)^2}=\|\mathbf{f}'(t)\|$$

임에 유의한다.

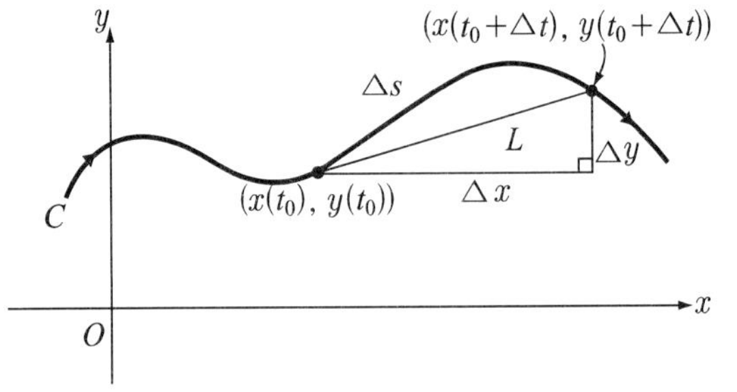

▌그림 2.8▌

예 $\mathbf{f}(t)=(2t-t^2)\mathbf{i}+8/3t^{3/2}\mathbf{j}$로 주어진 곡선에 대하여 $t=1$에서 $t=3$까지의 호의 길이 s는, $\mathbf{f}'(t)=(2-2t)\mathbf{i}+4\sqrt{t}\,\mathbf{j}$이고

$$\|\mathbf{f}'(t)\|=2(t+1)$$

이므로 $s=\int_1^3 2(t+1)\,dt=12$로 주어진다.

참고 R^2에서 호의 길이와 접선벡터에 관하여 알려진 사실들은 R^3(또는 R^n)으로 확장된다.

(1) $\mathbf{T}(t)=\dfrac{\mathbf{f}'(t)}{\|\mathbf{f}'(t)\|}$ (단, $\mathbf{f}'(t)\neq\mathbf{0}$)

(2) 구간 I에서 $\|\mathbf{f}(t)\|=c$ (상수)이면, I 내에서 $\mathbf{f}(t)\cdot\mathbf{f}'(t)=0$

(3) $\dfrac{ds}{dt}=\|\mathbf{f}'(t)\|$

(4) $s(t_1)=\int_{t_0}^{t_1}\|\mathbf{f}'(t)\|\,dt$ (단, $t_0\le t_1\le b$) □

C가 벡터함수 $\mathbf{f}(t)=x(t)\mathbf{i}+y(t)\mathbf{j}+z(t)\mathbf{k}$ (단, $a\le t\le b$)로 주어진 구분적으로 매끄러운 곡선일 때, 호의 길이함수 또는 간단히 호의 길이(arc length)는

$$s(t)=\int_a^t\|\mathbf{f}'(u)\|\,du$$

로 주어진다. 따라서 $s(t)$ (단, $a\le t\le b$)는 곡선 C 위의 고정점 $\mathbf{f}(a)$에서 임의의 점 $\mathbf{f}(t)$까지의 길이가 된다. 미적분학의 기본정리를 이용하여 양변을 미분하면

$$\frac{ds}{dt}=\|\mathbf{f}'(t)\|=\sqrt{\left(\frac{dx}{dt}\right)^2+\left(\frac{dy}{dt}\right)^2+\left(\frac{dz}{dt}\right)^2}$$

이 되고, 호의 길이함수의 전미분 ds는

$$ds = \| \mathbf{f}'(t) \| dt = \sqrt{(dx)^2 + (dy)^2 + (dz)^2}$$

으로 주어진다. 이때 ds를 선소(element)라고 한다.

예제 벡터방정식 $\mathbf{f}(t) = \cos t\mathbf{i} + \sin t\mathbf{j} + t\mathbf{k}$로 주어진 원형나선 위의 점 $(1, 0, 0)$에서 점 $(1, 0, 2\pi)$까지의 호의 길이를 구하시오.

(풀이) $\mathbf{f}'(t) = -\sin t\mathbf{i} + \cos t\mathbf{j} + \mathbf{k}$이므로

$$\| \mathbf{f}'(t) \| = \sqrt{(-\sin t)^2 + \cos^2 t + 1} = \sqrt{2}$$

가 된다. $(1, 0, 0)$에서 $(1, 0, 2\pi)$까지의 호의 길이는 $0 \le t \le 2\pi$의 매개변수에 의해 결정되므로

$$s = \int_0^{2\pi} \| \mathbf{f}'(t) \| \, dt = \int_0^{2\pi} \sqrt{2}\, dt = 2\sqrt{2}\,\pi$$

가 된다. ◆

2.4 접선벡터, 곡률, 비틀림률

지금까지 연속인 도함수를 갖는 벡터함수 $\mathbf{f}(t)$로 정의된 R^2, R^3과 R^n 내의 곡선 C 위의 점에서의 접선벡터(단위접선벡터), 법선벡터(단위법선벡터)와 호의 길이에 대하여 살펴보았다. 이것은 벡터함수 $\mathbf{f}(t)$가 모두 매개변수 t로 정의됐음을 가정했다. 그러나 호의 길이는 특정한 좌표계에 좌우되지 않고 곡선의 모양에 따라 자연스럽게 형성되므로, 곡선을 매개변수 t보다는 호의 길이에 관하여 **재매개변수화**(reparametrization)하는 것이 편리할 수가 있다. 재매개변수화는 "곡률과 비틀림률"을 구하는 데 매우 편리하다.

1. 접선벡터

고정점 $P_0 = x(0)\mathbf{i} + y(0)\mathbf{j}$로부터 $\mathbf{f}(s)$로 기술된 곡선 C 위의 임의의 점을 $\mathbf{f}(s) = x(s)\mathbf{i} + y(s)\mathbf{j}$라 할 때, C를 따라서 s가 증가하는 방향을 C의 양방향이라 한다. 분명히 C에는 두 방향이 있으며, 한 방향으로부터 다른 방향으로의 전환은 매개변수 s를 $-s$로 바꾼 것이다.

예제 호의 길이를 매개변수로 하여, 원점에 중심을 두고 반지름이 r인 원의 벡터방정식을 구하시오. (단, $P_0 = (r, 0)$)

(풀이) 시계반대방향을 이 원의 양방향으로 가정하면 모든 점 P_θ는 라디안으로 주어진 θ (단, $0 \le \theta \le 2\pi$)에 대하여

$$P_\theta = (r\cos\theta)\mathbf{i} + (r\sin\theta)\mathbf{j}$$

로 주어지므로, P_θ는 P_0로부터 원을 따라 $r\theta$만큼 떨어져 있다. 따라서 $s = r\theta$이므로, 구하고자 하는 벡터방정식은

$$\mathbf{f}(s) = r[\cos(s/r)\mathbf{i} + \sin(s/r)\mathbf{j}] \quad (\text{단, } 0 \le s \le 2\pi r)$$

로 주어진다. ◆

정리 17 단위접선벡터

호의 길이를 s라 하고, x와 y가 $\mathbf{f}'(s) \ne \mathbf{0}$을 만족하는 연속인 도함수를 가질 때, 곡선 C를 $\mathbf{f}(s) = x(s)\mathbf{i} + y(s)\mathbf{j}$의 매개변수로 나타낼 수 있다면, 단위접선벡터 $\mathbf{T}$는

$$\mathbf{T}(s) = \frac{d\mathbf{f}}{ds}$$

로 주어진다. 이때 $\mathbf{T}$는 곡선의 방향을 나타낸다.

(증명) C가 임의의 매개변수 t를 가지면, 단위접선벡터는

$$\mathbf{T}(t) = \frac{\mathbf{f}'(t)}{\|\mathbf{f}'(t)\|}$$

로 주어진다. $t = s$로 선택하면

$$\mathbf{T}(s) = \frac{d\mathbf{f}/ds}{\|d\mathbf{f}/ds\|}$$

이다. 그런데 $\|\mathbf{f}'(t)\| = ds/dt$이므로

$$\left\|\frac{d\mathbf{f}}{ds}\right\| = \left\|\frac{d\mathbf{f}/dt}{ds/dt}\right\| = \left\|\frac{\mathbf{f}'(t)}{ds/dt}\right\| = 1$$

이 된다. 따라서 $\mathbf{T}(s) = \dfrac{d\mathbf{f}}{ds}$를 얻는다. ◆

참고 정리 17은 호의 길이를 매개변수로 하는 계산을 검산하는 데 매우 유용하다. 왜냐하면 $\mathbf{f}(s)=x(s)\mathbf{i}+y(s)\mathbf{j}$ 이면

$$\mathbf{T}=\frac{d\mathbf{f}}{ds}=\frac{dx}{ds}\mathbf{i}+\frac{dy}{ds}\mathbf{j}$$

이다. 그러나 $\|\mathbf{T}\|=1$로부터 $\|\mathbf{T}\|^2=1$이므로

$$\left(\frac{dx}{ds}\right)^2+\left(\frac{dy}{ds}\right)^2=1$$

이 성립한다. □

예제 곡선 C가 t를 매개변수로 하는 벡터방정식

$$\mathbf{f}(t)=(2t-t^2)\mathbf{i}+\frac{8}{3}t^{\frac{3}{2}}\mathbf{j}\ \ (\text{단, } t\ge 0)$$

로 주어질 때, $\mathbf{f}(t)$를 호의 길이를 매개변수로 하는 벡터방정식 $\mathbf{f}(s)$로 고치고, 결과를 검산하시오.

(풀이) 고정점을, $t=0$ 일 때 $P_0=(0,0)$이라 하자. 그러면

$$\frac{ds}{dt}=\|\ \mathbf{f}'(t)\ \|=2(t+1)$$

이므로

$$s=\int_0^t\frac{ds}{dt}\,du=\int_0^t 2(u+1)\,du=t^2+2t$$

이다. 방정식을 풀면 $t=\sqrt{1+s}-1$이 된다. 여기서 t는 0에서 출발해서 증가하는 것을 가정하므로 양의 제곱근을 취하면

$$x=2t-t^2=4\sqrt{1+s}-4-s$$
$$y=\frac{8}{3}t^{\frac{3}{2}}=\frac{8}{3}(\sqrt{1+s}-1)^{\frac{3}{2}}$$

이고, $\mathbf{f}(s)=(4\sqrt{1+s}-4-s)\mathbf{i}+\frac{8}{3}(\sqrt{1+s}-1)^{\frac{3}{2}}\mathbf{j}$이다. 한편

$$\frac{dx}{ds}=\frac{2}{\sqrt{1+s}}-1,\ \ \frac{dy}{ds}=\frac{2}{\sqrt{1+s}}(\sqrt{1+s}-1)^{\frac{1}{2}}$$

이므로, $\left(\frac{dx}{ds}\right)^2 + \left(\frac{dy}{ds}\right)^2 = 1$이 된다. 따라서 호의 길이를 매개변수로 하여 벡터방정식으로 고친 결과의 검산이 확인되었다. ◆

R^2에서 접선벡터에 관하여 알려진 사실들은 R^3 (또는 R^n)으로 확장된다.

예 곡선 C가 매개변수방정식 $x = x(s)$, $y = y(s)$, $z = z(s)$에 의해 주어질 때, C 위의 임의의 점의 위치벡터를 $\mathbf{r}$이라 하면 $\frac{d\mathbf{r}}{ds}$은 C에 접하는 단위벡터가 된다. 여기서 s는 C 위에 고정된 점으로부터 측정된 호의 길이이다.

2. 곡률

곡선 C가 두 번 미분가능한 벡터함수 $\mathbf{f}(s)$로 주어지면, 호의 길이에 관한 단위접선벡터의 변화율은 기하학적 의미를 가진다.

정의 18	곡률과 곡률반지름

곡률은 호의 길이에 대한 단위접선벡터의 변화율의 크기로 정의되므로, 매끄러운 곡선 $\mathbf{f}$의 **곡률** (curvature)은, $\mathbf{T}$가 단위접선벡터, 즉 $\mathbf{T}(s) = \frac{d\mathbf{f}}{ds}$일 때

$$\kappa(s) = \left\| \frac{d\mathbf{T}}{ds} \right\| = \| \mathbf{f}''(s) \|$$

로 주어진다. 또한 **곡률반지름** (radius of curvature) 또는 곡률반경 $\rho(s)$는

$$\kappa(s) > 0 \text{일 때, } \rho(s) = \frac{1}{\kappa(s)}$$

로 정의한다. 곡률반지름은 일정한 곡률을 가진 원의 반지름이다.

어떤 점에서의 곡률은 그 점에서 곡선이 얼마나 빠르게 방향을 바꾸는지에 대한 양을 나타낸다. 즉 단위속력으로 곡선을 따라 움직일 때 주어진 점에서 얼마나 빠른 속도로 곡선을 회전하는가를 결정하는 척도이다.

예제 반지름이 r인 원의 곡률반지름 $\rho(s)$를 구하시오.

(풀이) 원점에 중심을 두고 반지름이 r인 원의 벡터방정식은

$$\mathbf{f}(s) = r[\cos(s/r)\mathbf{i} + \sin(s/r)\mathbf{j}] \quad (단,\ 0 \le s \le 2\pi r)$$

이다. 따라서

$$\mathbf{f}''(s) = -\frac{1}{r}[\cos(s/r)\mathbf{i} + \sin(s/r)\mathbf{j}]$$

이므로

$$\rho(s) = \frac{1}{\kappa(s)} = \frac{1}{\|\mathbf{f}''(s)\|} = \frac{r}{\sqrt{\cos^2(s/r) + \sin^2(s/r)}} = r$$

이 된다. ◆

참고 $\kappa(s) = 0$이면 곡률반지름은 무한이다. 이 개념을 이해하기 위해서는 $\kappa(s) = 0$이면 곡선은 구부러지지 않으므로 직선임을 알아야 한다. 한편 직선은 무한반지름을 가진 원으로 생각할 수 있다. □

곡선 C의 곡률은 벡터함수가 호의 길이 s보다는 임의의 매개변수 t의 벡터함수 $\mathbf{f}(t)$로 표시되어 있을 때 더욱 쉽게 계산됨에 유의한다.

$$\frac{d\mathbf{T}}{dt} = \frac{d\mathbf{T}}{ds}\frac{ds}{dt}, \quad \frac{ds}{dt} = \|\mathbf{f}'(t)\|, \quad \kappa(s) = \left\|\frac{d\mathbf{T}}{ds}\right\|$$

로부터

$$\kappa(t) = \left\|\frac{\mathbf{T}'(t)}{\mathbf{f}'(t)}\right\|$$

로 주어진다.

예제 반지름이 r인 원의 곡률은 $\frac{1}{r}$이다.

(증명) 원점에 중심을 두고 반지름이 r인 원의 벡터방정식은

$$\mathbf{f}(t) = r\cos t\,\mathbf{i} + r\sin t\,\mathbf{j}$$

이다. 따라서

$$\mathbf{f}'(t) = -r\sin t\,\mathbf{i} + r\cos t\,\mathbf{j}, \ \|\mathbf{f}'(t)\| = r$$

이므로

$$\mathbf{T}(t) = -\sin t\mathbf{i} + \cos t\mathbf{j},\ \mathbf{T}'(t) = -\cos t\mathbf{i} - \sin t\mathbf{j}$$

가 된다. 따라서 $\|\mathbf{T}'(t)\| = 1$이므로

$$\kappa(t) = \left\| \frac{\mathbf{T}'(t)}{\mathbf{f}'(t)} \right\| = \frac{1}{r}$$

을 얻는다. ◆

R^2에서 곡률에 대하여 알려진 사실들은 R^3으로 확장된다. 곡률을 계산할 때, 다음 정리를 적용하는 것이 보다 편리하다.

정리 19 곡선의 곡률

벡터함수 $\mathbf{f}(t)$로 주어진 매끄러운 곡선의 곡률은

$$\kappa(t) = \frac{\|\mathbf{f}'(t) \times \mathbf{f}''(t)\|}{\|\mathbf{f}'(t)\|^3}$$

으로 주어진다.

(증명) $\mathbf{T} = \dfrac{\mathbf{f}'}{\|\mathbf{f}'\|}$이고, $\dfrac{ds}{dt} = \|\mathbf{f}'\|$이므로

$$\mathbf{f}' = \|\mathbf{f}'\|\mathbf{T} = \frac{ds}{dt}\mathbf{T},\ \mathbf{f}'' = \frac{d^2s}{dt^2}\mathbf{T} + \frac{ds}{dt}\mathbf{T}'$$

이 성립한다. 또한 $\mathbf{T} \times \mathbf{T} = \mathbf{0}$이므로

$$\mathbf{f}' \times \mathbf{f}'' = \left(\frac{ds}{dt}\right)^2 (\mathbf{T} \times \mathbf{T}')$$

이다. 모든 t에 대하여 $\|\mathbf{T}(t)\| = 1$이므로, $\mathbf{T}$와 $\mathbf{T}'$은 직교한다. 따라서

$$\|\mathbf{f}' \times \mathbf{f}''\| = \left(\frac{ds}{dt}\right)^2 \|\mathbf{T}\|\|\mathbf{T}'\| = \left(\frac{ds}{dt}\right)^2 \|\mathbf{T}'\|$$

이므로

$$\|\mathbf{T}'\| = \frac{\|\mathbf{f}' \times \mathbf{f}''\|}{\|\mathbf{f}'\|^2}$$

이고

$$\kappa(t) = \left\| \frac{\mathbf{T}'(t)}{\mathbf{f}'(t)} \right\| = \frac{\|\mathbf{f}'(t) \times \mathbf{f}''(t)\|}{\|\mathbf{f}'(t)\|^3}$$

이 된다. ◆

예제 원점 (0, 0, 0)에서 꼬인 공간곡선 $\mathbf{f}(t) = t\mathbf{i} + t^2\mathbf{j} + t^3\mathbf{k}$의 곡률을 구하시오.

(풀이) $\mathbf{f}'(t) = \mathbf{i} + 2t\mathbf{j} + 3t^2\mathbf{k}$, $\mathbf{f}''(t) = 2\mathbf{j} + 6t\mathbf{k}$이므로

$$\|\mathbf{f}'(t)\| = \sqrt{1 + 4t^2 + 9t^4}$$

이고, $\mathbf{f}'(t) \times \mathbf{f}''(t) = 6t^2\mathbf{i} - 6t\mathbf{j} + 2\mathbf{k}$로부터

$$\|\mathbf{f}'(t) \times \mathbf{f}''(t)\| = 2\sqrt{9t^4 + 9t^2 + 1}$$

을 얻는다. 따라서

$$\kappa(t) = \frac{\|\mathbf{f}'(t) \times \mathbf{f}''(t)\|}{\|\mathbf{f}'(t)\|^3} = \frac{2\sqrt{9t^4 + 9t^2 + 1}}{(1 + 4t^2 + 9t^4)^{3/2}}$$

이므로, 원점에서의 곡률은 $\kappa(0) = 2$가 된다. ◆

직선의 곡률 $\kappa(t)$는 0이 된다. 왜냐하면 점 $\mathbf{x}_1$과 $\mathbf{x}_2$를 지나는 직선의 벡터방정식이 $\mathbf{f}(t) = \mathbf{x}_1 + t(\mathbf{x}_2 - \mathbf{x}_1)$이므로, $\mathbf{f}'(t) = \mathbf{x}_2 - \mathbf{x}_1$, $\mathbf{f}''(t) = \mathbf{0}$이 된다. 따라서 직선의 곡률은 $\kappa(t) = 0$이다.

참고 직선의 곡률은 0인데, 지구는 반지름이 약 6,370km인 단면이 원과 같이 굽어있지만 지표면에서는 굽어있는 느낌이 들지 않는 이유가 곡률이 0에 가깝기 때문이다. □

방정식이 $y = f(x)$로 주어지는 평면곡선의 경우는 x를 매개변수로 택하여 곡선의 방정식을 $\mathbf{f}(x) = x\mathbf{i} + f(x)\mathbf{j}$로 나타낼 수 있다. 따라서

$$\mathbf{f}'(x) = \mathbf{i} + f'(x)\mathbf{j},\ \mathbf{f}''(x) = f''(x)\mathbf{j},\ \|\mathbf{f}'(x)\| = \sqrt{1 + \{f'(x)\}^2}$$

이고 $\mathbf{f}'(x) \times \mathbf{f}''(x) = f''(x)\mathbf{k}$이므로, 곡률은

$$\kappa(x) = \frac{|f''(x)|}{[1 + \{f'(x)\}^2]^{3/2}}$$

으로 주어진다.

예제 포물선 $y=x^2$ 위의 점 (0, 0), (1, 1)과 (2, 4)에서의 곡률을 각각 구하시오.

(풀이) $y'=2x$, $y''=2$이므로

$$\kappa(x)=\frac{|y''|}{[1+(y')^2]^{3/2}}=\frac{2}{(1+4x^2)^{3/2}}$$

가 된다. 따라서

$$\kappa(0)=2,\ \kappa(1)=\frac{2}{5^{3/2}}\approx 0.18,\ \kappa(2)=\frac{2}{17^{3/2}}\approx 0.03$$

을 얻는다. $x\to\pm\infty$에 따라 $\kappa(x)\to 0$임을 알 수 있다.

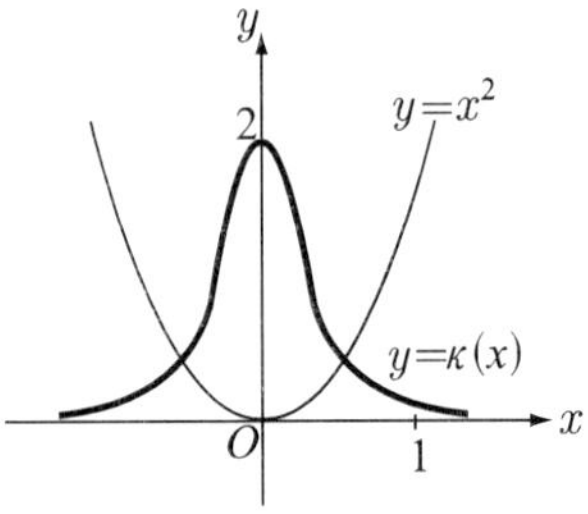

❙그림 2.9❙ 포물선과 곡률함수 ◆

정리 20 공간곡선의 곡률반지름

매개변수방정식 $x=x(s)$, $y=y(s)$, $z=z(s)$로 정의된 매끄러운 곡선의 곡률반지름 $\rho(s)$는

$$\rho(s)=\left[\left(\frac{d^2x}{ds^2}\right)^2+\left(\frac{d^2y}{ds^2}\right)^2+\left(\frac{d^2z}{ds^2}\right)^2\right]^{-\frac{1}{2}}$$

으로 주어진다.

(증명) 곡선 위의 임의의 점의 위치벡터를 $\mathbf{r}=x(s)\mathbf{i}+y(s)\mathbf{j}+z(s)\mathbf{k}$라 하면

$$\mathbf{T}=\frac{d\mathbf{r}}{ds}=\frac{dx}{ds}\mathbf{i}+\frac{dy}{ds}\mathbf{j}+\frac{dz}{ds}\mathbf{k}$$

이고

$$\frac{d\mathbf{T}}{ds}=\frac{d^2x}{ds^2}\mathbf{i}+\frac{d^2y}{ds^2}\mathbf{j}+\frac{d^2z}{ds^2}\mathbf{k}$$

이다. 그러므로

$$\kappa(s) = \left\| \frac{d\mathbf{T}}{ds} \right\| = \left[\left(\frac{d^2x}{ds^2} \right)^2 + \left(\frac{d^2y}{ds^2} \right)^2 + \left(\frac{d^2z}{ds^2} \right)^2 \right]^{\frac{1}{2}}$$

이 된다. 따라서 곡률반지름 $\rho(s)$는

$$\rho(s) = \frac{1}{\kappa(s)} = \left[\left(\frac{d^2x}{ds^2} \right)^2 + \left(\frac{d^2y}{ds^2} \right)^2 + \left(\frac{d^2z}{ds^2} \right)^2 \right]^{-\frac{1}{2}}$$

으로 주어진다. ◈

3. 주법선과 종법선

R^2 내의 t에서 $\mathbf{f}(t)$로 정의된 곡선의 단위법선벡터는

$$\mathbf{n}(t) = \frac{\mathbf{T}'(t)}{\|\mathbf{T}'(t)\|}$$

이다. 곡선 $\mathbf{f}(s)$가 호의 길이로 매개변수화되었으므로

$$\mathbf{n}(s) = \frac{\mathbf{T}'(s)}{\|\mathbf{T}'(s)\|}$$

이고, $\kappa(s) = \|\mathbf{T}'(\mathrm{s})\|$ 이므로

$$\mathbf{T}'(s) = \kappa(s)\,\mathbf{n}(s)$$

가 된다. 이 사실은 R^3 (또는 R^n)으로 확장된다.

정의 21	주단위법선벡터

R^3 또는 R^n에서 주단위법선벡터(principal unit normal vector) $\mathbf{n}(s)$는

$$\mathbf{n}(s) = \frac{1}{\kappa(s)} \frac{d\mathbf{T}}{ds}$$

로 정의된다.

예 $\mathbf{n}(s)$는 $\mathbf{T}(s)$와 직교한다. 왜냐하면 $\mathbf{T} \cdot \mathbf{T} = 1$이므로 양변을 s에 관하여 미분하면

$$0=\mathbf{T}\cdot\frac{d\mathbf{T}}{ds}+\frac{d\mathbf{T}}{ds}\cdot\mathbf{T}=2\mathbf{T}\cdot\frac{d\mathbf{T}}{ds}=2\kappa(s)\,\mathbf{T}\cdot\mathbf{n}$$

이 성립하기 때문이다.

예제 벡터함수 $\mathbf{f}(t)=\cos t\,\mathbf{i}+\sin t\,\mathbf{j}+t\mathbf{k}$에 의해 주어진 원형나선에 대하여, $t=\frac{\pi}{3}$에서 곡률 $\kappa(s)$와 주단위법선벡터 $\mathbf{n}(s)$를 구하시오.

풀이 $t=\frac{\pi}{3}$에서 $\frac{ds}{dt}=\sqrt{2}$이므로 $s=\sqrt{2}\,t$, 즉 $t=\frac{s}{\sqrt{2}}$를 가진다. 그러므로 단위접선벡터는

$$\mathbf{T}(s)=-\frac{\sin(s/\sqrt{2})}{\sqrt{2}}\mathbf{i}+\frac{\cos(s/\sqrt{2})}{\sqrt{2}}\mathbf{j}+\frac{1}{\sqrt{2}}\mathbf{k}$$

이고

$$\frac{d\mathbf{T}}{ds}=-\frac{\cos(s/\sqrt{2})}{2}\mathbf{i}-\frac{\sin(s/\sqrt{2})}{2}\mathbf{j}$$

이다. 따라서 곡률은

$$\kappa(s)=\sqrt{\frac{\cos^2(s/\sqrt{2})}{4}+\frac{\sin^2(s/\sqrt{2})}{4}}=\frac{1}{2}$$

로 주어지고, 주단위법선벡터는

$$\mathbf{n}(s)=\frac{1}{\kappa(s)}\frac{d\mathbf{T}}{ds}=-\left(\cos\frac{s}{\sqrt{2}}\right)\mathbf{i}-\left(\sin\frac{s}{\sqrt{2}}\right)\mathbf{j}$$

이므로, $s=\sqrt{2}\,t=\frac{\sqrt{2}\,\pi}{3}$에서

$$\mathbf{n}\left(\frac{\sqrt{2}\,\pi}{3}\right)=-\frac{1}{2}\mathbf{i}-\frac{\sqrt{3}}{2}\mathbf{j}$$

가 된다. 여기서 주단위법선벡터는 xy 평면과 평행한 수평벡터임을 알 수 있다. ◈

R^3에서 두 개의 직교하는 벡터를 정의했으므로, 같은 점에서 오른손법칙을 이루는 제3의 단위벡터를 정의한다.

정의 22	종단위법선벡터
R^3에서 벡터함수 $\mathbf{f}$에 의해 주어진 곡선의 종단위법선벡터 (unit binormal vector) $\mathbf{B}$는 $\mathbf{T}$와 $\mathbf{n}$ 양쪽에 수직인 $$\mathbf{B} = \mathbf{T} \times \mathbf{n}$$ 으로 정의된다.	

참고 $\mathbf{T}$와 $\mathbf{n}$의 사잇각 θ가 $\pi/2$이므로, 외적의 정의에 의하여

$$\|\mathbf{B}\| = \|\mathbf{T} \times \mathbf{n}\| = \|\mathbf{T}\|\|\mathbf{n}\| \sin\theta = 1$$

이 성립한다. 따라서 $\mathbf{B}$는 단위벡터가 된다. □

예 벡터함수 $\mathbf{f}(t) = \cos t\mathbf{i} + \sin t\mathbf{j} + t\mathbf{k}$에 의해 주어진 원형나선에 대하여, $t = \frac{\pi}{3}$에서 종단위법선벡터 $\mathbf{B}$를 구해보자. 이때 $t = \frac{s}{\sqrt{2}}$로부터

$$\mathbf{B} = \mathbf{T} \times \mathbf{n} = \begin{vmatrix} \mathbf{i} & \mathbf{j} & \mathbf{k} \\ -\frac{\sin t}{\sqrt{2}} & \frac{\cos t}{\sqrt{2}} & \frac{1}{\sqrt{2}} \\ -\cos t & -\sin t & 0 \end{vmatrix}$$

$$= \frac{\sin t}{\sqrt{2}}\mathbf{i} - \frac{\cos t}{\sqrt{2}}\mathbf{j} + \frac{1}{\sqrt{2}}\mathbf{k}$$

이므로, $t = \frac{\pi}{3}$에서

$$\mathbf{B} = \frac{\sqrt{6}}{4}\mathbf{i} - \frac{\sqrt{2}}{4}\mathbf{j} + \frac{1}{\sqrt{2}}\mathbf{k}$$

가 된다.

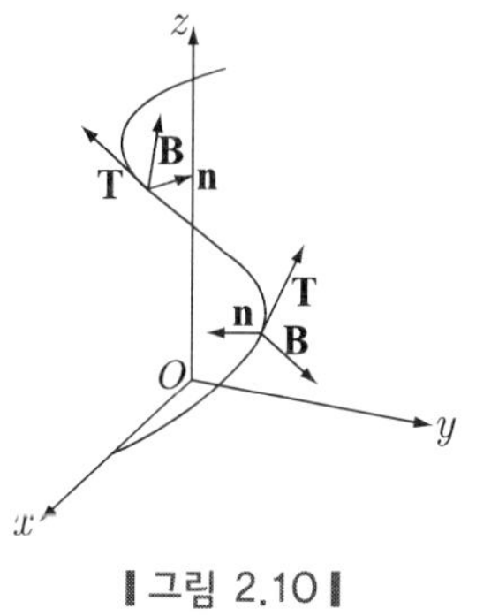

그림 2.10

오른손법칙을 이루는 세 벡터쌍 $\{\mathbf{T}, \mathbf{n}, \mathbf{B}\}$를 곡선 C의 **움직이는 삼면체**(moving trihedron) 또는 **프레네 좌표계**(Frenet frame)라고 한다. 이때 $\mathbf{T}$, $\mathbf{n}$과 $\mathbf{B}$ 방향의 직선을 각각 곡선 C의 **접선**, **주법선**(principal normal line)과 **종법선**(binormal line)이라 한다.

공간곡선 위의 주어진 점에서 **접촉평면**(osculating plane)은 접선과 주법선을 포함하는 평면이고, **법평면**(normal plane)은 접선벡터에 수직인 평면이다. 또한 **전직평면**(rectifying plane)은 주어진 점에서 주법선에 수직인 평면으로 정의한다.

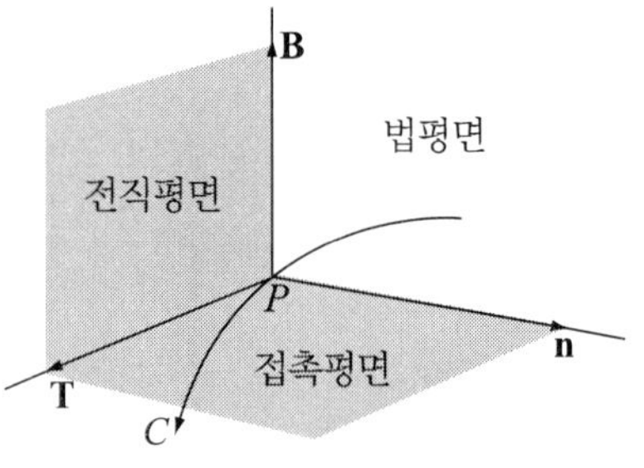

| 그림 2.11 |

참고 공간에서 직선과 평면의 벡터방정식은

(1) 직선의 벡터방정식;

$$\mathbf{y} = \mathbf{x} + \alpha\mathbf{T} \text{ (접선)}, \quad \mathbf{y} = \mathbf{x} + \alpha\mathbf{n} \text{ (주법선)}$$
$$\mathbf{y} = \mathbf{x} + \alpha\mathbf{B} \text{ (종법선)}$$

(2) 평면의 벡터방정식;

$$(\mathbf{y} - \mathbf{x}) \cdot \mathbf{T} = 0 \text{ (법평면)}, \quad (\mathbf{y} - \mathbf{x}) \cdot \mathbf{B} = 0 \text{ (접촉평면)}$$
$$(\mathbf{y} - \mathbf{x}) \cdot \mathbf{n} = 0 \text{ (전직평면)}$$

으로 주어진다. □

예제 원형나선 $\mathbf{f}(t) = \cos t\mathbf{i} + \sin t\mathbf{j} + t\mathbf{k}$ 위의 점 $P\left(0,\ 1,\ \dfrac{\pi}{2}\right)$에서 법평면과 접촉평면의 방정식을 구하시오.

풀이 $\mathbf{T}(t) = \dfrac{1}{\sqrt{2}}(-\sin t\mathbf{i} + \cos t\mathbf{j} + \mathbf{k})$이므로

$$\mathbf{T}\left(\frac{\pi}{2}\right) = \frac{1}{\sqrt{2}}(-\mathbf{i} + \mathbf{k})$$

가 된다. 따라서 법평면 위의 임의의 점을 $\mathbf{y}(x,\ y,\ z)$라 하면 $(\mathbf{y} - \mathbf{x}) \cdot \mathbf{T} = 0$

으로부터 $z=x+\frac{\pi}{2}$를 얻는다. 또한

$$\mathbf{B}(t)=\frac{1}{\sqrt{2}}(\sin t\mathbf{i}-\cos t\mathbf{j}+\mathbf{k})$$

이므로, $\mathbf{B}\left(\frac{\pi}{2}\right)=\frac{1}{\sqrt{2}}(\mathbf{i}+\mathbf{k})$가 된다. 따라서 접촉평면 위의 임의의 점을 $\mathbf{y}(x,\ y,\ z)$라 하면 $(\mathbf{y}-\mathbf{x})\cdot\mathbf{B}=0$으로부터 $z=-x+\frac{\pi}{2}$를 얻는다.

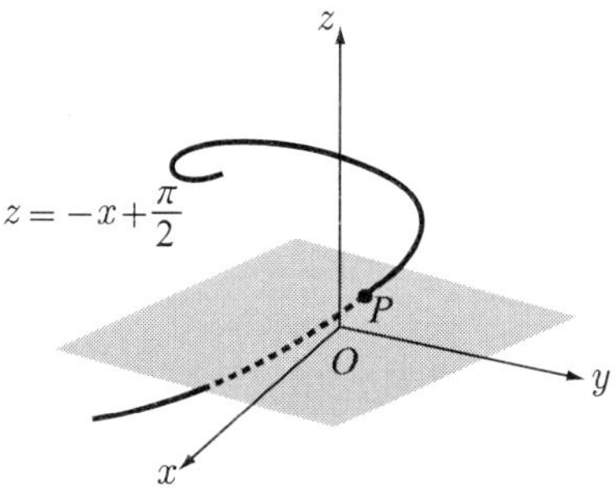

❙그림 2.12❙ 원형나선과 접촉평면 ◆

$\mathbf{B}\cdot\mathbf{T}=0$이고 $\mathbf{B}\cdot\mathbf{n}=0$이므로 $\mathbf{B}\cdot\mathbf{T}=0$을 호의 길이 s에 관해서 미분하고 $\mathbf{n}(s)=\frac{1}{\kappa(s)}\frac{d\mathbf{T}}{ds}$를 이용하면

$$0=\frac{d\mathbf{B}}{ds}\cdot\mathbf{T}+\mathbf{B}\cdot\frac{d\mathbf{T}}{ds}=\frac{d\mathbf{B}}{ds}\cdot\mathbf{T}+\kappa(s)\mathbf{B}\cdot\mathbf{n}$$

이므로, $\frac{d\mathbf{B}}{ds}\cdot\mathbf{T}=0$이 된다. 그런데 $\frac{d\mathbf{B}}{ds}\neq\mathbf{0}$이므로 $\frac{d\mathbf{B}}{ds}$는 $\mathbf{B}$에도 수직이다. 그러므로 $\frac{d\mathbf{B}}{ds}$는 $\mathbf{T}$와 $\mathbf{B}$로 이루어진 평면에 수직이다. 따라서

$$\frac{d\mathbf{B}}{ds}=-\tau\mathbf{n}$$

이고 $\left\|\frac{d\mathbf{B}}{ds}\right\|=\|-\tau\mathbf{n}\|=|\tau|$을 만족한다. 이때 스칼라 함수 τ를 주어진 점에서 C의 **비틀림률**(torsion) 또는 **열률**이라 한다. 비틀림률은 곡선 C가 비틀어지는 비율을 측정하는 것으로, 단위종법선벡터 $\mathbf{B}$ 방향의 변화율이다. 한편 $\mathbf{n}=\mathbf{B}\times\mathbf{T}$를 s로 미분하고

$$\frac{d\mathbf{T}}{ds}=\kappa(s)\mathbf{n}(s),\quad \frac{d\mathbf{B}}{ds}=-\tau\mathbf{n}$$

을 이용하면

$$\frac{d\mathbf{n}}{ds} = \tau\mathbf{B} - \kappa\mathbf{T}$$

가 되고, 또한 $\dfrac{d\mathbf{B}}{ds} = -\tau\mathbf{n}$으로부터

$$\tau = \tau\mathbf{n}\cdot\mathbf{n} = -\frac{d\mathbf{B}}{ds}\cdot\mathbf{n}$$

을 얻는다. 이 결과들을 정리하면 다음의 **프레네-세레 공식**(Frenet-Serret formulas)을 얻는다.

정리 23 프레네-세레 공식

$\mathbf{T}$, $\mathbf{n}$과 $\mathbf{B}$, 그리고 κ와 τ에 대하여

(1) $\dfrac{d\mathbf{T}}{ds} = \kappa\mathbf{n}$ (2) $\dfrac{d\mathbf{n}}{ds} = \tau\mathbf{B} - \kappa\mathbf{T}$ (3) $\dfrac{d\mathbf{B}}{ds} = -\tau\mathbf{n}$

이 성립한다.

프레네-세레 공식을 행렬로 나타내면 다음과 같다.

$$\begin{pmatrix} \dfrac{d\mathbf{T}}{ds} \\ \dfrac{d\mathbf{n}}{ds} \\ \dfrac{d\mathbf{B}}{ds} \end{pmatrix} = \begin{pmatrix} 0 & \kappa & 0 \\ -\kappa & 0 & \tau \\ 0 & -\tau & 0 \end{pmatrix} \begin{pmatrix} \mathbf{T} \\ \mathbf{n} \\ \mathbf{B} \end{pmatrix}$$

참고 공간곡선 위의 점 $P(s)$에서 접촉평면과 $P(s)$에 가까운 점 $Q(s+\Delta s)$에 대한 접촉평면이 이루는 각을 $\Delta\varphi$, 호 $\overset{\frown}{PQ}$의 길이를 Δs라 할 때, 극한값

$$\lim_{\Delta s \to 0} \frac{\Delta\varphi}{\Delta s}$$

를 점 P에 대한 **비틀림률**이라 한다. 곡률의 경우는 각 점에서 접선으로부터 C의 편차를 나타내고, 비틀림률은 접촉평면으로부터 C의 편차를 나타낸다. 따라서 비틀림률을 **제2곡률**이라고도 한다. 또한 비틀림률의 역수, 즉 $1/\tau$을 **비틀림률반지름**(radius of torsion) 또는 비틀림률반경이라고 한다. □

예 $t=\frac{\pi}{3}$에서, 벡터함수 $\mathbf{f}(t)=\cos t\mathbf{i}+\sin t\mathbf{j}+t\mathbf{k}$에 의해 주어진 원형나선의 비틀림률 τ를 구해보자.

$$\mathbf{B}=\frac{\sin t}{\sqrt{2}}\mathbf{i}-\frac{\cos t}{\sqrt{2}}\mathbf{j}+\frac{1}{\sqrt{2}}\mathbf{k}$$

이므로, $t=\frac{\pi}{3}$에서

$$\mathbf{B}'=\frac{\cos t}{\sqrt{2}}\mathbf{i}+\frac{\sin t}{\sqrt{2}}\mathbf{j}=\frac{1}{\sqrt{2}}\left(\frac{1}{2}\mathbf{i}+\frac{\sqrt{3}}{2}\mathbf{j}\right)$$

가 된다. 그러나 $\mathbf{n}\left(\frac{\sqrt{2}\pi}{3}\right)=-\frac{1}{2}\mathbf{i}-\frac{\sqrt{3}}{2}\mathbf{j}$이므로, $\tau=-\mathbf{B}'\cdot\mathbf{n}$으로부터 $t=\frac{\pi}{3}$에서 원나선의 비틀림률은

$$\begin{aligned}\tau&=-\frac{1}{2\sqrt{2}}(\mathbf{i}+\sqrt{3}\mathbf{j})\cdot\left(-\frac{1}{2}\mathbf{i}-\frac{\sqrt{3}}{2}\mathbf{j}\right)\\&=\frac{1}{4\sqrt{2}}(1+3)=\frac{1}{\sqrt{2}}\end{aligned}$$

로 주어진다.

참고 s가 호의 길이함수일 때, $\mathbf{f}(s)=x(s)\mathbf{i}+y(s)\mathbf{j}+z(s)\mathbf{k}$로 주어진 곡선의 곡률 κ와 비틀림률 τ는 각각

$$\kappa=\sqrt{(x'')^2+(y'')^2+(z'')^2}$$

$$\tau=\frac{1}{(x'')^2+(y'')^2+(z'')^2}\begin{vmatrix}x' & y' & z'\\ x'' & y'' & z''\\ x^{(3)} & y^{(3)} & z^{(3)}\end{vmatrix}$$

으로 표현될 수 있다. □

점 P에서 $\mathbf{f}(t)$로 주어진 매끄러운 곡선 C의 접촉평면 위에 있는 원으로 P에서 C와 동일한 접선을 가지고, 중심은 P에서 C의 곡률벡터 쪽 위의 주법선 위에 있으며 반지름이 곡률반지름 $\rho(s)$인 원을 **곡률원**(circle of curvature)이라 한다. 이때 이 원의 중심을 **곡률중심**(center of curvature)이라 하고, 곡률중심의 위치벡터는

$$\mathbf{f}(t)+\rho(t)\mathbf{n}(t)$$

로 주어진다.

참고 곡선 C 위의 모든 점에서 $\kappa=0$이면 C는 직선이고, 그 역도 성립한다. 또한 C 위의 모든 점에서 $\tau=0$일 때 C는 평면곡선이 되고, 그 역도 성립한다. □

4. 두 곡선의 합동

공간 위의 두 곡선 C_1과 C_2에 대하여 모양은 바꾸지 않고 한 쪽을 적당히 이동시켜 다른 쪽에 포갤 수 있을 때, 두 곡선을 **합동**(congruence)이라 한다. 공간 위에 직교좌표계 O-xyz를 잡고 벡터방정식으로 양 곡선을 정의할 때, 두 곡선의 위치가 다르면 벡터방정식도 달라져, 방정식만 보고는 두 곡선이 합동인지 파악하기 힘들다. 그러나 s가 호의 길이함수일 때, 두 곡선 C_1과 C_2가 합동일 필요충분조건은 모든 s에 대하여 두 곡선 C_1과 C_2의 곡률 $\kappa(s)$와 비틀림률 $\tau(s)$가 일치하는 것이다.

참고 s가 호의 길이함수일 때, s에 관한 곡률 $\kappa(s)$와 비틀림률 $\tau(s)$를 갖는 공간곡선은 유일하게 주어진다. □

2.5 역학에서의 운동

접선벡터와 법선벡터, 그리고 곡률의 개념은 물리학에서 공간곡선을 따라서 움직이는 물체의 속도와 가속도에 관련된 운동을 연구하는 데 필수적이다.

1. 속도와 가속도

어떤 물체가 한 평면 위에서 움직일 때, 그 운동은 벡터함수

$$\mathbf{f}(t)=f_1(t)\mathbf{i}+f_2(t)\mathbf{j}$$

로 나타낼 수 있다. 이때 $\mathbf{f}$를 물체의 **위치벡터**라 하고, $\mathbf{f}$에 의해서 그려진 곡선을 물체의 **궤적**(trajectory)이라 한다.

시각 t에서 위치벡터가

$$\mathbf{f}(t)=f_1(t)\mathbf{i}+f_2(t)\mathbf{j}$$

가 되도록 어떤 물체가 움직일 때, $\mathbf{f}'$이 존재하면 시각 t에서 움직이는 물체의 **속도벡터**

(velocity vector) $\mathbf{v}(t)$는

$$\mathbf{v}(t)=\lim_{\Delta t\to 0}\frac{\mathbf{f}(t+\Delta t)-\mathbf{f}(t)}{\Delta t}=\mathbf{f}'(t)=f_1'(t)\mathbf{i}+f_2'(t)\mathbf{j}$$

로 정의된다. 따라서 속도벡터는 접선벡터로서 접선의 방향을 가르킨다. 또한 시각 t에서 위치벡터가

$$\mathbf{f}(t)=f_1(t)\mathbf{i}+f_2(t)\mathbf{j}$$

가 되도록 어떤 물체가 움직일 때, $\mathbf{f}''$이 존재하면 시각 t에서 움직이는 물체의 **가속도벡터** (acceleration vector) $\mathbf{a}(t)$는

$$\mathbf{a}(t)=\frac{d\mathbf{v}}{dt}=\mathbf{f}''(t)=f_1''(t)\mathbf{i}+f_2''(t)\mathbf{j}$$

로 정의한다. 한편 물체의 속력(speed) $v(t)$는 속도벡터의 크기로, 물체의 **가속력** $a(t)$는 가속도벡터의 크기로 각각 정의한다.

의미의 혼동이 없는 한 속도벡터를 속도, 가속도벡터를 가속도로 나타낸다.

참고 $\|\mathbf{f}'(t)\|=\dfrac{ds}{dt}$이고 $v(t)=\|\mathbf{v}(t)\|=\|\mathbf{f}'(t)\|$이므로, 물체의 속력 $v(t)$는 시간 t에 대한 거리 s의 변화율 $v(t)=\dfrac{ds}{dt}$로 나타낼 수 있다. □

예 속력이 일정하면, 속도벡터와 가속도벡터는 직교한다.

임의의 시각 t에서 한 물체의 **운동량** $\mathbf{P}$는 그 물체의 질량 m과 속도 $\mathbf{v}$의 곱으로 정의된 벡터, 즉 $\mathbf{P}=m\mathbf{v}$로 정의된다.

참고 뉴턴의 제2운동법칙에 의하면 물체의 질량이 일정할 때, 물체의 운동 결과로서 생기는 힘 $\mathbf{F}$는

$$\mathbf{F}=\frac{d}{dt}(m\mathbf{v})=m\frac{d\mathbf{v}}{dt}=m\mathbf{a}$$

로 주어진다. 특히 질량이 상수가 아니면

$$\mathbf{F}=\frac{d}{dt}(m\mathbf{v})=m\frac{d\mathbf{v}}{dt}+\mathbf{v}\frac{dm}{dt}=\mathrm{m}\mathbf{a}+\mathbf{v}\frac{dm}{dt}$$

이 된다. □

예제 평면 위를 움직이는 물체의 위치벡터가 $\mathbf{f}(t)=t^3\mathbf{i}+t^2\mathbf{j}$ (단, $t \geq 0$)로 주어질 때, $t=1$에서 속력을 구하시오.

(풀이) 시각 t에서 속도벡터는

$$\mathbf{v}(t)=3t^2\,\mathbf{i}+\,2t\mathbf{j}$$

이고, 속력은

$$\|\mathbf{v}(t)\|=\sqrt{(3t^2)^2+(2t)^2}=\sqrt{9t^4+4t^2}$$

이 된다. 따라서 $t=1$에서 속력은 $\|\mathbf{v}(1)\|=\sqrt{13}$ 이다. ◆

R^2에서 살펴본 이러한 성질들은 R^3으로 확장된다.

2. 가속도의 접선성분과 법선성분

한 물체가 위치벡터

$$\mathbf{f}(t)=x(t)\mathbf{i}+y(t)\mathbf{j}$$

로 주어진 곡선 C를 따라 움직일 때 가속도벡터는

$$\mathbf{a}(t)=\frac{d^2x}{dt^2}\mathbf{i}+\frac{d^2y}{dt^2}\mathbf{j}$$

로 주어지므로, $\mathbf{a}(t)$는 수평성분과 수직성분으로 나뉘어진다. 그런데 물체의 운동을 생각할 때, 가속도를 운동방향으로의 성분인 접선성분과 이에 수직인 방향으로의 성분인 법선성분으로 분해하는 것이 유용하다.

정리 24 가속도벡터

벡터함수 $\mathbf{f}(t)$에 의해 주어진 곡선 C의 가속도벡터 $\mathbf{a}(t)$는

$$\mathbf{a}(t)=\frac{d^2s}{dt^2}\mathbf{T}+\kappa\left(\frac{ds}{dt}\right)^2\mathbf{n}$$

으로 주어진다. 여기서 $\mathbf{T}$는 단위접선벡터이고, $\mathbf{n}$은 단위법선벡터이다. 또한 s는 $t=0$으로부터 호의 길이이고, κ는 곡률을 나타낸다.

(증명) $v=\|\mathbf{v}(t)\|$로 나타내면 단위접선벡터는

$$\mathbf{T}(t)=\frac{\mathbf{f}'(t)}{\|\mathbf{f}'(t)\|}=\frac{\mathbf{v}(t)}{\|\mathbf{v}(t)\|}=\frac{\mathbf{v}(t)}{v}$$

이므로, $\mathbf{v}(t)=v\mathbf{T}(t)$가 된다. 이 방정식의 양변을 t에 관하여 미분하면

$$\mathbf{a}(t)=\mathbf{v}'(t)=v'\mathbf{T}(t)+v\mathbf{T}'(t)$$

를 만족한다. 따라서

$$\kappa=\left\|\frac{\mathbf{T}'}{\mathbf{f}'}\right\|=\frac{\|\mathbf{T}'\|}{v},\ \text{즉}\ \|\mathbf{T}'\|=\kappa v$$

를 얻는다. 그런데 단위법선벡터가 $\mathbf{n}(t)=\dfrac{\mathbf{T}'(\mathrm{t})}{\|\mathbf{T}'(\mathrm{t})\|}$이므로

$$\mathbf{T}'(t)=\|\mathbf{T}'(t)\|\,\mathbf{n}(t)=\kappa v\,\mathbf{n}(t)$$

이고 $\mathbf{a}(t)=v'\mathbf{T}(t)+\kappa v^2\mathbf{n}(t)$, 즉

$$\mathbf{a}(t)=\frac{d^2s}{dt^2}\mathbf{T}+\kappa\left(\frac{ds}{dt}\right)^2\mathbf{n}$$

이 된다. ◆

벡터함수 $\mathbf{f}(t)$에 의해 주어진 곡선 C의 가속도벡터

$$\mathbf{a}(t)=\frac{dv}{dt}\mathbf{T}+\kappa v^2\mathbf{n}=\frac{dv}{dt}\mathbf{T}+\frac{v^2}{\rho}\mathbf{n}$$

은 곡률과 가속도 사이의 관계를 제공한다. 여기서 가속도의 접선성분(접선가속도 성분)은 $a_{\mathbf{T}}=\dfrac{dv}{dt}$이고, 법선성분(법선가속도 성분)은 $a_{\mathbf{n}}=\dfrac{v^2}{\rho}$이다.

참고 가속도의 접선성분과 법선성분을 각각 $a_{\mathbf{T}}$와 $a_{\mathbf{n}}$으로 나타내면

$$\mathbf{a}=a_{\mathbf{T}}\mathbf{T}+a_{\mathbf{n}}\mathbf{n}$$

이 된다. 한편

$$\mathbf{v}\cdot\mathbf{a}=v\mathbf{T}\cdot(v'\mathbf{T}+\kappa v^2\mathbf{n})=vv'\mathbf{T}\cdot\mathbf{T}+\kappa v^3\mathbf{T}\cdot\mathbf{n}=vv'$$

이므로

$$a_{\mathbf{T}} = v' = \frac{\mathbf{f}'(t) \cdot \mathbf{f}''(t)}{\|\mathbf{f}'(t)\|}$$

$$a_{\mathbf{n}} = \kappa v^2 = \frac{\|\mathbf{f}'(t) \times \mathbf{f}''(t)\|}{\|\mathbf{f}'(t)\|}$$

을 얻는다.

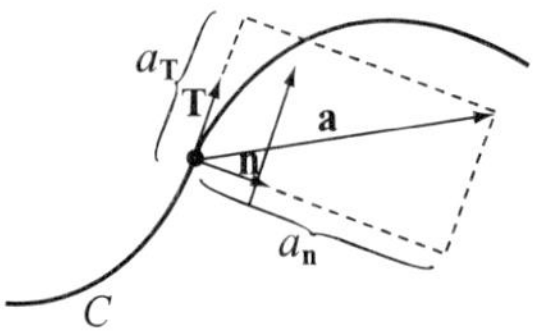

| 그림 2.13 | 가속도의 분해

R^2에서 살펴본 성질들은 R^3으로 확장된다.

예제 물체가 벡터함수 $\mathbf{f}(t) = t^2\mathbf{i} + t^2\mathbf{j} + t^3\mathbf{k}$로 주어진 곡선 위로 움직일 때, 가속도의 접선성분과 법선성분을 구하시오.

(풀이) $\mathbf{f}'(t) = 2t\mathbf{i} + 2t\mathbf{j} + 3t^2\mathbf{k}$와 $\mathbf{f}''(t) = 2\mathbf{i} + 2\mathbf{j} + 6t\mathbf{k}$이므로

$$\|\mathbf{f}'(t)\| = \sqrt{8t^2 + 9t^4}$$

이고

$$\mathbf{f}'(t) \cdot \mathbf{f}''(t) = 8t + 18t^3, \ \mathbf{f}'(t) \times \mathbf{f}''(t) = 6t^2\mathbf{i} - 6t^2\mathbf{j}$$

가 된다. 따라서 가속도의 접선성분은

$$a_{\mathbf{T}} = \frac{\mathbf{f}'(t) \cdot \mathbf{f}''(t)}{\|\mathbf{f}'(t)\|} = \frac{8t + 18t^3}{\sqrt{8t^2 + 9t^4}}$$

이고, 법선성분은

$$a_{\mathbf{n}} = \frac{\|\mathbf{f}'(t) \times \mathbf{f}''(t)\|}{\|\mathbf{f}'(t)\|} = \frac{6\sqrt{2}\,t^2}{\sqrt{8t^2 + 9t^4}}$$

이 된다. ◆

연습문제

1. 한 점이 지름 1m인 바퀴의 중심에서 25 cm 떨어져 있다. 바퀴가 구를 때, 그 점에 의해서 생기는 곡선을 매개변수방정식으로 표시하시오.

2. 벡터함수 $\mathbf{f}(t)$가 고정된 평면 π와 평행하기 위한 필요충분조건은

$$\mathbf{f}(t)\cdot\mathbf{f}'(t)\times\mathbf{f}''(t)=0$$

임을 보이시오.

3. $\dfrac{d}{dt}\left(\mathbf{v}\cdot\dfrac{d\mathbf{v}}{dt}\times\dfrac{d^2\mathbf{v}}{dt^2}\right)$를 구하시오.

4. $v=\|\mathbf{v}\|$일 때, $\mathbf{v}\cdot\dfrac{d\mathbf{v}}{dt}=v\dfrac{dv}{dt}$임을 보이시오.

5. 주어진 매개변수값에 대하여 주어진 곡선의 기울기를 구하고, 수직접선과 수평접선을 가지는 모든 점을 구하시오.

(1) $x=t^3,\ y=6t\ ;\ t=1$

(2) $x=\sin 5\theta,\ y=\cos 5\theta\ ;\ \theta=\dfrac{\pi}{3}$

6. 주어진 곡선의 호의 길이를 구하시오.

(1) $\mathbf{f}(t)=\cos t\mathbf{i}+\sin t\mathbf{j}+t\mathbf{k}$ (단, $0\le t\le\pi$)

(2) (안쪽굴렁쇠선) $\mathbf{f}(t)=a\cos^3 t\mathbf{i}+a\sin^3 t\mathbf{j}$

7. 곡선 C가 매개변수방정식

$$x=t^2+1,\ y=4t-3,\ z=2t^2-6t$$

에 의해 주어질 때, $t=2$에서 단위접선벡터를 구하시오.

8. 곡선 C가 매개변수방정식

$$x = 3\cos t,\ y = 3\sin t,\ z = 4t$$

로 주어질 때, $t = \pi$인 점에서 (1) 접선 (2) 주법선 (3) 종법선의 방정식을 구하시오.

9. 곡선 C가 매개변수방정식

$$x = 3t - t^3,\ y = 3t^2,\ z = 3t + t^3$$

로 주어질 때, $t = 1$인 점에서 (1) 접촉평면 (2) 법평면 (3) 전직평면의 방정식을 구하시오.

10. 공간곡선이 $\mathbf{f}(t) = t\mathbf{i} + t^2\mathbf{j} + \dfrac{2}{3}t^3\mathbf{k}$로 주어질 때, $t = 1$에서 곡률 κ와 비틀림률 τ를 구하시오.

11. 모든 접선이 일정한 직선과 일정한 각을 이루는 공간곡선을 나사선이라 한다. 이때 공간곡선이 나사선이 되기 위한 필요충분조건은 $\dfrac{\kappa}{\tau}$ (단, $\tau \neq 0$)가 상수임을 보이시오.

12. 프레네-세레 공식이 $\dfrac{d\mathbf{T}}{ds} = \omega \times \mathbf{T}$, $\dfrac{d\mathbf{B}}{ds} = \omega \times \mathbf{B}$, $\dfrac{d\mathbf{n}}{ds} = \omega \times \mathbf{n}$ 형태로 쓰일 때, ω를 구하시오.

13. 닫힌구간 $[0, \pi/2]$에서 정의된 곡선 $\mathbf{f}(t) = a(\cos^3 t)\mathbf{i} + a(\sin^3 t)\mathbf{j}$의 곡률이 최대가 되는 t와, 최소가 되는 t를 각각 구하시오.

14. $\dfrac{d\mathbf{r}}{ds} \cdot \dfrac{d^2\mathbf{r}}{ds^2} \times \dfrac{d^3\mathbf{r}}{ds^3} = \dfrac{\tau}{\rho^2}$가 성립함을 보이시오.

15. $\mathbf{f}(t) = 3\cos t\mathbf{i} + 3\sin t\mathbf{j} + 4t\mathbf{k}$로 주어진 공간곡선에서 다음을 구하시오.

(1) 단위법선 $\mathbf{T}$

(2) 주단위법선벡터 $\mathbf{n}$, 곡률 κ와 곡률반지름 ρ

(3) 종단위법선벡터 $\mathbf{B}$, 비틀림률 τ와 비틀림률반지름 σ

16. 1,300 kg의 경주차를 반지름이 65 m인 원형경주트랙에서 175 km/hr의 속력으로 운전

한다. 이때 차가 미끄러지지 않도록 노면 위에서 타이어에 작용하는 마찰력을 구하시오.

17. 한 물체가 $\mathbf{f}(t) = 2\sin 3t\mathbf{i} + 2\cos 3t\mathbf{j} + 8t\mathbf{k}$로 주어진 곡선을 따라 움직일 때, 물체의 속도와 가속도, 그리고 속도와 가속도의 크기를 구하시오.

18. 시각 $t \geq 0$에서 어떤 물체의 가속도가

$$\mathbf{a}(t) = 12\cos 2t\mathbf{i} - 8\sin 2t\mathbf{j} + 16t\mathbf{k}$$

로 주어졌다. 이때 $t = 0$에서 속도와 변위가 각각 $\mathbf{0}$이면 임의의 시각 t에서의 속도와 변위를 구하시오.

19. 한 물체가 매개변수방정식 $x = 2t^2$, $y = t^2 - 4t$와 $z = 3t - 5$로 주어진 곡선을 따라 움직인다. 이때 $t = 1$에서 $\mathbf{i} - 3\mathbf{j} + 2\mathbf{k}$ 방향으로 속도와 가속도의 성분을 구하시오.

20. 위치벡터를 $\mathbf{f}(t) = t\mathbf{u}$로 갖는 물체 M이 원판의 끝을 향해 움직이고, 원판은 일정한 각속도 $\omega = 1$을 유지하며 시계반대방향으로 돌고 있다. 여기서 $\mathbf{u} = \cos t\mathbf{i} + \sin t\mathbf{j}$는 원판과 함께 회전하는 단위벡터이다.

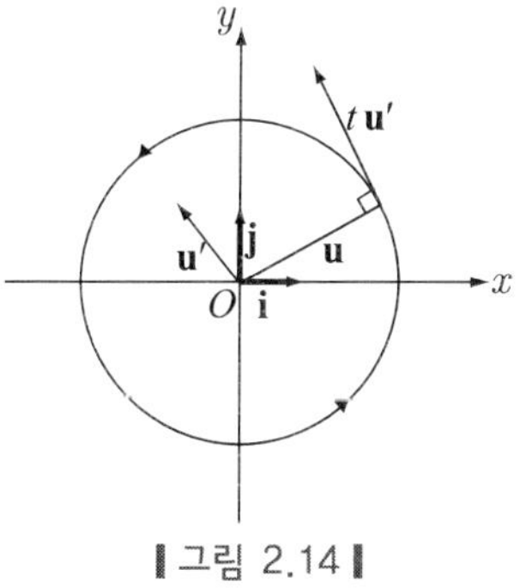

| 그림 2.14 |

이때 M의 가속도벡터는 $\mathbf{a}(t) = 2\mathbf{u}' + t\mathbf{u}''$이고, 가속도의 접선성분과 법선성분은 각각

$$a_{\mathrm{T}} = \frac{t}{1+t^2}\|\mathbf{u} + t\mathbf{u}\|,\ a_n = \frac{2+t^2}{1+t^2}\|\mathbf{u} + t\mathbf{u}\|$$

으로 주어짐을 보이시오.

제 3 장

다변수 벡터함수의 미분

3.1 다변수함수

많은 응용부분에서는 하나의 변수만으로 표시할 수 없고, 두 개 이상의 변수가 필요하다. n차원 공간 R^n의 부분집합을 D라 할 때, 함수 $f: D \to R$을 n**변수 실가함수**라 한다. 실가함수를 종종 스칼라함수라 하며, 통상 $n \ge 2$인 경우를 **다변수함수**라 한다.

1. 이변수함수

정의 1	이변수함수
$D \subset R^2$이고, 각 $(x, y) \in D$에 유일한 실수 $f(x, y)$가 대응될 때, f를 이변수의 실가함수라 하고, $f: D \to R$로 표기한다. 이때 D를 f의 정의역, $\{f(x, y) \mid (x, y) \in D\}$를 f의 치역이라 한다.	

일반적으로 (x, y)에서 f에 의해 취해지는 값을 $z = f(x, y)$로 표기한다. 여기서 x와 y는 독립변수이고, z는 종속변수를 나타낸다.

함수를 표시할 때는 보통 **화살표 표시법**(arrow diagram), 그래프와 **등위곡선**을 이용한다.

(1) 함수의 그래프

f가 정의역을 D로 갖는 이변수함수일 때, f의 그래프(graph)는

$$S = \{(x, y, z) \in R^3 \mid z = f(x, y), (x, y) \in D\}$$

인 집합으로 정의한다. 이변수함수는 화살표 표시법과 그래프에 의하여 가시화할 수 있다. 일변수함수 f의 그래프가 $y = f(x)$인 곡선 C인 것처럼, 이변수함수 f의 그래프는 $z = f(x, y)$인 곡면 S가 된다. Matlap, Maple과 Mathematica 등 컴퓨터용 소프트웨어를 이용하면 이변수함수의 그래프를 그릴 수 있다.

예 함수 $f(x, y) = \sqrt{16 - x^2 - y^2}$에 대하여 정의역 D는

$$D = \{(x, y) \mid 16 - x^2 - y^2 \ge 0\} = \{(x, y) \mid x^2 + y^2 \le 16\}$$

즉 원점을 중심으로 하는 반지름이 4인 원이고, f의 치역 R은 $z \ge 0$와 $\sqrt{16 - x^2 - y^2} \le 4$로부터

$$R = \left\{ z \mid z = \sqrt{16 - x^2 - y^2},\ (x,\ y) \in D \right\} = \{ z \mid 0 \le z \le 4 \}$$

가 된다. 따라서 함수의 그래프는 반지름이 4이고 원점이 중심인 구면의 상반부 (upper hemi - sphere)를 나타내고 있다.

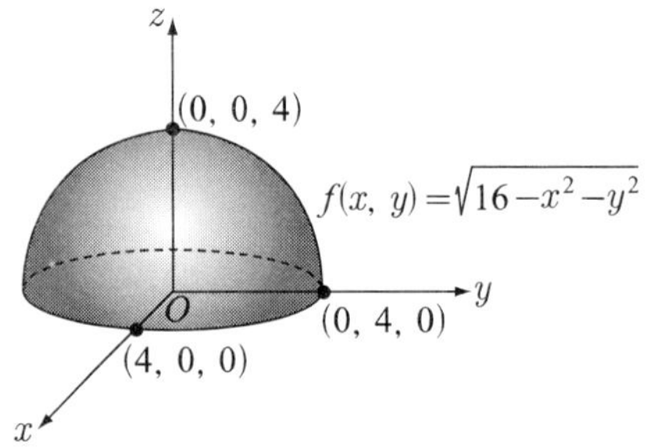

▌그림 3.1▐

(2) 등위곡선

$z = f(x,\ y)$와 평면 $z = k$ (단, k는 상수)가 만나는 점 $(x,\ y)$를 xy 평면에 나타낸 곡선을 **등위곡선**(level curve)이라 한다. 즉 등위곡선 $f(x,\ y) = k$는 주어진 k를 갖는 f에서의 모든 점들의 궤적이다. 이것은 지형도에서 등고선과 같은 역할을 한다. 함수 $f : R^2 \to R$에 대한 등위곡선에 대한 연구는 f의 그래프를 그리는 데 용이하다.

예 이변수함수 $f(x,\ y) = 4x^2 + y^2$의 등위곡선은

$$4x^2 + y^2 = c \text{ 또는 } \frac{x^2}{c/4} + \frac{y^2}{c} = 1$$

이다. 따라서 $c > 0$일 때, $f(x,\ y) = 4x^2 + y^2$의 그래프와 등위곡선을 나타내면 다음과 같다.

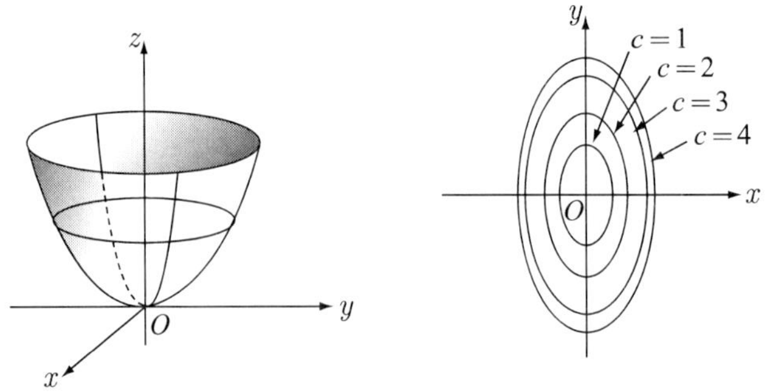

104

(1) $f(x,\ y) = 4x^2 + y^2$의 그래프　　(2) $f(x,\ y) = 4x^2 + y^2$의 등위곡선

▌그림 3.2▐

2. 삼변수 이상의 함수

삼변수의 실가함수 f는 정의역 $D \subset R^3$ 내의 각 점 $(x,\ y,\ z)$에 $f(x,\ y,\ z)$로 표기된 실수를 대응시키는 규칙이다. 화살표 표시법에 의해 f를 가시화할 수 있지만, 사차원 공간에 있으므로 그래프로 가시화하는 것은 불가능하다. 그러나 $f(x,\ y,\ z)=k$에 의해서 만들어진 등위곡면(level surface)을 조사해 봄으로써, 그 구조를 살펴볼 수 있다.

정의 2	n변수함수
	n변수함수는 R^n의 부분집합 D 내의 순서쌍 $(x_1,\ x_2,\ \cdots,\ x_n)$에 유일한 실수값 $z=f(x_1,\ x_2,\ \cdots,\ x_n)$을 대응시키는 규칙이다. 이때 기호 $f: D \to R$은 f가 실수값을 갖는 함수이고, 그 정의역 D는 R^n의 부분집합이란 뜻으로 사용된다.

때로는 벡터 표기법을 이용하여 간편하게 n변수함수 $f: D \to R$을 표기하기도 한다. 즉 $\mathbf{x}=(x_1,\ x_2,\ \cdots,\ x_n)$일 때, $f(x_1,\ x_2,\ \cdots,\ x_n)$ 대신 $f(\mathbf{x})$로 표기한다.

3.2 원주좌표와 구면좌표

이 절에서는 R^2에서 직교좌표계와 극좌표계를 도입했듯이 삼차원 공간 R^3에서 직교좌표계 외에 곡면과 입체를 편리하게 설명해 주는 극좌표계와 유사한 두 좌표계, 즉 원주좌표계와 구면좌표계를 소개한다. 새로운 좌표계는 적분의 계산과 같은 형태의 문제에서 많이 이용된다.

1. 원주좌표계

원주좌표계(cylindrical coordinate system)에서는 삼차원 공간의 임의의 점 P를 순서쌍 $(r,\ \theta,\ z)$로 나타낸다. 이때 r과 θ는 점 P의 xy 평면 위로의 정사영의 극좌표이고, z는 xy 평면에서 P까지의 방향이 주어진 거리이다. 원주좌표계는 원기둥좌표계라고도 불린다.

원주좌표를 직교좌표로 변환하기 위해서는 방정식

$$x=r\cos\theta,\ y=r\sin\theta,\ z=z$$

를 이용하고, 직교좌표를 원주좌표로 변환하기 위해서는 방정식

$$r^2 = x^2 + y^2,\ \tan\theta = \frac{y}{x},\ z = z$$

를 이용한다.

예제 직교좌표가 $(3,\ -3,\ -7)$인 점의 원주좌표를 구하시오.

(풀이)

$$r = \sqrt{3^2 + (-3)^2} = 3\sqrt{2},\quad \tan\theta = \frac{(-3)}{3} = -1$$

로부터 $\theta = \dfrac{7\pi}{4} + 2n\pi$ (단, n은 정수)를 얻는다. $z = -7$이므로 하나의 원주좌표는 $(3\sqrt{2},\ 7\pi/4,\ -7)$로 주어진다. 그러나 극좌표에서와 마찬가지로 무수히 많은 선택의 여지가 있다. ◆

원주좌표는 z 축에 관하여 대칭을 포함하고 있는 문제에 유용하다. 예를 들면 원주 $x^2 + y^2 = c^2$은 z 축에 대칭이고, 간단히 $r = c$로 표현된다.

예제 타원면 $4x^2 + 4y^2 + z^2 = 1$의 원주좌표 방정식을 구하시오.

(풀이) $r^2 = x^2 + y^2$이므로, $z^2 = 1 - 4(x^2 + y^2) = 1 - 4r^2$을 얻는다. 따라서 타원면의 원주좌표 방정식은 $z^2 = 1 - 4r^2$으로 주어진다. ◆

2. 구면좌표계

구면좌표계(spherical coordinate system)에서는 삼차원 공간의 임의의 점 P를 순서쌍 $(\rho,\ \theta,\ \phi)$로 정의한다. 이때 $\rho = \overline{OP}$는 원점에서 P까지의 거리이고, θ는 원주좌표에서와 같은 각이며, ϕ는 양의 z 축과 선분 $\overline{OP}$ 사이의 각을 나타낸다. 여기서 $\rho \ge 0,\ 0 \le \phi \le \pi$임에 유의한다.

구면좌표계는 원점에 관하여 대칭이 되는 문제에 유용하다. 예를 들면 중심이 원점이고, 반지름이 c인 구는 간단히 $\rho = c$로 표현된다.

삼각형 $\triangle OPQ$와 $\triangle OPP'$으로부터 $z = \rho\cos\phi,\ r = \rho\sin\phi$를 얻는다. 그런데 $x = r\cos\theta$, $y = r\sin\theta$이므로 직교좌표와 구면좌표 사이의 관계는

$$x = \rho\sin\phi\cos\theta,\ y = \rho\sin\phi\sin\theta,\ z = \rho\cos\phi$$

로 주어진다. 여기서 $\rho \ge 0,\ 0 \le \phi \le \pi,\ 0 \le \theta \le 2\pi$이다. 따라서 구면좌표가 $\left(1,\ \dfrac{\pi}{2},\ \dfrac{\pi}{4}\right)$

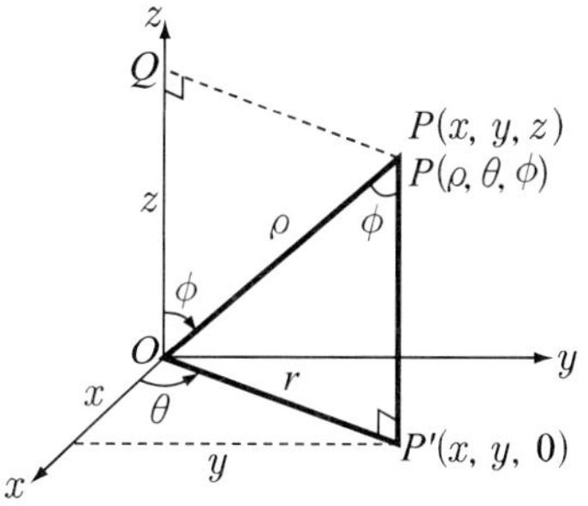

❙그림 3.3❙

인 점의 직교좌표를 구하면 $\left(0,\ -\frac{\sqrt{2}}{2},\ \frac{\sqrt{2}}{2}\right)$가 된다.

예제 직교좌표가 $(0,\ 2\sqrt{3},\ -2)$인 점의 구면좌표를 구하시오.

(풀이) $\rho = \sqrt{x^2+y^2+z^2} = 4$이므로

$$\cos\phi = \frac{z}{\rho} = \frac{-2}{4} = -\frac{1}{2}\text{로부터 } \phi = \frac{2\pi}{3}$$

$$\cos\theta = \frac{x}{\rho\sin\phi} = 0\text{로부터 } \theta = \frac{\pi}{2}$$

가 된다. 따라서 주어진 점의 구면좌표는 $\left(4,\ \frac{\pi}{2},\ \frac{2\pi}{3}\right)$이다. ◆

예제 구면방정식이 $\rho = \sin\phi\sin\theta$인 곡면의 직교방정식을 구하시오.

(풀이)

$$x^2+y^2+z^2 = \rho^2 = \rho\sin\phi\sin\theta = y$$

이므로, 직교방정식 $x^2+\left(y-\frac{1}{2}\right)^2+z^2 = \frac{1}{4}$을 얻는다. ◆

3.3 다변수함수의 극한과 연속

이 절에서는 다변수함수의 극한과 연속에 대한 개념을 서술한다. 먼저 이변수함수에 대하여 검토하고, 이것을 삼변수 이상의 함수로 일반화한다. 즉 이변수함수에서 논의된 내용이, 변수가 셋 이상인 함수로 확장될 수 있음을 보인다.

1. 함수의 극한

정의 3	

R^2에서

(1) 반지름이 r이고 중심이 $(x_0,\ y_0)$인 **열린원반**(open disk)은

$$\left\{(x,\ y) \mid (x-x_0)^2+(y-y_0)^2 < r^2\right\}$$

로 주어진 R^2의 부분집합이다.

(2) 반지름이 r이고 중심이 $(x_0,\ y_0)$인 **닫힌원반**(closed disk)은

$$\left\{(x,\ y) \mid (x-x_0)^2+(y-y_0)^2 \le r^2\right\}$$

으로 주어진 R^2의 부분집합이다.

(3) R^2 내의 점 $(x_0,\ y_0)$의 **근방**(neighborhood)은 $(x_0,\ y_0)$를 중심으로 하는 열린원반을 포함하는 임의의 집합이다.

(4) Ω가 R^2의 부분집합일 때, Ω의 모든 점 $(x_0,\ y_0)$에 대하여 $(x_0,\ y_0)$를 중심으로 하는 열린원반이 존재해서 완전히 Ω 내에 포함되면 Ω를 **열린집합**(open set)이라고 한다.

일변수함수에서의 극한의 성질을 이변수함수로 확장할 수 있다.

정의 4	함수의 극한

$f(x,\ y)$가 $(x_0,\ y_0)$의 근방에서 정의된 이변수함수라 하자. 단, $(x_0,\ y_0)$에서는 정의되지 않아도 좋다. 만일 임의의 $\varepsilon>0$에 대하여 적당한 $\delta>0$가 존재해서

$$0<\sqrt{(x-{x_0}^2)+(y-{y_0}^2)}<\delta$$

를 만족하는 모든 (x, y)에 대하여 $|f(x, y)-L|<\varepsilon$이 성립할 때, 함수 $z=f(x, y)$는 (x_0, y_0)에서 극한값 L을 갖는다고 하고

$$\lim_{(x, y)\to(x_0, y_0)} f(x, y)=L$$

로 나타낸다. 이때 "(x, y)가 (x_0, y_0)에 접근할 때, $f(x, y)$의 극한이 L이다."라고 읽는다.

일변수함수에서 x가 x_0에 접근할 때, 두 개의 가능한 접근방향이 있었다. 만약 $\lim_{x\to x_0^-} f(x)\neq \lim_{x\to x_0^+} f(x)$이면 $\lim_{x\to x_0} f(x)$는 존재하지 않는다.

그러나 이변수함수에서는 결코 단순하지 않다. 왜냐하면 $(x, y)\to(x_0, y_0)$라는 개념은 평면 위의 모든 방향에서 점 (x_0, y_0)로 수렴하는 것을 의미하기 때문이다.

예제 $f(x, y)=\dfrac{xy^2}{x^2+y^4}$일 때, $\lim_{(x, y)\to(0, 0)} \dfrac{xy^2}{x^2+y^4}$는 존재하지 않는다.

(증명) $y=mx$이고 $m\neq 0$이면

$$f(x, y)=f(x, mx)=\frac{x(mx)^2}{x^2+(mx)^4}=\frac{m^2x}{1+m^4x^2}$$

이므로, $y=mx$를 따라 $(x, y)\to(0, 0)$일 때 $f(x, y)\to 0$이 된다. 따라서 원점을 통과하는 모든 직선을 따라 극한을 취한 값은 모두 같다. 그러나 주어진 극한이 0은 아니다. 왜냐하면 $x=y^2$이면

$$f(x, y)=f(y^2, y)=\frac{y^4}{2y^4}=\frac{1}{2}$$

이므로, $x=y^2$을 따라 $(x, y)\to(0, 0)$일 때 $f(x, y)\to\dfrac{1}{2}$이 된다. 따라서 극한은 존재하지 않는다. ◆

예제 $\lim_{(x, y)\to(0, 0)} \dfrac{3x^2y}{x^2+y^2}=0$이다.

(증명) 임의의 $\varepsilon>0$에 대하여 $\delta=\dfrac{\varepsilon}{3}$으로 놓으면 $0<\sqrt{x^2+y^2}<\delta$를 만족하는 모든 (x, y)에 대하여

$$\left| \frac{3x^2y}{x^2+y^2} - 0 \right| \leq 3\sqrt{x^2+y^2} < 3\delta = 3\left(\frac{\varepsilon}{3}\right) < \varepsilon$$

이 성립한다. 따라서 $\displaystyle\lim_{(x,\ y)\to(0,\ 0)} \frac{3x^2y}{x^2+y^2} = 0$이 된다. ◆

참고 $x = r\cos\theta,\ y = r\sin\theta$로 변환하면 $(x,\ y)\to(0,\ 0)$과 $r\to 0^+$는 동치이므로

$$\lim_{(x,\ y)\to(0,\ 0)} \frac{3x^2y}{x^2+y^2} = \lim_{r\to 0^+} \frac{3r^2\cos^2\theta\, r\sin\theta}{r^2} = \lim_{r\to 0^+} 3\cos^2\theta\, r\sin\theta = 0$$

을 얻는다. 따라서 $\displaystyle\lim_{(x,\ y)\to(0,\ 0)} \frac{3x^2y}{x^2+y^2} = 0$이 된다. □

정리 5	극한정리

$\displaystyle\lim_{(x,\ y)\to(x_0,\ y_0)} f(x,\ y) = L$과 $\displaystyle\lim_{(x,\ y)\to(x_0,\ y_0)} g(x,\ y) = M$이고 c가 임의의 상수일 때, 다음이 성립한다.

(1) $\displaystyle\lim_{(x,\ y)\to(x_0,\ y_0)} (cf)(x,\ y) = cL$

(2) $\displaystyle\lim_{(x,\ y)\to(x_0,\ y_0)} (f \pm g)(x,\ y) = L \pm M$

(3) $\displaystyle\lim_{(x,\ y)\to(x_0,\ y_0)} (fg)(x,\ y) = LM$

(4) $\displaystyle\lim_{(x,\ y)\to(x_0,\ y_0)} \left(\frac{f}{g}\right)(x,\ y) = \frac{L}{M}$ (단, $M \neq 0$)

2. 함수의 연속

이변수의 연속함수 역시 일변수 연속함수의 확장이 된다.

정의 6	함수의 연속

$(x_0,\ y_0)$ 근방의 모든 점 $(x,\ y)$에서 정의된 함수 $z = f(x,\ y)$가

$$\lim_{(x,\ y)\to(x_0,\ y_0)} f(x,\ y) = f(x_0,\ y_0)$$

를 만족하면, f는 $(x_0,\ y_0)$에서 연속이라 한다. 연속이 아닐 때, f는 $(x_0,\ y_0)$에서 불연속이라 한다.

참고 f의 정의역이 $D \subset R^2$이면 D의 내부점에서 f의 연속을 정의한다. 그러나 D는 경계점도 포함할 수 있다. 만약 (x_0, y_0)가 D의 경계점이면, 정의 6은 (x_0, y_0)에서 f가 정의될 때 응용된다. D의 모든 점에서 f가 연속일 때 f는 D에서 연속이라 한다. □

예 $f(x, y) = xy$는 $(1, 2)$에서 연속이다. 왜냐하면 $x = 1 + r\cos\theta$, $y = 2 + r\sin\theta$로 놓을 때

$$\lim_{(x, y) \to (1, 2)} xy = \lim_{r \to 0^+} (1 + r\cos\theta)(2 + r\sin\theta) = 2$$

이고 $f(1, 2) = 2$이므로, $\lim_{(x, y) \to (1, 2)} f(x, y) = f(1, 2)$가 성립하기 때문이다.

예제
$$f(x, y) = \begin{cases} \dfrac{3x^2 y}{x^2 + y^2}, & (x, y) \neq (0, 0) \\ 0, & (x, y) = (0, 0) \end{cases}$$
으로 주어진 함수 f는 R^2에서 연속이다.

증명 $(x, y) \neq (0, 0)$일 때, f는 유리함수이기 때문에 연속이다. 또한

$$\lim_{(x, y) \to (0, 0)} \frac{3x^2 y}{x^2 + y^2} = 0 = f(0, 0)$$

이므로, f는 $(0, 0)$에서 연속이다. 따라서 함수 f는 R^2에서 연속이 된다. ◆

함수의 합성으로 새로운 연속함수를 얻을 수 있다.

정리 7 합성함수의 연속성

함수 $z = f(x, y)$가 연속이고 $x = \varphi(u, v)$, $y = \psi(u, v)$가 연속이면, 합성함수 $z = f(\varphi(u, v), \psi(u, v))$는 연속이 된다.

참고 중심이 (x_0, y_0, z_0)인 구(sphere) 안에서 정의된 삼변수함수를 f라 하자. 만일 임의의 $\varepsilon > 0$에 대하여 적당한 $\delta > 0$가 존재해서

$$0 < \sqrt{(x - x_0)^2 + (y - y_0)^2 + (z - z_0)^2} < \delta$$

를 만족하는 모든 (x, y, z)에 대하여 $|f(x, y, z) - L| < \varepsilon$이 성립할 때, 함수

$f(x, y, z)$는 (x_0, y_0, z_0)에서 극한값 L을 갖는다고 하고

$$\lim_{(x, y, z) \to (x_0, y_0, z_0)} f(x, y, z) = L$$

로 나타낸다. 특히 $\lim_{(x, y, z) \to (x_0, y_0, z_0)} f(x, y, z) = f(x_0, y_0, z_0)$를 만족하면, 삼변수함수 f는 (x_0, y_0, z_0)에서 연속이라 한다. □

3.4 다변수함수의 편미분과 전미분

이 절에서는 다변수함수의 편미분과 전미분에 대한 개념을 서술한다. 먼저 이변수함수에 대하여 검토하고, 이것을 삼변수 이상의 함수로 일반화한다.

1. 편도함수

편도함수란 다변수함수의 그래프를 특정한 한쪽 방향으로 절단했을 때 나타나는 곡선의 기울기를 의미한다.

(1) 일계 편도함수

정의 8 | 일계 편도함수

이변수함수 $z = f(x, y)$에 대하여

(1) x에 관한 f의 **편도함수**(partial derivative)는

$$f_x = \frac{\partial f}{\partial x} = \frac{\partial z}{\partial x} = z_x = \lim_{\triangle x \to 0} \frac{f(x + \triangle x, y) - f(x, y)}{\triangle x}$$

로 정의된 함수이다.

(2) y에 관한 f의 편도함수는

$$f_y = \frac{\partial f}{\partial y} = \frac{\partial z}{\partial y} = z_y = \lim_{\triangle y \to 0} \frac{f(x, y + \triangle y) - f(x, y)}{\triangle y}$$

로 정의된 함수이다.

$\dfrac{\partial f}{\partial x}$ 와 $\dfrac{\partial f}{\partial y}$ 는 극한이 존재하는 f 의 정의역 내의 모든 점 $(x,\ y)$ 에서 정의된다. f_x 와 f_y 를 구하는 것을 f 를 **편미분한다** (differentiate partially)고 한다.

예제 $z = f(x^2 + y^2)$ 의 일계 편도함수를 구하시오.

(풀이) $x^2 + y^2 = u$ 라 놓으면 $z = f(u)$ 가 된다. 따라서

$$\frac{\partial z}{\partial x} = f'(u)\frac{\partial u}{\partial x} = 2xf'(u) = 2xf'(x^2+y^2)$$

이 성립한다. 같은 방법으로, $\dfrac{\partial z}{\partial y} = 2yf'(x^2+y^2)$ 을 얻는다. ◆

예제 곡면 $z = 9 - x^2 - y^2$ 을 평면 $y = 2$ 로 자를 때 생기는 단면곡선에 대하여 $x = 1$ 인 점에서 접선의 방정식을 구하시오.

(풀이) $y = 2$ 인 평면으로 자를 때 얻어지는 단면곡선은 $z = 5 - x^2$ 이므로, 이 곡선 위의 $x = 1$ 인 점의 좌표는 $(1,\ 2,\ 4)$ 이고, 이 점에서의 기울기는 $z_x(1,\ 2) = -2$ 가 된다. 따라서 $x = 1$ 인 점에서 접선은 점 $(1,\ 2,\ 4)$ 를 지나며 방향수가 $(1,\ 0,\ -2)$ 인 직선이므로, 접선의 방정식은

$$\frac{x-1}{1} = \frac{y-2}{0} = \frac{z-4}{-2}$$

로 주어진다. ◆

참고 일변수함수에서는 미분가능하면 연속이지만, 이변수함수의 경우는 편도함수 f_x 와 f_y 가 존재할 때 연속이 되지 않을 수도 있다. 예를 들면

$$f(x,\ y) = \begin{cases} \dfrac{xy}{x^2+y^2}, & (x,\ y) \neq (0,\ 0) \\ 0, & (x,\ y) = (0,\ 0) \end{cases}$$

로 정의된 함수는 $f_x(0,\ 0) = 0 = f_y(0,\ 0)$ 이지만 $(0,\ 0)$ 에서 연속이 아니다. □

(2) 고계 편도함수

f 가 이변수함수일 때, 일계 편도함수 f_x 와 f_y 의 편도함수 $(f_x)_x$, $(f_x)_y$, $(f_y)_x$, $(f_y)_y$ 를 생각할 수 있고, 이것을 f 의 **이계 편도함수**라 하고

$$(f_x)_x = f_{xx} = \frac{\partial}{\partial x}\left(\frac{\partial f}{\partial x}\right) = \frac{\partial^2 f}{\partial x^2} = \frac{\partial^2 z}{\partial x^2}$$

$$(f_x)_y = f_{xy} = \frac{\partial}{\partial y}\left(\frac{\partial f}{\partial x}\right) = \frac{\partial^2 f}{\partial y\,\partial x} = \frac{\partial^2 z}{\partial y\,\partial x}$$

$$(f_y)_x = f_{yx} = \frac{\partial}{\partial x}\left(\frac{\partial f}{\partial y}\right) = \frac{\partial^2 f}{\partial x\,\partial y} = \frac{\partial^2 z}{\partial x\,\partial y}$$

$$(f_y)_y = f_{yy} = \frac{\partial}{\partial y}\left(\frac{\partial f}{\partial y}\right) = \frac{\partial^2 f}{\partial y^2} = \frac{\partial^2 z}{\partial y^2}$$

로 표기한다. 이때 f_{xy}와 f_{yx}를 **혼합 이계 편도함수**라 한다.

혼합 이계 편도함수에서, f_{xy}와 f_{yx}는 일치하지 않음에 유의한다.

예제 $f(x, y) = \begin{cases} \dfrac{xy(x^2-y^2)}{x^2+y^2}, & (x, y) \neq (0, 0) \\ 0, & (x, y) = (0, 0) \end{cases}$

일 때, $f_{xy}(0, 0) \neq f_{yx}(0, 0)$이 된다.

증명 $f_x(0, y) = \lim_{h \to 0} \dfrac{f(h, y) - f(0, y)}{h} = \lim_{h \to 0} \dfrac{y(h^2-y^2)}{h^2+y^2} = -y$이므로

$$f_{xy}(0, 0) = \lim_{k \to 0} \frac{f_x(0, k) - f_x(0, 0)}{k} = \lim_{k \to 0} \frac{-k-0}{k} = -1$$

이 된다. 또한 $f_y(x, 0) = \lim_{h \to 0} \dfrac{f(x, h) - f(x, 0)}{h} = \lim_{h \to 0} \dfrac{x(x^2-h^2)}{x^2+h^2} = x$이므로

$$f_{yx}(0, 0) = \lim_{k \to 0} \frac{f_y(k, 0) - f_y(0, 0)}{k} = \lim_{k \to 0} \frac{k-0}{k} = 1$$

을 얻는다. 따라서 $f_{xy}(0, 0) \neq f_{yx}(0, 0)$이 성립한다. ◆

혼합 이계 편도함수에 대한 대등을 밝힌 다음 **슈바르츠 정리**는 클레로에 의해 처음으로 제시되었다.

정리 9 슈바르츠 정리

$z = f(x, y)$가 (x_0, y_0)의 근방 $D \subset R^2$에서 정의된 함수일 때, f_{xy}와 f_{yx}가 D 내에서 연속이면

$$f_{xy}(x_0, y_0) = f_{yx}(x_0, y_0)$$

가 성립한다.

삼계 이상의 편도함수도 정의될 수 있다. 예를 들면

$$f_{xyy} = (f_{xy})_y = \frac{\partial}{\partial y}\left(\frac{\partial^2 f}{\partial y\, \partial x}\right) = \frac{\partial^3 f}{\partial y^2\, \partial x}$$

이고, 이러한 함수들이 연속이면 $f_{xyy} = f_{yxy} = f_{yyx}$ 임을 알 수 있다.

참고 편도함수는 삼변수 이상의 함수에 대해서도 정의된다. 예를 들면 f가 x, y와 z의 삼변수함수일 때 x에 관한 편도함수는

$$f_x(x,\ y,\ z) = \lim_{\Delta x \to 0} \frac{f(x + \Delta x,\ y,\ z) - f(x,\ y,\ z)}{\Delta x}$$

로 정의된다. 일반적으로 $u = f(x_1,\ x_2,\ \cdots,\ x_n)$일 때 i번째 변수 x_i에 관한 편도함수는

$$\frac{\partial u}{\partial x_i} = \frac{\partial f}{\partial x_i} = f_{x_i} = \lim_{\Delta x_i \to 0} \frac{f(x_1,\ \cdots,\ x_i + \Delta x_i,\ \cdots,\ x_n) - f(x_1,\ \cdots,\ x_i,\ \cdots,\ x_n)}{\Delta x_i}$$

으로 정의된다. □

2. 전미분

(1) 이변수함수일 경우

정의 10	미분가능

$(x_0,\ y_0)$의 근방 D 내의 모든 점 $(x_0 + \Delta x,\ y_0 + \Delta y)$에 대하여

$$\begin{aligned} \Delta z &= f(x_0 + \Delta x,\ y_0 + \Delta y) - f(x_0,\ y_0) \\ &= f_x(x_0,\ y_0)\,\Delta x + f_y(x_0,\ y_0)\,\Delta y + \varepsilon_1 \Delta x + \varepsilon_2 \Delta y \end{aligned}$$

가 성립할 때, $z = f(x,\ y)$는 $(x_0,\ y_0)$에서 **미분가능**하다고 한다. 여기서 ε_1과 ε_2는 $(\Delta x,\ \Delta y) \to (0,\ 0)$일 때 0에 수렴한다.

참고 이변수함수 $f(x,\ y)$가 $(x,\ y)$에서 미분가능하면, f는 $(x,\ y)$에서 연속이 된다. 그러나 연속이 미분가능함을 의미하지는 않는다. 또한 일계 편도함수 f_x와 f_y의 존재가 이변수함수 $f(x,\ y)$의 미분가능성을 보장하지 않음에 유의한다. □

예 $f(x, y)=|x|+y$는 $(0, 0)$에서 연속이지만 미분가능하지 않다. 한편 함수

$$f(x, y)=\begin{cases} \dfrac{xy}{x^2+y^2}, & (x, y)\neq(0, 0) \\ 0, & (x, y)=(0, 0) \end{cases}$$

은 $(0, 0)$에서 f_x와 f_y가 존재하지만 $(0, 0)$에서 연속은 아니다.

정리 11

이변수함수 $z=f(x, y)$의 일계 편도함수가 (x_0, y_0)를 포함하는 열린원반에서 존재하고 (x_0, y_0)에서 연속이면, f는 (x_0, y_0)에서 미분가능하다.

이변수함수 $z=f(x, y)$가 정의역에 있는 점 (x, y)에서 미분가능하면

$$f(x+\Delta x, y+\Delta y)-f(x, y)\approx f_x(x, y)\,\Delta x+f_y(x, y)\,\Delta y$$

가 된다. 이때 $f_x(x, y)\,\Delta x+f_y(x, y)\,\Delta y$를 f의 **전미분**(total differential)이라 하고 dz로 표시한다. 그러므로

$$dz=f_x(x, y)\,\Delta x+f_y(x, y)\,\Delta y$$

가 된다. 특히 $z=f(x, y)=x$인 경우 $z_x=1$, $z_y=0$이 되어 $dx=\Delta x$가 성립하고, 또한 $z=f(x, y)=y$인 경우 $dy=\Delta y$가 성립한다. 따라서 f의 전미분 dz는

$$dz=f_x(x, y)dx+f_y(x, y)dy=\frac{\partial z}{\partial x}dx+\frac{\partial z}{\partial y}dy$$

로 쓸 수 있다.

참고 (a, b)의 근방 D 내의 모든 점 $(a+\Delta x, b+\Delta y)$에 대하여, 전미분 dz가 증분 Δz에 대한 근삿값이면 f는 (a, b)에서 미분가능하다고 한다. □

z가 x만의 함수 $z=f(x)$일 때는 $\dfrac{\partial z}{\partial x}=\dfrac{dz}{dx}$와 $\dfrac{\partial z}{\partial y}=0$이므로

$$dz=\frac{dz}{dx}dx=f'(x)dx$$

가 되어 일변수함수의 미분의 정의와 일치함을 알 수 있다.

예제 $z = xy^2 + y\sin x$의 전미분을 구하시오.

(풀이) $f(x, y) = xy^2 + y\sin x$라 놓으면

$$f_x(x, y) = y^2 + y\cos x,\ f_y(x, y) = 2xy + \sin x$$

이므로, $dz = (y^2 + y\cos x)dx + (2xy + \sin x)dy$가 된다. ◆

참고 f, g가 이변수 x와 y의 함수일 때, 다음 관계식이 성립한다. 이것은 삼변수 이상의 함수에 대해서도 성립함을 알 수 있다.

(1) $d(f \pm g) = df \pm dg$

(2) $d(fg) = g\,df + f\,dg$

(3) $d\left(\dfrac{g}{f}\right) = \dfrac{f\,dg - g\,df}{f^2}$ (단, $f \neq 0$) □

(2) 삼변수 이상의 함수일 경우

삼변수함수의 전미분과 미분가능을 정의한다. $w = f(x, y, z)$의 증분은

$$\Delta w = f(x + \Delta x, y + \Delta y, z + \Delta z) - f(x, y, z)$$

이고, $w = f(x, y, z)$가 정의역에 있는 점 (x, y, z)에서 미분가능하면 전미분 dw는

$$dw = \frac{\partial w}{\partial x}dx + \frac{\partial w}{\partial y}dy + \frac{\partial w}{\partial z}dz$$

로 주어진다. 만약 $dx = \Delta x$, $dy = \Delta y$와 $dz = \Delta z$가 모두 작고 f가 연속인 편도함수를 가지면, dw는 Δw의 근삿값으로 사용된다. 또한 미분가능은 정의 10과 비슷한 표현으로 정의된다.

n변수함수 $w = f(x_1, x_2, \cdots, x_n)$의 전미분은

$$dz = f_{x_1}dx_1 + f_{x_2}dx_2 + \cdots + f_{x_n}dx_n = \frac{\partial z}{\partial x_1}dx_1 + \frac{\partial z}{\partial x_2}dx_2 + \cdots + \frac{\partial z}{\partial x_n}dx_n$$

으로 정의한다.

3. 합성함수의 편미분법과 음함수 미분법

(1) 합성함수의 편미분법 (연쇄법칙)

정리 12 연쇄법칙 1

$z=f(x,\ y)$가 열린원반 D의 모든 점에서 연속인 일계 편도함수를 갖는 함수이고, 임의의 열린구간 I의 모든 t에서 미분가능한 함수 $x=g(t)$와 $y=h(t)$에 의해 주어진 점 $(g(t),\ h(t))$가 D에 있다고 가정하자. 그러면 합성함수 $z=f(g(t),\ h(t))$는 I의 모든 t에 대하여 미분가능하고

$$\frac{dz}{dt}=\frac{\partial f}{\partial x}\frac{dx}{dt}+\frac{\partial f}{\partial y}\frac{dy}{dt}$$

가 성립한다.

(증명) I의 임의의 t에 대하여 $t+\Delta t$가 I에 속하도록 Δt를 선택하면

$$\Delta x=x(t+\Delta t)-x(t),\ \Delta y=y(t+\Delta t)-y(t)$$

가 정의되고

$$\Delta z=f(x(t)+\Delta x,\ y(t)+\Delta y)-f(x(t),\ y(t))$$

는

$$\begin{aligned}\Delta z=&[f(x+\Delta x,\ y+\Delta y)-f(x,\ y+\Delta y)]\\&+[f(x,\ y+\Delta y)-f(x,\ y)]\end{aligned}$$

로 변형된다. x_0가 $x(t)$와 $x(t)+\Delta x$ 사이에, y_0가 $y(t)$와 $y(t)+\Delta y$ 사이에 놓일 때, 괄호 내의 각 항에 일변수함수의 평균값정리를 적용하면

$$\Delta z=\Delta x\left.\frac{\partial f}{\partial x}\right|_{(x_0,\ y+\Delta y)}+\Delta y\left.\frac{\partial f}{\partial y}\right|_{(x,\ y_0)}$$

를 얻는다. 양변을 Δt로 나누고 $\Delta t\to 0$에 따라 극한을 취하면

$$\lim_{\Delta t\to 0}\frac{\Delta z}{\Delta t}=\lim_{\Delta t\to 0}\left\{\frac{\Delta x}{\Delta t}\left.\frac{\partial f}{\partial x}\right|_{(x_0,\ y+\Delta y)}+\frac{\Delta y}{\Delta t}\left.\frac{\partial f}{\partial y}\right|_{(x,\ y_0)}\right\}$$

가 성립한다. 그런데 x와 y가 열린구간 I에서 미분가능하고, f_x와 f_y가 D에서 연속이므로

$$\frac{dz}{dt}=\frac{\partial f}{\partial x}\frac{dx}{dt}+\frac{\partial f}{\partial y}\frac{dy}{dt}$$

가 성립한다. ◆

예제 $z=x^2y+3xy^4$, $x=e^t$, $y=\sin t$일 때, $\dfrac{dz}{dt}$를 구하시오.

(풀이) 연쇄법칙 1에 의해

$$\frac{dz}{dt}=\frac{\partial z}{\partial x}\frac{dx}{dt}+\frac{\partial z}{\partial y}\frac{dy}{dt}=(2xy+3y^4)e^t+(x^2+12xy^3)\cos t$$
$$=(2e^t\sin t+3\sin^4 t)e^t+(e^{2t}+12e^t\sin^3 t)\cos t$$ ◆

정리 12를 다음과 같이 확장할 수 있다.

정리 13 연쇄법칙 2

$z=f(x, y)$가 열린원반 D의 모든 점에서 연속인 일계 편도함수를 갖는 함수이고, 임의의 열린원반 D^*의 모든 (r, s)에서 일계 편도함수를 가지는 함수 $x=g(r, s)$와 $y=h(r, s)$에 의해 주어진 점 $(g(r, s), h(r, s))$가 D에 있다고 가정하자. 그러면 합성함수 $z=f(x(r, s), y(r, s))$는 D^*의 모든 r과 s에 관한 일계 편도함수를 가지고

$$\frac{\partial z}{\partial r}=\frac{\partial f}{\partial x}\frac{\partial x}{\partial r}+\frac{\partial f}{\partial y}\frac{\partial y}{\partial r},\quad \frac{\partial z}{\partial s}=\frac{\partial f}{\partial x}\frac{\partial x}{\partial s}+\frac{\partial f}{\partial y}\frac{\partial y}{\partial s}$$

가 성립한다.

(증명) s를 고정시키면 $x=g(r, s)$와 $y=h(r, s)$는 r만을 변수로 갖는 함수가 되므로, 연쇄법칙 1을 적용시키면

$$\frac{\partial z}{\partial r}=\frac{\partial f}{\partial x}\frac{\partial x}{\partial r}+\frac{\partial f}{\partial y}\frac{\partial y}{\partial r}$$

가 된다. $\dfrac{\partial z}{\partial s}$에 대하여도 똑같이 생각할 수 있다. ◆

예제 $z=e^x\sin y$, $x=st^2$, $y=s^2t$ 일 때, $\dfrac{\partial z}{\partial s}$와 $\dfrac{\partial z}{\partial t}$를 구하시오.

(풀이) 연쇄법칙 2에 의해

$$\frac{\partial z}{\partial s} = \frac{\partial z}{\partial x}\frac{\partial x}{\partial s} + \frac{\partial z}{\partial y}\frac{\partial y}{\partial s} = (e^x \sin y)(t^2) + (e^x \cos y)(2st)$$

$$= t^2 e^{st^2} \sin(s^2 t) + 2ste^{st^2} \cos(s^2 t)$$

$$\frac{\partial z}{\partial t} = \frac{\partial z}{\partial x}\frac{\partial x}{\partial t} + \frac{\partial z}{\partial y}\frac{\partial y}{\partial t} = (e^x \sin y)(2st) + (e^x \cos y)(s^2)$$

$$= 2ste^{st^2} \sin(s^2 t) + s^2 e^{st^2} \cos(s^2 t)$$ ◆

참고 n개의 변수 $x_1,\ x_2,\ \cdots,\ x_n$을 갖는 함수 u가 미분가능하고, m개의 변수 $t_1,\ t_2,\ \cdots,\ t_m$의 함수 x_i가 일계 편도함수를 가질 때

$$\frac{\partial u}{\partial t_i} = \frac{\partial u}{\partial x_1}\frac{\partial x_1}{\partial t_i} + \frac{\partial u}{\partial x_2}\frac{\partial x_2}{\partial t_i} + \cdots + \frac{\partial u}{\partial x_n}\frac{\partial x_n}{\partial t_i} \quad (\text{단, } i = 1,\ \cdots,\ m)$$

이 성립한다. □

(2) 음함수의 미분법

정리 14 음함수의 미분

점 $(x_0,\ y_0)$를 포함하는 열린원반에서 정의된 함수 $F(x,\ y)$가

$$F(x_0,\ y_0) = 0,\ \ F_y(x_0,\ y_0) \neq 0$$

을 만족하고, F_x와 F_y가 열린원반에서 연속이면, $(x_0,\ y_0)$ 근방에서 $F(x,\ y) = 0$은 x의 함수로써 y를 정의한다. 이때 $F(x,\ y) = 0$의 도함수는

$$\frac{dy}{dx} = -\frac{\partial F/\partial x}{\partial F/\partial y} = -\frac{F_x}{F_y}$$

로 주어진다.

(증명) 연쇄법칙을 적용하여

$$\frac{\partial F}{\partial x}\frac{dx}{dx} + \frac{\partial F}{\partial y}\frac{dy}{dx} = 0$$

를 얻는다. 따라서 $\dfrac{\partial F}{\partial y} \neq 0$이면

$$\frac{dy}{dx} = -\frac{\partial F/\partial x}{\partial F/\partial y} = -\frac{F_x}{F_y}$$

가 성립한다. ◆

예제 $x^3+y^3-6xy=0$일 때, y'을 구하시오.

(풀이) $F(x,\ y)=x^3+y^3-6xy=0$이라 두고 $\dfrac{dy}{dx}$를 구하면

$$\frac{dy}{dx}=-\frac{F_x}{F_y}=-\frac{3x^2-6y}{3y^2-6x}=-\frac{x^2-2y}{y^2-2x}\ \ (\text{단},\ y^2-2x\neq 0)$$

이다. ◆

참고 점 $(x_0,\ y_0,\ z_0)$를 포함하는 구 안에서 정의된 함수 $F(x,\ y,\ z)$가

$$F(x_0,\ y_0,\ z_0)=0,\ \ F_z(x_0,\ y_0,\ z_0)\neq 0$$

을 만족하고, F_x, F_y와 F_z가 구 안의 모든 점에서 연속이면, $(x_0,\ y_0,\ z_0)$ 근방에서 $F(x,\ y,\ z)=0$은 x와 y의 함수로써 z를 정의한다. 이때 $F(x,\ y,\ z)=0$의 편도함수는

$$\frac{\partial z}{\partial x}=-\frac{F_x}{F_z},\ \ \frac{\partial z}{\partial y}=-\frac{F_y}{F_z}$$

로 주어진다. □

예제 $x^3+y^3+z^3+6xyz-2=0$일 때, $\dfrac{\partial z}{\partial x}$와 $\dfrac{\partial z}{\partial y}$를 구하시오.

(풀이) [방법 1] $\dfrac{\partial z}{\partial x}$를 구하기 위하여, y를 상수로 보고 x에 관하여 음함수 미분법을 적용하면 $3x^2+3z^2\dfrac{\partial z}{\partial x}+6yz+6xy\dfrac{\partial z}{\partial x}=0$이므로

$$\frac{\partial z}{\partial x}=-\frac{x^2+2yz}{z^2+2xy}$$

를 얻는다. 같은 방법으로 y에 관해 미분하면

$$\frac{\partial z}{\partial y}=-\frac{y^2+2xz}{z^2+2xy}$$

가 된다. 여기서 $z^2+2xy\neq 0$이다.

[방법 2] $F(x,\ y,\ z)=x^3+y^3+z^3+6xyz-2$로 놓고 음함수 미분법을 적용하면

$$\frac{\partial z}{\partial x}=-\frac{F_x}{F_z}=-\frac{3x^2+6yz}{3z^2+6xy}=-\frac{x^2+2yz}{z^2+2xy}$$

$$\frac{\partial z}{\partial y} = -\frac{F_y}{F_z} = -\frac{3y^2+6xz}{3z^2+6xy} = -\frac{y^2+2xz}{z^2+2xy}$$

가 된다. 여기서 $z^2+2xy \neq 0$이다. ◆

4. 평균값정리

미분가능한 일변수함수 $f(x)$에 대한 평균값정리는 이변수함수로 확장할 수 있다.

참고 $\mathbf{x}$와 $\mathbf{y}$가 R^n 내의 임의의 벡터일 때, $\mathbf{x}$와 $\mathbf{y}$를 잇는 선분(segment) L은

$$L = \{\mathbf{v} \mid \mathbf{v} = t\mathbf{x} + (1-t)\mathbf{y},\ 0 \leq t \leq 1\}$$

로 주어진다. □

정리 15 평균값정리

$(x_0,\ y_0)$를 포함하는 열린원반 D에서 연속인 일계 편도함수를 갖는 이변수함수 $f(x,\ y)$에 대하여 $(x_0+h,\ y_0+k)$가 D의 점이면

$$f(x_0+h,\ y_0+k) = f(x_0,\ y_0) + \left(h\frac{\partial}{\partial x} + k\frac{\partial}{\partial y}\right) f(x^*,\ y^*)$$

를 만족하는 점 $(x^*,\ y^*)$가 $(x_0,\ y_0)$와 $(x_0+h,\ y_0+k)$를 잇는 선분 위에 존재한다.

정리 15로부터 다음 정리를 얻는다.

따름정리

$(x_0,\ y_0)$를 포함하는 열린원반 D에서 연속인 일계 편도함수를 갖는 이변수함수 $f(x,\ y)$에 대하여 $(x_0+h,\ y_0+k)$가 D의 점이면

$$f(x_0+h,\ y_0+k) = f(x_0,\ y_0) + \left(h\frac{\partial}{\partial x} + k\frac{\partial}{\partial y}\right) f(x_0+\theta h,\ y_0+\theta k)$$

를 만족하는 θ (단, $0 < \theta < 1$)가 존재한다.

3.5 다변수 벡터함수와 벡터장

제2장에서 살펴본 일변수 벡터함수에서의 성질들을 다변수 벡터함수와 벡터장으로 확장할 수 있다.

1. 다변수 벡터함수

$D \subset R^2$일 때, D 내의 각 (u, v)에 대하여 유일한 벡터 $\mathbf{f}(u, v)$를 대응시키는 함수 $\mathbf{f}$를 **이변수의 벡터함수**라 한다. 특히 R^3에서 직교좌표계 $O\text{-}xyz$를 취하면, R^3 위의 벡터함수 $\mathbf{f}(u, v)$는 적당한 성분함수

$$f,\ g,\ h:\ R^2 \to R$$

에 의하여

$$\mathbf{f}(u, v) = f(u, v)\mathbf{i} + g(u, v)\mathbf{j} + h(u, v)\mathbf{k}$$

로 표시할 수 있다. 여기서 $\mathbf{i}$, $\mathbf{j}$와 $\mathbf{k}$는 표준기저벡터이다. 이 개념을 n변수의 벡터함수로 확장할 수 있다.

참고 일변수 벡터함수에서의 정의를 이변수 벡터함수로 확장하면 다음과 같다.

(1) 평면 위의 영역 D 위에서 정의된 벡터함수 $\mathbf{f}(u, v)$에 대하여

$$\lim_{\triangle u \to 0} \frac{\mathbf{f}(a + \triangle u,\ b) - \mathbf{f}(a,\ b)}{\triangle u}$$

가 존재할 때, 이 값을 D 안의 점 (a, b)에서 변수 u에 관한 $\mathbf{f}(u, v)$의 편미분계수(partial differential coefficient)라 하고, $\mathbf{f}_u(a, b)$로 나타낸다. 이때 $\mathbf{f}(u, v)$는 (a, b)에서 u에 관하여 편미분가능(partial differentiable)하다고 한다. 유사하게

$$\lim_{\triangle v \to 0} \frac{\mathbf{f}(a,\ b + \triangle v) - \mathbf{f}(a,\ b)}{\triangle v}$$

가 존재할 때, 이것을 점 (a, b)에서 변수 v에 관한 $\mathbf{f}(u, v)$의 편미분계수라 하고, $\mathbf{f}_v(a, b)$로 나타낸다.

(2) 영역 D 안의 임의의 점 (u, v)에서 벡터함수 $\mathbf{f}(u, v)$가 u, v에 관하여 각각

편미분가능할 때, 점 (u, v)에 새로운 벡터 $\mathbf{f}_u(u, v)$와 $\mathbf{f}_v(u, v)$를 대응시키는 함수를 각각 u와 v에 관한 일계 편도함수(partial derivative of first order)라 하고

$$\frac{\partial \mathbf{f}}{\partial u} = \lim_{\Delta u \to 0} \frac{\mathbf{f}(u + \Delta u, v) - \mathbf{f}(u, v)}{\Delta u}$$

$$\frac{\partial \mathbf{f}}{\partial v} = \lim_{\Delta v \to 0} \frac{\mathbf{f}(u, v + \Delta v) - \mathbf{f}(u, v)}{\Delta v}$$

로 정의한다. 특히 $\mathbf{f}(u, v) = f(u, v)\mathbf{i} + g(u, v)\mathbf{j} + h(u, v)\mathbf{k}$이면

$$\frac{\partial \mathbf{f}}{\partial u} = \frac{\partial f}{\partial u}\mathbf{i} + \frac{\partial g}{\partial u}\mathbf{j} + \frac{\partial h}{\partial u}\mathbf{k}, \quad \frac{\partial \mathbf{f}}{\partial v} = \frac{\partial f}{\partial v}\mathbf{i} + \frac{\partial g}{\partial v}\mathbf{j} + \frac{\partial h}{\partial v}\mathbf{k}$$

또는 간단하게 성분만으로

$$\frac{\partial \mathbf{f}}{\partial u} = \left(\frac{\partial f}{\partial u}, \frac{\partial g}{\partial u}, \frac{\partial h}{\partial u}\right), \quad \frac{\partial \mathbf{f}}{\partial v} = \left(\frac{\partial f}{\partial v}, \frac{\partial g}{\partial v}, \frac{\partial h}{\partial v}\right)$$

로 나타낸다. 이계, 삼계, ⋯ 편도함수도 같은 모양으로 정의한다.

(3) 이변수 벡터함수 $\mathbf{f}(u, v)$에서 변수 u와 v가 다시 변수 s의 함수, 즉

$$u = u(s), \ v = v(s)$$

일 때 s에 관한 $\mathbf{f}(u, v)$의 도함수 $\dfrac{d\mathbf{f}}{ds}$는

$$\frac{d\mathbf{f}}{ds} = \frac{\partial \mathbf{f}}{\partial u}\frac{du}{ds} + \frac{\partial \mathbf{f}}{\partial v}\frac{dv}{ds}$$

가 되고, 더욱이

$$u = u(s, t), \ v = v(s, t)$$

일 때 s와 t에 관한 편도함수는

$$\frac{\partial \mathbf{f}}{\partial s} = \frac{\partial \mathbf{f}}{\partial u}\frac{\partial u}{\partial s} + \frac{\partial \mathbf{f}}{\partial v}\frac{\partial v}{\partial s}, \quad \frac{\partial \mathbf{f}}{\partial t} = \frac{\partial \mathbf{f}}{\partial u}\frac{\partial u}{\partial t} + \frac{\partial \mathbf{f}}{\partial v}\frac{\partial v}{\partial t}$$

가 된다.

(4) 이변수 벡터함수 $\mathbf{f}(u, v)$의 일계 전미분은 $d\mathbf{f}(u, v)$ 또는 $d\mathbf{f}$로 나타내고

$$d\mathbf{f}(u, v) = \frac{\partial \mathbf{f}}{\partial u}du + \frac{\partial \mathbf{f}}{\partial v}dv$$

로 정의한다. 특히 $\mathbf{f}(u, v)=f(u, v)\mathbf{i}+g(u, v)\mathbf{j}+h(u, v)\mathbf{k}$이면 성분만으로

$$d\mathbf{f}(u, v)=\left(\frac{\partial f}{\partial u}, \frac{\partial g}{\partial u}, \frac{\partial h}{\partial u}\right)du+\left(\frac{\partial f}{\partial v}, \frac{\partial g}{\partial v}, \frac{\partial h}{\partial v}\right)dv$$

로 나타낸다. □

예 $\mathbf{f}(u, v)$가 $D\subset R^2$에서 정의된 이변수 벡터함수일 때, $\dfrac{\partial^2\mathbf{f}}{\partial u\,\partial v}$와 $\dfrac{\partial^2\mathbf{f}}{\partial v\,\partial u}$가 D 내에서 연속이면

$$\frac{\partial^2\mathbf{f}}{\partial u\,\partial v}=\frac{\partial^2\mathbf{f}}{\partial v\,\partial u}$$

가 성립한다.

2. 벡터장

D가 R^2 (또는 R^3)의 부분집합일 때, D 내의 각 점 $\mathbf{x}$에 대하여 R^2 (또는 R^3) 내의 유일한 이차원 벡터 (또는 삼차원 벡터) $\mathbf{F}(\mathbf{x})$를 대응시키는 함수 $\mathbf{F}$를 D 위의 **벡터장**(vector field)이라 한다. 이 정의는 R^n으로 확장할 수 있다. 특히 시간에 무관한 벡터장을 **정상 벡터장**(stationary vector field)이라 한다.

한편 함수값이 스칼라로 주어지는 함수를 벡터장과 구분하여 **스칼라장**(scalar field) 또는 **스칼라함수**라 한다.

특히 R^3에서 직교좌표계 O-xyz를 취하면, R^3 위의 벡터장 $\mathbf{F}$는 적당한 성분함수

$$f,\ g,\ h : R^3\to R$$

에 의하여

$$\mathbf{F}(x, y, z)=f(x, y, z)\mathbf{i}+g(x, y, z)\mathbf{j}+h(x, y, z)\mathbf{k}$$

로 표시할 수 있다. 여기서 $\mathbf{i}$, $\mathbf{j}$와 $\mathbf{k}$는 표준기저벡터를 나타낸다.

예 물리적 현상으로 나타나는 온도, 압력, 질량밀도와 중력포텐셜 등은 스칼라장이고, 전기장, 자기장과 중력장 등은 대표적인 벡터장이다. 또한 벡터의 내적은 스칼라장이고, 움직이는 유동체 내부의 임의의 점 (x, y, z)에서의 속도는 벡터장이 된다.

참고 (중력장) 공간 내의 한 고정된 물체의 질량을 m_1이라 하고, m_2를 고정된 물체의 근방에서 움직이는 물체의 질량이라 할 때, 두 물체 사이의 중력의 크기 $\|\mathbf{F}\|$은 두 물체 사이의 거리 r과 중력상수 G에 대하여

$$\|\mathbf{F}\| = G\frac{m_1 m_2}{r^2}$$

로 주어진다. 만약 첫 물체가 원점에 있고, 둘째 물체의 위치를 $\mathbf{x}$로 표시하면 $r = \|\mathbf{x}\|$이므로 $\|\mathbf{F}\| = G\dfrac{m_1 m_2}{\|\mathbf{x}\|^2}$로 쓸 수 있다. 또한

$$\mathbf{F}\text{의 방향} = -\frac{\mathbf{x}}{\|\mathbf{x}\|}$$

이므로, $a = -Gm_1 m_2$일 때

$$\mathbf{F}(\mathbf{x}) = \frac{a\mathbf{x}}{\|\mathbf{x}\|^2}$$

로 주어진다. 이것은 $\mathbf{x}$에 대하여 $\mathbf{F}(\mathbf{x})$가 벡터이므로 $\mathbf{F}$는 벡터장이며, 특히 **중력장**(gravitational field)이라 한다.

$\mathbf{F}(\mathbf{x})$는 $\mathbf{0}$이 아닌 모든 $\mathbf{x} \in R^3$에 대하여 원점을 향하므로 어렵지 않게 그릴 수 있다. 벡터는 원점에 가까울수록 크기가 증가한다. □

예 두 벡터함수 $\mathbf{f}(x, y)$와 $\mathbf{g}(x, y)$에 대하여, 연산이 정의될 때

(1) $\dfrac{\partial}{\partial x}(\mathbf{f} \cdot \mathbf{g}) = \mathbf{f} \cdot \dfrac{\partial \mathbf{g}}{\partial x} + \dfrac{\partial \mathbf{f}}{\partial x} \cdot \mathbf{g}$

(2) $\dfrac{\partial}{\partial x}(\mathbf{f} \times \mathbf{g}) = \mathbf{f} \times \dfrac{\partial \mathbf{g}}{\partial x} + \dfrac{\partial \mathbf{f}}{\partial x} \times \mathbf{g}$

(3) $$\frac{\partial^2}{\partial y\, \partial x}(\mathbf{f} \cdot \mathbf{g}) = \frac{\partial}{\partial y}\left\{\frac{\partial}{\partial x}(\mathbf{f} \cdot \mathbf{g})\right\} = \frac{\partial}{\partial y}\left(\mathbf{f} \cdot \frac{\partial \mathbf{g}}{\partial x} + \frac{\partial \mathbf{f}}{\partial x} \cdot \mathbf{g}\right)$$
$$= \mathbf{f} \cdot \frac{\partial^2 \mathbf{g}}{\partial y \partial x} + \frac{\partial \mathbf{f}}{\partial y} \cdot \frac{\partial \mathbf{g}}{\partial x} + \frac{\partial \mathbf{f}}{\partial x} \cdot \frac{\partial \mathbf{g}}{\partial y} + \frac{\partial^2 \mathbf{f}}{\partial y \partial x} \cdot \mathbf{g}$$

가 성립한다. 이변수 벡터함수에서 논의된 내용은 삼변수 벡터함수로 확장된다.

예 벡터장 $\mathbf{f}(x, y, z)$와 $\mathbf{g}(x, y, z)$에 대하여

(1) $\mathbf{f} = f_1\mathbf{i} + f_2\mathbf{j} + f_3\mathbf{k}$이면, $d\mathbf{f} = df_1\mathbf{i} + df_2\mathbf{j} + df_3\mathbf{k}$

(2) $d(\mathbf{f} \cdot \mathbf{g}) = \mathbf{f} \cdot d\mathbf{g} + d\mathbf{f} \cdot \mathbf{g}$

(3) $d(\mathbf{f}\times\mathbf{g})=\mathbf{f}\times d\mathbf{g}+d\mathbf{f}\times\mathbf{g}$

(4) $d\mathbf{f}=\dfrac{\partial\mathbf{f}}{\partial x}dx+\dfrac{\partial\mathbf{f}}{\partial y}dy+\dfrac{\partial\mathbf{f}}{\partial z}dz$

가 성립한다.

3.6 미분형식과 곡선좌표

미분형식에 대한 이론을 이용하면 미적분에 관한 정리들을 편리한 방법으로 나타낼 수 있다. 이 절에서는 R^3에서 정의되는 **미분형식**(differential forms)의 기본적인 이론과 곡선좌표에 대하여 알아본다.

1. 미분형식

(1) 0-형식

R^3의 열린부분집합 U 위의 0-형식(zero form)은 U 위에서의 함수 $f: U\to R$이다. U 위의 0-형식 f_1과 f_2에 대하여 새로운 0-형식 f_1+f_2와 $f_1 f_2$를 정의할 수 있다.

(2) 기본 1-형식과 1-형식

기본 1-형식(1-form)은 dx, dy와 dz이다. 1-형식 w는 기본 1-형식의 일차결합

$$w=P(x,\ y,\ z)dx+Q(x,\ y,\ z)dy+R(x,\ y,\ z)dz$$

로 정의된다. 간단히

$$w=P\,dx+Q\,dy+R\,dz$$

로 쓰기도 한다. 여기서 P, Q와 R은 U 위에서의 함수이다.

주어진 두 개의 1-형식

$$w_1=P_1\,dx+Q_1\,dy+R_1\,dz,\ w_2=P_2\,dx+Q_2\,dy+R_2\,dz$$

에 대하여 새로운 1-형식 w_1+w_2는

$$w_1 + w_2 = (P_1 + P_2)\,dx + (Q_1 + Q_2)\,dy + (R_1 + R_2)\,dz$$

로 정의되며, 0-형식 f에 대하여 $f w_1$을

$$f w_1 = (f P_1)\,dx + (f Q_1)\,dy + (f R_1)\,dz$$

로 정의한다.

(3) 기본 2-형식과 2-형식

기본 2-형식(2-form)은 $dx\,dy$, $dy\,dz$와 $dz\,dx$이다. 2-형식 η는 기본 2-형식의 일차결합

$$\eta = F\,dx\,dy + G\,dy\,dz + H\,dz\,dx$$

로 정의된다. 여기서 F, G와 H는 U 위에서의 함수이다.

두 개의 2-형식

$$\eta_i = F_i\,dx\,dy + G_i\,dy\,dz + H_i\,dz\,dx \quad (\text{단, } i = 1,\ 2)$$

에 대하여 새로운 2-형식 $\eta_1 + \eta_2$는

$$\eta_1 + \eta_2 = (F_1 + F_2)\,dx\,dy + (G_1 + G_2)\,dy\,dz + (H_1 + H_2)\,dz\,dx$$

로 정의되며, 0-형식 f에 대하여 $f\eta_i$를

$$f\eta_i = (f F_i)\,dx\,dy + (f G_i)\,dy\,dz + (f H_i)\,dz\,dx$$

로 정의한다.

(4) 기본 3-형식과 3-형식

기본 3-형식(3-form)은 $dx\,dy\,dz$이다. 3-형식 V는

$$V = f(x,\ y,\ z)\,dx\,dy\,dz$$

로 정의된다. 여기서 F, G와 H는 U 위에서의 함수이다. 두 개의 3-형식의 합이나 0-형식과의 곱은 1-형식, 2-형식과 마찬가지로 정의된다.

2. 미분형식의 곱과 미분

정의 16	쐐기곱

w가 k-형식이고 η가 l-형식 (단, $0 \le k+l \le 3$)일 때, w와 η의 쐐기곱 (wedge product) $w \wedge \eta$는 다음 네 조건

(1) 0-형식 f와 k-형식 w에 대하여 fw

(2) $w \wedge \eta = (-1)^{kl} \eta \wedge w$

(3) w_1, w_2, w_3가 각각 k_1-, k_2-, k_3-형식이고, $k_1+k_2+k_3 \le 3$이면

$$w_1 \wedge (w_2 \wedge w_3) = (w_1 \wedge w_2) \wedge w_3$$

(4) $(w_1 + w_2) \wedge \eta = w_1 \wedge \eta + w_2 \wedge \eta$

를 만족하는 $(k+l)$-형식이다.

기본 2-형식 $dx\,dy$, $dy\,dz$와 $dz\,dx$는 $dx \wedge dy$, $dy \wedge dz$와 $dz \wedge dx$의 각각을 단순하게 표현한 것이며, 기본 3-형식 $dx\,dy\,dz$는 $dx \wedge (dy \wedge dz)$를 간단히 나타낸 것으로 생각한다. 그러면 위의 조건 (1) ~ (4)를 만족하는 쐐기곱은 유일하게 결정된다.

예 쐐기곱의 비교환성에 의하여

$$\begin{aligned}
&dx \wedge dy = dx\,dy \\
&dy \wedge dx = -dx\,dy = (-1)(dx \wedge dy) \\
&dy \wedge dz = dy\,dz = (-1)(dz \wedge dy) \\
&dz \wedge dx = dz\,dx = (-1)(dx \wedge dz) \\
&dx \wedge dx = 0,\ dy \wedge dy = 0,\ dz \wedge dz = 0 \\
&dx \wedge (dy \wedge dz) = (dx \wedge dy) \wedge dz = dx\,dy\,dz
\end{aligned}$$

가 성립한다.

예제 두 개의 1-형식 $w = x\,dx + y\,dy$와 $\eta = zy\,dx + xz\,dy + xy\,dz$에 대하여, w와 η의 쐐기곱 $w \wedge \eta$를 구하시오.

풀이

$$\begin{aligned}
w \wedge \eta &= [(x\,dx + y\,dy) \wedge (zy\,dx)] + [(x\,dx + y\,dy) \wedge (xz\,dy)] \\
&\quad + [(x\,dx + y\,dy) \wedge (xy\,dz)] \\
&= xyz(dx \wedge dx) + zy^2(dy \wedge dx) + x^2 z(dx \wedge dy) \\
&\quad + xyz(dy \wedge dy) + x^2 y(dx \wedge dz) + xy^2(dy \wedge dz)
\end{aligned}$$

$$= -zy^2\,dx\,dy + x^2 z\,dx\,dy - x^2 y\,dz\,dx + xy^2\,dy\,dz$$
$$= z(x^2 - y^2)\,dx\,dy + xy^2\,dy\,dz - x^2 y\,dz\,dx$$ ◆

모든 미분형식은 0-형식과 1-형식의 쐐기곱의 합이며, R^n에서의 미분형식에 대해서도 마찬가지로 정의된다. 특히 R^3에서는 기본 1-형식, 기본 2-형식과 기본 3-형식 이외의 기본형식은 존재하지 않는다.

정리 17

k-형식 w의 미분 dw는 $(k+1)$-형식이며, 다음 성질 (1)~(4)를 만족한다.

(1) f가 0-형식이면

$$df = \frac{\partial f}{\partial x}dx + \frac{\partial f}{\partial y}dy + \frac{\partial f}{\partial z}dz$$

(2) w_1과 w_2가 k-형식이면

$$d(w_1 + w_2) = dw_1 + dw_2$$

(3) w가 k-형식이고 η가 l-형식이면

$$d(w \wedge \eta) = (dw \wedge \eta) + (-1)^k (w \wedge d\eta)$$

(4) 모든 미분형식 w에 대하여 $d(dw) = 0$

예제 f가 0-형식일 때, $d(df) = 0$이 된다.

(증명) 0-형식 f에 대하여

$$df = \frac{\partial f}{\partial x}dx + \frac{\partial f}{\partial y}dy + \frac{\partial f}{\partial z}dz$$

가 성립하므로

$$d(df) = d\left(\frac{\partial f}{\partial x}dx\right) + d\left(\frac{\partial f}{\partial y}dy\right) + d\left(\frac{\partial f}{\partial z}dz\right)$$

가 된다. 그런데

$$d\left(\frac{\partial f}{\partial x}dx\right) = d\left(\frac{\partial f}{\partial x} \wedge dx\right) = d\left(\frac{\partial f}{\partial x}\right) \wedge dx + \frac{\partial f}{\partial x} \wedge d(dx)$$

$$= \left(\frac{\partial^2 f}{\partial x^2} dx + \frac{\partial^2 f}{\partial y\, \partial x} dy + \frac{\partial^2 f}{\partial z\, \partial x} dz \right) \wedge dx + 0$$

$$= \frac{\partial^2 f}{\partial y\, \partial x} dy \wedge dx + \frac{\partial^2 f}{\partial z\, \partial x} dz \wedge dx$$

$$= -\frac{\partial^2 f}{\partial y\, \partial x} dx\, dy + \frac{\partial^2 f}{\partial z\, \partial x} dz\, dx$$

이고, 같은 방법으로

$$d\left(\frac{\partial f}{\partial y} dy \right) = \frac{\partial^2 f}{\partial x\, \partial y} dx\, dy - \frac{\partial^2 f}{\partial z\, \partial y} dy\, dz$$

$$d\left(\frac{\partial f}{\partial z} dz \right) = -\frac{\partial^2 f}{\partial x\, \partial z} dz\, dx - \frac{\partial^2 f}{\partial y\, \partial z} dy\, dz$$

이므로 $d(df) = 0$이 성립한다. ◆

3. 곡면 위의 곡선

(1) 곡선좌표

R^3 공간 내의 임의의 점 P에 관한 직교좌표 $(x,\ y,\ z)$에 대하여 x, y와 z가

$$x = x(u,\ v,\ w),\ y = y(u,\ v,\ w),\ z = z(u,\ v,\ w) \tag{1}$$

로 주어진 세 변수 u, v와 w의 C^1-급 함수, 즉 일가(single - valued)이고 연속인 편도함수를 갖는 함수라고 가정하자. 그러면 영역 D에서

$$\frac{\partial(x,\ y,\ z)}{\partial(u,\ v,\ w)} = \begin{vmatrix} \frac{\partial x}{\partial u} & \frac{\partial x}{\partial v} & \frac{\partial x}{\partial w} \\ \frac{\partial y}{\partial u} & \frac{\partial y}{\partial v} & \frac{\partial y}{\partial w} \\ \frac{\partial z}{\partial u} & \frac{\partial z}{\partial v} & \frac{\partial z}{\partial w} \end{vmatrix} \neq 0$$

일 때, D 위에서 u, v와 w에 관하여 유일한 해

$$u = u(x,\ y,\ z),\ v = v(x,\ y,\ z),\ w = w(x,\ y,\ z) \tag{2}$$

를 가지고, $(x,\ y,\ z)$와 $(u,\ v,\ w)$가 일대일로 대응된다. 이때 $(u,\ v,\ w)$를 점 $P(x,\ y,\ z)$의 **곡선좌표**(curvilinear coordinate)라 하고, (1)과 (2)를 **좌표의 변환**(transformation of coordinates)이라 한다.

식 (1)에 있어서 v와 w를 고정하고 u만의 식으로 보면 (1)은 하나의 공간곡선이 된다.

이 곡선을 u-곡선(u-curve)이라 한다. 마찬가지로 v-곡선과 w-곡선을 정의할 수 있다.

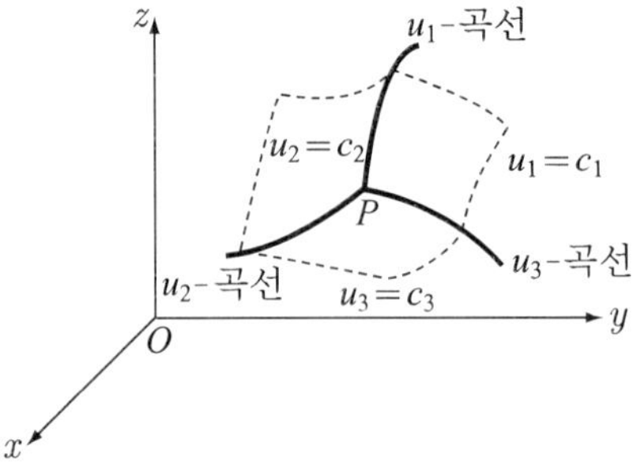

❙그림 3.4❙

다음으로 $u=c_1$으로 고정하고 v와 w를 변수로 보면 (1)은 하나의 곡면이 된다. 이것을 u-곡면이라 하고, $u(x,\ y,\ z)=c_1$으로 표현한다. 마찬가지로 v-곡면과 w-곡면을 각각 $v(x,\ y,\ z)=c_2$와 $w(x,\ y,\ z)=c_3$로 표현한다. 이때 곡면

$$u(x,\ y,\ z)=c_1,\ v(x,\ y,\ z)=c_2,\ w(x,\ y,\ z)=c_3\ (\text{단, } c_1,\ c_2,\ c_3\text{는 상수})$$

를 **좌표곡면**(coordinate surfaces)이라 한다. 만일 좌표곡면들이 직각으로 교차하면, 곡선좌표계는 **직교**(orthogonal)한다고 한다.

예제 원주좌표계 $(r,\ \theta,\ z)$는 직교한다.

(증명) 원주좌표계에서 어떤 점의 위치벡터는

$$\mathbf{r}=x\mathbf{i}+y\mathbf{j}+z\mathbf{k}=r\cos\theta\mathbf{i}+r\sin\theta\mathbf{j}+z\mathbf{k}$$

로 표현된다. r, θ와 z-곡선으로의 접선벡터가 각각

$$\frac{\partial\mathbf{r}}{\partial r}=\cos\theta\mathbf{i}+\sin\theta\mathbf{j},\ \frac{\partial\mathbf{r}}{\partial\theta}=-r\sin\theta\mathbf{i}+r\cos\theta\mathbf{j},\ \frac{\partial\mathbf{r}}{\partial z}=\mathbf{k}$$

이므로, 이 방향으로의 단위벡터는

$$\mathbf{e}_r=\cos\theta\mathbf{i}+\sin\theta\mathbf{j},\ \mathbf{e}_\theta=-\sin\theta\mathbf{i}+\cos\theta\mathbf{j},\ \mathbf{e}_z=\mathbf{k}$$

가 된다. 따라서

$$\mathbf{e}_r\cdot\mathbf{e}_\theta=0,\ \mathbf{e}_r\cdot\mathbf{e}_z=0,\ \mathbf{e}_\theta\cdot\mathbf{e}_z=0$$

이므로, $\mathbf{e}_r$, $\mathbf{e}_\theta$와 $\mathbf{e}_z$는 서로 수직이고 좌표계는 직교한다. ◆

예제 벡터함수 $\mathbf{F}(x, y, z) = z\mathbf{i} - 2x\mathbf{j} + y\mathbf{k}$를 원주좌표계에서 나타내고, $\mathbf{F}_r$, $\mathbf{F}_\theta$와 $\mathbf{F}_z$를 구하시오.

(풀이) 원주좌표계에서

$$\mathbf{e}_r = \cos\theta\,\mathbf{i} + \sin\theta\,\mathbf{j}, \quad \mathbf{e}_\theta = -\sin\theta\,\mathbf{i} + \cos\theta\,\mathbf{j},\ \mathbf{e}_z = \mathbf{k}$$

이므로, $\mathbf{e}_r = \cos\theta\,\mathbf{i} + \sin\theta\,\mathbf{j}$와 $\mathbf{e}_\theta = -\sin\theta\,\mathbf{i} + \cos\theta\,\mathbf{j}$로부터

$$\mathbf{i} = \cos\theta\,\mathbf{e}_r - \sin\theta\,\mathbf{e}_\theta, \quad \mathbf{j} = \sin\theta\,\mathbf{e}_r + \cos\theta\,\mathbf{e}_\theta$$

를 얻는다. 따라서

$$\begin{aligned}\mathbf{F}(x, y, z) &= z\mathbf{i} - 2x\mathbf{j} + y\mathbf{k}\\ &= (z\cos\theta - 2r\cos\theta\sin\theta)\mathbf{e}_r - (z\sin\theta + 2r\cos^2\theta)\mathbf{e}_\theta + r\sin\theta\,\mathbf{e}_z\end{aligned}$$

이고

$$\mathbf{F}_r = z\cos\theta - 2r\cos\theta\sin\theta, \quad \mathbf{F}_\theta = -z\sin\theta + 2r\cos^2\theta,\ \mathbf{F}_z = r\sin\theta$$

가 된다. ◆

$\mathbf{r} = x\mathbf{i} + y\mathbf{j} + z\mathbf{k}$가 한 점 P의 위치벡터일 때, (1)은 세 변수 u, v와 w의 벡터함수

$$\mathbf{r} = \mathbf{r}(u, v, w)$$

로 쓰일 수 있고, u, v와 w가 변함에 따라 점 P는 곡면 S를 그린다. 이것을 직교좌표계를 이용하여

$$\mathbf{r}(u, v, w) = x(u, v, w)\mathbf{i} + y(u, v, w)\mathbf{j} + z(u, v, w)\mathbf{k}$$

로 나타내고, 곡면 S의 벡터방정식이라 한다. 이때 매개변수 u, v와 w를 곡선좌표라고 한다. 한편 $\mathbf{r}(u, v, w)$를 v와 w가 고정된 u만의 벡터함수라 하면, 이것은 점 P를 지나는 한 개의 공간곡선을 형성한다. 즉 $v = v_0$, $w = w_0$ (단, v_0와 w_0는 상수)일 때 곡선의 모양은

$$\mathbf{r}(u, v_0, w_0) = x(u, v_0, w_0)\mathbf{i} + y(u, v_0, w_0)\mathbf{j} + z(u, v_0, w_0)\mathbf{k}$$

이고, 이 곡선을 u-곡선이라 한다. 마찬가지로 v-곡선과 w-곡선을 정의할 수 있고, 이러한 곡선들을 합하여 **좌표곡선**(coordinate curve)이라 한다. 이때 P에서의 u-곡선으로의 접선벡터는 $\dfrac{\partial\mathbf{r}}{\partial u}$, 즉

$$\frac{\partial \mathbf{r}}{\partial u} = \frac{\partial x}{\partial u}\mathbf{i} + \frac{\partial y}{\partial u}\mathbf{j} + \frac{\partial z}{\partial u}\mathbf{k}$$

이고, 단위접선벡터는

$$\mathbf{e}_1 = \frac{\partial \mathbf{r}}{\partial u} \Big/ \left\| \frac{\partial \mathbf{r}}{\partial u} \right\|$$

으로 주어진다. 따라서 $\left\| \frac{\partial \mathbf{r}}{\partial u} \right\| = h_1$이라 놓으면 $\frac{\partial \mathbf{r}}{\partial u} = h_1 \mathbf{e}_1$이 된다. 유사하게 $\mathbf{e}_2$와 $\mathbf{e}_3$가 각각 P에서의 v-곡선과 w-곡선으로의 단위접선벡터라면

$$\frac{\partial \mathbf{r}}{\partial v} = h_2 \mathbf{e}_2, \ \frac{\partial \mathbf{r}}{\partial w} = h_3 \mathbf{e}_3 \ \left(\text{단, } h_2 = \left\| \frac{\partial \mathbf{r}}{\partial v} \right\|, \ h_3 = \left\| \frac{\partial \mathbf{r}}{\partial w} \right\| \right)$$

로 주어진다. 이때 h_1, h_2와 h_3를 **척도계수**(scale factors)라 한다.

예제 $x = u, \ y = v, \ z = \frac{1}{uv}$ (단, u, v는 양수)로 주어진 곡면 위의 점 $P(1, 1, 1)$에서 u-곡선과 v-곡선의 단위접선벡터 $\mathbf{T}_1$과 $\mathbf{T}_2$를 구하시오.

(풀이) 이 곡면의 방정식은 $xyz = 1$로 나타낼 수 있으므로, 이 곡면과 임의의 평면 $z = c$ (단, $c > 0$는 상수)와 만나서 생기는 단면곡선은 직각쌍곡선임을 알 수 있다. 주어진 곡면 $\mathbf{r} = x\mathbf{i} + y\mathbf{j} + z\mathbf{k}$ 위의 점 $P(1, 1, 1)$에 대응하는 $u = v = 1$에에 대하여 $\frac{\partial \mathbf{r}}{\partial u} = \mathbf{i} - \mathbf{k}$이므로, 이 벡터방향의 단위벡터는

$$\mathbf{T}_1 = \frac{1}{\sqrt{2}}(\mathbf{i} - \mathbf{k})$$

가 된다. 또한 점 P에서 $\frac{\partial \mathbf{r}}{\partial v} = \mathbf{j} - \mathbf{k}$이므로 이 방향으로의 단위벡터는

$$\mathbf{T}_2 = \frac{1}{\sqrt{2}}(\mathbf{j} - \mathbf{k})$$

로 주어진다. ◈

(2) 불변성(invariance)

공간에서의 한 점 P가 두 개의 직교좌표계 또는 기준좌표계에 관하여 좌표 (x, y, z)와 (x', y', z')을 갖는다고 하자. 여기서 **기준좌표계**(frame of reference)란 같은 원점을 공유하지만 서로에 관하여 회전한 축을 갖는 좌표계를 말한다.

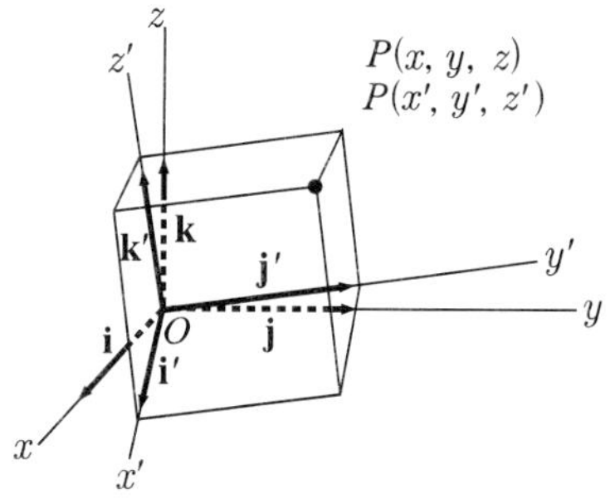

▌그림 3.5▌ 기준좌표계

이때 좌표 사이의 변환의 방정식이나 **좌표변환**(coordinate transformation)은

$$
\begin{aligned}
x' &= l_{11}x + l_{12}y + l_{13}z \\
y' &= l_{21}x + l_{22}y + l_{23}z \\
z' &= l_{31}x + l_{32}y + l_{33}z
\end{aligned}
\tag{1}
$$

로 주어지고, 이 변환을 **직교변환**(orthogonal transformation)이라 한다. 여기서 l_{jk} (단, $j,\ k=1,\ 2,\ 3$)는 x축, y축, 그리고 z축에 관한 x'축, y'축, 그리고 z'축의 방향코사인을 각각 나타낸다.

예제 같은 원점을 공유하지만 서로에 관하여 회전한 축을 갖는 두 개의 직교좌표계 $O-xyz$와 $O-x'y'z'$에 대하여 좌표 사이의 변환 방정식은

$$
\begin{aligned}
x' &= l_{11}x + l_{12}y + l_{13}z \\
y' &= l_{21}x + l_{22}y + l_{23}z \\
z' &= l_{31}x + l_{32}y + l_{33}z
\end{aligned}
$$

로 주어진다.

(증명) 두 개의 직교좌표계에서 임의의 점 P의 위치벡터를 $\mathbf{r}$과 $\mathbf{r}'$이라 하면, $\mathbf{r}=\mathbf{r}'$이므로

$$x'\mathbf{i}' + y'\mathbf{j}' + z'\mathbf{k}' = x\mathbf{i} + y\mathbf{j} + z\mathbf{k} \tag{*}$$

이다. 그런데 어떤 벡터 $\mathbf{a}$에 대하여

$$\mathbf{a} = (\mathbf{a}\cdot\mathbf{i}')\mathbf{i}' + (\mathbf{a}\cdot\mathbf{j}')\mathbf{j}' + (\mathbf{a}\cdot\mathbf{k}')\mathbf{k}'$$

이 성립한다. 따라서 표준기저벡터 $\mathbf{i}$, $\mathbf{j}$와 $\mathbf{k}$에 대하여

$$
\begin{aligned}
\mathbf{i} &= (\mathbf{i}\cdot\mathbf{i}')\mathbf{i}' + (\mathbf{i}\cdot\mathbf{j}')\mathbf{j}' + (\mathbf{i}\cdot\mathbf{k}')\mathbf{k}' = l_{11}\mathbf{i}' + l_{21}\mathbf{j}' + l_{31}\mathbf{k}' \\
\mathbf{j} &= (\mathbf{j}\cdot\mathbf{i}')\mathbf{i}' + (\mathbf{j}\cdot\mathbf{j}')\mathbf{j}' + (\mathbf{j}\cdot\mathbf{k}')\mathbf{k}' = l_{12}\mathbf{i}' + l_{22}\mathbf{j}' + l_{32}\mathbf{k}'
\end{aligned}
$$

$$\mathbf{k} = (\mathbf{k} \cdot \mathbf{i}')\,\mathbf{i}' + (\mathbf{k} \cdot \mathbf{j}')\mathbf{j}' + (\mathbf{k} \cdot \mathbf{k}')\,\mathbf{k}' = l_{13}\mathbf{i}' + l_{23}\mathbf{j}' + l_{33}\mathbf{k}'$$

을 얻는다. 이 식을 (*)에 대입하고 $\mathbf{i}'$, $\mathbf{j}'$과 $\mathbf{k}'$의 계수들을 같게 하면, 구하고자 하는 변환방정식을 얻는다. ◆

두 개의 직교좌표계의 원점이 일치하지 않은 경우에 변환의 방정식은

$$\begin{aligned} x' &= l_{11}x + l_{12}y + l_{13}z + a_1{}' \\ y' &= l_{21}x + l_{22}y + l_{23}z + a_2{}' \\ z' &= l_{31}x + l_{32}y + l_{33}z + a_3{}' \end{aligned} \tag{2}$$

으로 주어지고, 회전과 평행이동을 정의한다. 여기서 $O-xyz$좌표계의 원점 $O(0,\ 0,\ 0)$은 $O-x'y'z'$ 좌표계에서 $(a_1{}',\ a_2{}',\ a_3{}')$에 위치한다.

x, y와 z, 그리고 x', y'과 z'이 변환방정식 (1) 또는 (2)에 관련되어 있을 때

(1) $\phi(x,\ y,\ z) = \phi'(x',\ y',\ z')$을 만족하는 스칼라장 $\phi(x,\ y,\ z)$를 변환에 관한 **불변식**(invariant)이라 하고

(2) $\mathbf{F}(x,\ y,\ z) = \mathbf{F}'(x',\ y',\ z')$을 만족하는 벡터장 $\mathbf{F}(x,\ y,\ z)$를 변환에 관한 불변식이라 한다.

참고 불변 스칼라장의 기울기는 변환 (1)과 (2)에 관하여 불변 벡터장이 되고, 또한 불변 벡터장의 발산과 회전도 불변식이 된다(3.7절 참조). □

예 라플라스 연산자는 회전에 관하여 불변식이다(3.7절 참조). 또한 두 벡터 $\mathbf{a}$와 $\mathbf{b}$가 회전에 관하여 불변식이면, $\mathbf{a} \cdot \mathbf{b}$와 $\mathbf{a} \times \mathbf{b}$도 불변식이 된다.

4. 곡면의 기본량

(1) 제1기본량

곡면 S의 벡터방정식을

$$\mathbf{r} = \mathbf{r}(u,\ v) = x(u,\ v)\mathbf{i} + y(u,\ v)\mathbf{j} + z(u,\ v)\mathbf{k}$$

라 할 때, 벡터함수 $\mathbf{r}(u,\ v)$가 연속인 편도함수를 가지면 전미분은

$$d\mathbf{r} = \frac{\partial \mathbf{r}}{\partial u}du + \frac{\partial \mathbf{r}}{\partial v}dv$$

로 주어진다. 이것의 크기를 ds로 나타내면

$$
\begin{aligned}
(ds)^2 &= d\mathbf{r} \cdot d\mathbf{r} \\
&= \frac{\partial \mathbf{r}}{\partial u} \cdot \frac{\partial \mathbf{r}}{\partial u}(du)^2 + 2\frac{\partial \mathbf{r}}{\partial u} \cdot \frac{\partial \mathbf{r}}{\partial v} du\,dv + \frac{\partial \mathbf{r}}{\partial v} \cdot \frac{\partial \mathbf{r}}{\partial v}(dv)^2
\end{aligned}
$$

이 된다. 이러한 ds를 곡면 S의 선소 또는 곡선좌표 (u, v)의 선소라 한다. 이것은 S 위에서 인접한 두 점 P와 Q 사이의 거리를 나타낸다. 한편

$$
\frac{\partial \mathbf{r}}{\partial u} \cdot \frac{\partial \mathbf{r}}{\partial u}, \quad \frac{\partial \mathbf{r}}{\partial u} \cdot \frac{\partial \mathbf{r}}{\partial v}, \quad \frac{\partial \mathbf{r}}{\partial v} \cdot \frac{\partial \mathbf{r}}{\partial v}
$$

를 각각 E, F, G 또는 g_{11}, g_{12}, g_{22}로 나타내고, 이것을 곡면 S의 제1기본량(first fundamental quantities)이라 한다. 이때 $g_{12} = g_{21}$이다.

예제 다음 곡면의 선소를 구하시오.

$$
\mathbf{r} = \mathbf{r}(u, v) = u\mathbf{i} + v\mathbf{j} + \frac{1}{uv}\mathbf{k}
$$

(풀이) $\dfrac{\partial \mathbf{r}}{\partial u} = \mathbf{i} - \dfrac{1}{u^2 v}\mathbf{k}$, $\dfrac{\partial \mathbf{r}}{\partial v} = \mathbf{j} - \dfrac{1}{uv^2}\mathbf{k}$이므로

$$
\left(\frac{\partial \mathbf{r}}{\partial u}\right)^2 = 1 + \frac{1}{u^4 v^2}, \quad \frac{\partial \mathbf{r}}{\partial u} \cdot \frac{\partial \mathbf{r}}{\partial v} = \frac{1}{u^3 v^3}, \quad \left(\frac{\partial \mathbf{r}}{\partial v}\right)^2 = 1 + \frac{1}{u^2 v^4}
$$

이다. 따라서

$$
ds^2 = \left(1 + \frac{1}{u^4 v^2}\right)(du)^2 + \frac{2}{u^3 v^3}du\,dv + \left(1 + \frac{1}{u^2 v^4}\right)(dv)^2
$$

이 된다. ◆

참고 곡면 S의 제1기본량 E, F, G 또는 g_{11}, g_{12}, g_{22}에 대하여

(1) (곡면 S의 제1기본형식) 곡면 S 위의 곡선

$$
u = u(t), \ v = v(t)
$$

의 점 $t = t_0$에서 $t = t_1$까지의 호의 길이 s는

$$
s = \int_{t_0}^{t_1} \left\| \frac{d\mathbf{r}}{dt} \right\| dt = \int_{t_0}^{t_1} \sqrt{E(du)^2 + 2F\,du\,dv + G(dv)^2}\, dt
$$

이고

$$ds = \| d\mathbf{r} \|, \ d\mathbf{r} = \frac{\partial \mathbf{r}}{\partial u} du + \frac{\partial \mathbf{r}}{\partial v} dv$$

이다. 따라서 선소는

$$ds^2 = g_{11} (du)^2 + 2\, g_{12}\, du\, dv + g_{22} (dv)^2$$

으로 나타낼 수 있다. 이것을 곡면 S의 **제1기본형식**(first fundamental form) 이라 한다.

(2) $\left\| \frac{\partial \mathbf{r}}{\partial u} \times \frac{\partial \mathbf{r}}{\partial v} \right\| = \left\| \frac{\partial \mathbf{r}}{\partial u} \right\| \left\| \frac{\partial \mathbf{r}}{\partial v} \right\| \sin\theta$

$$= \sqrt{\left(\frac{\partial \mathbf{r}}{\partial u} \cdot \frac{\partial \mathbf{r}}{\partial u} \right) \left(\frac{\partial \mathbf{r}}{\partial v} \cdot \frac{\partial \mathbf{r}}{\partial v} \right) - \left(\frac{\partial \mathbf{r}}{\partial u} \cdot \frac{\partial \mathbf{r}}{\partial v} \right)^2}$$

이므로

$$\left\| \frac{\partial \mathbf{r}}{\partial u} \times \frac{\partial \mathbf{r}}{\partial v} \right\| = \sqrt{g_{11}\, g_{22} - g_{12}^2} = \sqrt{g} \quad (\text{단, } g > 0)$$

을 얻을 수 있다. 여기서 θ는 두 벡터 $\frac{\partial \mathbf{r}}{\partial u}$과 $\frac{\partial \mathbf{r}}{\partial v}$의 사잇각이고

$$g = \begin{vmatrix} g_{11} & g_{12} \\ g_{21} & g_{22} \end{vmatrix} = g_{11}\, g_{22} - g_{12}^2$$

이다. 따라서 곡면의 단위법선벡터 $\mathbf{n}(u, v)$는

$$\mathbf{n}(u, v) = \frac{1}{\sqrt{g}} \left(\frac{\partial \mathbf{r}}{\partial u} \times \frac{\partial \mathbf{r}}{\partial v} \right)$$

로 나타낼 수 있다.

(3) **(곡면 S의 면적요소)** 곡면 위의 네 점 P, Q, R과 S를 꼭지점으로 갖는 작은 영역의 면적 dS는 근사적으로

$$\begin{aligned} dS &= \left\| \frac{\partial \mathbf{r}}{\partial u} \times \frac{\partial \mathbf{r}}{\partial v} \right\| du\, dv \\ &= \sqrt{EG - F^2}\, du\, dv = \sqrt{g}\ du\, dv \end{aligned}$$

로 나타낼 수 있다. 이때 dS를 곡면 S의 **면적요소**(area of surface element) 라고 한다. 따라서 곡면 S의 벡터방정식을 $\mathbf{r} = \mathbf{r}(u, v)$라 하고, u와 v가 uv 평면 위의 영역 D 위를 움직일 때 D에 대한 곡면 S의 겉면적도 S로 나

타내면

$$S = \iint_D \sqrt{EG - F^2}\, du\, dv = \iint_D \sqrt{g}\, du\, dv$$

가 된다. □

예제 $0 < a < b$일 때, 원환면

$$\mathbf{r} = \mathbf{r}(u, v) = (b + a\cos v)\cos u\,\mathbf{i} + (b + a\cos v)\sin u\,\mathbf{j} + a\sin v\,\mathbf{k}$$

의 겉면적과 단위법선벡터 $\mathbf{n}(u, v)$를 구하시오.

(풀이)

$$\frac{\partial \mathbf{r}}{\partial u} = (-b + a\cos v)\sin u\,\mathbf{i} + (b + a\cos v)\cos u\,\mathbf{j}$$

$$\frac{\partial \mathbf{r}}{\partial v} = (-a\sin v\cos u)\mathbf{i} + (-a\sin v\sin u)\mathbf{j} + a\cos v\,\mathbf{k}$$

이므로

$$E = \frac{\partial \mathbf{r}}{\partial u} \cdot \frac{\partial \mathbf{r}}{\partial u} = (b + a\cos v)^2$$

$$F = \frac{\partial \mathbf{r}}{\partial u} \cdot \frac{\partial \mathbf{r}}{\partial v} = 0, \quad G = \frac{\partial \mathbf{r}}{\partial v} \cdot \frac{\partial \mathbf{r}}{\partial v} = a^2$$

$$\sqrt{g} = \sqrt{EG - F^2} = a(b + a\cos v)$$

가 된다. 따라서 원환면의 겉면적은

$$S = \iint_D \sqrt{g}\, du\, dv = \int_0^{2\pi}\int_0^{2\pi} a(b + a\cos v)\, du\, dv = 4\pi^2 ab$$

이고, 단위법선벡터는

$$\mathbf{n}(u, v) = \frac{1}{\sqrt{g}}\left(\frac{\partial \mathbf{r}}{\partial u} \times \frac{\partial \mathbf{r}}{\partial v}\right)$$
$$= \cos u\cos v\,\mathbf{i} + \sin u\cos v\,\mathbf{j} + \sin v\,\mathbf{k}$$

로 주어진다. ◈

(2) 제2기본량

곡면 S의 벡터방정식을

$$\mathbf{r} = \mathbf{r}(u, v) = x(u, v)\mathbf{i} + y(u, v)\mathbf{j} + z(u, v)\mathbf{k}$$

라 할 때, 벡터함수 $\mathbf{r}(u,\ v)$가 연속인 편도함수를 가지면 S 위의 점 $P(u,\ v)$에서의 단위법선벡터는

$$\mathbf{n}(u,\ v) = \frac{1}{\sqrt{g}}\left(\frac{\partial \mathbf{r}}{\partial u} \times \frac{\partial \mathbf{r}}{\partial v}\right)$$

로 주어진다. 한편

$$\frac{\partial^2 \mathbf{r}}{\partial u^2} \cdot \mathbf{n},\ \frac{\partial^2 \mathbf{r}}{\partial v\, \partial u} \cdot \mathbf{n},\ \frac{\partial^2 \mathbf{r}}{\partial v^2} \cdot \mathbf{n}$$

을 각각 $L,\ M,\ N$ 또는 $H_{11},\ H_{12},\ H_{22}$로 나타내고, 이것을 곡면 S의 제2기본량(second fundamental quantities)이라 한다. 이때 $H_{12} = H_{21}$이다.

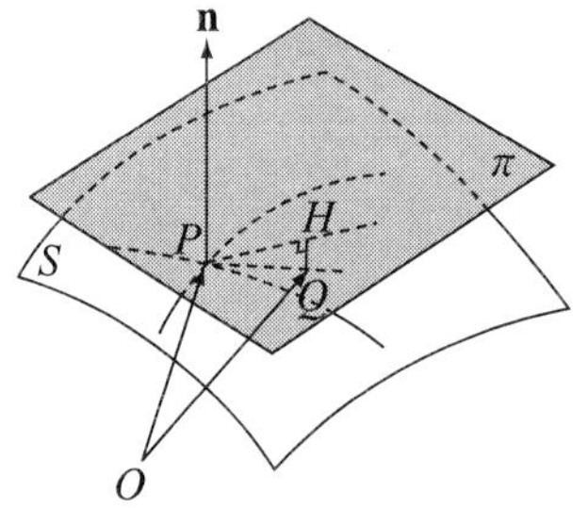

▌그림 3.6▌

그림 3.6에서, 점 $P(u,\ v)$에서의 접평면 π에 Q에서 내린 수선의 발을 H라 하면 $\mathbf{n}$이 단위벡터이므로 $\overline{QH} = |\mathbf{n} \cdot \overrightarrow{PQ}|$이다.

$$\begin{aligned} h &= \mathbf{n} \cdot \overrightarrow{PQ} \\ &= \mathbf{n} \cdot \left[\frac{\partial \mathbf{r}}{\partial u} du + \frac{\partial \mathbf{r}}{\partial v} dv + \frac{1}{2}\left\{\frac{\partial^2 \mathbf{r}}{\partial u^2}(du)^2 + 2\frac{\partial^2 \mathbf{r}}{\partial u \partial v} du\, dv + \frac{\partial^2 \mathbf{r}}{\partial v^2}(dv)^2\right\} + \cdots\right] \end{aligned}$$

로 두면

$$\mathbf{n} \cdot \frac{\partial \mathbf{r}}{\partial u} = \mathbf{n} \cdot \frac{\partial \mathbf{r}}{\partial v} = 0$$

이므로, 근사적으로

$$\begin{aligned} h &\approx \frac{1}{2}\left[\frac{\partial^2 \mathbf{r}}{\partial u^2} \cdot \mathbf{n}(du)^2 + 2\frac{\partial^2 \mathbf{r}}{\partial u\, \partial v} \cdot \mathbf{n}\, du\, dv + \frac{\partial^2 \mathbf{r}}{\partial v^2} \cdot \mathbf{n}(dv)^2\right] \\ &= \frac{1}{2}\left\{H_{11}(du)^2 + 2H_{12}\, du\, dv + H_{22}(dv)^2\right\} \end{aligned}$$

을 얻는다. 이것을 곡면 S의 **제2기본형식** (second fundamental form)이라 한다.

참고 제2기본형식 h를 du와 dv에 관한 이차식으로 볼 때

$$D = H_{11} H_{22} - {H_{12}}^2$$

의 값에 따라 $P(u, v)$의 근방에서 곡면의 모양을 결정한다.

(1) $D > 0$이면, 곡면은 **타원적** (elliptic)

(2) $D < 0$이면, 곡면은 **쌍곡적** (hyperbolic)

(3) $D = 0$ (단, ${H_{11}}^2 + {H_{12}}^2 + {H_{22}}^2 \neq 0$)이면, 곡면은 **포물적** (parabolic)

이다. □

예제 $H_{11} + H_{12} + H_{22} = 0$일 때, 곡면 $\mathbf{r} = \mathbf{r}(u, v)$는 평면이다.

(증명) $\mathbf{n} \cdot \mathbf{n} = 1$이므로

$$\frac{\partial \mathbf{n}}{\partial u} \cdot \mathbf{n} = 0, \quad \frac{\partial \mathbf{n}}{\partial v} \cdot \mathbf{n} = 0$$

이다. 또한

$$H_{11} = -\frac{\partial \mathbf{n}}{\partial u} \cdot \frac{\partial \mathbf{r}}{\partial u} = 0, \quad H_{12} = -\frac{\partial \mathbf{n}}{\partial u} \cdot \frac{\partial \mathbf{r}}{\partial v} = 0$$

이고, $\frac{\partial \mathbf{n}}{\partial u}$은 일차독립인 세 벡터 $\frac{\partial \mathbf{r}}{\partial u}$, $\frac{\partial \mathbf{r}}{\partial v}$, $\mathbf{n}$과의 내적이 0이므로 $\frac{\partial \mathbf{n}}{\partial u} = \mathbf{0}$이 된다. 같은 방법으로 $\frac{\partial \mathbf{n}}{\partial v} = \mathbf{0}$이다. 따라서 $\mathbf{n}$은 상수벡터이다. 그러므로

$$\frac{\partial}{\partial u}(\mathbf{n} \cdot \mathbf{r}) = \frac{\partial}{\partial v}(\mathbf{n} \cdot \mathbf{r}) = 0$$

으로부터

$$\mathbf{n} \cdot \mathbf{r} = d \ (\text{단, } d\text{는 상수})$$

를 얻는다. 따라서 곡면은 평면이 된다. ◆

3.7 벡터장과 연산자

이 절에서는 물리적 현상으로 나타나는 스칼라장과 벡터장에 대한 수학적 정의와 해석, 그리고 응용과 관련하여 설명한다. 또한 스칼라장과 벡터장에 대한 벡터연산자를 정의하고 응용한다.

벡터미분연산자 ∇(del)은 실제 응용에서 발생하는 기울기와 발산, 그리고 회전을 정의하는데 유용하다. 여기서 연산자 ∇은

$$\nabla = \frac{\partial}{\partial x}\mathbf{i} + \frac{\partial}{\partial y}\mathbf{j} + \frac{\partial}{\partial z}\mathbf{k} \text{ 또는 } \nabla = \left(\frac{\partial}{\partial x}, \frac{\partial}{\partial y}, \frac{\partial}{\partial z}\right)$$

로 주어지고, 보통 나블라(nabla)라고 읽는다.

1. 기울기벡터장과 미분가능성

(1) 기울기벡터장

정의 18	기울기벡터장

(1) $f(x, y)$가 R^2에서 R로의 일계 편도함수를 갖는 이변수함수일 때, f의 기울기벡터장(gradient vector field)은 ∇f 또는 $\text{grad}\, f$로 표기되고, (x, y)에서

$$\nabla f(x, y) = \frac{\partial f}{\partial x}\mathbf{i} + \frac{\partial f}{\partial y}\mathbf{j} \text{ 또는 } \nabla f(x, y) = \left(\frac{\partial f}{\partial x}, \frac{\partial f}{\partial y}\right)$$

로 정의한다. 즉 (x, y)에서 ∇f는 (x, y)에서 f의 일계 편도함수의 벡터이다.

(2) $f(x, y, z)$가 R^3에서 R로의 일계 편도함수를 갖는 삼변수함수일 때, (x, y, z)에서 f의 기울기벡터장 ∇f는

$$\nabla f(x, y, z) = \frac{\partial f}{\partial x}\mathbf{i} + \frac{\partial f}{\partial y}\mathbf{j} + \frac{\partial f}{\partial z}\mathbf{k}$$

또는

$$\nabla f(x, y, z) = \left(\frac{\partial f}{\partial x}, \frac{\partial f}{\partial y}, \frac{\partial f}{\partial z}\right)$$

로 정의한다.

참고 R^2 (또는 R^3)의 모든 점에 대하여 ∇f는 R^2 (또는 R^3) 내의 한 벡터가 된다. 따라서 R^2 (또는 R^3)에서 R로의 함수 f의 기울기벡터장 ∇f를 간단히 f의 기울기(gradient)라고 부른다. ∇f는 1901년에 처음으로 인쇄되어 del f로 불렸으나, 1850년에 처음 사용된 기호이다. □

예 $f(x, y) = xy$이면, $\nabla f(x, y) = y\mathbf{i} + x\mathbf{j}$가 된다.

∇f의 정의를 이용하여 ∇f가 선형임을 보인다. 선형연산자는 함수해석과 벡터공간론에서 매우 중요한 영역이다.

정리 19 선형성

f와 g가 (x, y, z)에서 일계 편도함수를 갖는 스칼라장일 때, 모든 스칼라 α에 대하여 다음이 성립한다.

(1) $\nabla(\alpha f) = \alpha \nabla f$ (2) $\nabla(f+g) = \nabla f + \nabla g$

예 f와 g가 (x, y, z)에서 일계 편도함수를 갖는 스칼라장일 때

$$\nabla(f g) = f \nabla g + g \nabla f$$

가 성립한다.

정리 20

일계 편도함수를 갖는 함수 $\phi : R^3 \to R$에 대하여

$$M = \{(x, y, z) \in R^3 \mid \phi(x, y, z) = c,\ c\text{는 상수}\}$$

가 R^3의 한 곡면일 때, $\nabla\phi$는 곡면 M에 수직인 벡터가 된다.

증명 $\mathbf{r} = x\mathbf{i} + y\mathbf{j} + z\mathbf{k}$를 곡면 위의 임의의 점 $P(x, y, z)$의 위치벡터라 하면

$$d\mathbf{r} = dx\,\mathbf{i} + dy\,\mathbf{j} + dz\,\mathbf{k}$$

는 P에서 곡면의 접평면에 놓여 있다. 그런데

$$d\phi = \frac{\partial\phi}{\partial x}dx + \frac{\partial\phi}{\partial y}dy + \frac{\partial\phi}{\partial z}dz = 0$$

이므로

$$\left(\frac{\partial \phi}{\partial x}\mathbf{i}+\frac{\partial \phi}{\partial y}\mathbf{j}+\frac{\partial \phi}{\partial z}\mathbf{k}\right)\cdot(dx\,\mathbf{i}+dy\,\mathbf{j}+dz\,\mathbf{k})=0$$

즉 $\nabla\phi\cdot d\mathbf{r}=0$이 된다. 따라서 $\nabla\phi$는 곡면에 수직이 된다. ◆

예제 곡면 $M=\{(x,\ y,\ z)\in R^3 \mid x^2y+2xz=4\}$ 위의 점 $(2,\ -2,\ 3)$에서 곡면 M에 수직인 벡터를 구하시오.

(풀이) $\nabla(x^2y+2xz)=(2xy+2z)\mathbf{i}+x^2\mathbf{j}+2x\,\mathbf{k}$로부터, $(2,\ -2,\ 3)$에서 곡면 M에 수직인 벡터는 $-2\mathbf{i}+4\mathbf{j}+4\mathbf{k}$이다. ◆

(2) 미분가능성

기호 $\triangle\mathbf{x}=(\triangle x,\ \triangle y)=\triangle x\,\mathbf{i}+\triangle y\,\mathbf{j}$를 사용하면

$$\nabla f(\mathbf{x})\cdot\triangle\mathbf{x}=f_x(x,\ y)\triangle x+f_y(x,\ y)\triangle y$$
$$f(x+\triangle x,\ y+\triangle y)=f(\mathbf{x}+\triangle\mathbf{x})$$

로 표현할 수 있다. 따라서

$$\mathbf{x}=(x_0,\ y_0),\ \triangle\mathbf{x}=(h,\ k),\ \mathbf{x}^*=(x^*,\ y^*)$$

로 놓으면 정리 15 (평균값정리)의 결과는 $\mathbf{x}^*$가 $\mathbf{x}$와 $\mathbf{x}+\triangle\mathbf{x}$를 잇는 선분 위의 점일 때

$$f(\mathbf{x}+\triangle\mathbf{x})-f(\mathbf{x})=\nabla f(\mathbf{x}^*)\cdot\triangle\mathbf{x} \qquad (*)$$

로 변형된다. 특히 f의 일계 편도함수가 연속이면 벡터장 ∇f는 연속이고, (*)는

$$f(\mathbf{x}+\triangle\mathbf{x})-f(\mathbf{x})=\nabla f(\mathbf{x})\cdot\triangle\mathbf{x}+g(\triangle\mathbf{x})$$

로 고쳐 쓸 수 있다. 여기서 $\triangle\mathbf{x}\to\mathbf{0}$, 즉 $\mathbf{x}^*\to\mathbf{x}$일 때

$$\frac{g(\triangle\mathbf{x})}{\|\triangle\mathbf{x}\|}=[\nabla f(\mathbf{x}^*)-\nabla f(\mathbf{x})]\cdot\frac{\triangle\mathbf{x}}{\|\triangle\mathbf{x}\|}\to 0$$

이 된다.

정의 21	스칼라장의 미분가능성
$f(x,\ y)$가 $\mathbf{x}=(x,\ y)$를 포함하는 열린원반에서 연속인 일계 편도함수 f_x와 f_y를 갖는 이변수함수이고, $\triangle\mathbf{x}=(\triangle x,\ \triangle y)$라 하자.	

$$\lim_{\triangle \mathbf{x} \to 0} \frac{g(\triangle \mathbf{x})}{\| \triangle \mathbf{x} \|} = 0$$

일 때

$$f(\mathbf{x} + \triangle \mathbf{x}) - f(\mathbf{x}) = \nabla f(\mathbf{x}) \cdot \triangle \mathbf{x} + g(\triangle \mathbf{x})$$

를 만족하는 스칼라 함수 g가 존재하면, f는 $\mathbf{x}$에서 미분가능하다고 한다.

(3) 연쇄법칙의 벡터형

이변수함수에 대한 연쇄법칙은

$z = f(x, y)$가 열린원반 D의 모든 점에서 연속인 일계 편도함수를 갖는 함수이고, 임의의 열린구간 I의 모든 t에서 미분가능한 함수 $x = g(t)$와 $y = h(t)$에 의해 주어진 점 $(g(t), h(t))$가 D에 있다면, 합성함수 $z = f(g(t), h(t))$는 I의 모든 t에 대하여 미분가능하고

$$\frac{dz}{dt} = \frac{\partial f}{\partial x}\frac{dx}{dt} + \frac{\partial f}{\partial y}\frac{dy}{dt}$$

가 성립한다.

이다. 여기서 $\mathbf{x}(t) = (x(t), y(t))$이면 $\mathbf{x}'(t) = \left(\frac{dx}{dt}, \frac{dy}{dt}\right)$와 $\nabla f = (f_x, f_y)$이므로

$$\frac{dz}{dt} = \frac{\partial f}{\partial x}\frac{dx}{dt} + \frac{\partial f}{\partial y}\frac{dy}{dt}$$

는

$$\frac{dz}{dt} = \nabla f(\mathbf{x}) \cdot \mathbf{x}'(t)$$

로 변형될 수 있다. 기울기를 R^n에서 연쇄법칙에 응용하면 다음과 같다.

정리 22 R^n에서 연쇄법칙의 일반형

n변수함수 $z = f(x_1, x_2, \cdots, x_n)$이 열린원반 D의 모든 점에서 연속인 일계 편도함수를 갖는 함수이고, 임의의 열린구간 I의 모든 t에서 미분가능한 함수 $x_i(t)$에 의해 주어진 점

$$\mathbf{x}(t) = (x_1(t),\ x_2(t),\ \cdots,\ x_n(t))$$

가 D에 있다면, $y = f(\mathbf{x}(t))$는 I의 모든 t에 대하여 미분가능하고

$$\frac{dz}{dt} = \nabla f(\mathbf{x}) \cdot \mathbf{x}'(t)$$

가 성립한다.

2. 발산과 회전

$$\mathbf{F}(x,\ y,\ z) = P(x,\ y,\ z)\mathbf{i} + Q(x,\ y,\ z)\mathbf{j} + R(x,\ y,\ z)\mathbf{k}$$

로 주어진 미분가능한 벡터장 $\mathbf{F}: R^3 \to R^3$의 발산과 회전을 정의한다.

정의 23 발산

벡터장 $\mathbf{F}(x,\ y,\ z) = P(x,\ y,\ z)\mathbf{i} + Q(x,\ y,\ z)\mathbf{j} + R(x,\ y,\ z)\mathbf{k}$가 미분가능할 때, $\mathbf{F}$의 발산(divergence) $\operatorname{div}\mathbf{F}$는

$$\operatorname{div}\mathbf{F} = \frac{\partial P}{\partial x} + \frac{\partial Q}{\partial y} + \frac{\partial R}{\partial z}$$

로 정의되며, 형식적으로

$$\begin{aligned}\operatorname{div}\mathbf{F} &= \left(\frac{\partial}{\partial x}\mathbf{i} + \frac{\partial}{\partial y}\mathbf{j} + \frac{\partial}{\partial z}\mathbf{k}\right) \cdot (P\mathbf{i} + Q\mathbf{j} + R\mathbf{k}) \\ &= \nabla \cdot \mathbf{F}\end{aligned}$$

로 나타낸다. $\operatorname{div}\mathbf{F}$는 값이 스칼라양이므로 스칼라장이 된다.

예 $\mathbf{F}(x,\ y,\ z) = x^2 z\mathbf{i} - 2y^3 z^2\mathbf{j} + xy^2 z\mathbf{k}$일 때

$$\begin{aligned}\nabla \cdot \mathbf{F} &= \left(\frac{\partial}{\partial x}\mathbf{i} + \frac{\partial}{\partial y}\mathbf{j} + \frac{\partial}{\partial z}\mathbf{k}\right) \cdot (x^2 z\mathbf{i} - 2y^3 z^2\mathbf{j} + xy^2 z\mathbf{k}) \\ &= 2xz - 6y^2 z^2 + xy^2\end{aligned}$$

이므로, 점 $(1,\ -1,\ 1)$에서 $\nabla \cdot \mathbf{F} = -3$이 된다.

예제 $\phi(x, y, z) = 2x^3y^2z^4$일 때, $\nabla \cdot \nabla\phi$를 구하시오.

(풀이) $\nabla\phi = 6x^2y^2z^4\,\mathbf{i} + 4x^3yz^4\,\mathbf{j} + 8x^3y^2z^3\,\mathbf{k}$이므로

$$\begin{aligned}\nabla \cdot \nabla\phi &= \left(\frac{\partial}{\partial x}\mathbf{i} + \frac{\partial}{\partial y}\mathbf{j} + \frac{\partial}{\partial z}\mathbf{k}\right) \cdot (6x^2y^2z^4\,\mathbf{i} + 4x^3yz^4\,\mathbf{j} + 8x^3y^2z^3\,\mathbf{k}) \\ &= 12xy^2z^4 + 4x^3z^4 + 24x^3y^2z^2\end{aligned}$$

◆

스칼라장 $\phi: R^3 \to R$이 이계 편도함수를 가질 때, ϕ의 기울기 $\nabla\phi$에 대한 발산 $\mathrm{div}(\nabla\phi)$는

$$\begin{aligned}\mathrm{div}(\nabla\phi) &= \nabla \cdot \nabla\phi \\ &= \left(\frac{\partial}{\partial x}\mathbf{i} + \frac{\partial}{\partial y}\mathbf{j} + \frac{\partial}{\partial z}\mathbf{k}\right) \cdot \left(\frac{\partial\phi}{\partial x}\mathbf{i} + \frac{\partial\phi}{\partial y}\mathbf{j} + \frac{\partial\phi}{\partial z}\mathbf{k}\right) \\ &= \left(\frac{\partial^2\phi}{\partial x^2} + \frac{\partial^2\phi}{\partial y^2} + \frac{\partial^2\phi}{\partial z^2}\right) = \left(\frac{\partial^2}{\partial x^2} + \frac{\partial^2}{\partial y^2} + \frac{\partial^2}{\partial z^2}\right)\phi\end{aligned}$$

로 주어지고, 이것을 $\nabla^2\phi$로 표시한다. 이때 $\nabla^2\phi = 0$을 만족하는 방정식을 **라플라스 방정식**(Laplace equation)이라 하고

$$\nabla^2 = \frac{\partial^2}{\partial x^2} + \frac{\partial^2}{\partial y^2} + \frac{\partial^2}{\partial z^2}$$

을 **라플라스 연산자**(Laplace operator)라고 한다.

참고 두 벡터함수(또는 벡터장) $\mathbf{f}(x, y, z)$와 $\mathbf{g}(x, y, z)$가 미분가능하고, 스칼라함수 $\phi = \phi(x, y, z)$가 일계 편도함수를 가질 때

(1) $\nabla \cdot (\mathbf{f} + \mathbf{g}) = \nabla \cdot \mathbf{f} + \nabla \cdot \mathbf{g}$

(2) $\nabla \cdot (\phi\mathbf{f}) = (\nabla\phi) \cdot \mathbf{f} + \phi(\nabla \cdot \mathbf{f})$

가 성립한다. □

정의 24	회전

벡터장 $\mathbf{F}(x, y, z) = P(x, y, z)\mathbf{i} + Q(x, y, z)\mathbf{j} + R(x, y, z)\mathbf{k}$가 미분가능할 때, $\mathbf{F}$의 회전(rotation 또는 curl)은 $\nabla \times \mathbf{F}$, $\mathrm{curl}\,\mathbf{F}$ 또는 $\mathrm{rot}\,\mathbf{F}$로 표시되고

$$\mathrm{curl}\,\mathbf{F} = \nabla \times \mathbf{F} = \left(\frac{\partial}{\partial x}\mathbf{i} + \frac{\partial}{\partial y}\mathbf{j} + \frac{\partial}{\partial z}\mathbf{k}\right) \times (P\mathbf{i} + Q\mathbf{j} + R\mathbf{k})$$

$$= \begin{vmatrix} \mathbf{i} & \mathbf{j} & \mathbf{k} \\ \dfrac{\partial}{\partial x} & \dfrac{\partial}{\partial y} & \dfrac{\partial}{\partial z} \\ P & Q & R \end{vmatrix}$$

$$= \left(\frac{\partial R}{\partial y} - \frac{\partial Q}{\partial z}\right)\mathbf{i} + \left(\frac{\partial P}{\partial z} - \frac{\partial R}{\partial x}\right)\mathbf{j} + \left(\frac{\partial Q}{\partial x} - \frac{\partial P}{\partial y}\right)\mathbf{k}$$

로 정의한다.

예 $\mathbf{F}(x, y, z) = xz^3\mathbf{i} - 2x^2yz\mathbf{j} + 2yz^4\mathbf{k}$일 때

$$\nabla \times \mathbf{F} = \left(\frac{\partial}{\partial x}\mathbf{i} + \frac{\partial}{\partial y}\mathbf{j} + \frac{\partial}{\partial z}\mathbf{k}\right) \times (xz^3\mathbf{i} - 2x^2yz\mathbf{j} + 2yz^4\mathbf{k})$$

$$= (2z^4 + 2x^2y)\mathbf{i} + 3xz^2\mathbf{j} - 4xyz\mathbf{k}$$

이므로, 점 $(1, -1, 1)$에서 $\nabla \times \mathbf{F} = 3\mathbf{j} + 4\mathbf{k}$가 된다.

예제 벡터장 $\mathbf{f}(x, y, z)$와 스칼라장 $\phi(x, y, z)$가 연속인 이계 편도함수를 가질 때

(1) $\nabla \times (\nabla\phi) = \mathbf{0}$　　　　(2) $\nabla \cdot (\nabla \times \mathbf{f}) = 0$

이 성립한다.

증명 여기서는 (1)만 증명하고, (2)의 증명은 독자에게 남긴다.

$$\nabla \times (\nabla \times \phi) = \left(\frac{\partial}{\partial x}\mathbf{i} + \frac{\partial}{\partial y}\mathbf{j} + \frac{\partial}{\partial z}\mathbf{k}\right) \times \left(\frac{\partial \phi}{\partial x}\mathbf{i} + \frac{\partial \phi}{\partial y}\mathbf{j} + \frac{\partial \phi}{\partial z}\mathbf{k}\right)$$

$$= \begin{vmatrix} \mathbf{i} & \mathbf{j} & \mathbf{k} \\ \dfrac{\partial}{\partial x} & \dfrac{\partial}{\partial y} & \dfrac{\partial}{\partial z} \\ \dfrac{\partial \phi}{\partial x} & \dfrac{\partial \phi}{\partial y} & \dfrac{\partial \phi}{\partial z} \end{vmatrix}$$

$$= \left[\frac{\partial}{\partial y}\left(\frac{\partial \phi}{\partial z}\right) - \frac{\partial}{\partial z}\left(\frac{\partial \phi}{\partial y}\right)\right]\mathbf{i} + \left[\frac{\partial}{\partial z}\left(\frac{\partial \phi}{\partial x}\right) - \frac{\partial}{\partial x}\left(\frac{\partial \phi}{\partial z}\right)\right]\mathbf{j}$$

$$+ \left[\frac{\partial}{\partial x}\left(\frac{\partial \phi}{\partial y}\right) - \frac{\partial}{\partial y}\left(\frac{\partial \phi}{\partial x}\right)\right]\mathbf{k}$$

$$= \left(\frac{\partial^2 \phi}{\partial y\,\partial z} - \frac{\partial^2 \phi}{\partial z\,\partial y}\right)\mathbf{i} + \left(\frac{\partial^2 \phi}{\partial z\,\partial x} - \frac{\partial^2 \phi}{\partial x\,\partial z}\right)\mathbf{j} + \left(\frac{\partial^2 \phi}{\partial x\,\partial y} - \frac{\partial^2 \phi}{\partial y\,\partial x}\right)\mathbf{k}$$

$$= \mathbf{0}$$

◆

참고 두 벡터장 $\mathbf{f}(x, y, z)$와 $\mathbf{g}(x, y, z)$가 미분가능하고, 스칼라장 $\phi(x, y, z)$가 일계 편도함수를 가질 때

(1) $\nabla \times (\mathbf{f}+\mathbf{g}) = \nabla \times \mathbf{f} + \nabla \times \mathbf{g}$

(2) $\nabla \times (\phi \mathbf{f}) = (\nabla \phi) \times \mathbf{f} + \phi (\nabla \times \mathbf{f})$

(3) $\nabla \cdot (\mathbf{f} \times \mathbf{g}) = \mathbf{g} \cdot (\nabla \times \mathbf{f}) - \mathbf{f} \cdot (\nabla \times \mathbf{g})$

(4) $\nabla \times (\mathbf{f} \times \mathbf{g}) = (\mathbf{g} \cdot \nabla)\mathbf{f} - \mathbf{g}(\nabla \cdot \mathbf{f}) - (\mathbf{f} \cdot \nabla)\mathbf{g} + \mathbf{f}(\nabla \cdot \mathbf{g})$

가 성립한다. □

3. 보존벡터장과 포텐셜함수

정의 25	보존벡터장과 포텐셜함수
curl $\mathbf{f} = \mathbf{0}$, 즉 $\nabla \times \mathbf{f} = \mathbf{0}$을 만족하는 벡터장 $\mathbf{f}$를 **비회전적**(irrotational)이라 한다. 또한 벡터장 $\mathbf{f}$가 어떤 스칼라함수의 기울기일 때, 즉 $\mathbf{f} = \nabla \phi$를 만족하는 함수 ϕ가 존재할 때 $\mathbf{f}$를 **보존벡터장**(conservative vector field)이라 하고, 이 경우 ϕ를 $\mathbf{f}$에 대한 **포텐셜함수**(potential function)라 한다.	

예 벡터장

$$\mathbf{f}(x, y) = (2y^2 - 12x^3y^3)\mathbf{i} + (4xy - 9x^4y^2)\mathbf{j}$$

는 보존벡터장이다. 왜냐하면 $\phi(x, y) = 2xy^2 - 3x^4y^3$은 미분가능하고 $\mathbf{f} = \nabla \phi$를 만족하기 때문이다.

참고 curl $\mathbf{F}$는 벡터장의 회전과 관계가 있다. 벡터장 $\mathbf{F}$의 회전은 각 점에서 단위면적에 대한 순환을 나타낸다. 만일 어떤 영역 W의 각 점에서 curl $\mathbf{F} = \mathbf{0}$이면 유체의 흐름을 나타내는 벡터장 $\mathbf{F}$를 비회전적이라 하고, 비회전적이 아닌 벡터장을 **소용돌이장**(vortex field)이라 한다. □

예 라플라스 방정식의 해 $\phi(x, y, z)$가 $\nabla \times (\nabla \phi) = \mathbf{0}$을 만족하므로, $\nabla \phi$는 비회전적인 벡터가 된다.

벡터장 $\mathbf{f}$가 보존벡터장, 즉 $\mathbf{f} = \nabla \phi$를 만족하는 ϕ가 존재할 필요충분조건은 $\nabla \times \mathbf{f} = \mathbf{0}$, 즉 $\mathbf{f}$가 비회전적임에 유의한다.

예제 벡터장

$$\mathbf{f}(x,\ y,\ z) = (x + 2y + az)\mathbf{i} + (bx - 3y - z)\mathbf{j} + (4x + cy + 2z)\mathbf{k}$$

가 비회전적이 되기 위한 상수 a, b와 c 값을 구하시오.

풀이 $\nabla \times \mathbf{f} = (c+1)\mathbf{i} + (a-4)\mathbf{j} + (b-2)\mathbf{k}$이므로, $\nabla \times \mathbf{f} = \mathbf{0}$를 만족하는 상수 a, b와 c는 각각 4, 2와 -1이다. ◆

4. 방향도함수

$\mathbf{x} = (x,\ y)$를 포함하는 열린원반에서 연속인 일계 편도함수 f_x와 f_y를 갖는 이변수함수 $f(x,\ y)$와 $\triangle\mathbf{x} = (\triangle x,\ \triangle y)$에 대하여, $\lim_{\triangle\mathbf{x} \to 0} \frac{g(\triangle\mathbf{x})}{\|\triangle\mathbf{x}\|} = 0$일 때

$$f(\mathbf{x} + \triangle\mathbf{x}) - f(\mathbf{x}) = \nabla f(\mathbf{x}) \cdot \triangle\mathbf{x} + g(\triangle\mathbf{x}) \tag{1}$$

를 만족하는 스칼라 함수 g가 존재한다고 하자.

먼저 좌표축과 평행한 방향을 따라서 $f(x,\ y)$의 변화율을 구하는 방법을 생각한다.

$\triangle\mathbf{x}$가 x축에 평행, 즉 $\triangle\mathbf{x} = (\triangle x,\ 0)$이라 하자. 그러면 (1)로부터

$$\frac{f(\mathbf{x} + \triangle\mathbf{x}) - f(\mathbf{x})}{\|\triangle\mathbf{x}\|} = \nabla f(\mathbf{x}) \cdot \frac{\triangle\mathbf{x}}{\|\triangle\mathbf{x}\|} + \frac{g(\triangle\mathbf{x})}{\|\triangle\mathbf{x}\|} \tag{2}$$

가 된다. $\|\triangle\mathbf{x}\| = \triangle x \to 0$일 때 양변에 극한을 취하면

$$\lim_{\triangle\mathbf{x} \to 0} \frac{f(\mathbf{x} + \triangle\mathbf{x}) - f(\mathbf{x})}{\|\triangle\mathbf{x}\|} = \nabla f(\mathbf{x}) \cdot (1,\ 0) = f_x(\mathbf{x})$$

를 얻는다. 마찬가지로 $\triangle\mathbf{x}$가 y축에 평행, 즉 $\triangle\mathbf{x} = (0,\ \triangle y)$이면

$$\lim_{\triangle\mathbf{x} \to 0} \frac{f(\mathbf{x} + \triangle\mathbf{x}) - f(\mathbf{x})}{\|\triangle\mathbf{x}\|} = \nabla f(\mathbf{x}) \cdot (0,\ 1) = f_y(\mathbf{x})$$

를 얻는다. 따라서 이변수함수 $f(x,\ y)$에서, 일계 편도함수 f_x와 f_y는 점 $(x,\ y)$에서 x축과 y축 방향, 즉 단위벡터 $\mathbf{i}$와 $\mathbf{j}$방향으로 f의 변화율을 나타낸다.

이제 임의의 단위벡터 $\mathbf{u}$ 방향으로 $(x,\ y)$에서 f의 변화율을 구해 보자. $\triangle\mathbf{x}$는 임의의 벡터이고, $t = \|\triangle\mathbf{x}\|$로 두자. 그러면

$$\triangle\mathbf{x} = \|\triangle\mathbf{x}\| \frac{\triangle\mathbf{x}}{\|\triangle\mathbf{x}\|} = t\mathbf{u}$$

가 된다. $\triangle\mathbf{x} = t\mathbf{u}$를 (2)에 대입하면

$$\frac{f(\mathbf{x}+t\mathbf{u})-f(\mathbf{x})}{t}=\nabla f(\mathbf{x})\cdot\mathbf{u}+\frac{g(t\mathbf{u})}{t}$$

이다. $f(\mathbf{x}+t\mathbf{u})$는 $\mathbf{x}$로부터 $\mathbf{u}$ 방향으로 t 단위만큼 옮긴 f의 값이다.

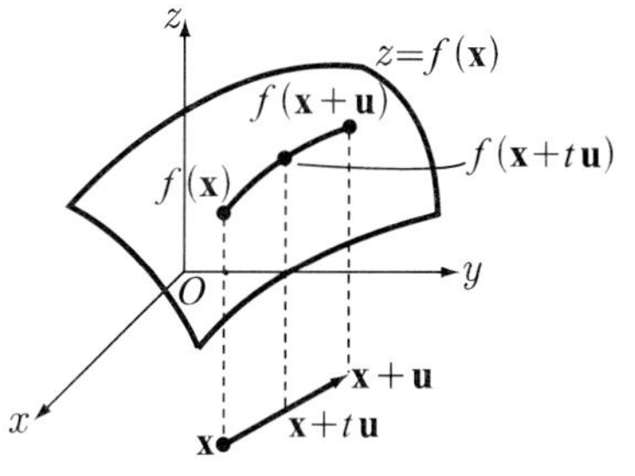

▍그림 3.7▍

$z(t)=f(\mathbf{x}+t\mathbf{u})$로 두면

$$\frac{z(t)-z(0)}{t}=\nabla f(\mathbf{x})\cdot\mathbf{u}+\frac{g(t\mathbf{u})}{t}$$

가 된다. $t\to 0$일 때 양변에 극한을 취하면

$$z'(0)=\left.\frac{dz}{dt}\right|_{t=0}=\nabla f(\mathbf{x})\cdot\mathbf{u}$$

를 얻는다. 이것은 $\mathbf{u}$ 방향으로 f의 순간변화율이다. 즉 $\mathbf{u}$ 방향으로 f의 변화율을 얻게 되는데, 이것을 $\mathbf{u}$ 방향으로 f의 방향도함수라 한다. 따라서 벡터 $\mathbf{u}$에 따라 방향도함수 $D_{\mathbf{u}}f$는 다양한 값을 갖는다.

정의 26	방향도함수

함수 f가 R^2 내의 점 (x, y)에서 미분가능할 때, 어떤 단위벡터 $\mathbf{u}$ 방향으로 f의 **방향도함수** (directional derivative)를 $D_{\mathbf{u}}f(x, y)$로 표기하고, 두 벡터의 내적

$$D_{\mathbf{u}}f(x, y)=\nabla f(x, y)\cdot\mathbf{u}$$

로 정의한다.

예 R^2에서의 표준기저벡터 $\mathbf{i}$와 $\mathbf{j}$에 대하여 $\nabla f\cdot\mathbf{i}=f_x$이므로 $D_{\mathbf{u}}f=f_x$가 되고, $\nabla f\cdot\mathbf{j}=f_y$이므로 $D_{\mathbf{u}}f=f_y$가 된다. 따라서 x와 y에 관한 f의 편도함수는 방향도함수의 특별한 경우이다.

참고 연속인 편도함수를 갖는 함수 $z=f(x, y)$는 임의의 단위벡터 $\mathbf{u}=(a, b)$의 방향에서 도함수를 갖고

$$D_{\mathbf{u}} f(x, y)=f_x(x, y)a+f_y(x, y)b$$

가 된다. □

예제 $f(x, y)=x^3-3xy+4y^2$이고 단위벡터 $\mathbf{u}$가 양의 x축과 이루는 각이 $\theta=\pi/6$일 때 방향도함수 $D_{\mathbf{u}} f(1, 2)$를 구하시오.

(풀이)

$$\begin{aligned} D_{\mathbf{u}} f(x, y) &= f_x(x, y)\cos\frac{\pi}{6}+f_y(x, y)\sin\frac{\pi}{6} \\ &= \frac{1}{2}\left[3\sqrt{3}x^2-3x+(8-3\sqrt{3})y\right] \end{aligned}$$

이므로, $D_{\mathbf{u}} f(1, 2)=\dfrac{13-3\sqrt{3}}{2}$이 된다. ◆

같은 방법으로 삼변수함수에 대하여 방향도함수를 정의할 수 있다. 즉 $D_{\mathbf{u}} f(x, y, z)$는 "$R^3$ 내의 단위벡터 $\mathbf{u}$ 방향으로의 함수의 변화율"로 해석할 수 있다.

예제 벡터 $\mathbf{v}=2\mathbf{i}-\mathbf{j}-2\mathbf{k}$ 방향으로, 점 $(1, -2, -1)$에서 곡면

$$f(x, y, z)=x^2yz+4xz^2$$

의 방향도함수 $D_{\mathbf{u}} f(1, -2, -1)$을 구하시오.

(풀이) 곡면 위의 점 $(1, -2, -1)$에서 $\nabla f=8\mathbf{i}-\mathbf{j}-10\mathbf{k}$이고, $\mathbf{v}$ 방향으로의 단위벡터가 $\mathbf{u}=\dfrac{2}{3}\mathbf{i}-\dfrac{1}{3}\mathbf{j}-\dfrac{2}{3}\mathbf{k}$이므로

$$D_{\mathbf{u}} f(1, -2, -1)=\nabla f\cdot\mathbf{u}=\frac{37}{3}$$

이 된다. ◆

참고 방향도함수에는 흥미있는 기하학적 해석이 있다. 벡터 $\mathbf{v}$ 위로의 ∇f의 벡터사영은

$$\mathrm{proj}_{\mathbf{v}}\nabla f=\frac{\nabla f\cdot\mathbf{v}}{\|\mathbf{v}\|^2}\mathbf{v}$$

로 주어지므로, $\mathbf{u}$가 단위벡터일 때 $\mathbf{u}$ 방향으로 ∇f의 성분은

$$\frac{\nabla f \cdot \mathbf{u}}{\|\mathbf{u}\|^2}\mathbf{u} = \nabla f \cdot \mathbf{u}$$

로 주어진다. 따라서 $\mathbf{u}$ 방향으로 f의 방향도함수는 $\mathbf{u}$ 방향으로의 f의 기울기의 성분이 된다.

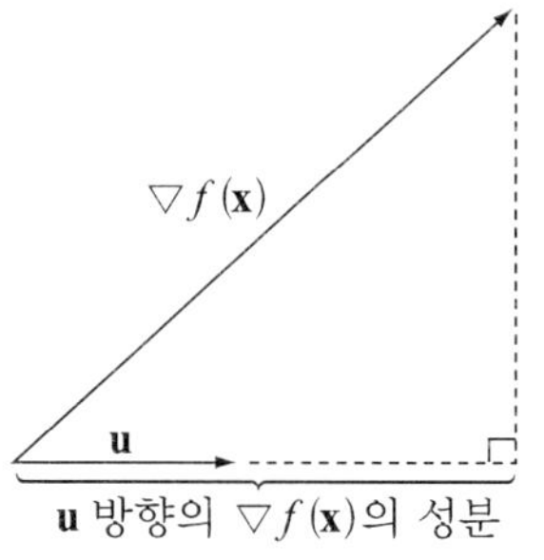

▌그림 3.8▐ □

θ가 벡터 $\mathbf{u}$와 $\mathbf{v}$ 사이의 최소각일 때

$$\mathbf{u} \cdot \mathbf{v} = \|\mathbf{u}\|\|\mathbf{v}\|\cos\theta$$

이므로, 단위벡터 $\mathbf{u}$ 방향으로 f의 방향도함수는

$$D_{\mathbf{u}} f(\mathbf{x}) = \nabla f(\mathbf{x}) \cdot \mathbf{u} = \|\nabla f(\mathbf{x})\|\|\mathbf{u}\|\cos\theta = \|\nabla f(\mathbf{x})\|\cos\theta$$

가 된다. 그런데 $\theta = 0$일 때 $\cos\theta = 1$이고, 이것은 $\mathbf{u}$가 ∇f의 방향을 가질 때 발생한다. 마찬가지로 $\mathbf{u}$가 $-\nabla f$의 방향을 가질 때 $\theta = \pi$이고 $\cos\theta = 1$이 된다. 한편 $\theta = \pi/2$이면 $\cos\theta = 0$이다.

예 곡면 $\phi(x, y, z) = x^2yz^3$ 위의 점 $(2, 1, -1)$에서 방향도함수는

$$\nabla\phi = -4\mathbf{i} - 4\mathbf{j} + 12\mathbf{k}$$

방향에서 최대가 되고, 최대의 크기는 $\|\nabla\phi\| = 4\sqrt{11}$이다.

참고▐ f가 미분가능하면 f는 기울기의 방향에서 가장 급격하게 증가하고, 반대방향에서 가장 급격하게 감소한다. 또한 f는 기울기와 직교하는 방향에서 변화가 없다. □

3.8 접평면과 법선

방정식 $f(x, y, z)=0$의 그래프는 R^3에서 곡면을 나타낸다. 만약 일계 편도함수 $\frac{\partial F}{\partial x}$, $\frac{\partial F}{\partial y}$와 $\frac{\partial F}{\partial z}$가 점 (x_0, y_0, z_0)에서 모두 존재하고 연속이면 $F(x, y, z)=0$은 (x_0, y_0, z_0)에서 미분가능하고, 각 점에서 유일한 접선을 갖는다. 또한 R^3에서 미분가능한 곡면은 $\frac{\partial F}{\partial x}$, $\frac{\partial F}{\partial y}$와 $\frac{\partial F}{\partial z}$가 모두는 0이 아닌 점에서 유일한 접평면을 가진다.

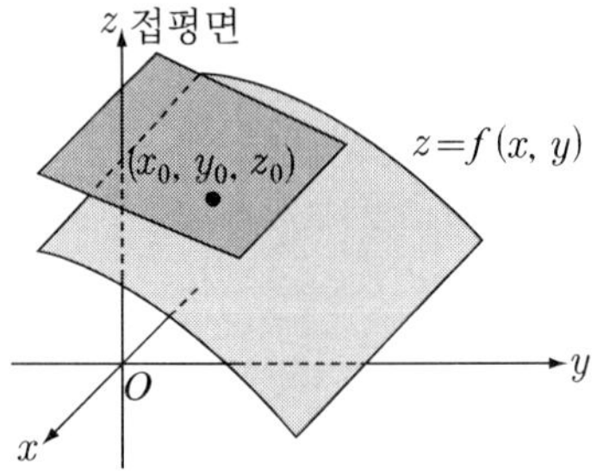

❙그림 3.9❙

참고 모든 곡면이 모든 점에서 유일한 접평면을 갖는 것은 아니다. 예를 들면 원뿔면 $z=\sqrt{x^2+y^2}$은 원점에서 유일한 접평면을 갖지 않는다. □

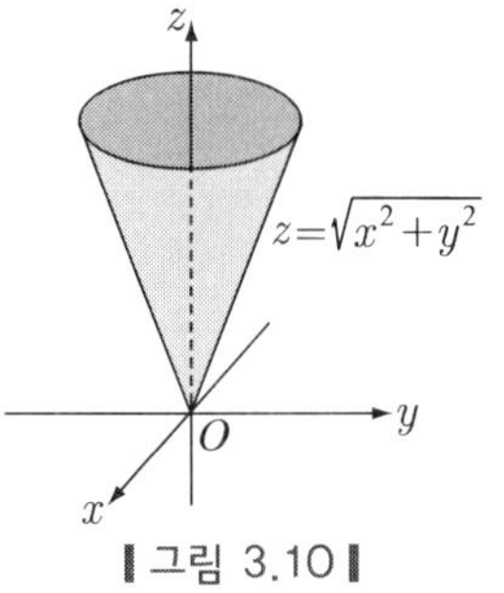

❙그림 3.10❙

$F(x, y, z)=0$으로 주어진 곡면 S가 미분가능하고, 미분가능한 함수 $\mathbf{g}(t)=x(t)\mathbf{i}+y(t)\mathbf{j}+z(t)\mathbf{k}$로 주어진 곡선 C가 S 위에 있을 때

$$\frac{d}{dt}F(x, y, z)=\frac{\partial F}{\partial x}\frac{dx}{dt}+\frac{\partial F}{\partial y}\frac{dy}{dt}+\frac{\partial F}{\partial z}\frac{dz}{dt}$$

가 성립한다. 그런데 $\nabla F=\left(\frac{\partial F}{\partial x}, \frac{\partial F}{\partial y}, \frac{\partial F}{\partial z}\right)$와 $\mathbf{g}'(t)=(x'(t), y'(t), z'(t))$이므로, 연쇄

법칙은

$$\frac{dF}{dt} = \nabla F \cdot \mathbf{g}'(t) \tag{*}$$

로 변형된다. 그러나 모든 t에 대하여

$$F(x(t),\ y(t),\ z(t)) = 0$$

이므로 $F'(t) = 0$이고, $\mathbf{g}'(t)$는 모든 t 에 대하여 곡선 C의 접선이 된다. 그러므로 (*)는

> "S 위의 점 $\mathbf{x}_0 = (x_0,\ y_0,\ z_0)$에서 F의 기울기는 $\mathbf{x}_0$를 지나는 S 위의 임의의 곡선 C에 대한 $\mathbf{x}_0$에서의 접선에 직교한다."

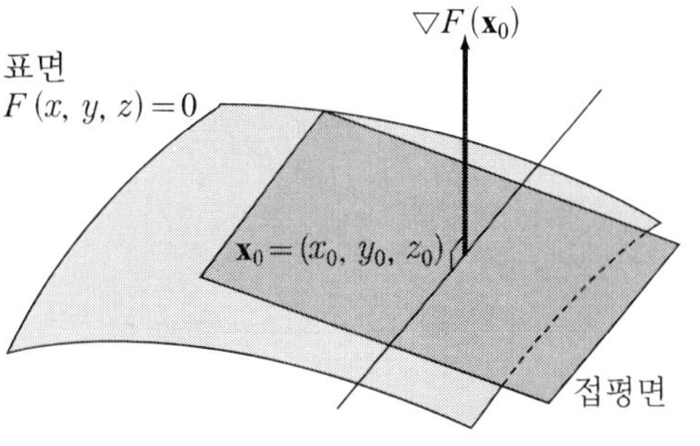

▌그림 3.11▌

를 의미한다. 따라서 점 $\mathbf{x}_0$에서 곡면에 접하는 모든 벡터들이 한 평면을 구성하면 $\nabla F(\mathbf{x}_0)$는 구성된 평면의 법선벡터가 된다.

정의 27	접평면과 법선

$F(x,\ y,\ z)$가 $\mathbf{x}_0 = (x_0,\ y_0,\ z_0)$에서 미분가능하고, 곡면 S가

$$F(x,\ y,\ z) = 0$$

으로 정의되었을 때, $\|\nabla F(\mathbf{x}_0)\| \neq 0$이면

(1) $\mathbf{x}_0$에서 S의 접평면(tangent plane)은 법선벡터 $\nabla F(\mathbf{x}_0)$를 가지고, 점 $\mathbf{x}_0$를 지나는 평면이다.

(2) $\mathbf{x}_0$에서 S의 법선(normal line)은 $\nabla F(\mathbf{x}_0)$와 같은 방향이고, 점 $\mathbf{x}_0$를 지나는 직선이다.

예제 곡면 $x^2y+2xz=4$ 위의 점 $(2,\ -2,\ 3)$에서 단위법선벡터를 구하시오.

(풀이) 점 $(2,\ -2,\ 3)$에서 $\nabla(x^2y+2xz)=-2\mathbf{i}+4\mathbf{j}+4\mathbf{k}$이므로, 단위법선벡터는

$$\frac{-2\mathbf{i}+4\mathbf{j}+4\mathbf{k}}{\sqrt{(-2)^2+4^2+4^2}}=-\frac{1}{3}\mathbf{i}+\frac{2}{3}\mathbf{j}+\frac{2}{3}\mathbf{k}$$

로 주어진다. 또 다른 단위법선벡터는 $\frac{1}{3}\mathbf{i}-\frac{2}{3}\mathbf{j}-\frac{2}{3}\mathbf{k}$이다. ◆

예제 점 $(1,\ 2,\ 3)$에서 타원면 $x^2+\frac{y^2}{4}+\frac{z^2}{9}=3$의 접평면방정식과 법선의 대칭방정식을 구하시오.

(풀이) $F(x,\ y,\ z)=x^2+\frac{y^2}{4}+\frac{z^2}{9}-3=0$이므로

$$\nabla F=\frac{\partial F}{\partial x}\mathbf{i}+\frac{\partial F}{\partial y}\mathbf{j}+\frac{\partial \mathrm{F}}{\partial \mathrm{z}}\mathbf{k}=2x\mathbf{i}+\frac{y}{2}\mathbf{j}+\frac{2z}{9}\mathbf{k}$$

가 된다. 그러므로 $\nabla F(1,\ 2,\ 3)=2\mathbf{i}+\mathbf{j}+\frac{2}{3}\mathbf{k}$이다. 따라서 접평면방정식은

$$2(x-1)+(y-2)+\frac{2}{3}(z-3)=0,\ \text{즉}\ 2x+y+\frac{2}{3}z=6$$

이고, 법선의 대칭방정식은

$$\frac{x-1}{2}=y-2=\frac{3}{2}(z-3)$$

으로 주어진다. ◆

참고 곡면이 이변수함수 $z=f(x,\ y)$의 그래프로 주어질 경우는 더욱 간단하다. $F(x,\ y,\ z)=f(x,\ y)-z=0$이므로

$$F_x=f_x,\ F_y=f_y,\ F_z=-1$$

이고, 접평면에 대한 법선은

$$\mathbf{N}=f_x(x_0,\ y_0)\mathbf{i}+f_y(x_0,\ y_0)\mathbf{j}-\mathbf{k}$$

로 주어진다. □

예 $z=f(x, y)$이고 $\nabla f(x_0, y_0)=0$이면, $(x_0, y_0, f(x_0, y_0))$에서 곡면의 접평면은 xy 평면에 평행인 수평면이 된다. 왜냐하면 이것은 $(x_0, y_0, f(x_0, y_0))$에서

$$\mathbf{N}=f_x(x_0, y_0)\mathbf{i}+f_y(x_0, y_0)\mathbf{j}-\mathbf{k}=\nabla f-\mathbf{k}=-\mathbf{k}$$

가 성립하기 때문이다. 따라서 z축은 접평면의 법선이 된다.

예제 점 (2, 1, 8)에서 곡면 $z=x^3y^5$의 접평면방정식과 법선의 대칭방정식을 구하시오.

(풀이) 점 (2, 1, 8)에서

$$\mathbf{N}=f_x\mathbf{i}+f_y\mathbf{j}-\mathbf{k}=3x^2y^5\mathbf{i}+5x^3y^4\mathbf{j}-\mathbf{k}=12\mathbf{i}+40\mathbf{j}-\mathbf{k}$$

이므로 접평면방정식은

$$12(x-2)+40(y-1)-(z-8)=0,\ \text{즉}\ 12x+40y-z=56$$

이고, 법선의 대칭방정식은

$$\frac{x-2}{12}=\frac{y-1}{40}=\frac{z-8}{-1}$$

로 주어진다. ◆

곡면 $z=f(x, y)$의 접평면방정식은 R^2에서 곡선의 접선방정식과 유사하다. 이것은 일변수함수의 도함수와 기울기 사이의 관계, 즉 일변수함수의 도함수의 일반화처럼 다변수함수의 기울기의 중요성을 설명한다. 평면 위의 한 점 P와 법선벡터 $\mathbf{N}$, 그리고 Q(단, $Q\neq P$)가 평면 위의 임의의 점이라 하면, 평면의 방정식은

$$\overrightarrow{PQ}\cdot\mathbf{N}=0$$

으로 주어진다. 이 경우 $z=f(x, y)$이므로, 곡선 위의 점은 $(x, y, f(x, y))$ 형태로 취한다. 그러면 $\mathbf{N}=f_x\mathbf{i}+f_y\mathbf{j}-\mathbf{k}$이고 $(x_0, y_0, f(x_0, y_0))$에서 접평면의 방정식은 $\overrightarrow{PQ}\cdot\mathbf{N}=0$으로부터

$$\begin{aligned}0&=[(x, y, z)-(x_0, y_0, z_0)]\cdot(f_x, f_y, -1)\\&=(x-x_0)f_x+(y-y_0)f_y-(z-z_0)\end{aligned}$$

즉

$$z=f(x_0, y_0)+(x-x_0)f_x+(y-y_0)f_y$$

가 된다. 따라서 (x_0, y_0)를 $\mathbf{x}_0$로, (x, y)를 $\mathbf{x}$로 표기하면

$$z = f(\mathbf{x}_0) + (\mathbf{x} - \mathbf{x}_0) \cdot \nabla f(\mathbf{x}_0)$$

처럼 쓸 수 있다. 특히 일변수함수 $y = f(x)$가 x_0에서 미분가능할 때, 점 $(x_0, f(x_0))$에서 곡선의 접선방정식은

$$y = y_0 + f'(x_0)(x - x_0)$$

로 주어짐에 유의한다.

예제 점 $(1, 1, 3)$에서 곡면 $z = 2x^2 + y^2$의 접평면방정식을 구하시오.

(풀이) $f(x, y) = 2x^2 + y^2$이라면

$$f_x(x, y) = 4x, \ f_y(x, y) = 2y, \ f_x(1, 1) = 4, \ f_y(1, 1) = 2$$

이므로, 접평면방정식은

$$z = 3 + 4(x-1) + 2(y-1), \text{ 즉 } 4x + 2y - z = 3$$

이 된다. ◆

참고 f_x와 f_y가 (x_0, y_0)를 포함하는 열린원반 D에서 연속이면 f는 (x_0, y_0)에서 미분가능하고, 접평면

$$z = f(x_0, y_0) + f_x(x_0, y_0)(x - x_0) + f_y(x_0, y_0)(y - y_0)$$

는 D에서 f의 근삿값이 된다. 따라서 (x, y)가 (x_0, y_0)에 접근할 때, 함수 $z = f(x, y)$에 대한 근삿값으로 $P(x_0, y_0, f(x_0, y_0))$에서의 접평면을 사용한다. □

정의 28	법선도함수
기울기는 수평곡선 $f(x, y) = c$ (단, c는 임의상수)에 대하여 법선이 되므로, 기울기 방향의 f의 방향도함수를 f의 **법선도함수**(normal derivative)라고 하고, $\dfrac{\partial f}{\partial n}$로 표기한다. 이때 $$\frac{\partial f}{\partial n} = \lVert \nabla f \rVert$$ 으로 주어진다.	

예제 $(3, -2)$에서 곡면 $f(x, y)=xy^2$의 법선도함수를 구하시오.

(풀이) $\nabla f = y^2\mathbf{i}+2xy\mathbf{j}$이므로, $\dfrac{\partial f}{\partial n}=\|\nabla f\|=\sqrt{y^4+4x^2y^2}$이다. 따라서 $(3, -2)$에서 $\dfrac{\partial f}{\partial n}=\sqrt{16+144}=\sqrt{160}$이 된다. ◆

3.9 다변수함수의 테일러 정리

이 절에서는 함수 $f(\mathbf{x})$를 나머지 항을 가진 m차 다항식 $p_m(\mathbf{x})$로 접근시키는 방법을 살펴본다. 즉 테일러 정리를 n변수로 확장한다.

정의 29	m계 편도함수

열린집합 $\Omega \subset R^n$에서 정의된 함수 $f: \Omega \to R$에 대하여 $k_1+k_2+\cdots+k_n=m$일 때, 편도함수

$$\frac{\partial^m f}{\partial x_1^{k_1}\,\partial x_2^{k_2}\cdots\,\partial x_n^{k_n}}$$

를 m계 편도함수라 한다. f의 모든 계수가 m보다 크지 않은 f의 편도함수가 Ω 내에서 연속이면 f를 C^m-급의 함수라 하고 $f \in C^{(m)}(\Omega)$로 표기한다.

함수 $f: \Omega \to R$이 열린집합 $\Omega \subset R^n$에서 정의되고, R^n에서 $\mathbf{x}$와 $\mathbf{x}_0$를 잇는 선분은 Ω 내에 있다고 하자. 또한 벡터 $\mathbf{h}$를

$$\mathbf{h}=\mathbf{x}-\mathbf{x}_0 \ (\text{단, } \mathbf{h}=(h_1, h_2, \cdots, h_n)\text{으로 표기})$$

로 정의하고, $g(t)=f(\mathbf{x}_0+t\mathbf{h})$라 하자. 여기서 g는 $t\in[0, 1]$에서 정의된 함수이고, $f \in C^{(m)}(\Omega)$일 때 $g \in C^{(m)}(\Omega)$가 성립한다고 한다. 그러면

$$\frac{d}{dt}(\mathbf{x}_0+t\mathbf{h})=\mathbf{h}$$

이므로 연쇄법칙에 의해서

$$g'(t) = \frac{d}{dt}f(\mathbf{x}_0 + t\mathbf{h}) = \nabla f(\mathbf{x}_0 + t\mathbf{h}) \cdot \mathbf{h}$$

이고, $f_i = \dfrac{\partial f}{\partial x_i}$ 항을 끌어내면

$$g'(t) = \sum_{i=1}^{n} f_i(\mathbf{x}_0 + t\mathbf{h})h_i$$

가 된다. 이제 g의 고계 도함수를 구하고, g에 '일변수에 대한 테일러 정리'를 적용해 보자.

함수 $f_i(\mathbf{x}_0 + t\mathbf{h})$에 연쇄법칙을 적용하면

$$\frac{d}{dt}f_i(\mathbf{x}_0 + t\mathbf{h}) = \nabla f_i(\mathbf{x}_0 + t\mathbf{h}) \cdot \mathbf{h}$$

를 얻는다. 그러나 $\nabla f_i = (f_{i1}, f_{i2}, \cdots, f_{in})$이므로

$$\frac{d}{dt}f_i(\mathbf{x}_0 + t\mathbf{h}) = \sum_{j=1}^{n} f_{ij}(\mathbf{x}_0 + t\mathbf{h})h_j$$

가 된다. 여기서 벡터 $\mathbf{h}$가 성분으로 표현됨에 따라 f의 첨자는 편도함수를 나타낸다. 그런데 $g'(t) = \sum_{i=1}^{n} f_i(\mathbf{x}_0 + t\mathbf{h})h_i$로부터

$$g''(t) = \sum_{i=1}^{n} \frac{d}{dt} f_i(\mathbf{x}_0 + t\mathbf{h})h_i$$

이므로, $\dfrac{d}{dt}f_i(\mathbf{x}_0 + t\mathbf{h}) = \sum_{j=1}^{n} f_{ij}(\mathbf{x}_0 + t\mathbf{h})h_j$를 대입하면

$$g''(t) = \sum_{i=1}^{n} \left[\sum_{j=1}^{n} f_{ij}(\mathbf{x}_0 + t\mathbf{h})h_j \right] h_i$$

가 된다. 계속해서

$$g^{(3)}(t) = \sum_{i=1}^{n} \left[\sum_{j=1}^{n} \left\{ \sum_{k=1}^{n} f_{ijk}(\mathbf{x}_0 + t\mathbf{h})h_k \right\} h_j \right] h_i$$

를 얻을 수 있다. 이것을 간단한 형태(각 첨자는 1, 2, $\cdots$, n)로 쓰면

$$g^{(3)}(t) = \sum_{i,j,k=1}^{n} f_{ijk}(\mathbf{x}_0 + t\mathbf{h})h_i h_j h_k$$

가 된다. 계속해서 시행하면

$$g^{(m)}(t)=\sum_{i1,\, i2,\, \cdots,\, im=1}^{n} f_{i1i2\cdots im}(\mathbf{x}_0+t\mathbf{h})h_{i1}h_{i2}\cdots h_{im}$$

을 얻을 수 있다. 이것은 n변수에 대한 테일러 정리를 유도하는데 유용하다.

정리 30　테일러 정리 1

열린집합 $\Omega\subset R^n$에 대하여, 함수 $f: R^n\to R$이 $f\in C^{(m+1)}(\Omega)$이고, $\mathbf{x}$와 $\mathbf{x}_0$를 잇는 선분이 Ω 내에 있다고 하자. 그러면 $\mathbf{x}=(x_1,\, x_2,\, \cdots,\, x_n)$과 $\mathbf{x}_0=(x_1^{(0)},\, x_2^{(0)},\, \cdots,\, x_n^{(0)})$에 대하여

$$\begin{aligned} f(\mathbf{x}) &= f(\mathbf{x}_0)+\sum_{i=1}^{n} f_i(\mathbf{x}_0)(x_i-x_i^{(0)})+\frac{1}{2!}\sum_{i=1}^{n}\sum_{j=1}^{n} f_{ij}(\mathbf{x}_0)(x_i-x_i^{(0)})(x_j-x_j^{(0)}) \\ &\quad +\frac{1}{3!}\sum_{i,\,j,\,k=1}^{n} f_{ijk}(\mathbf{x}_0)(x_i-x_i^{(0)})(x_j-x_j^{(0)})(x_k-x_k^{(0)})+\cdots \\ &\quad +\frac{1}{m!}\sum_{i1,\,\cdots,\,im=1}^{n} f_{i1\cdots im}(\mathbf{x}_0)(x_{i1}-x_{i1}^{(0)})\cdots(x_{im}-x_{im}^{(0)})+R_m(\mathbf{x}) \end{aligned}$$

를 만족한다. 여기서 나머지 항 $R_m(\mathbf{x})$는

$$\begin{aligned} R_m(\mathbf{x}) &= \frac{1}{(m+1)!}\sum_{i1,\,\cdots,\,im+1=1}^{n} f_{i1\cdots im+1}(\mathbf{x}_0+c\mathbf{h})(x_{i1}-x_{i1}^{(0)})\cdots \\ &\quad \cdots(x_{im}-x_{im}^{(0)})(x_{im+1}-x_{im+1}^{(0)}) \quad (\text{단, } 0<c<1) \end{aligned}$$

로 주어진다.

(증명) $\mathbf{h}=\mathbf{x}-\mathbf{x}_0$로 정의하고, $g(t)=f(\mathbf{x}_0+t\mathbf{h})$라 하자. $f\in C^{(m+1)}(\Omega)$이므로, $g(t)$는 닫힌구간 $[0,\, 1]$에서 연속인 $m+1$계 도함수를 가진다. 따라서 g에 테일러 정리를 적용하면

$$\begin{aligned} g(1) &= g(0)+g'(0)+\frac{1}{2!}g''(0)+\cdots+\frac{1}{m!}g^{(m)}(0) \\ &\quad +\frac{1}{(m+1)!}g^{(m+1)}(c) \end{aligned} \qquad (*)$$

를 만족하는 c (단, $0<c<1$)가 존재한다. 그러므로

$$g(1)=f(\mathbf{x}_0+\mathbf{h})=f(\mathbf{x}_0+\mathbf{x}-\mathbf{x}_0)=f(\mathbf{x}),\ \ g(0)=f(\mathbf{x}_0)$$

가 성립한다. 또한 $h_i=x_i-x_i^{(0)}$이므로, (*)에

$$g'(t)=\sum_{i=1}^{n} f_i(\mathbf{x}_0+t\mathbf{h})h_i$$

$$g''(t)=\sum_{i=1}^{n}\left[\sum_{j=1}^{n} f_{ij}(\mathbf{x}_0+t\mathbf{h})h_j\right]h_i$$

$$g^{(3)}(t)=\sum_{i,\,j,\,k=1}^{n} f_{ijk}(\mathbf{x}_0+t\mathbf{h})h_i h_j h_k$$

$$\vdots$$

$$g^{(m)}(t)=\sum_{i1,\,i2,\,\cdots,\,im=1}^{n} f_{i1\,i2\cdots\,im}(\mathbf{x}_0+t\mathbf{h})h_{i1}h_{i2}\cdots\,h_{im}$$

을 대입하여 정리의 식을 얻는다. ◆

예 (이변수함수에 관한 테일러 정리) $f(x,\ y)$가 $(x_0,\ y_0)$를 포함하는 열린원반에서 연속인 n계 편도함수를 갖는다면

$$\begin{aligned} f(x_0+h,\ y_0+k)=f(x_0,\ y_0)&+\left(h\frac{\partial}{\partial x}+k\frac{\partial}{\partial y}\right)f(x_0,\ y_0)\\ &+\frac{1}{2!}\left(h\frac{\partial}{\partial x}+k\frac{\partial}{\partial y}\right)^2 f(x_0,\ y_0)+\cdots\\ &+\frac{1}{(n-1)!}\left(h\frac{\partial}{\partial x}+k\frac{\partial}{\partial y}\right)^{n-1} f(x_0,\ y_0)\\ &+\frac{1}{n!}\left(h\frac{\partial}{\partial x}+k\frac{\partial}{\partial y}\right)^{n} f(x_0+\theta h,\ y_0+\theta k) \end{aligned}$$

를 만족하는 θ (단, $0<\theta<1$)가 존재한다.

참고 정리 30에서 m차 다항식을 $p_m(\mathbf{x})$로 표기하면, 테일러 정리는

$$f(\mathbf{x})=p_m(\mathbf{x})+R_m(\mathbf{x})$$

로 주어진다. 특히 $f(\mathbf{x})$가 m차 다항식이면, $f(\mathbf{x})=p_m(\mathbf{x})$가 된다. □

$g'(t)=\nabla f(\mathbf{x}_0+t\mathbf{h})\cdot\mathbf{h}$를 새 표기법 $g'(t)=(\mathbf{h}\cdot\nabla)f$로 변형하면, n변수에 대한 테일러 정리의 다른 식을 얻는다.

정리 31 테일러 정리 2

함수 $f: R^n\to R$이 열린원반 $\Omega=\{\mathbf{x}\mid \|\mathbf{x}-\mathbf{x}_0\|<r\}$에서 정의되고, $f\in C^{(m+1)}(\Omega)$일 때

$$f(\mathbf{x}_0+\mathbf{h})=\sum_{k=0}^{n}\frac{(\mathbf{h}\cdot\nabla)^k f(\mathbf{x}_0)}{k!}+\frac{(\mathbf{h}\cdot\nabla)^{n+1} f(\mathbf{x}_0+c\mathbf{h})}{(n+1)!}$$

를 만족하는 c (단, $0<c<1$)가 존재한다.

(증명) 표기법 $(\mathbf{h}\cdot\nabla)^n f$를 순환적으로 표기하면

$$(\mathbf{h}\cdot\nabla)^2 f=\mathbf{h}\cdot\nabla(\mathbf{h}\cdot\nabla)f$$
$$(\mathbf{h}\cdot\nabla)^3 f=\mathbf{h}\cdot\nabla(\mathbf{h}\cdot\nabla)^2 f$$
$$\vdots$$

가 된다. 그러나 $g'(t)=\sum_{i=1}^{n} f_i(\mathbf{x}_0+t\mathbf{h})h_i$로부터

$$(\mathbf{h}\cdot\nabla)^2 f=\mathbf{h}\cdot\nabla\left[\sum_{\mathrm{i}=1}^{\mathrm{n}} f_i(\mathbf{x}_0+t\mathbf{h})h_i\right]$$
$$=\left[\sum_{i=1}^{n}\left[\sum_{j=1}^{n} f_{ij}(\mathbf{x}_0+t\mathbf{h})h_i\right]h_j=g''(t)\right.$$

를 얻는다. 이 공식은 $0\le t\le 1$에 대하여 성립한다. 마찬가지로

$$(\mathbf{h}\cdot\nabla)^3 f=g^{(3)}(t),\ \cdots$$

이다. 각 경우 f는 $\mathbf{x}_0+t\mathbf{h}$에서 구한다. 그런데 $\mathbf{h}=\mathbf{x}-\mathbf{x_0}$, $t=1$에 대하여

$$f(\mathbf{x})=f(\mathbf{x}_0+\mathbf{h})=f(\mathbf{x}_0+t\mathbf{h}),\ f(\mathbf{x}_0)=f(\mathbf{x}_0+0\mathbf{h})$$

가 된다. 따라서 정리 30에 새 표기법을 사용하면 주어진 결과를 얻는다. ◆

참고 n변수의 테일러 정리는 일변수의 경우처럼 $\mathbf{x}_0\in\Omega$에서 기울기

$$(\mathbf{h}\cdot\nabla)^k f(\mathbf{x}_0)\ (\text{단, } k=1,\ \cdots,\ n+1)$$

를 구하는 것이 필수적이다. 그러나 n변수함수의 고계 도함수는 많은 계산들을 포함한다. □

연습문제

1. 원주좌표계에서 방정식 $z = r$인 곡면을 구하시오.

2. $(0,\ 0)$에서 다음에 주어진 함수의 연속성을 조사하시오.

(1) $f(x,\ y) = \begin{cases} \dfrac{x^2 y}{x^4 + y^2}, & (x,\ y) \neq (0,\ 0) \\ 0, & (x,\ y) = (0,\ 0) \end{cases}$

(2) $f(x,\ y) = \begin{cases} \dfrac{x+y}{x-y}, & x \neq y \\ 0, & x = y \end{cases}$

3. 이변수함수

$$f(x,\ y) = \begin{cases} \dfrac{xy}{x^2 + y^2}, & (x,\ y) \neq (0,\ 0) \\ 0, & (x,\ y) = (0,\ 0) \end{cases}$$

에 대하여 $f_x(0,\ 0)$과 $f_y(0,\ 0)$은 존재하지만 f는 $(0,\ 0)$에서 불연속임을 보이시오.

4. 연속인 두 함수 $x = s^2 - t^2$과 $y = t^2 - s^2$에 대하여, $z = f(x,\ y)$가 미분가능할 때

$$t\frac{\partial f}{\partial s} + s\frac{\partial f}{\partial t} = 0$$

이 성립함을 보이시오.

5. $f(x,\ y,\ z) = e^{xy}\ln z$일 때, f_x, f_y와 f_z를 구하시오.

6. 다음 물음에 답하시오.

(1) $w = \sqrt{x} + \dfrac{y^2}{z}$, $x = e^{2t}$, $y = t^3 + 4t$와 $z = t^2 - 4$일 때, $\dfrac{dw}{dt}$를 구하시오.

(2) $w = x^2 + y^2 + z^2$, $x = st$, $y = s\cos t$와 $z = s\sin t$에서 $s = 1$이고 $t = 0$일 때, $\dfrac{\partial w}{\partial s}$와 $\dfrac{\partial w}{\partial t}$를 구하시오.

7. 최대오차 0.1cm로써 어느 직육면체의 세 모서리가 각각 10 cm, 20 cm와 30 cm로 측정되었다. 이 측정으로부터 이 상자의 부피를 구할 때 최대오차를 구하시오.

8. 점 (1, 2, 5)에서 회전포물면(paraboloid of revolution) $z = x^2 + y^2$에 수직인 단위벡터를 구하시오.

9. 두 곡면 $ax^2 - byz - (a+2)x = 0$과 $4x^2y + z^3 - 4 = 0$이 점 (1, 2, 5)에서 직교할 때, 상수 a, b 값을 구하시오.

10. 점 (2, −1, 2)에서 곡면 $x^2 + y^2 + z^2 = 9$와 $z = x^2 + y^2 - 3$ 사이의 예각을 구하시오. (두 곡면 사이의 각은 주어진 점에서 법선들 사이의 각으로 정의한다.)

11. 곡면 $\mathbf{r}(u, v) = x(u, v)\mathbf{i} + y(u, v)\mathbf{j} + z(u, v)\mathbf{k}$ 에서 단위법선벡터와 제1기본량과 제2기본량을 구하시오.

12. 다음 물음에 답하시오.

(1) 1-형식 $w = x\,dx - y\,dy$와 2-형식 $\eta = x\,dy\,dz + z\,dx\,dy$에 대하여 $w \wedge \eta$를 구하시오.

(2) $x = 3u + v - w$, $y = u + 2v + 2w$, $z = 2u - v - w$에 대하여 ds^2을 구하시오.

13. 직원추면 $\mathbf{r}(u, v) = au\cos v\,\mathbf{i} + au\sin v\,\mathbf{j} + bu\,\mathbf{k}$에서 $u = 0$ 이외의 점은 모두 포물적임을 보이시오.

14. $D = \{(r, \theta) \mid 0 \le r \le 1,\ 0 \le \theta \le 2\pi\}$ 위에서 정의된 벡터함수

$$\mathbf{r}(r, \theta) = r\cos\theta\,\mathbf{i} + \mathrm{r}\sin\theta\,\mathbf{j} + r\mathbf{k}$$

에 의하여 표현되는 곡면의 면적을 구하시오.

15. 스칼라함수 $\phi(x, y, z) = xy^2z$와 벡터함수 $\mathbf{f}(x, y, z) = xz\,\mathbf{i} - xy^2\mathbf{j} + yz^2\mathbf{k}$에 대하여 한 점 (2, −1, 1)에서 $\dfrac{\partial^3}{\partial x^2 \partial z}(\phi\mathbf{f})$를 구하시오.

16. 주어진 점에서 주어진 함수의 기울기벡터장을 구하시오.

(1) $f(x,\ y) = \cos(x - 2y)\ ;\ (\pi/2,\ \pi/6)$

(2) $f(x,\ y) = \tan^{-1}\dfrac{y}{x}\ ;\ (-1,\ -1)$

17. 다음 그림에서와 같이 점 $P(x,\ y,\ z)$에서 속도 $\mathbf{v}(x,\ y,\ z)$로 유체가 흐를 때, 점 $P(x,\ y,\ z)$를 중심으로 하고 각 좌표축에 평행하며 변의 길이가 각각 $\triangle x$, $\triangle y$와 $\triangle z$인 직육면체를 생각한다.

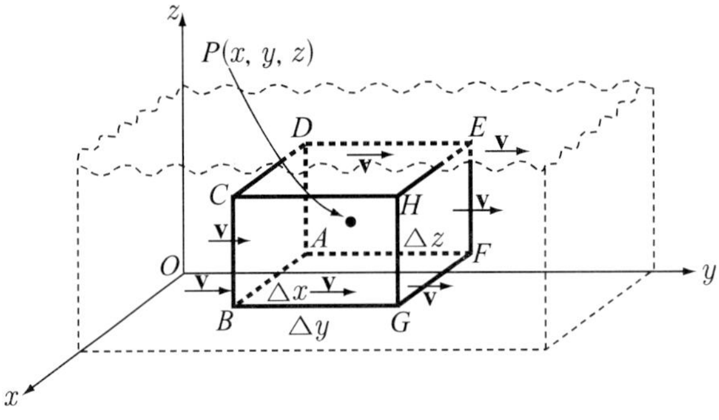

❙그림 3.12❙

이때 단위부피당 단위시간 안에 흘러나가는 유체의 양이 $\operatorname{div}\mathbf{v}$로 주어짐을 보이시오.

18. $\mathbf{f}(x,\ y,\ z) = (x + 2y + az)\mathbf{i} + (bx - 3y - z)\mathbf{j} + (4x + cy + 2z)\mathbf{k}$로 주어진 벡터장 $\mathbf{f}$에 대하여 $\operatorname{curl}\mathbf{f} = \mathbf{0}$이 되도록 상수 a, b와 c 값을 구하시오.

19. $\mathbf{f}(x,\ y,\ z) = xz^2\,\mathbf{i} - 2y\,\mathbf{j} - 3xz\,\mathbf{k}$와 $\mathbf{g}(x,\ y,\ z) = 3xz\,\mathbf{i} + 2yz\,\mathbf{j} - z^2\mathbf{k}$일 때

$$\mathbf{f} \times (\nabla \times \mathbf{g}),\ (\mathbf{f} \times \nabla) \times \mathbf{g}$$

를 구하시오.

20. 벡터함수 $\mathbf{f}(x,\ y,\ z) = (6xy + z^3)\mathbf{i} + (3x^2 - z)\mathbf{j} + (3xz^2 - y)\mathbf{k}$가 비회전적임을 보이고, $\mathbf{f} = \nabla\phi$를 만족하는 ϕ를 구하시오.

21. $\operatorname{curl}\mathbf{f} = 2\mathbf{i} + \mathbf{j} + 3\mathbf{k}$를 만족하는 미분가능한 벡터함수 $\mathbf{f}(x,\ y,\ z)$를 구하시오.

22. $\phi(x, y, z) = x^2 + y^2 + z^2$은 축의 회전에 관하여 스칼라 불변식임을 보이시오.

23. $\mathbf{F}(x, y, z) = x^2y\,\mathbf{i} - 2xz\,\mathbf{j} + 2yz\,\mathbf{k}$일 때, $\nabla \times (\nabla \times \mathbf{F})$를 구하시오.

24. 다음 함수의 지정된 방향과 주어진 점에서 방향도함수를 구하시오.

(1) $f(x, y) = \ln(x + 3y)$; $(2, 4)$에서 벡터 $\mathbf{v} = \mathbf{i} + \mathbf{j}$ 방향.

(2) $f(x, y, z) = 4xz^3 - 3x^2y^2z$; $(2, -1, 2)$에서 벡터 $\mathbf{v} = 2\mathbf{i} - 3\mathbf{j} + 6\mathbf{k}$ 방향.

25. z축에 평행한 방향으로 점 $(1, 2, -1)$에서 곡면

$$\phi(x, y, z) = axy^2 + 24yz + bz^2x^3$$

의 방향도함수가 크기의 최댓값으로 64를 가질 때, 상수 a, b 값을 구하시오.

26. f가 미분가능한 일변수함수이고 g가 미분가능한 삼변수함수일 때, 다음이 성립함을 보이시오.

(1) $f \circ g$는 미분가능하다.

(2) $\nabla f(f \circ g) = f'(g)\nabla g$이다.

27. m_1과 m_2가 두 물체의 질량이고 G가 중력상수일 때

$$\mathbf{F}(\mathbf{x}) = \frac{-m_1 m_2 Gx}{(x^2 + y^2 + z^2)^{3/2}}\mathbf{i} + \frac{-m_1 m_2 Gy}{(x^2 + y^2 + z^2)^{3/2}}\mathbf{j} + \frac{-m_1 m_2 Gz}{(x^2 + y^2 + z^2)^{3/2}}\mathbf{k}$$

로 주어진 중력장 $\mathbf{F}$는 보존벡터장임을 보이시오.

28. 다음 $\mathbf{F}$로 주어진 힘이 보존적임을 보이고, $\mathbf{F}$에 대한 포텐셜함수를 구하시오.

(1) $\mathbf{F}(\mathbf{x}) = -\dfrac{\alpha\mathbf{x}}{\|\mathbf{x}\|}$　　　　(2) $\mathbf{F}(\mathbf{x}) = -3\mathbf{x}/\|\mathbf{x}\|^5$

29. 다음 곡면의 주어진 점에서의 접평면방정식과 법선의 대칭방정식을 구하시오.

(1) $2xz^2 - 3xy - 4x = 7$, $(1, -1, 2)$　　　　(2) $z = \sec(x - y)$, $\left(\dfrac{\pi}{2}, \dfrac{\pi}{6}, 2\right)$

30. 0에서 xy의 테일러 다항식의 둘째 항이 xy임을 보이시오.

제 4 장

선적분

이 장에서는 이중적분에 관하여 서술하고, 벡터함수(또는 벡터장)에 대한 적분으로 확장한다. 특히 선적분과 이와 관련된 개념에 대하여 서술하고, 중요한 응용문제를 살펴본다.

4.1 벡터함수의 적분

1. 벡터함수의 부정적분

스칼라변수 t를 갖는 연속인 벡터함수 $\mathbf{F}(t)=f(t)\mathbf{i}+g(t)\mathbf{j}+h(t)\mathbf{j}$의 부정적분은 적분의 결과가 벡터라는 것을 제외하면, 실가함수에서와 같은 방법으로 정의된다.

구간 I에 있는 모든 t에 대하여 $\mathbf{F}(t)=\dfrac{d}{dt}\mathbf{f}(t)$를 만족하는 벡터함수 $\mathbf{f}(t)$를 구간 I에서 $\mathbf{F}(t)$의 **원시함수**(primitive function) 또는 **원시함수**(antiderivative)라 한다. 그런데 한 벡터함수의 원시함수는 무수히 많지만, 임의의 두 원시함수의 차는 항상 상수벡터가 된다.

$\mathbf{f}(t)$가 $\mathbf{F}(t)$의 임의의 원시함수일 때, $\mathbf{F}(t)$의 **부정적분**(indefinite integral)은

$$\int \mathbf{F}(t)\,dt=\mathbf{f}(t)+\mathbf{C}$$

로 정의한다. 여기서 적분상수 $\mathbf{C}$는 t와 독립인 임의의 상수벡터이다.

벡터함수 $\mathbf{F}(t)$의 부정적분을 구하는 것을 $\mathbf{F}(t)$를 적분한다고 하고, 적분을 구하는 과정을 적분법(integration)이라고 한다.

벡터함수 $\mathbf{F}(t)$의 부정적분은 성분함수 f, g와 h의 적분의 항

$$\int \mathbf{F}(t)\,dt=\left(\int f(t)\,dt\right)\mathbf{i}+\left(\int g(t)\,dt\right)\mathbf{j}+\left(\int h(t)\,dt\right)\mathbf{k}$$

로 정의하고, 이것은 각 성분함수를 적분함으로써 벡터함수의 적분을 구할 수 있음을 의미한다.

예제 스칼라변수 t를 갖는 연속인 벡터함수 $\mathbf{F}(t)$에 대하여

$$\int \mathbf{F}\times\frac{d^2\mathbf{F}}{dt^2}\,dt$$

를 구하시오.

풀이 $\dfrac{d}{dt}\left(\mathbf{F}\times\dfrac{d\mathbf{F}}{dt}\right)=\mathbf{F}\times\dfrac{d^2\mathbf{F}}{dt^2}+\dfrac{d\mathbf{F}}{dt}\times\dfrac{d\mathbf{F}}{dt}=\mathbf{F}\times\dfrac{d^2\mathbf{F}}{dt^2}$ 이므로, 적분하면

$$\int\left(\mathbf{F}\times\frac{d^2\mathbf{F}}{dt^2}\right)dt=\int\frac{d}{dt}\left(\mathbf{F}\times\frac{d\mathbf{F}}{dt}\right)dt=\mathbf{F}\times\frac{d\mathbf{F}}{dt}+\mathbf{C}$$

가 된다. 여기서 $\mathbf{C}$는 t와 독립인 임의의 상수벡터이다. ◆

참고 (부분적분의 공식) 벡터함수 $\mathbf{u}(t)$, $\mathbf{v}(t)$와 스칼라 함수 $\lambda(t)$에 대하여, 다음이 성립한다.

(1) $\displaystyle\int\lambda(t)\frac{d\mathbf{u}(t)}{dt}dt=\lambda(t)\mathbf{u}(t)-\int\frac{d\lambda(t)}{dt}\mathbf{u}(t)\,dt$

(2) $\displaystyle\int\mathbf{u}(t)\cdot\frac{d\mathbf{v}(t)}{dt}dt=\mathbf{u}(t)\cdot\mathbf{v}(t)-\int\frac{d\mathbf{u}(t)}{dt}\cdot\mathbf{v}(t)\,dt$

(3) $\displaystyle\int\mathbf{u}(t)\times\frac{d\mathbf{v}(t)}{dt}dt=\mathbf{u}(t)\times\mathbf{v}(t)-\int\frac{d\mathbf{u}(t)}{dt}\times\mathbf{v}(t)\,dt$ □

2. 벡터함수의 정적분

직교좌표계 $O-xyz$에서 벡터함수 $\mathbf{F}(t)=f(t)\mathbf{i}+g(t)\mathbf{j}+h(t)\mathbf{k}$가 구간 $a\le t\le b$에서 연속일 때, $t=a$와 $t=b$ 사이에서 $\mathbf{F}(t)$의 정적분은

$$\int_a^b\mathbf{F}(t)\,dt=\left(\int_a^b f(t)\,dt\right)\mathbf{i}+\left(\int_a^b g(t)\,dt\right)\mathbf{j}+\left(\int_a^b h(t)\,dt\right)\mathbf{k}$$

로 정의한다. 벡터함수의 정적분은 실가함수의 정적분의 정의와 유사한 방법인 합의 극한으로 정의할 수 있다.

3. 정적분과 부정적분 사이의 관계

연속인 벡터함수 $\mathbf{F}(t)=f(t)\mathbf{i}+g(t)\mathbf{j}+h(t)\mathbf{k}$에 관한 미적분학의 기본정리는 $\mathbf{f}(t)$가 $\mathbf{F}(t)$의 원시함수, 즉 $\mathbf{F}(t)=\dfrac{d}{dt}\mathbf{f}(t)$일 때 $t=a$와 $t=b$ 사이에서 $\mathbf{F}(t)$의 정적분은

$$\int_a^b\mathbf{F}(t)\,dt=[\,\mathbf{f}(t)\,]_a^b=\mathbf{f}(b)-\mathbf{f}(a)$$

로 주어짐을 의미한다.

참고 시각을 나타내는 독립변수 t에 대하여 $\mathbf{v}(t)$가 종점 $P(t)$의 속도벡터이고, $\mathbf{r}(t)$가 $P(t)$의 위치벡터일 때

$$\mathbf{r}(t)=\int_a^t \mathbf{v}(t)\,dt+\mathbf{r}(a)$$

가 된다. □

예 $\mathbf{F}(t)=2\cos t\mathbf{i}+\sin t\mathbf{j}+2t\mathbf{k}$일 때

$$\int_0^{\pi/2}\mathbf{F}(t)\,dt=\left(\int_0^{\pi/2}2\cos t\,dt\right)\mathbf{i}+\left(\int_0^{\pi/2}\sin t\,dt\right)\mathbf{j}+\left(\int_0^{\pi/2}2t\,dt\right)\mathbf{k}$$
$$=\left[2\sin t\mathbf{i}-\cos t\mathbf{j}+t^2\mathbf{k}\right]_0^{\pi/2}=2\mathbf{i}+\mathbf{j}+\frac{\pi^2}{4}\mathbf{k}$$

가 된다.

예제 물체의 가속도가

$$\mathbf{a}=\frac{d\mathbf{v}}{dt}=12\cos 2t\mathbf{i}-8\sin 2t\mathbf{j}+16t\mathbf{k}$$

로 주어지고 속도 $\mathbf{v}$와 이동 $\mathbf{r}$이 $t=0$에서 $\mathbf{0}$일 때, 어떤 시각 t에서의 $\mathbf{v}$와 $\mathbf{r}$을 구하시오.

풀이 $\mathbf{a}=\dfrac{d\mathbf{v}}{dt}=12\cos 2t\mathbf{i}-8\sin 2t\mathbf{j}+16t\mathbf{k}$를 적분하면

$$\mathbf{v}=\mathbf{i}\int 12\cos 2t\,dt+\mathbf{j}\int(-8\sin 2t)\,dt+\mathbf{k}\int 16t\,dt$$
$$=6\sin 2t\mathbf{i}+4\cos 2t\mathbf{j}+8t^2\mathbf{k}+\mathbf{C}_1$$

을 얻는다. $t=0$에서 $\mathbf{v}=\mathbf{0}$일 때 $\mathbf{C}_1=-4\mathbf{j}$이므로

$$\mathbf{v}=6\sin 2t\mathbf{i}+(4\cos 2t-4)\mathbf{j}+8t^2\mathbf{k}$$

가 된다. 따라서

$$\frac{d\mathbf{r}}{dt}=6\sin 2t\mathbf{i}+(4\cos 2t-4)\mathbf{j}+8t^2\mathbf{k}$$

이다. 이것을 적분하면

$$\mathbf{r} = \mathbf{i}\int 6\sin 2t\, dt + \mathbf{j}\int (4\cos 2t - 4)\, dt + \mathbf{k}\int 8t^2\, dt$$
$$= -3\cos 2t\,\mathbf{i} + (2\sin 2t - 4t)\mathbf{j} + \frac{8}{3}t^3\mathbf{k} + \mathbf{C}_2$$

를 얻는다. 그런데 $t = 0$에서 $\mathbf{r} = \mathbf{0}$일 때 $\mathbf{C}_2 = 3\mathbf{i}$이므로

$$\mathbf{r} = (3 - 3\cos 2t)\mathbf{i} + (2\sin 2t - 4t)\mathbf{j} + \frac{8}{3}t^3\mathbf{k}$$

가 된다. ◆

4.2 이중적분

1. 이중적분

직사각형 영역 $D = \{(x, y) \in R^2 \mid a \le x \le b,\ c \le y \le d\}$에서 정의된 유계인 이변수함수 $z = f(x, y)$의 이중적분을 정의한다. 먼저

$$a = x_0 < x_1 < x_2 < \cdots < x_{m-1} < x_m = b$$
$$c = y_0 < y_1 < y_2 < \cdots < y_{n-1} < y_n = d$$

라 하고, 이 분할점들을 지나는 좌표축과 평행한 선들로부터 mn개의 부분직사각형

$$D_{ij} = \{(x, y) \in R^2 \mid x_{i-1} \le x \le x_i,\ y_{j-1} \le y \le y_j\}$$

로 구성되는 D의 분할 P를 택한다.

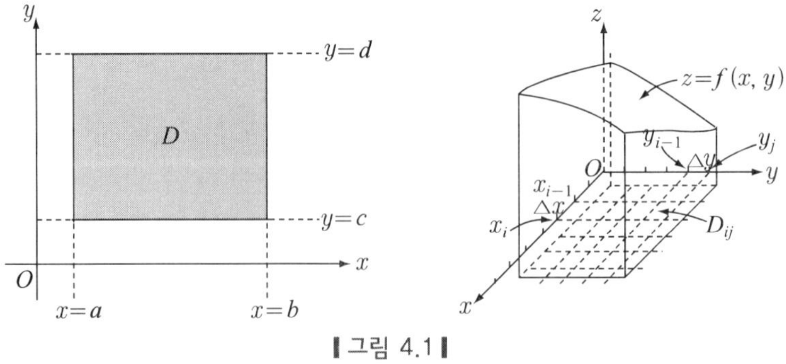

| 그림 4.1 |

$$\Delta x_i = x_i - x_{i-1},\ \Delta y_j = y_j - y_{j-1}$$

로 놓으면, 각 D_{ij}의 면적은 $\Delta A_{ij} = \Delta x_i \Delta y_j$가 된다. 다음에는 D_{ij}에서 임의의 점 $(x_{ij}^*,\ y_{ij}^*)$를 택하여

$$\sum_{i=1}^{m} \sum_{j=1}^{n} f(x_{ij}^*,\ y_{ij}^*)\Delta A_{ij} \tag{*}$$

를 생각한다. 이때 분할 P의 모든 부분직사각형의 대각선 중 최대 길이를 $\|P\|$이라 하면, $\|P\| \to 0$일 때 (*)의 극한으로 이중적분을 정의할 수 있다.

정의 1	이중적분

직사각형 영역 D에서 정의된 $z = f(x,\ y)$가 유계함수라 하자. 극한

$$\lim_{\|P\| \to 0} \sum_{i=1}^{m} \sum_{j=1}^{n} f(x_{ij}^*,\ y_{ij}^*)\Delta A_{ij}$$

가 존재하고 점 $(x_{ij}^*,\ y_{ij}^*)$의 선택에 무관할 때, $\iint_D f(x,\ y)\,dA$로 표시되는 D 위에서의 f의 **이중적분**(double integral)은

$$\iint_D f(x,\ y)\,dA = \lim_{\|P\| \to 0} \sum_{i=1}^{m} \sum_{j=1}^{n} f(x_{ij}^*,\ y_{ij}^*)\Delta A_{ij}$$

로 정의된다. 이때 f를 직사각형 영역 D 위에서 **적분가능**(integrable)하다고 한다.

이중적분 $\iint_D f(x,\ y)\,dA$를 $\iint_D f(x,\ y)\,dx\,dy$로 표현하기도 한다. 정의로부터 직접 이중적분을 구하는 것은 어려우므로, 효율적인 방법이 필요하다.

예 함수 $z = f(x,\ y)$가 직사각형 영역 D에서 연속이면, $z = f(x,\ y)$는 D 위에서 적분가능하다.

$f(x) \geq 0$인 연속함수의 정적분이 면적으로 해석된 것처럼, $f(x,\ y) \geq 0$인 연속함수의 이중적분은 입체의 체적(volume)으로 해석될 수 있다.

정리 2

$f(x, y) \geq 0$인 함수 $z=f(x, y)$가 직사각형 영역 D에서 연속일 때, $z=f(x, y)$ 아래에 있고 D 위에 놓인 도형의 체적은 $V=\iint_D f(x, y)\,dA$로 주어진다.

2. 반복적분

여기서는 이중적분을 반복적분으로 표현하는 방법을 제시하고, 반복적분을 이용하여 이중적분을 구할 수 있음을 보인다.

이변수함수 $z=f(x, y)$가 직사각형 영역 $D=[a, b]\times[c, d]$에서 적분가능할 때, $A(x) = \int_c^d f(x, y)\,dy$라 놓으면

$$\int_a^b A(x)\,dx = \int_a^b \left[\int_c^d f(x, y)\,dy\right] dx$$

가 된다. 이때 오른쪽의 적분을 **반복적분** (iterated integral)이라 하고, 보통

$$\int_a^b \int_c^d f(x, y)\,dy\,dx = \int_a^b \left[\int_c^d f(x, y)\,dy\right] dx$$

또는

$$\int_c^d \int_a^b f(x, y)\,dx\,dy = \int_c^d \left[\int_a^b f(x, y)\,dx\right] dy$$

로 표현한다.

정리 3 **푸비니 정리**

이변수함수 $z=f(x, y)$가 $D=\{(x, y) \mid a \leq x \leq b,\ c \leq y \leq d\}$에서 적분가능할 때

$$\iint_D f(x, y)\,dA = \int_a^b \int_c^d f(x, y)\,dy\,dx = \int_c^d \int_a^b f(x, y)\,dx\,dy$$

가 성립한다.

이중적분을 구할 때 유의해야 할 점은, 보다 쉽게 적분을 구할 수 있도록 적분순서를 선택하는 것이다.

예제 타원포물면 $x^2+2y^2+z=16$과 평면 $x=2$, $x=0$, $y=0$, $z=0$과 $y=2$에 의해 둘러싸인 도형 S의 체적을 구하시오.

풀이 S가 $D=[0,\ 2]\times[0,\ 2]$ 위와 곡면 $z=16-x^2-2y^2$ 아래 놓여 있는 도형이므로, 푸비니 정리를 이용하여

$$\begin{aligned} V &= \iint_D (16-x^2-2y^2)\,dA = \int_0^2\int_0^2 (16-x^2-2y^2)\,dx\,dy \\ &= \int_0^2 \left[16x-\frac{x^3}{3}-2y^2x\right]_{x=0}^{x=2} dy \\ &= \int_0^2 \left(\frac{88}{3}-4y^2\right) dy = \left[\frac{88}{3}y-\frac{4}{3}y^3\right]_0^2 = 48 \end{aligned}$$

을 얻는다. ◆

3. 일반 닫힌영역 위의 이중적분

정의 4	연결집합, 영역

Ω가 R^2의 부분집합일 때

(1) Ω에 속하는 임의의 두 점이 Ω에 포함되는 구분적으로 매끄러운 곡선으로 연결할 수 있을 때, Ω를 (경로적) **연결집합** (arcwise connected)이라고 한다.

(2) 열린집합이고 연결집합인 Ω를 **열린연결영역** 또는 간단히 **열린영역**이라고 하고, 닫힌집합이고 연결집합일 때 Ω를 닫힌연결영역 또는 간단히 **닫힌영역**이라 한다.

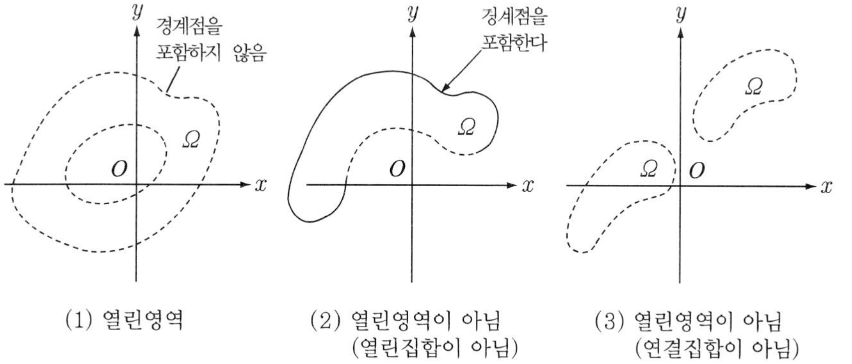

(1) 열린영역　　(2) 열린영역이 아님 (열린집합이 아님)　　(3) 열린영역이 아님 (연결집합이 아님)

그림 4.2

참고 열린영역을 간단히 **영역** (region)이라고 표기하기도 한다. □

이제 일반적인 닫힌영역 $\Omega \subset R^2$에서 이중적분을 정의한다. Ω에서 정의된 이변수함수 $z=f(x,\ y)$와 Ω를 포함하는 어떤 직사각형 영역 D에 대하여 새로운 함수 F를

$$F(x,\ y)=\begin{cases} f(x,\ y)\ , & (x,\ y)\in \Omega \\ 0 & ,\ (x,\ y)\in D-\Omega \end{cases}$$

로 정의할 때, Ω에서 f의 이중적분을 다음으로 정의한다.

정의 5	일반 닫힌영역 위의 이중적분

함수 $z=F(x,\ y)$가 Ω를 포함하는 직사각형 영역 D에서 적분가능하면 f는 Ω에서 적분가능하다고 하고, Ω에서 f의 이중적분을

$$\iint_{\Omega} f(x,\ y)\,dA=\iint_{D} F(x,\ y)\,dA$$

로 정의한다.

(1) Ω가 형태 I인 경우

함수 $g_1(x)$와 $g_2(x)$가 닫힌구간 $[a,\ b]$에서 연속이라 하자. 닫힌영역 Ω가

$$\Omega=\{(x,\ y)\mid a\le x\le b,\ g_1(x)\le y\le g_2(x)\}$$

로 주어질 때, Ω를 형태 I인 닫힌영역이라 한다.

정리 6

함수 $z=f(x,\ y)$가 형태 I인 닫힌영역 Ω 위에서 연속이면

$$\iint_{\Omega} f(x,\ y)\,dA=\int_a^b\int_{g_1(x)}^{g_2(x)} f(x,\ y)\,dy\,dx$$

가 성립한다.

(2) Ω가 형태 II인 경우

함수 $h_1(y)$와 $h_2(y)$가 닫힌구간 $[c,\ d]$에서 연속이라 하자. 닫힌영역 Ω가

$$\Omega=\{(x,\ y)\mid c\le y\le d,\ h_1(y)\le x\le h_2(y)\}$$

로 주어질 때, Ω를 형태 II인 닫힌영역이라 한다.

정리 7

함수 $z=f(x, y)$가 형태 II인 닫힌영역 Ω 위에서 연속이면

$$\iint_{\Omega} f(x, y)\,dA=\int_{c}^{d}\int_{h_1(y)}^{h_2(y)} f(x, y)\,dx\,dy$$

가 성립한다.

4. 이중적분의 성질

이중적분의 정의로부터 다음 성질을 얻는다.

정리 8 이중적분의 성질

함수 $z=f(x, y)$와 $w=g(x, y)$가 닫힌영역 Ω에서 적분가능하고, c가 임의의 상수일 때

(1) $\displaystyle\iint_{\Omega}[f(x, y)+g(x, y)]\,dA=\iint_{\Omega} f(x, y)\,dA+\iint_{\Omega} g(x, y)\,dA$

(2) $\displaystyle\iint_{\Omega} cf(x, y)\,dA=c\iint_{\Omega} f(x, y)\,dA$

(3) 모든 $(x, y)\in\Omega$에 대하여 $g(x, y)\le f(x, y)$이면

$$\iint_{\Omega} g(x, y)\,dA\le\iint_{\Omega} f(x, y)\,dA$$

(4) $\displaystyle\left|\iint_{\Omega} f(x, y)\,dx\,dy\right|\le\iint_{\Omega}|f(x, y)|\,dx\,dy$

이중적분에 대한 다음 성질은 형대 I과 형태 II가 아니면서 형태 I과 형태 II의 합집합으로 표시되는 닫힌영역 Ω 위의 이중적분을 구하는 데 이용된다.

정리 9

함수 $z=f(x, y)$가 $\Omega=\Omega_1\cup\Omega_2$와 $\Omega_1\cap\Omega_2=\varnothing$인 닫힌영역 Ω에서 적분가능하면

$$\iint_{\Omega} f(x, y)\,dA=\iint_{\Omega_1} f(x, y)\,dA+\iint_{\Omega_2} f(x, y)\,dA$$

가 성립한다.

참고 (이중적분에서의 평균값정리) 닫힌영역 Ω에서 $z=f(x, y)$가 연속이고, 모든 $(x, y)\in\Omega$에 대하여 $m \le f(x, y) \le M$일 때, Ω의 면적을 $A(\Omega)$라 하면

$$\iint_{\Omega} f(x, y)\, dA = \mu\, A(\Omega)$$

를 만족하는 μ (단, $m \le \mu \le M$)가 존재한다. □

5. 극좌표에서의 이중적분

$D=\{(r, \theta) \mid a \le r \le b,\ \alpha \le \theta \le \beta\}$ 형태의 닫힌영역을 **극장방형** (polar rectangle) 영역이라 한다. D가 극장방형 영역일 때는, 이중적분 $\iint_D f(x, y)\, dA$를 더 쉽게 구하기 위하여 D를 극좌표로 표시한다.

정리 10 중적분의 극좌표로의 변환

함수 $z=f(x, y)$가 극장방형 영역

$$D=\{(r, \theta) \mid 0 \le a \le r \le b,\ \alpha \le \theta \le \beta,\ 0 \le \beta-\alpha \le 2\pi\}$$

위에서 연속이면

$$\iint_D f(x, y)\, dA = \int_{\alpha}^{\beta}\int_a^b f(r\cos\theta,\ r\sin\theta)\, r\, dr\, d\theta$$

가 된다.

예제 평면 $z=0$과 포물선 $z=1-x^2-y^2$에 의해 둘러싸인 도형의 체적을 구하시오.

(풀이) $z=0$일 때 포물선 방정식은 $x^2+y^2=1$로 주어지므로, 극장방형 영역 $D=\{(r, \theta) \mid 0 \le r \le,\ 0 \le \theta \le 2\pi\}$를 갖는다. 따라서

$$V=\iint_D (1-x^2-y^2)\, dA = \int_0^{2\pi}\int_0^1 (1-r^2)\, r\, dr\, d\theta$$

$$=\int_0^{2\pi} d\theta \int_0^1 (r-r^3)\, dr = 2\pi\left[\frac{r^2}{2}-\frac{r^4}{4}\right]_0^1 = \frac{\pi}{2}$$ ◆

따름정리

함수 $z=f(x,\ y)$가 형태 I인 극영역

$$\Omega=\{(r,\ \theta)\mid a\le r\le b,\ g_1(r)\le\theta\le g_2(r)\}$$

위에서 연속이면

$$\iint_{\Omega} f(x,\ y)\,dA=\int_a^b\int_{g_1(r)}^{g_2(r)} f(r\cos\theta,\ r\sin\theta)\,r\,d\theta\,dr$$

이 된다. 또한 $z=f(x,\ y)$가 형태 II인 극영역

$$\Omega=\{(r,\ \theta)\mid \alpha\le\theta\le\beta,\ h_1(\theta)\le r\le h_2(\theta)\}$$

위에서 연속이면

$$\iint_{\Omega} f(x,\ y)\,dA=\int_\alpha^\beta\int_{h_1(\theta)}^{h_2(\theta)} f(r\cos\theta,\ r\sin\theta)\,r\,dr\,d\theta$$

가 된다.

예제 $r=\cos 2\theta$로 주어진 네잎 장미형의 한 호로 둘러싸인 닫힌영역의 면적을 구하시오.

(풀이) 극영역 $\Omega=\left\{(r,\ \theta)\mid -\frac{\pi}{4}\le\theta\le\frac{\pi}{4},\ 0\le r\le\cos 2\theta\right\}$의 면적 A는

$$\begin{aligned}A&=\iint_{\Omega} dA=\int_{-\frac{\pi}{4}}^{\frac{\pi}{4}}\int_0^{\cos 2\theta} r\,dr\,d\theta\\&=\frac{1}{2}\int_{-\frac{\pi}{4}}^{\frac{\pi}{4}}\cos^2 2\theta\,d\theta=\frac{1}{4}\int_{-\frac{\pi}{4}}^{\frac{\pi}{4}}(1+\cos 4\theta)\,d\theta\\&=\frac{1}{4}\left[\theta+\frac{1}{4}\sin 4\theta\right]_{-\pi/4}^{\pi/4}=\frac{\pi}{8}\end{aligned}$$

◆

6. 적분변수의 변환

이중적분에서도 적분변수의 변환은 매우 유용하다. 극좌표로의 변수변환이 그 한 예이다. 일반적으로 uv 평면에서 xy 평면으로의 변환

$$T(u,\ v) = \{(x,\ y) \mid x = g(u,\ v),\ y = h(u,\ v)\}$$

에 의해 주어진 변수변환을 생각하자. T가 일대일 변환일 경우 xy 평면에서 uv 평면으로의 역변환 T^{-1}가 존재하고, u와 v를 x와 y의 식으로 푸는 것이 가능하다.

$x = g(u,\ v)$와 $y = h(u,\ v)$에 의한 변환 T의 야코비안(Jacobian)은

$$\frac{\partial(x,\ y)}{\partial(u,\ v)} = \begin{vmatrix} \dfrac{\partial x}{\partial u} & \dfrac{\partial x}{\partial v} \\ \dfrac{\partial y}{\partial u} & \dfrac{\partial y}{\partial v} \end{vmatrix}$$

로 정의한다.

정리 11 이중적분에서의 변수변환

$x = g(u,\ v)$와 $y = h(u,\ v)$에 의하여 xy 평면 위의 닫힌영역 W에서 uv 평면 위의 닫힌영역 S로의 일대일 대응이 주어지고, S 내부에서 모든 편도함수가 연속일 때 야코비안이 0이 아니면

$$\iint_W f(x,\ y)\,dx\,dy = \iint_S f(g(u,\ v),\ h(u,\ v))\left|\frac{\partial(x,\ y)}{\partial(u,\ v)}\right| du\,dv$$

가 성립한다.

예제 $\displaystyle\iint_W x\,dA;\ W = \{(x,\ y) \mid 0 \le x+y \le 1,\ 0 \le x-y \le 1\}$ 을 구하시오.

(풀이) 변수변환 $u = x+y,\ v = x-y$를 생각하면

$$x = \frac{1}{2}(u+v),\ y = \frac{1}{2}(u-v)$$

이므로 $\dfrac{\partial(x,\ y)}{\partial(u,\ v)} = \begin{vmatrix} \dfrac{\partial x}{\partial u} & \dfrac{\partial x}{\partial v} \\ \dfrac{\partial y}{\partial u} & \dfrac{\partial y}{\partial v} \end{vmatrix} = -\dfrac{1}{2}$이고, 닫힌영역 S는

$$S = \{(u,\ v) \mid 0 \le u \le 1,\ 0 \le v \le 1\}$$

로 주어진다. 따라서

$$\iint_W x\,dA = \iint_S \frac{1}{2}(u+v) \cdot \frac{1}{2}\,dA = \frac{1}{4}\int_0^1\int_0^1 (u+v)\,du\,dv$$

$$= \frac{1}{4}\int_0^1 \left[\frac{u^2}{2} + uv\right]_0^1 dv = \frac{1}{4}\int_0^1 \left(\frac{1}{2} + v\right) dv = \frac{1}{4}$$ ◆

참고 정리 11을 이용하여, 극좌표에 의한 중적분의 공식을 유도해 보자.

$$x = g(r,\ \theta) = r\cos\theta,\ y = h(r,\ \theta) = r\sin\theta$$

라 놓으면

$$\frac{\partial(x,\ y)}{\partial(u,\ v)} = \begin{vmatrix} \dfrac{\partial x}{\partial u} & \dfrac{\partial x}{\partial v} \\ \dfrac{\partial y}{\partial u} & \dfrac{\partial y}{\partial v} \end{vmatrix} = \begin{vmatrix} \cos\theta & -r\sin\theta \\ \sin\theta & r\cos\theta \end{vmatrix} = r > 0$$

이므로 정리 11을 적용하면

$$\iint_W f(x,\ y)dx\,dy = \iint_S f(r\cos\theta,\ r\sin\theta)\,r\,dr\,d\theta$$

를 얻는다. □

예제 $I = \iint_W \sqrt{x}\ dA\,;\ W = \{(x,\ y) \mid x^2 + y^2 \le x\}$ 를 구하시오.

(풀이) 극변환 $x = r\cos\theta,\ y = r\sin\theta$에 의하여

$$\begin{aligned} I &= \iint_S \sqrt{r\cos\theta}\ r\,dr\,d\theta = 2\int_0^{\pi/2}\int_0^{\cos\theta} r^{3/2}\sqrt{\cos\theta}\ dr\,d\theta \\ &= 2\int_0^{\pi/2}\left[\frac{2}{5}r^{5/2}(\cos\theta)^{1/2}\right]_0^{\cos\theta} d\theta = 2\int_0^{\pi/2}\frac{2}{5}\cos^3\theta\,d\theta \\ &= \frac{4}{5}\int_0^{\pi/2}\cos^3\theta\,d\theta = \frac{4}{5}\cdot\frac{2}{3} = \frac{8}{15} \end{aligned}$$ ◆

이변수함수 $z = f(x,\ y)$에 대하여, "f가 정의역 Ω에서 유계가 아니든지 연속이 아닌 경우"와 "Ω가 유계가 아닌 경우"까지 적분의 의미를 확장할 수 있다.

예제 $\iint_\Omega \frac{dx\,dy}{\sqrt{x^2+y^2}}\,;\ \Omega = \{(x,\ y) \mid x^2 + y^2 \le 1\}$ 을 구하시오.

(풀이) 피적분함수는 Ω의 한 점 $(0,\ 0)$에서 불연속이지만

$$\Omega_n = \left\{ (x,\ y) \,\middle|\, \frac{1}{n} \le x^2 + y^2 \le 1 \right\}$$

에서는 연속이고 $\Omega_n \to \Omega\ (n \to \infty)$이다. 따라서

$$\iint_{\Omega_n} \frac{dx\,dy}{\sqrt{x^2+y^2}} = \int_0^{2\pi} \int_{1/n}^{1} \frac{1}{r}\, r\, dr\, d\theta = 2\pi\left(1 - \frac{1}{n}\right)$$

이므로, $\displaystyle\iint_{\Omega} \frac{dx\,dy}{\sqrt{x^2+y^2}} = \lim_{n\to\infty} 2\pi\left(1 - \frac{1}{n}\right) = 2\pi$가 된다. ◆

4.3 선적분

선적분은 19C초 유체의 흐름, 힘, 전기와 자기력 등을 포함한 문제를 해결하기 위해 도입된 개념이다. 선적분은 정적분의 개념을 일반화한 것으로 닫힌구간 $[a,\ b]$ 위에서 적분하는 대신 곡선 위에서 적분한다고 생각하면 된다. 닫힌구간 $[a,\ b]$ 위에서 적분은 피적분함수 $f(x)$를 x축을 따라서 $x = a$에서 $x = b$까지 적분한 것이지만, 선적분은 주어진 함수를 평면(또는 공간) 위의 어떤 곡선을 따라서 적분하는 것이다.

1. 평면과 공간 위의 선적분

(1) 평면 위의 선적분

평면에서 구분적으로 매끄러운 곡선 C가 매개변수방정식

$$x = x(t),\ y = y(t)\ \ (\text{단, } a \le t \le b)$$

또는 벡터방정식 $\mathbf{r}(t) = x(t)\mathbf{i} + y(t)\mathbf{j}$로 주어질 때, 닫힌구간 $[a,\ b]$를 길이가 같은 n개의 부분구간 $[t_{i-1},\ t_i]$로 나누고 $x_i = x(t_i)$, $y_i = y(t_i)$라 하면, 대응하는 점 $P_i(x_i,\ y_i)$에 의하여 곡선 C는 길이가 $\Delta s_1,\ \Delta s_2,\ \cdots,\ \Delta s_n$인 n개의 부분호로 나누어진다. 이때 i 번째 부분호에서 임의의 점 $P_i^*(x_i^*,\ y_i^*)$를 선택한다. 이것은 $[t_{i-1},\ t_i]$에 있는 점 t_i^*에 대응된다.

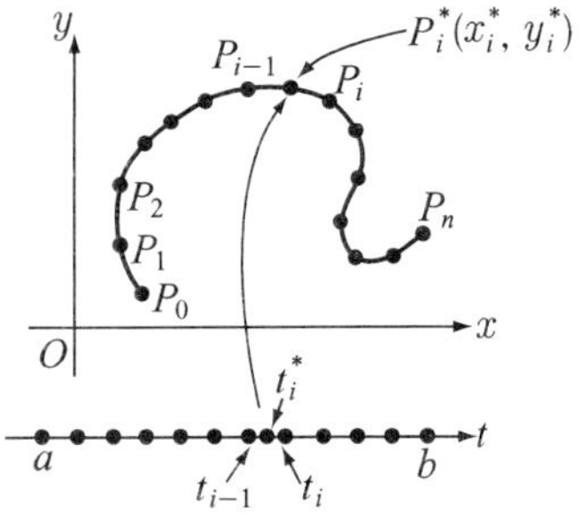

▌그림 4.3▐

이제 f가 구분적으로 매끄러운 곡선 C 위에서 정의된 이변수함수일 때

$$\sum_{i=1}^{n} f(x_i^*, y_i^*)\Delta s_i$$

를 생각하고, C 위에서 f의 **선적분**(line integral 또는 contour integral)은

$$\lim_{n\to\infty} \sum_{i=1}^{n} f(x_i^*, y_i^*)\Delta s_i$$

가 존재하는 경우에

$$\int_C f(x, y)\,ds = \lim_{n\to\infty} \sum_{i=1}^{n} f(x_i^*, y_i^*)\Delta s_i$$

로 정의한다. 특히 f가 연속함수일 때

$$\int_C f(x, y)\,ds = \int_a^b f(x(t), y(t))\sqrt{\left(\frac{dx}{dt}\right)^2 + \left(\frac{dy}{dt}\right)^2}\,dt$$

로 주어짐에 유의한다.

참고 평면에서 벡터함수 $\mathbf{r}(t) = x(t)\mathbf{i} + y(t)\mathbf{j}$ (단, $a \le t \le b$)로 주어진 구분적으로 매끄러운 곡선 C의 길이는

$$L = \int_a^b \sqrt{\left(\frac{dx}{dt}\right)^2 + \left(\frac{dy}{dt}\right)^2}\,dt$$

로 주어진다. □

$f(x, y) \ge 0$일 때, 선적분 $\int_C f(x, y)\,ds$는 적분경로가 xy 평면 위의 곡선 C이고 점 (x, y) 위에서 높이가 $f(x, y)$인 한 측면의 면적을 나타낸다. 따라서 일변수함수의 적분에

서와 같이 $f(x,\ y) \geq 0$이면 선적분은 면적으로 해석될 수 있다.

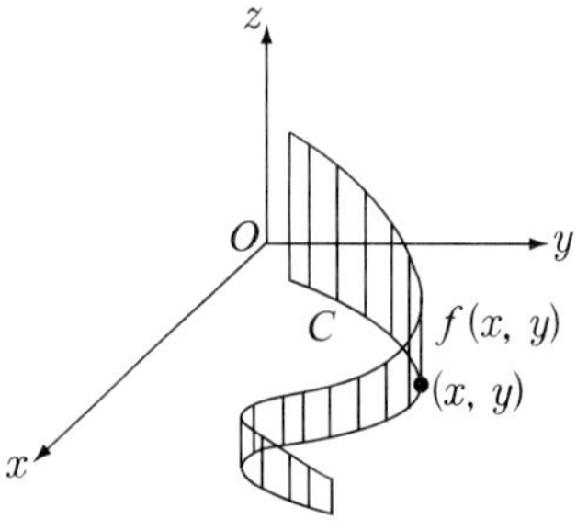

| 그림 4.4 |

예제 곡선 C가 단위원 $x^2+y^2=1$의 상반부일 때

$$\int_C (x^2y+2)\,ds$$

를 구하시오.

(풀이) 단위원은 매개변수방정식 $x=\cos t,\ y=\sin t$로 나타내지고, 이 원의 상반부는 구간 $0 \leq t \leq \pi$에 의하여 표시되므로

$$\begin{aligned}\int_C (x^2y+2)\,ds &= \int_0^{\pi} (2+\cos^2 t\ \sin t)\sqrt{\sin^2 t+\cos^2 t}\ dt \\ &= \int_0^{\pi} (2+\cos^2 t\ \sin t)\,dt = \left[2t-\frac{\cos^3 t}{3}\right]_0^{\pi} \\ &= 2\pi+\frac{2}{3}\end{aligned}$$

를 얻는다. ◆

C 위에서 f의 선적분

$$\int_C f(x,\ y)\,ds = \lim_{n\to\infty}\sum_{i=1}^{n} f(x_i^*,\ y_i^*)\,\Delta s_i$$

에서 Δs_i를 $\Delta x_i = x_i - x_{i-1}$ 또는 $\Delta y_i = y_i - y_{i-1}$로 대치하면 서로 다른 두 개의 선적분

$$\int_C f(x,\ y)\,dx = \lim_{n\to\infty}\sum_{i=1}^{n} f(x_i^*,\ y_i^*)\,\Delta x_i$$

$$\int_C f(x,\ y)\,dy = \lim_{n\to\infty}\sum_{i=1}^{n} f(x_i^*,\ y_i^*)\,\Delta y_i$$

를 얻는다. 주어진 두 선적분을 호의 길이에 관한 선적분 $\int_C f(x,\ y)\,ds$와 구분하여 각각 x(또는 y)에 관한 C 위에서 f의 선적분이라 한다.

x와 y에 관한 선적분이 동시에 나타날 경우

$$\int_C P(x,\ y)\,dx + \int_C Q(x,\ y)\,dy = \int_C P(x,\ y)\,dx + Q(x,\ y)\,dy$$

로 표기한다.

예제 곡선 C가 다음으로 주어질 때, $\int_C y^2\,dx + x\,dy$를 구하시오.

(1) C는 $(-5,\ -3)$에서 $(0,\ 2)$까지의 선분.

(2) C는 $(-5,\ -3)$에서 $(0,\ 2)$까지의 포물선 $y^2 = 4 - x$의 호.

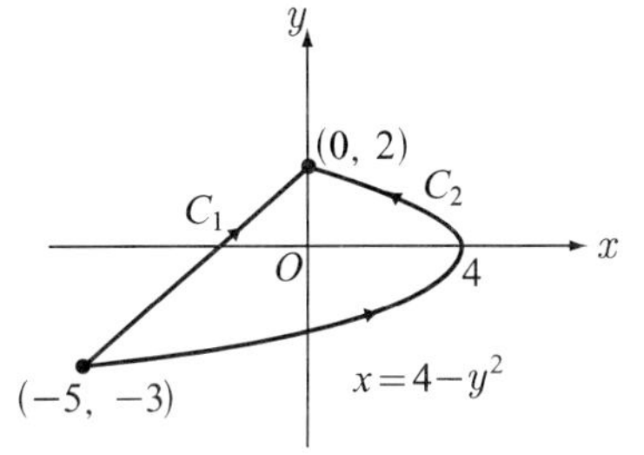

그림 4.5

(풀이) (1) 선분 C에 대한 매개변수방정식은

$$x = 5t - 5,\ y = 5t - 3\ \ (\text{단, } 0 \le t \le 1)$$

이다. 이때 $dx = 5\,dt$이고 $dy = 5\,dt$이므로

$$\begin{aligned}\int_C y^2\,dx + x\,dy &= \int_0^1 (5t-3)^2(5\,dt) + (5t-5)(5\,dt) \\ &= 5\int_0^1 (25t^2 - 25t + 4)\,dt = -\frac{5}{6}\end{aligned}$$

를 얻는다. 한편 $-C$를 $(0,\ 2)$에서 $(-5,\ -3)$까지의 선분으로 표시할 때, 매개변수방정식

$$x = -5t,\ y = 2 - 5t\ \ (\text{단, } 0 \le t \le 1)$$

를 이용하면

$$\int_{-C} y^2\,dx + x\,dy = \frac{5}{6}$$

로 주어짐에 유의한다.

(2) C는 매개변수방정식

$$x = 4 - y^2,\ y = y\ (\text{단},\ -3 \le y \le 2)$$

로 쓸 수 있고, $dx = -2y\,dy$이므로

$$\begin{aligned}\int_C y^2\,dx + x\,dy &= \int_{-3}^{2} y^2(-2y)dy + (4 - y^2)\,dy \\ &= \int_{-3}^{2} (-2y^3 - y^2 + 4)dy = \frac{245}{6}\end{aligned}$$

를 얻는다. ◆

위 예제에서는 시점과 종점이 같은 곡선이라도 경로에 따라 선적분의 값이 같지 않음을 보였다. 즉 선적분의 값은 경로에 의존함을 알 수 있다.

참고 $-C$가 C와 같은 점으로 구성되지만 반대방향을 갖는 곡선일 때

$$\int_{-C} f(x,\ y)\,dx = -\int_C f(x,\ y)\,dx$$

$$\int_{-C} f(x,\ y)\,dy = -\int_C f(x,\ y)\,dy$$

를 얻는다. 그러나 호의 길이에 관하여 적분하면, 선적분의 값은 곡선의 방향을 반대로 할 때도 변하지 않는다. 즉

$$\int_{-C} f(x,\ y)\,ds = \int_C f(x,\ y)\,ds$$

가 성립한다. 이것은 C의 방향이 반대로 될 때, Δx_i와 Δy_i의 부호는 변하지만 Δs_i는 항상 양수이기 때문이다. □

(2) 공간 위의 선적분

공간에서 구분적으로 매끄러운 곡선 C가 매개변수방정식

$$x = x(t),\ y = y(t),\ z = z(t)\ (\text{단},\ a \le t \le b)$$

또는 벡터방정식 $\mathbf{r}(t)=x(t)\mathbf{i}+y(t)\mathbf{j}+z(t)\mathbf{k}$로 주어질 때, f가 C를 포함하는 어떤 영역 위에서 연속인 삼변수함수이면, C 위에서 f의 선적분은 평면 위의 곡선에서와 유사하게 정의한다. 즉 $\lim_{n\to\infty}\sum_{i=1}^{n} f(x_i^*, y_i^*, z_i^*)\Delta s_i$가 존재할 때

$$\int_C f(x, y, z)\,ds = \lim_{n\to\infty}\sum_{i=1}^{n} f(x_i^*, y_i^*, z_i^*)\Delta s_i$$

로 정의한다. 이때

$$\begin{aligned}\int_C f(x, y, z)\,ds &= \int_a^b f(x(t), y(t), z(t))\sqrt{\left(\frac{dx}{dt}\right)^2+\left(\frac{dy}{dt}\right)^2+\left(\frac{dz}{dt}\right)^2}\,dt\\ &= \int_a^b f(\mathbf{x}(t))\|\mathbf{x}'(t)\|\,dt\end{aligned}$$

이고, 특히 $f(x, y, z)=1$일 때 곡선 C의 길이 L은

$$L=\int_C ds=\int_a^b \|\mathbf{x}'(t)\|\,dt$$

로 주어진다. 또한 x에 관한 C 위에서 f의 선적분은

$$\int_C f(x, y, z)\,dx = \lim_{n\to\infty}\sum_{i=1}^{n} f(x_i^*, y_i^*, z_i^*)\Delta x_i = \int_a^b f(x(t), y(t), z(t))x'(t)\,dt$$

로 정의되고, y와 z에 관한 C 위에서 f의 선적분은 각각

$$\int_C f(x, y, z)\,dy = \int_a^b f(x(t), y(t), z(t))y'(t)\,dt$$
$$\int_C f(x, y, z)\,dz = \int_a^b f(x(t), y(t), z(t))z'(t)\,dt$$

로 정의된다. x, y와 z에 관한 선적분이 동시에 나타날 경우

$$\begin{aligned}&\int_C P(x, y, z)\,dx+\int_C Q(x, y, z)\,dy+\int_C R(x, y, z)\,dz\\ &=\int_C P(x, y, z)\,dx+Q(x, y, z)\,dy+R(x, y, z)\,dz\end{aligned}$$

로 표현한다.

예제 곡선 C가 매개변수방정식

$$x=\cos t,\ y=\sin t,\ z=t\ \ (\text{단, } 0\le t\le 2\pi)$$

로 주어질 때, $\int_C (x^2+y^2+z^2)\, ds$를 구하시오.

(풀이) $ds = \sqrt{\left(\frac{dx}{dt}\right)^2 + \left(\frac{dy}{dt}\right)^2 + \left(\frac{dz}{dt}\right)^2}\, dt = \sqrt{2}\, dt$이므로

$$\int_C (x^2+y^2+z^2)\, ds = \int_0^{2\pi} (1+t^2)\sqrt{2}\, dt = \frac{2\sqrt{2}\pi}{3}(3+4\pi^2)$$

을 얻는다. ◆

2. 선적분과 일

한 직선을 따라 이동하고 있는 어떤 물체의 위치함수를 $s(t)$라고 할 때, 물체가 진행하는 방향으로 그 물체에 작용한 힘 $\mathbf{F}$는 뉴턴의 제2운동법칙에 의하여 그 물체의 질량 m과 가속도의 곱, 즉

$$\mathbf{F} = m\frac{d^2s}{dt^2}$$

로 주어진다. 특히 SI 단위계에서 질량은 kg, 변위는 m, 시간은 초 s, 그리고 힘은 뉴턴 N (= kg · m/s^2)으로 측정된다.

(1) 힘이 일정할 경우

일은 작업을 수행할 때 필요로 하는 일의 총량이다. 가속도가 일정할 때, 일정한 힘 $\mathbf{F}$에 의하여 행해진 일은 $\|\mathbf{F}\|$와 물체가 이동한 거리 d와의 곱, 즉

$$W = \|\mathbf{F}\|\, d$$

로 정의된다. $\mathbf{F}$가 뉴턴으로, d가 미터로 측정된다면 W의 단위는 N · m이며, 이것을 J (joule)이라 한다.

예 중력가속도가 $g = 9.8\,\mathrm{m/sec^2}$일 때, 질량이 $1.2\,\mathrm{kg}$인 물체를 바닥으로부터 $0.7\,\mathrm{m}$ 위로 들어올리려 한다. 이때 작용된 힘, 즉 물체의 무게는

$$\mathbf{F} = mg = 11.76\,(\mathrm{N})$$

으로 주어지므로, 행하여진 일은

$$W = \|\mathbf{F}\|\, d = 11.76 \times 0.7 \approx 8.2\,(\mathrm{J})$$

이 된다.

(2) 힘이 변하는 경우

어떤 물체가 x 축의 양의 방향으로 $x=a$에서 $x=b$까지 움직일 때, 닫힌구간 $[a, b]$의 임의의 점 x에서 연속함수 $f(x)$로 주어진 힘이 이 물체에 작용한다고 하자. 먼저 닫힌구간 $[a, b]$를 같은 길이 Δx를 갖는 n개의 부분구간으로 나누고, i번째 부분공간 $[x_{i-1}, x_i]$에서 임의의 점 x_i^*를 선택한다. 이때 점 x_i^*에서의 힘은 $f(x_i^*)$가 된다. n이 커질수록 Δx가 작아지고, 함수 f가 연속이므로 부분구간 $[x_{i-1}, x_i]$ 위에서 f는 거의 상수함수가 된다. 그러므로 질점이 x_{i-1}에서 x_i까지 이동할 때 행하여진 일 W_i는

$$W_i \approx f(x_i^*)\Delta x$$

로 주어지므로, 전 구간 $[a, b]$에서 행해진 일 W는

$$W \approx \sum_{i=1}^{n} f(x_i^*)\Delta x$$

로 주어진다. 따라서 a와 b 사이의 임의의 점 x에서 힘 $f(x)$가 물체에 작용할 때 a에서 b까지 행하여진 일 W는 극한값 $\lim_{n\to\infty}\sum_{i=1}^{n} f(x_i^*)\Delta x$가 존재할 때

$$W=\lim_{n\to\infty}\sum_{i=1}^{n} f(x_i^*)\Delta x=\int_a^b f(x)\,dx$$

로 정의된다.

예 SI 단위계에서, 원점으로부터 x 만큼 떨어져 있는 한 질점에 x^2+2x의 힘이 작용할 때, $x=1$에서 $x=3$까지 질점이 움직이며 행한 일은

$$W=\int_1^3 (x^2+2x)\,dx=\frac{50}{3}$$

이므로, $\frac{50}{3}$(J)이 된다.

3. 벡터장의 선적분과 일

(1) 힘이 일정할 경우

일정한 힘이 벡터 $\mathbf{F}=\overrightarrow{PR}$로 주어진 경우를 생각한다. 이 힘이 물체를 P에서 Q로 이동시킬 때 변위벡터는 $\mathbf{D}=\overrightarrow{PQ}$가 된다. 이때 힘 $\mathbf{F}$에 의하여 행하여진 일은 $\mathbf{D}$ 방향의 힘의

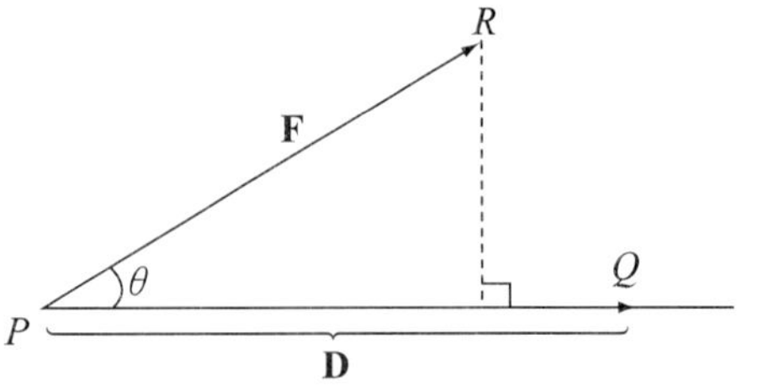

❙그림 4.6❙

성분과 움직인 거리와의 곱, 즉

$$W = (\|\mathbf{F}\| \cos\theta)\|\mathbf{D}\|$$

로 주어진다. 따라서

$$W = \|\mathbf{F}\|\|\mathbf{D}\| \cos\theta = \mathbf{F} \cdot \mathbf{D}$$

이다. 즉 $\mathbf{D}$가 변위벡터일 때, 일정한 힘 $\mathbf{F}$가 어떤 물체에 작용하여 한 일은 내적 $\mathbf{F} \cdot \mathbf{D}$로 정의된다.

예제 SI 단위계에서, 어떤 물체에 벡터 $\mathbf{F} = 3\mathbf{i} + 4\mathbf{j} + 5\mathbf{k}$로 주어진 힘이 작용하여, 점 $P(2,\ 1,\ 0)$에서 $Q(4,\ 6,\ 2)$로 이동시킬 때 한 일을 구하시오.

풀이 변위벡터가 $\mathbf{D} = \overrightarrow{PQ} = 2\mathbf{i} + 5\mathbf{j} + 2\mathbf{k}$이므로

$$W = \mathbf{F} \cdot \mathbf{D} = (3\mathbf{i} + 4\mathbf{j} + 5\mathbf{k}) \cdot (2\mathbf{i} + 5\mathbf{j} + 2\mathbf{k}) = 36$$

이다. 따라서 한 일은 36(J)이 된다. ◆

(2) 힘이 변하는 경우

어떤 물체가 구분적으로 매끄러운 곡선 C를 따라 움직일 때, 한 일을 구해보자. 이때 일의 개념으로부터 선적분을 정의한다.

평면에서 매개변수방정식

$$x = x(t),\ y = y(t)\ \ (\text{단, } a \le t \le b)$$

또는 벡터방정식 $\mathbf{r}(t) = x(t)\mathbf{i} + y(t)\mathbf{j}$로 주어진 구분적으로 매끄러운 곡선 C를 따라서 움직이는 물체에 힘 $\mathbf{F}$가 작용한다고 하자. 이때 힘 $\mathbf{F}$는 스칼라함수 P와 Q에 대하여

$$\mathbf{F}(x,\ y) = P(x,\ y)\mathbf{i} + Q(x,\ y)\mathbf{j} \tag{1}$$

인 형태로 쓸 수 있다. 이제 어떤 영역 Ω에 있는 임의의 곡선 C 위에서 $\mathbf{F}$의 값을 계산할 수 있다고 가정하고(그림 4.7 참조), 어떤 물체에 (1)로 표시된 힘 $\mathbf{F}$가 작용하여 곡선 C

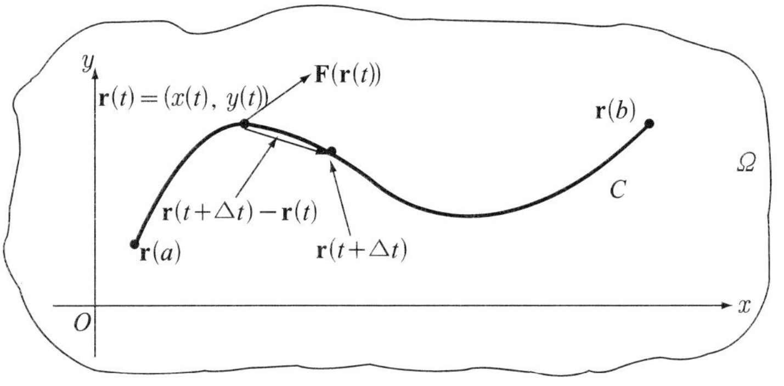

▌그림 4.7▌

위의 점 $\mathbf{r}(a)$로부터 $\mathbf{r}(b)$까지 곡선을 따라 움직일 때 한 일을 구해보자.

곡선 C 위의 점 $\mathbf{r}(a)$로부터 $\mathbf{r}(t)$까지 곡선 C를 따라 어떤 물체가 움직일 때 한 일을 $W(t)$라고 하면, $\mathbf{r}(t)$로부터 $\mathbf{r}(t+\Delta t)$까지 움직이면서 한 일은

$$W(t+\Delta t)-W(t)$$

로 주어진다. 이때 Δt가 작아지면 $\mathbf{r}(t)$와 $\mathbf{r}(t+\Delta t)$ 사이의 곡선은 벡터

$$\mathbf{r}(t+\Delta t)-\mathbf{r}(t)$$

에 접근하게 된다. 만일 Δt가 충분히 작고 $\mathbf{F}(x, y)$가 연속이면, $\mathbf{r}(t)$와 $\mathbf{r}(t+\Delta t)$ 사이에 작용하는 힘은 $\mathbf{F}(\mathbf{r}(t))$와 거의 같게 된다. 따라서

$$W=\mathbf{F}\cdot\mathbf{d}$$

에 의하여 Δt가 아주 작으면

$$W(t+\Delta t)-W(t)\approx\mathbf{F}(\mathbf{r}(t))\cdot[\mathbf{r}(t+\Delta t)-\mathbf{r}(t)]$$

가 된다. 그러므로

$$\lim_{\Delta t\to 0}\frac{W(t+\Delta t)-W(t)}{\Delta t}=\lim_{\Delta t\to 0}\left\{\mathbf{F}(\mathbf{r}(t))\cdot\frac{[\mathbf{r}(t+\Delta t)-\mathbf{r}(t)]}{\Delta t}\right\}$$

즉

$$W'(t)=\mathbf{F}(\mathbf{r}(t))\cdot\mathbf{r}'(t)$$

를 얻는다. 양변을 a에서 b까지 적분하면

$$W(b)-W(a)=\int_a^b W'(t)\,dt=\int_a^b\mathbf{F}(\mathbf{r}(t))\cdot\mathbf{r}'(t)\,dt$$

를 얻게 된다. 그런데 $W(a)=0$이고 $W(b)$가 한 일의 전부가 된다. 이것을 W로 표시하면

$$W=\int_a^b \mathbf{F}(\mathbf{r}(t))\cdot\mathbf{r}'(t)\,dt \tag{2}$$

즉

$$W=\int_a^b [P(x(t),\ y(t))\,x'(t)+Q(x(t),\ y(t))\,y'(t)]\,dt$$

로 쓸 수 있다. 이것은 어떤 물체가 곡선 C 위를 점 $\mathbf{r}(a)$로부터 $\mathbf{r}(b)$까지 움직일 때 한 일의 정의이다. 그런데 일의 정의에는

$$C:\ \mathbf{r}(t)=x(t)\mathbf{i}+y(t)\mathbf{j}$$

로 표시된 C의 매개변수가 포함되어 있는데, W의 값은 C의 매개변수에 관계없이 일정하게 된다. 따라서 (2)는 매개변수의 선택에 무관하고,

$$W=\int_C \mathbf{F}\cdot d\mathbf{r} \tag{3}$$

로 쓸 수 있다. 이때 적분 (3)을 C 위에서 $\mathbf{F}$의 선적분이라 한다.

예제 SI 단위계에서, 한 물체가 포물선 $y=2x^2$을 따라서 벡터장

$$\mathbf{F}(x,\ y)=3xy\mathbf{i}+y^2\mathbf{j}$$

로 주어진 힘을 받으면서 움직일 때, 점 $(0,\ 0)$에서 $(1,\ 1)$까지 움직이면서 한 일을 구하시오.

(풀이) C를 매개변수방정식

$$C:\ \mathbf{r}(t)=t\mathbf{i}+2t^2\mathbf{j}\ \ (\text{단},\ 0\le t\le 1)$$

로 표시할 수 있으므로

$$x(t)=t,\ y(t)=2t^2,\ P=3xy=6t^3,\ Q=y^2=4t^4$$

이 된다. 또한 $x'(t)=1,\ y'(t)=4t$이므로

$$\begin{aligned} W&=\int_C \mathbf{F}\cdot d\mathbf{r}=\int_0^1 [(6t^3)1+(4t^4)(4t)]\,dt \\ &=\int_0^1 (6t^3+16t^5)\,dt=\frac{25}{6} \end{aligned}$$

이다. 따라서 한 일은 $\frac{25}{6}$(J)이 된다. ◆

이제 평면에서의 일반적인 선적분을 정의한다.

정의 12	평면 위의 선적분

평면 위의 집합 S가 벡터방정식

$$C: \ \mathbf{r}(t) = x(t)\mathbf{i} + y(t)\mathbf{j} \ \ (\text{단, } a \le t \le b)$$

로 주어진 구분적으로 매끄러운 곡선 C를 포함하고

$$\mathbf{F}(x, y) = P(x, y)\mathbf{i} + Q(x, y)\mathbf{j}$$

로 주어진 벡터장 $\mathbf{F}$가 C 위에서 연속이라 하자. 이때 C 위에서 $\mathbf{F}$의 선적분은

$$\int_C \mathbf{F} \cdot d\mathbf{r} = \int_a^b \mathbf{F}(\mathbf{r}(t)) \cdot \mathbf{r}'(t)\, dt = \int_C \mathbf{F} \cdot \mathbf{T}\, ds$$

로 정의된다. 여기서 $\mathbf{F}(\mathbf{r}(t))$는 $\mathbf{F}(x(t), y(t))$를 축약하여 나타낸 것이다.

참고 곡선 C가 구분적으로 매끄러울 때, C를 몇 개의 매끄러운 곡선으로 분할하면 C가 연속이므로 이 분할된 곡선들은 연결된다. 이때 C가 n개의 매끄러운 곡선 C_1, C_2, $\cdots$, C_n으로 이루어지면

$$\int_C \mathbf{F} \cdot d\mathbf{r} = \int_{C_1} \mathbf{F} \cdot d\mathbf{r} + \int_{C_2} \mathbf{F} \cdot d\mathbf{r} + \cdots + \int_{C_n} \mathbf{F} \cdot d\mathbf{r}$$

이 성립한다.

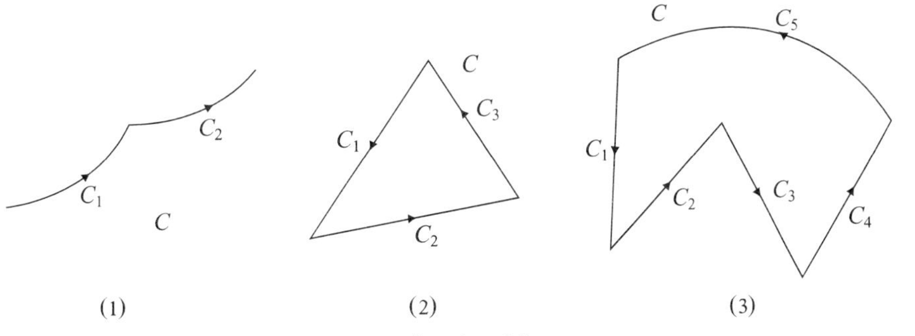

▌그림 4.8▌ □

예제 네 점 (0, 0), (2, 0), (2, 1)과 (0, 1)을 꼭지점으로 하는 직사각형으로 이루어진 C에 벡터장 $\mathbf{F}(x, y) = xy\mathbf{i} + ye^x\mathbf{j}$로 주어진 힘이 시계반대방향으로 작용할 때, 한 일 $\int_C \mathbf{F} \cdot d\mathbf{r}$을 구하시오.

(풀이) 직사각형 C는 네 개의 매끄러운 선분

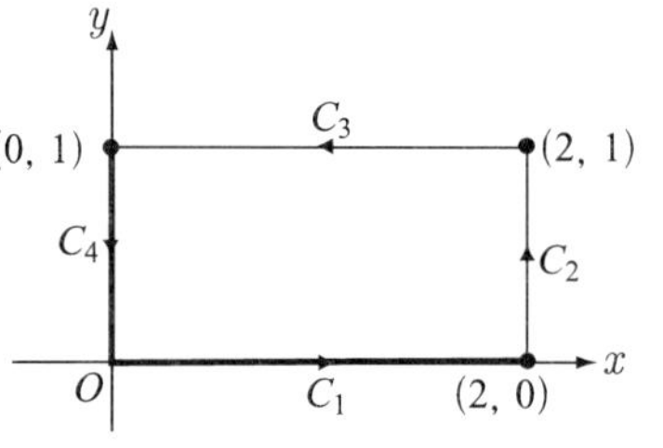

❙그림 4.9❙

$$C_1 :\ \mathbf{r}(t) = t\mathbf{i}, \qquad 0 \le t \le 2$$
$$C_2 :\ \mathbf{r}(t) = 2\mathbf{i} + t\mathbf{j}, \qquad 0 \le t \le 1$$
$$C_3 :\ \mathbf{r}(t) = (2-t)\mathbf{i} + \mathbf{j}, \qquad 0 \le t \le 2$$
$$C_4 :\ \mathbf{r}(t) = (1-t)\mathbf{j}, \qquad 0 \le t \le 1$$

로 이루어진다. 이제

$$\int_C \mathbf{F} \cdot d\mathbf{r} = \int_{C_1} \mathbf{F} \cdot d\mathbf{r} + \int_{C_2} \mathbf{F} \cdot d\mathbf{r} + \int_{C_3} \mathbf{F} \cdot d\mathbf{r} + \int_{C_4} \mathbf{F} \cdot d\mathbf{r}$$

을 구한다.

C_1에서는, $x = t,\ y = 0,\ xy = 0$과 $ye^x = 0$이므로

$$\int_{C_1} \mathbf{F} \cdot d\mathbf{r} = 0$$

C_2에서는, $x = 2,\ y = t,\ x' = 0,\ y' = 1$과 $ye^x = te^2$이므로

$$\int_{C_2} \mathbf{F} \cdot d\mathbf{r} = \int_0^1 te^2\, dt = \frac{e^2}{2}$$

C_3에서는, $x = 2-t,\ y = 1,\ x' = -1,\ y' = 0$과 $xy = 2-t$이므로

$$\int_{C_3} \mathbf{F} \cdot d\mathbf{r} = \int_0^2 (2-t)(-1)\, dt = -2$$

C_4 에서는, $x=0$, $y=1-t$, $x'=0$, $y'=-1$, $xy=0$과 $ye^x=1-t$이므로

$$\int_{C_4} \mathbf{F}\cdot d\mathbf{r} = \int_0^1 (1-t)(-1)dt = -\frac{1}{2}$$

이다. 따라서 한 일은

$$\int_C \mathbf{F}\cdot d\mathbf{r} = 0 + \frac{e^x}{2} - 2 - \frac{1}{2} = \frac{e^x}{2} - \frac{5}{2} \approx 1.2$$

로 주어진다. ◈

평면 위에서의 선적분의 개념은 공간 위의 선적분의 개념으로 확장된다.

정의 13	공간 위의 선적분

공간 위의 집합 S가 벡터방정식

$$C:\ \mathbf{r}(t) = x(t)\mathbf{i} + y(t)\mathbf{j} + z(t)\mathbf{k}\ (\text{단, } a \le t \le b)$$

로 주어진 구분적으로 매끄러운 곡선 C를 포함하고

$$\mathbf{F}(x, y, z) = P(x, y, z)\mathbf{i} + Q(x, y, z)\mathbf{j} + R(x, y, z)\mathbf{k}$$

로 정의된 벡터장 $\mathbf{F}$가 C 위에서 연속이라 하자. 이때 C 위에서 $\mathbf{F}$의 선적분은

$$\int_C \mathbf{F}\cdot d\mathbf{r} = \int_a^b \mathbf{F}(\mathbf{r}(t))\cdot \mathbf{r}'(t)\,dt = \int_C \mathbf{F}\cdot \mathbf{T}\,ds$$

로 정의된다. 여기서 $\mathbf{F}(\mathbf{r}(t))$는 $\mathbf{F}(x(t), y(t), z(t))$를 축약하여 나타낸 것이다.

예제 두 점 (3, 4, 5)와 (3, 4, 0)을 잇는 수직선분 C에 벡터함수

$$\mathbf{F}(x, y, z) = y\mathbf{i} + z\mathbf{j} + x\mathbf{k}$$

로 주어진 힘이 시계방향으로 작용할 때, 한 일 $\int_C \mathbf{F}\cdot d\mathbf{r}$을 구하시오.

풀이 두 점 (3, 4, 5)와 (3, 4, 0)을 잇는 수직선분 C는

$$\mathbf{r}(t) = 3\mathbf{i} + 4\mathbf{j} + (5-5t)\mathbf{k}\ (\text{단, } 0 \le t \le 1)$$

로 나타나므로, $\mathbf{r}'(t) = -5\mathbf{k}$이고

$$\mathbf{F}\cdot\mathbf{r}' = (y\mathbf{i} + z\mathbf{j} + x\mathbf{k})\cdot(-5\mathbf{k}) = -5x$$

이므로, 한 일은

$$\int_C \mathbf{F} \cdot d\mathbf{r} = -15$$

가 된다. ◆

참고 (벡터장과 스칼라장의 선적분) R^3 위에서 정의된 연속인 벡터장 $\mathbf{F}$가 벡터방정식 $\mathbf{F} = P\mathbf{i} + Q\mathbf{j} + R\mathbf{k}$로 주어지고, 곡선 C는 $\mathbf{r}(t)$ (단, $a \le t \le b$)로 주어진 구분적으로 매끄러운 곡선이라 하자. 그러면

$$\begin{aligned}\int_C \mathbf{F} \cdot d\mathbf{r} &= \int_a^b \mathbf{F}(\mathbf{r}(t)) \cdot \mathbf{r}'(t)\,dt \\ &= \int_a^b [P(x(t),\, y(t),\, z(t))x'(t) + Q(x(t),\, y(t),\, z(t))y'(t) \\ &\qquad + Q(x(t),\, y(t),\, z(t))z'(t)]\,dt\end{aligned}$$

로 주어진다. 그러나 이 마지막 적분은

$$\int_C P(x,\, y,\, z)\,dx + Q(x,\, y,\, z)\,dy + R(x,\, y,\, z)\,dz$$

와 같다. 그러므로 $\mathbf{F} = P\mathbf{i} + Q\mathbf{j} + R\mathbf{k}$에 대하여

$$\int_C \mathbf{F} \cdot d\mathbf{r} = \int_C P\,dx + Q\,dy + R\,dz$$

가 성립한다. □

4.4 선적분과 경로의 독립성

4.3절에서 선적분은 정적분으로 변형하여 계산하였다. 물론 선적분의 값은 일반적으로 적분경로에 의존한다. 그러나 어떤 형태의 벡터함수에 대해서는 선적분의 값이 단지 적분경로의 양 끝점에만 관련될 뿐임에 유의한다.

예제 $\mathbf{F}(x, y) = y\mathbf{i} + x\mathbf{j}$ 이고 C가 다음과 같이 주어졌을 때

$$\int_C \mathbf{F} \cdot d\mathbf{r}$$

을 구하시오.

(1) 점 (0, 0)으로부터 (1, 1)까지의 선분.

(2) 포물선 $y = x^2$ 위의 점 (0, 0)으로부터 (1, 1)까지의 부분.

(3) 곡선 $\mathbf{r}(t) = t^{3/2}\mathbf{i} + t^5\mathbf{j}$ 위의 점 (0, 0)으로부터 (1, 1)까지 사이의 부분.

풀이 (1) C는 $\mathbf{r}(t) = t\mathbf{i} + t\mathbf{j}$로 나타나므로, $\mathbf{r}'(t) = \mathbf{i} + \mathbf{j}$ 이고

$$\mathbf{F} \cdot \mathbf{r}' = (t\mathbf{i} + t\mathbf{j}) \cdot (\mathbf{i} + \mathbf{j}) = 2t$$

가 된다. 따라서

$$\int_C \mathbf{F} \cdot d\mathbf{r} = \int_0^1 2t\, dt = 1$$

(2) C는 $\mathbf{r}(t) = t\mathbf{i} + t^2\mathbf{j}$로 나타나므로, $\mathbf{r}'(t) = \mathbf{i} + 2t\mathbf{j}$ 이고

$$\mathbf{F} \cdot \mathbf{r}' = (t^2\mathbf{i} + t\mathbf{j}) \cdot (\mathbf{i} + 2t\mathbf{j}) = 3t^2$$

이 된다. 따라서

$$\int_C \mathbf{F} \cdot d\mathbf{r} = \int_0^1 3t^2\, dt = 1$$

(3) $\mathbf{r}'(t) = \dfrac{3\sqrt{t}}{2}\mathbf{i} + 5t^4\mathbf{j}$ 이고 $\mathbf{F}(x, y) = t^5\mathbf{i} + t^{3/2}\mathbf{j}$ 이므로

$$\begin{aligned}\mathbf{F} \cdot \mathbf{r}' &= (t^5\mathbf{i} + t^{3/2}\mathbf{j}) \cdot \left(\frac{3\sqrt{t}}{2}\mathbf{i} + 5t^4\mathbf{j}\right) \\ &= \frac{3}{2}t^{11/2} + 5t^{11/2} = \frac{13}{2}t^{11/2}\end{aligned}$$

이다. 따라서

$$\int_C \mathbf{F} \cdot d\mathbf{r} = \int_C \mathbf{F} \cdot \mathbf{r}'dt = \int_0^1 \frac{13}{2}t^{11/2}\, dt = 1$$

이 된다. ◆

참고 위 예제에서 전 (0, 0)으로부터 (1, 1)로 향하는 서로 다른 세 곡선에 대하여 선적분의 값이 동일함에 유의한다. □

어떤 특정한 함수는 두 점을 연결하는 임의의 구분적으로 매끄러운 곡선 C 위에서 적분하더라도 같은 값을 얻게 된다. 이 경우에 주어진 선적분은 **경로에 독립적**(independent of the path)이라고 한다. 선적분이 적분경로에 독립적이 될 조건을 다음 정리에서 밝힌다. 증명은 독자에게 남긴다.

정리 14

벡터장 $\mathbf{F}(x, y)$가 R^2의 어떤 영역 Ω에서 연속일 때, 적당한 미분가능한 함수 f에 대하여 $\mathbf{F} = \nabla f$를 만족할 필요충분조건은 Ω에 포함되는 임의의 구분적으로 매끄러운 곡선

$$C: \ \mathbf{r}(t) = x(t)\mathbf{i} + y(t)\mathbf{j} \ \ (\text{단, } a \le t \le b)$$

에 대하여, 선적분

$$\int_C \mathrm{F} \cdot d\mathbf{r}$$

이 경로에 독립적인 것이다.

예제 벡터장 $\mathbf{F}(x, y, z)$가 보존적일 필요충분조건은 $\nabla \times \mathbf{F} = \mathbf{0}$, 즉 $\mathbf{F}$가 비회전적이다.

(증명) 벡터장 $\mathbf{F}(x, y, z) = F_1(x, y, z)\mathbf{i} + F_2(x, y, z)\mathbf{j} + F_3(x, y, z)\mathbf{k}$가 보존적이면, $\mathbf{F} = \nabla\phi$를 만족하는 미분가능한 함수 $\phi(x, y, z)$가 존재하므로

$$\nabla \times \mathbf{F} = \nabla \times \nabla\phi = \mathbf{0}$$

이 된다.

역으로 $\nabla \times \mathbf{F} = \mathbf{0}$일 때, $\mathbf{F} = \nabla\phi$ 를 만족하는 미분가능한 함수 $\phi(x, y, z)$가 존재함을 보이자. $\nabla \times \mathbf{F} = \mathbf{0}$이면

$$\begin{vmatrix} \mathbf{i} & \mathbf{j} & \mathbf{k} \\ \dfrac{\partial}{\partial x} & \dfrac{\partial}{\partial y} & \dfrac{\partial}{\partial z} \\ F_1 & F_2 & F_3 \end{vmatrix} = \mathbf{0}$$

즉

$$\frac{\partial F_3}{\partial y} = \frac{\partial F_2}{\partial z}, \quad \frac{\partial F_1}{\partial z} = \frac{\partial F_3}{\partial x}, \quad \frac{\partial F_2}{\partial x} = \frac{\partial F_1}{\partial y}$$

이 된다. 한편 C가 (x_1, y_1, z_1)과 (x, y, z)를 연결하는 경로일 때, $\int_C \mathbf{F} \cdot d\mathbf{r}$은

$$\int_C F_1(x,\ y,\ z)\,dx + F_2(x,\ y,\ z)\,dy + F_3(x,\ y,\ z)\,dz$$

로 주어진다. 이때 특별한 경로로써 $(x_1,\ y_1,\ z_1)$에서 $(x,\ y_1,\ z_1)$, $(x,\ y,\ z_1)$과 $(x,\ y,\ z)$로의 선분을 선택하고, $\phi(x,\ y,\ z)$를

$$\int_{x_1}^{x} F_1(x,\ y_1,\ z_1)\,dx + \int_{y_1}^{y} F_2(x,\ y,\ z_1)\,dy + \int_{z_1}^{z} F_3(x,\ y,\ z)\,dz$$

라 놓으면 $\dfrac{\partial \phi}{\partial z} = F_3(x,\ y,\ z)$가 성립한다. 한편

$$\begin{aligned}\frac{\partial \phi}{\partial y} &= F_2(x,\ y,\ z_1) + \int_{z_1}^{z} \frac{\partial F_3(x,\ y,\ z)}{\partial y}\,dz \\ &= F_2(x,\ y,\ z_1) + \int_{z_1}^{z} \frac{\partial F_2(x,\ y,\ z)}{\partial y}\,dz \\ &= F_2(x,\ y,\ z_1) + F_2(x,\ y,\ z)\Big|_{z_1}^{z} = F_2(x,\ y,\ z)\end{aligned}$$

이고

$$\begin{aligned}\frac{\partial \phi}{\partial x} &= F_1(x,\ y_1,\ z_1) + \int_{y_1}^{y} \frac{\partial F_2(x,\ y,\ z_1)}{\partial x}\,dy + \int_{z_1}^{z} \frac{\partial F_3(x,\ y,\ z)}{\partial x}\,dz \\ &= F_1(x,\ y_1,\ z_1) + \int_{y_1}^{y} \frac{\partial F_1(x,\ y,\ z_1)}{\partial x}\,dy + \int_{z_1}^{z} \frac{\partial F_1(x,\ y,\ z)}{\partial x}\,dz \\ &= F_1(x,\ y_1,\ z_1) + F_1(x,\ y,\ z_1)\Big|_{y_1}^{y} + F_1(x,\ y,\ z)\Big|_{z_1}^{z} \\ &= F_1(x,\ y,\ z)\end{aligned}$$

이므로

$$\mathbf{F} = F_1\mathbf{i} + F_2\mathbf{j} + F_3\mathbf{k} = \frac{\partial \phi}{\partial x}\mathbf{i} + \frac{\partial \phi}{\partial y}\mathbf{j} + \frac{\partial \phi}{\partial z}\mathbf{k} = \nabla \phi$$

가 성립한다. 따라서 벡터장 $\mathbf{F}$가 보존적일 필요충분조건은 $\nabla \times \mathbf{F} = \mathbf{0}$이다. ◆

참고 정리 14에서 $\mathbf{F}$가 C에서뿐만 아니라 Ω에서 연속이라는 사실이 중요하다. □

다음 따름정리 1은 보존벡터장의 선적분은 경로에 독립적임을 보인다. 즉 보존벡터장의 선적분은 오직 경로의 시점과 종점에만 의존함을 보인다.

따름정리 1 **선적분의 기본정리**

벡터장 $\mathbf{F}(x, y)$가 R^2의 어떤 영역 Ω에서 연속일 때, 적당한 미분가능한 함수 f에 대하여 $\mathbf{F} = \nabla f$를 만족할 필요충분조건은 Ω에 포함되는 임의의 구분적으로 매끄러운 곡선

$$C: \ \mathbf{r}(t) = x(t)\mathbf{i} + y(t)\mathbf{j} \ \ (\text{단, } a \le t \le b)$$

에 대하여

$$\int_C \mathbf{F} \cdot d\mathbf{r} = \int_C \nabla f \ \cdot d\mathbf{r} = f(\mathbf{r}(b)) - f(\mathbf{r}(a))$$

가 성립하는 것이다.

(증명) R^2의 어떤 영역 Ω에서 연속인 벡터장 $\mathbf{F}(x, y)$가 적당한 미분가능한 함수 f에 대하여 $\mathbf{F} = \nabla f$를 만족한다고 하자. 그러면 Ω에 포함되는 임의의 구분적으로 매끄러운 곡선

$$C: \ \mathbf{r}(t) = x(t)\mathbf{i} + y(t)\mathbf{j} \ \ (\text{단, } a \le t \le b)$$

에 대하여

$$\begin{aligned}\int_C \mathbf{F} \cdot d\mathbf{r} = \int_C \nabla f \ \cdot d\mathbf{r} &= \int_a^b \nabla f(\mathbf{r}(t)) \cdot \mathbf{r}'(t)\, dt \\ &= \int_a^b \left(\frac{\partial f}{\partial x}\frac{dx}{dt} + \frac{\partial f}{\partial y}\frac{dy}{dt} + \frac{\partial f}{\partial z}\frac{dz}{dt}\right) dt \\ &= \int_a^b \frac{d}{dt} f(\mathbf{r}(t))\, dt \\ &= f(\mathbf{r}(b)) - f(\mathbf{r}(a))\end{aligned}$$

가 성립한다. 역이 성립함은 독자에게 남긴다. ◈

따름정리 1은 보존벡터장의 선적분이 C의 양 끝점(시점과 종점)에서 f의 함수값을 구하여 간단히 계산할 수 있음을 의미하므로, 미적분학의 기본정리와 유사한 선적분의 기본정리라고 할 수 있다. 즉 R^2의 어떤 영역 Ω에서 연속인 벡터장 $\mathbf{F}(x, y)$에 대하여 $\mathbf{F} = \nabla f$를 만족하는 미분가능한 함수 $f(x, y)$가 존재할 때, C가 시점 $A(x_1, y_1)$과 종점 $B(x_2, y_2)$를 갖는 구분적으로 매끄러운 곡선이면

$$\int_C \mathbf{F} \cdot d\mathbf{r} = \int_C \nabla f \ \cdot d\mathbf{r} = f(x_2, y_2) - f(x_1, y_1)$$

이 성립함을 의미한다.

예 $\mathbf{F}(x,\ y) = y\mathbf{i} + x\mathbf{j}$이고 C가 점 $(0,\ 0)$에서 시작하여 $(1,\ 1)$에서 끝나는 임의의 구분적으로 매끄러운 곡선일 때

$$\mathbf{F}(x,\ y) = y\mathbf{i} + x\mathbf{j} = \nabla(xy)$$

이므로

$$\int_C \mathbf{F} \cdot d\mathbf{r} = xy\,|_{(1,\ 1)} - xy\,|_{(0,\ 0)} = 1 - 0 = 1$$

이 된다.

예제 $\mathbf{F}(x,\ y) = (2y^2 - 12x^3y^3)\mathbf{i} + (4xy - 9x^4y^2)\mathbf{j}$이고 C가 점 $(1,\ 1)$과 $(3,\ 2)$를 잇는 구분적으로 매끄러운 곡선일 때, 선적분

$$\int_C (2y^2 - 12x^3y^3)\,dx + (4xy - 9x^4y^2)\,dy$$

의 값을 구하시오.

(풀이) 미분가능한 함수 $f(x,\ y) = 2xy^2 - 3x^4y^3$이 $\mathbf{F} = \nabla f$를 만족하기 때문에, $\mathbf{F}$는 보존적벡터장이 된다. 따라서 선적분은 곡선의 경로에 독립적이고

$$\int_C (2y^2 - 12x^3y^3)\,dx + (4xy - 9x^4y^2)\,dy = f(3,\ 2) - f(1,\ 1) = -1919$$

가 된다. ◆

곡선 C가 양 끝점 사이의 어떤 곳에서도 서로 교차하지 않을 때, C를 <u>단순곡선</u>(simple curve)이라고 한다. 즉

$$C:\ \mathbf{r}(t) = x(t)\mathbf{i} + y(t)\mathbf{j}\ \ (\text{단},\ a \le t \le b)$$

로 주어졌을 때, C가 단순곡선일 필요충분조건은

임의의 $t_1 \neq t_2$에 대하여, $\mathbf{r}(t_1) \neq \mathbf{r}(t_2)$

가 성립하는 것이다. 특히 C에서 시점과 종점이 같을 때 닫힌곡선 또는 폐곡선이라 한다. 닫힌곡선일 경우는, 양 끝점을 제외한 부분에서 교차하지 아니할 때 단순곡선이 된다.

(1) 닫힘, 단순 (2) 닫힘은 아니지만 단순 (3) 닫힘도 단순도 아님 (4) 닫힘이지만 단순이 아님

▎그림 4.10▎

C가 구분적으로 매끄러운 닫힌곡선일 때, 다음 따름정리 2를 얻는다.

따름정리 2

벡터장 $\mathbf{F}(x, y)$가 R^2의 어떤 영역 Ω에서 연속일 때, $\mathbf{F} = \nabla f$를 만족하는 미분가능한 함수 f가 존재할 필요충분조건은 Ω에 포함되는 임의의 구분적으로 매끄러운 닫힌곡선

$$C: \ \mathbf{r}(t) = x(t)\mathbf{i} + y(t)\mathbf{j}$$

에 대하여

$$\oint_C \mathbf{F} \cdot d\mathbf{r} = 0$$

이 성립하는 것이다. 이때 기호 $\oint_C$는 적분할 때 C의 방향이 시계반대방향임을 의미한다.

따름정리 2는 물리적으로 "보존벡터장에 의하여 어떤 입자가 구분적으로 매끄러운 닫힌경로를 따라 한바퀴 완전히 돌았을 때, 한 일의 양은 0이다."로 해석할 수 있다.

따름정리 3

벡터장 $\mathbf{F}(x, y)$가 R^2의 어떤 영역 Ω에서 연속일 때, 다음 두 명제는 동치이다.

(1) Ω에 포함되는 임의의 구분적으로 매끄러운 곡선 C에 대하여

$$\int_C \mathbf{F} \cdot d\mathbf{r}$$

은 경로에 독립적이다.

(2) Ω에 포함되는 임의의 구분적으로 매끄러운 닫힌곡선 C'에 대하여

$$\oint_{C'} \mathbf{F} \cdot d\mathbf{r} = 0$$

이 된다.

이제 벡터장 $\mathbf{F}$가 적당한 미분가능한 함수 f에 대하여 $\mathbf{F} = \nabla f$를 만족하는지, 즉 $\mathbf{F}$가 보존벡터장이 되는지를 판별할 수 있는 방법에 대하여 알아본다.

정리 15

벡터장 $\mathbf{F}(x, y) = P(x, y)\mathbf{i} + Q(x, y)\mathbf{j}$의 성분함수 P와 Q가 영역 D에서 연속인 일계 편도함수를 가질 때, $\mathbf{F} = \nabla f$를 만족하는 미분가능한 함수 f가 존재하면 D에서

$$\frac{\partial P}{\partial y} = \frac{\partial Q}{\partial x}$$

가 성립한다.

(증명) 벡터장 $\mathbf{F}$의 성분함수 P와 Q가 영역 D에서 연속인 일계 편도함수를 가질 때 D에서 $\mathbf{F} = \nabla f$, 즉

$$P = \frac{\partial f}{\partial x},\ Q = \frac{\partial f}{\partial y}$$

를 만족하는 미분가능한 함수 f가 존재한다고 가정하자. 그러면

$$\frac{\partial P}{\partial y} = \frac{\partial^2 f}{\partial y\,\partial x} = \frac{\partial^2 f}{\partial x\,\partial y} = \frac{\partial Q}{\partial y}$$

가 성립한다. ◆

예 벡터장

$$\mathbf{F}(x, y) = (x - y)\mathbf{i} + (x - 2)\mathbf{j}$$

는 R^2의 어떤 영역 Ω에서 보존벡터장이 아니다. 왜냐하면

$$P(x, y) = x - y,\ Q(x, y) = x - 2$$

라 할 때, $\dfrac{\partial P}{\partial y} = -1$, $\dfrac{\partial Q}{\partial x} = 1$이 성립하기 때문이다.

정리 15의 역은 일반적으로 성립하지 않음에 유의한다. 역이 성립하기 위해서는 영역 D가 열린단순연결영역이어야 한다.

예제 벡터장

$$\mathbf{F}(x,\ y)=\frac{y}{x^2+y^2}\mathbf{i}-\frac{x}{x^2+y^2}\mathbf{j}$$

는 영역 $D=\{(x,\ y)\mid 0<x^2+y^2<4\}$에서 $\dfrac{\partial P}{\partial y}=\dfrac{\partial Q}{\partial x}$를 만족하지만, D에서 보존적이 아니다.

(증명) $\dfrac{\partial P}{\partial y}=\dfrac{x^2-y^2}{(x^2+y^2)^2}=\dfrac{\partial Q}{\partial x}$가 성립한다. 그러나 C를

$$\mathbf{r}(t)=(\cos t)\mathbf{i}+(\sin t)\mathbf{j}\ \ (\text{단},\ 0\le t\le 2\pi)$$

인 단위원으로 잡으면, $\mathbf{x}'(t)=(-\sin t)\mathbf{i}+(\cos t)\mathbf{j}$이고

$$\oint_C \mathbf{F}\cdot d\mathbf{r}=-\int_0^{2\pi} dt=-2\pi$$

가 된다. 따라서 **F**는 보존적이 아니다. 왜냐하면 만일 **F**가 보존적이라면 따름정리 2에 의하여 $\oint_C \mathbf{F}\cdot d\mathbf{r}=0$을 만족하여야 하기 때문이다. ◆

위 예제에서의 문제점은 **F**가 원점에서 정의되지 않기 때문이다.

요 약

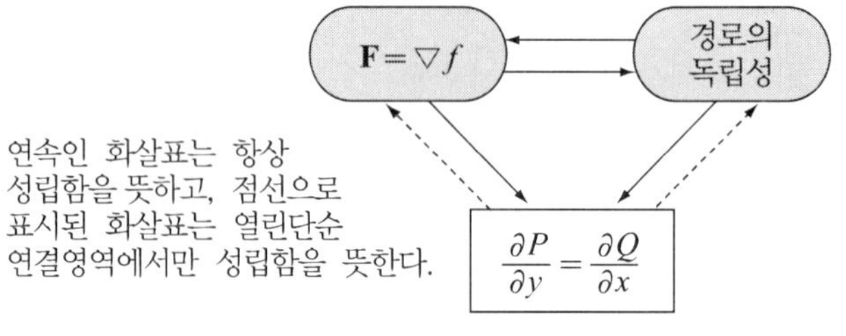

❙그림 4.11❙

정의 16	단순연결영역
Ω를 xy 평면에서 연결집합이라 하고, Ω에서 임의의 구분적으로 매끄러운 단순닫힌곡선을 C라 하자. 이때 C로 둘러싸인 영역의 모든 점이 Ω의 점이 될 때 Ω를 **단순연결영역**(simple connected region)이라 한다.	

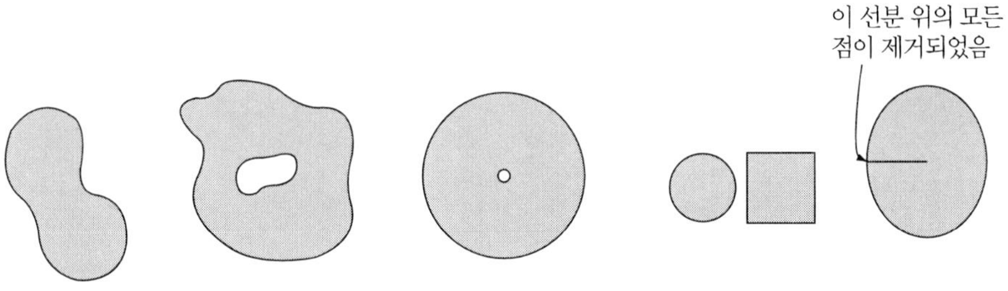

❚ 그림 4.12 ❚

참고 영역이 단순연결영역이 되기 위해서는 영역 내부에 구멍 (hole)이 없어야 하고, 여러 부분으로 분리되지 않아야 한다. □

정리 15의 역은 함수의 정의역을 열린단순연결영역으로 제한할 경우에 성립한다. 다음 정리는 그린 정리의 한 결과로서 얻어진다. 자세한 내용은 4.5절에서 설명한다.

정리 17

벡터장 $\mathbf{F}(x, y) = P(x, y)\mathbf{i} + Q(x, y)\mathbf{j}$의 성분함수 P와 Q가 어떤 열린단순연결영역 D에서 연속인 일계 편도함수를 가질 때, D에서 적당한 미분가능한 함수 f에 대하여 $\mathbf{F} = \nabla f$를 만족할 필요충분조건은 D에서

$$\frac{\partial P}{\partial y} = \frac{\partial Q}{\partial x}$$

가 성립하는 것이다.

정리 14와 정리 17로부터 다음 따름정리 4를 얻는다.

따름정리 4

벡터장 $\mathbf{F}(x, y) = P(x, y)\mathbf{i} + Q(x, y)\mathbf{j}$에 대하여 성분함수 P와 Q가 어떤 열린단순연결영역 D에서 연속인 일계 편도함수를 가질 때, D에서 $\dfrac{\partial P}{\partial y} = \dfrac{\partial Q}{\partial x}$ 가 성립할 필요충분조건은 D에 포함되는 임의의 구분적으로 매끄러운 곡선

$$C : \ \mathbf{r}(t) = x(t)\mathbf{i} + y(t)\mathbf{j} \ \ (\text{단, } a \le t \le b)$$

에 대하여

$$\int_C \mathbf{F} \cdot d\mathbf{r}$$

이 경로에 독립적인 것이다. 즉

$$\int_C \mathbf{F} \cdot d\boldsymbol{r} = \int_C \nabla f \ \cdot d\mathbf{r} = f(\mathbf{r}(b)) - f(\mathbf{r}(a))$$

가 성립하는 것이다.

예 경로 $x^4 - 6xy^3 = 4y^2$을 따라

$$\int_{(0,\ 0)}^{(2,\ 1)} (10x^4 - 2xy^3)\,dx - 3x^2y^2\,dy$$

를 구해보자.

$$P(x,\ y) = 10x^4 - 2xy^3,\ \ Q(x,\ y) = -3x^2y^2$$

이라 놓으면, $\dfrac{\partial P}{\partial y} = -6xy^2 = \dfrac{\partial Q}{\partial x}$이고

$$d(2x^5 - x^2y^3) = (10x^4 - 2xy^3)\,dx - 3x^2y^2\,dy$$

이므로

$$\int_{(0,\ 0)}^{(2,\ 1)} (10x^4 - 2xy^3)\,dx - 3x^2y^2\,dy$$
$$= \int_{(0,\ 0)}^{(2,\ 1)} d(2x^5 - x^2y^3) = (2x^5 - x^2y^3)\Big|_{(0,\ 0)}^{(2,\ 1)} = 60$$

이 된다.

예제 벡터장 $\mathbf{F}(x,\ y) = x^3y^4\,\mathbf{i} + x^4y^3\,\mathbf{j}$에 대하여 $\mathbf{F} = \nabla f$를 만족하는 함수 f를 구하시오. 또한 이 사실을 이용하여 곡선 C가

$$\mathbf{r}(t) = \sqrt{t}\ \mathbf{i} + (1 + t^3)\mathbf{j}\ \ (\text{단},\ 0 \le t \le 1)$$

로 주어질 때 $\int_C \mathbf{F} \cdot d\mathbf{r}$을 구하시오.

(풀이) $P(x, y)=x^3y^4$과 $Q(x, y)=x^4y^3$으로 놓으면

$$\frac{\partial P}{\partial y}=4x^3y^3=\frac{\partial Q}{\partial x}$$

가 성립한다. 따라서 $\mathbf{F}=\nabla f$를 만족하는 미분가능한 함수 f를 구할 수 있다. $\frac{\partial f}{\partial x}=P$로부터

$$f(x, y)=\frac{1}{4}x^4y^4+g(y)$$

가 되고, 이것을 y에 관하여 미분하면

$$Q=\frac{\partial f}{\partial y}=x^4y^3+g'(y)=x^4y^3$$

을 얻게 되므로, $g'(y)=0$, 즉 $g(y)=K$ (단, K는 상수)가 된다. 따라서

$$f(x, y)=\frac{1}{4}x^4y^4+K$$

를 얻는다. 그런데 곡선 C의 시점이 $\mathbf{r}(0)=(0, 1)$이고 종점이 $\mathbf{r}(1)=(1, 2)$이므로

$$\int_C \mathbf{F}\cdot d\mathbf{r}=f(1, 2)-f(0, 1)=4$$

가 된다. ◆

벡터장 $\mathbf{F}$가 보존적이면 어떤 물체가 두 점 사이를 움직이면서 한 일은 오직 주어진 두 점에만 의존하고 물체가 움직인 중간 경로에는 무관함을 바로 유도할 수 있다.

만일 정의역이 열린단순연결영역이면, 벡터장이 보존적인지를 결정하기 위해서는

$$\frac{\partial P}{\partial y}=\frac{\partial Q}{\partial x}$$

가 성립하는지만 확인하면 됨에 유의한다.

정의 18	스칼라포텐셜

$\mathbf{F}$가 벡터장일 때, $\mathbf{F}=-\nabla f$를 만족하는 미분가능한 함수 f를 $\mathbf{F}$의 스칼라포텐셜(scalar potential of $\mathbf{F}$)이라고 한다. 여기서

$$-\nabla f=\nabla(-f)$$

이다.

예 (중력포텐셜) 질량이 각각 m_1과 m_2인 두 물체 M_1과 M_2 사이에 작용하는 중력의 크기는 $\|\mathbf{F}\| = \dfrac{Gm_1 m_2}{\|\mathbf{r}\|^2}$로 주어진다. 여기서 한 물체는 원점에 있고 다른 한 물체는 $r = \|\mathbf{r}\|$ 단위길이 만큼 떨어진 곳에 있음을 나타낸다. 이때 $\mathbf{F} = \nabla\left(\dfrac{Gm_1 m_2}{\|\mathbf{r}\|}\right)$이므로, $\mathbf{F}$는 보존적이고 $\dfrac{Gm_1 m_2}{\|\mathbf{r}\|}$는 스칼라포텐셜이 된다.

한편 점 $\mathbf{x}$에서의 **중력포텐셜**(gravitational potential)을 단위질량의 물체를 무한대 점에서 $\mathbf{x}$까지 옮기는 데 필요한 일로 정의하면

$$\int_C \mathbf{F} \cdot d\mathbf{x}$$

가 된다. 여기서 C는 ∞로부터 $\mathbf{x}$까지의 확장된 개념의 선분이다.

4.5 평면에서의 그린 정리

이 절에서는 선적분과 중적분 사이에 중요한 관계를 맺는 그린 정리에 대하여 서술한다. 그린 정리는 구분적으로 매끄러운 단순닫힌곡선 C에 따르는 선적분과, C에 의하여 유계된 평면영역 위에서의 중적분 사이의 관계이다.

이제부터 그린 정리를 설명함에 있어서, 평면에서의 단순연결영역 Ω의 가장자리를 따라서 생기는 구분적으로 매끄러운 단순닫힌곡선, 즉 Ω의 **경계**(boundary)를 $\partial\Omega$로 나타내기로 하고, $\partial\Omega$의 양의 방향은 시계반대방향으로 움직이는 것으로 약속한다.

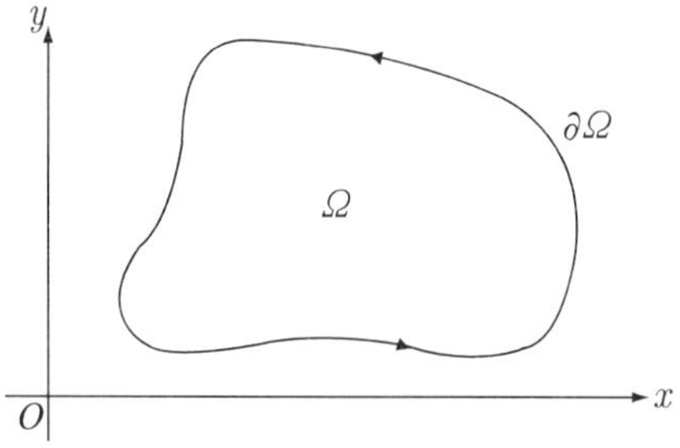

▌그림 4.13▐

곡선 $\partial\Omega$가

$$\partial\Omega:\ \mathbf{r}(t)=x(t)\mathbf{i}+y(t)\mathbf{j}$$

로 주어지면, 벡터장

$$\mathbf{F}(x,\ y)=P(x,\ y)\mathbf{i}+Q(x,\ y)\mathbf{j}$$

에 대하여

$$\mathbf{F}\cdot d\mathbf{r}=P(x,\ y)\,dx+Q(x,\ y)\,dy$$

가 성립한다. 그러므로 곡선 $\partial\Omega$를 따라서 $\mathbf{F}$의 선적분을

$$\oint_{\partial\Omega} P\,dx+Q\,dy$$

로 정의한다. 이때 기호 $\oint_{\partial\Omega}$는 $\partial\Omega$가 구분적으로 매끄러운 단순닫힌곡선이고, 적분할 때 $\partial\Omega$의 방향이 시계반대방향임을 의미한다.

참고 그린 (Green)의 이름에서 유래한 **그린 정리** (Green's theorem)는 R^2에 있는 단순연결영역의 경계 위에서 함수의 선적분이 그 영역 위에서의 중적분과 관계가 있음을 보여준다. 그린 정리는 1846년 캘빈 (Kelvin)에 의해 재발견됨으로써 비로소 주목을 받게 되었고, 러시아의 수학자 오스트로그라드스키(Ostrogradski)도 그린과는 독립적으로 이 정리를 발견하였다. 그린 정리는 가우스 (Gauss)의 정리로도 알려져 있으며, 벡터해석의 첫 번째 중요한 결과이다. □

정리 19 **평면에서의 그린 정리**

xy 평면에서 단순연결영역인 Ω가 구분적으로 매끄러운 단순닫힌곡선

$$\partial\Omega:\ \mathbf{r}(t)=x(t)\mathbf{i}+y(t)\mathbf{j}$$

에 의하여 둘러싸여 있다고 하자. 벡터장

$$\mathbf{F}(x,\ y)=P(x,\ y)\mathbf{i}+Q(x,\ y)\mathbf{j}$$

에 대하여 성분함수 P와 Q가 Ω를 포함하는 어떤 열린단순연결영역에서 연속인 일계 편도함수를 가지면

$$\oint_{\partial\Omega} P\,dx+Q\,dy=\int\!\!\int_{\Omega}\left(\frac{\partial Q}{\partial x}-\frac{\partial P}{\partial y}\right)dx\,dy$$

가 성립한다. 이때 $\oint_{\partial\Omega}\mathbf{F}\cdot d\mathbf{r}=\oint_{\partial\Omega}P\,dx+Q\,dy$로 주어진다.

증명 단순연결영역 Ω가 특별한 형태

$$\Omega = \{(x,\ y) \mid a \le x \le b,\ g_1(x) \le y \le g_2(x)\} \tag{1}$$

또는

$$\Omega = \{(x,\ y) \mid h_1(y) \le x \le h_2(y),\ c \le y \le d\} \tag{2}$$

일 때에 한하여, 그린 정리를 부분적으로 증명한다. (일반적인 단순연결영역에 대한 그린 정리의 증명은 참고문헌 12를 참조)

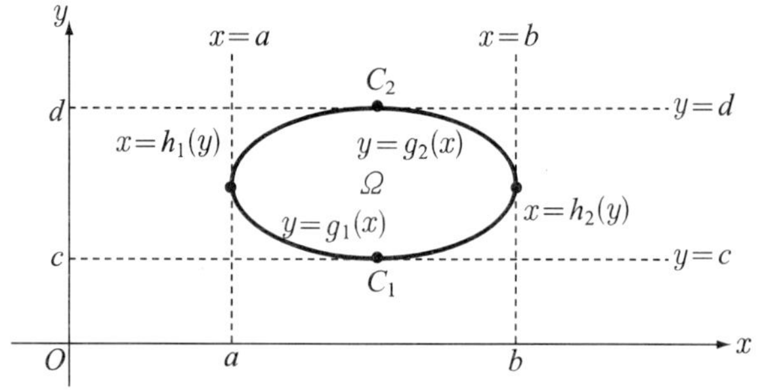

▌그림 4.14▐

먼저 (1)에 대하여 계산하면

$$\begin{aligned}\iint_\Omega \frac{\partial P}{\partial y}\, dx\, dy &= \int_a^b \left\{ \int_{g_1(x)}^{g_2(x)} \frac{\partial P}{\partial y}\, dy \right\} dx \\ &= \int_a^b \left\{ P(x,\ y) \Big|_{y=g_1(x)}^{y=g_2(x)} \right\} dx \\ &= \int_a^b \Big[P(x,\ g_2(x)) - P(x,\ g_1(x)) \Big] dx\end{aligned}$$

를 얻는다. 한편

$$\oint_{\partial\Omega} P\, dx = \int_{C_1} P\, dx + \int_{C_2} P\, dx$$

가 성립한다. 여기서 C_1은 $x=a$에서 $x=b$까지의 $g_1(x)$의 그래프이고, C_2는 $x=b$에서 $x=a$까지의 $g_2(x)$의 그래프이다. C_1에서는 $y=g_1(x)$이고 C_2에서는 $y=g_2(x)$이므로

$$\int_{C_1} P(x,\ y)\, dx = \int_a^b P(x,\ g_1(x))\, dx$$

$$\int_{C_2} P(x,\ y)\,dx = \int_b^a P(x,\ g_2(x))\,dx = -\int_a^b P(x,\ g_2(x))\,dx$$

가 된다. 그러므로

$$\begin{aligned}\oint_{\partial\Omega} P\,dx &= \int_a^b P(x,\ g_1(x))\,dx - \int_a^b P(x,\ g_2(x))\,dx \\ &= -\int_a^b \left[P(x,\ g_2(x)) - P(x,\ g_1(x)) \right] dx\end{aligned}$$

가 성립한다. 따라서

$$\iint_{\Omega} -\frac{\partial P}{\partial y}\,dx\,dy = \oint_{\partial\Omega} P\,dx \tag{3}$$

를 얻는다. 마찬가지로 (2)를 사용하여 계산하면

$$\begin{aligned}\iint_{\Omega} \frac{\partial Q}{\partial x}\,dx\,dy &= \int_c^d \left\{ \int_{h_1(y)}^{h_2(y)} \frac{\partial Q}{\partial x}\,dx \right\} dy \\ &= \int_c^d \left[Q(h_2(y),\ y) - Q(h_1(y),\ y) \right] dy\end{aligned}$$

가 되고, 같은 방법으로

$$\iint_{\Omega} \frac{\partial Q}{\partial x}\,dx\,dy = \oint_{\partial\Omega} Q\,dy \tag{4}$$

를 유도한다. (3)과 (4)를 더하면, Ω가 (1)과 (2)의 식으로 표시된 특별한 경우일 때의 그린 정리를 얻는다. ◆

예 단순연결영역 Ω가 $\{(x,\ y) \mid 0 \le x \le 1,\ 1 \le y \le 3\}$으로 주어실 때

$$\oint_{\partial\Omega} xy\,dx + (x-y)\,dy$$

를 구해보자. $P(x,\ y) = xy$, $Q(x,\ y) = x - y$로 두면, $\partial Q / \partial x = 1$과 $\partial P / \partial y = x$이므로

$$\begin{aligned}\oint_{\partial\Omega} xy\,dx + (x-y)\,dy &= \iint_{\Omega} \left(\frac{\partial Q}{\partial x} - \frac{\partial P}{\partial y} \right) dx\,dy \\ &= \int_0^1 \int_1^3 (1-x)\,dy\,dx\end{aligned}$$

$$= \int_0^1 2(1-x)\,dx = 1$$

을 얻는다.

예제 Ω가 $y=x$와 $y=x^2$에 의해 둘러싸인 단순연결영역일 때

$$\oint_{\partial\Omega} (xy+y^2)\,dx + x^2\,dy$$

에 대하여 평면에서의 그린 정리가 성립함을 확인하시오.

풀이 $y=x$와 $y=x^2$은 $(0,\ 0)$과 $(1,\ 1)$에서 교차한다. 먼저 $(0,\ 0)$에서 $(1,\ 1)$까지 $y=x^2$을 따라 양의 방향으로 선적분을 구하면

$$\int_0^1 \{(x)(x^2)+x^4\}\,dx + (x^2)(2x)dx = \int_0^1 (3x^3+x^4)dx = \frac{19}{20}$$

이다. 또한 $(1,\ 1)$에서 $(0,\ 0)$까지 $y=x$를 따라 양의 방향으로 선적분을 구하면

$$\int_1^0 \{(x)(x)+x^2\}\,dx + x^2\,dx = \int_1^0 3x^2\,dx = -1$$

이므로, 구하고자 하는 선적분은 $-\dfrac{1}{20}$이 된다. 한편

$$P(x,\ y) = xy+y^2,\ \ Q(x,\ y) = x^2$$

으로 두면

$$\begin{aligned}
\iint_\Omega \left(\frac{\partial Q}{\partial x} - \frac{\partial P}{\partial y}\right) dx\,dy &= \iint_\Omega \left[\frac{\partial}{\partial x}(x^2) - \frac{\partial}{\partial y}(xy+y^2)\right] dx\,dy \\
&= \iint_\Omega (x-2y)\,dx\,dy \\
&= \int_{x=0}^1 \int_{y=x^2}^x (x-2y)\,dy\,dx \\
&= \int_0^1 (x^4-x^3)dx = -\frac{1}{20}
\end{aligned}$$

을 얻는다. 따라서 그린 정리가 성립함을 확인하였다. ◆

참고 벡터장 $\mathbf{F}(x, y) = \dfrac{y}{x^2+y^2}\mathbf{i} - \dfrac{x}{x^2+y^2}\mathbf{j}$는 영역 $D = \{(x, y) \mid 0 < x^2+y^2 < 4\}$에서 $\dfrac{\partial P}{\partial y} = \dfrac{\partial Q}{\partial x}$를 만족하지만, D에서 보존적이 아니다. 이 경우는 $\mathbf{F}$의 정의역이 단순연결영역이 아니었다. 그러나 정리 15는 임의의 단순연결영역 Ω까지 확장될 수 있고, 덧붙여서 $\mathbf{F}$가 보존적이면 그린 정리에 의하여

$$\oint_{\partial\Omega} \mathbf{F} \cdot d\mathbf{r} = \oint_{\partial\Omega} P\,dx + Q\,dy = \iint_{\Omega} \left(\frac{\partial Q}{\partial x} - \frac{\partial P}{\partial y}\right) dx\,dy = 0$$

이 성립함을 알 수 있다. □

그린 정리는 역방향으로 이용된다. 예를 들면 Ω가 xy 평면 안의 단순연결영역으로 구분적으로 매끄러운 곡선 $\partial\Omega$에 의하여 둘러싸여 있을 때, 곡선 $\partial\Omega$ 위에서

$$P(x, y) = Q(x, y) = 0$$

이면, 그린 정리에 의하여

$$\iint_{\Omega} \left(\frac{\partial Q}{\partial x} - \frac{\partial P}{\partial y}\right) dx\,dy = \oint_{\partial\Omega} P\,dx + Q\,dy = 0$$

을 얻는다. 그린 정리의 역방향은 면적을 구하는 데도 유용하게 이용된다. Ω가 xy 평면 안의 단순연결영역으로 구분적으로 매끄러운 곡선 $\partial\Omega$에 의하여 둘러싸여 있을 때

$$\Omega \text{의 면적} = \iint_{\Omega} dA$$

이므로, 그린 정리에 의하여

$$\iint_{\Omega} dA = \oint_{\partial\Omega} x\,dy = \oint_{\partial\Omega} (-y)\,dx = \frac{1}{2}\oint_{\partial\Omega} \{(-y)\,dx + x\,dy\}$$

가 된다. 여기에 있는 선적분들은 모두 면적을 계산하는 데 이용될 수 있음에 유의한다.

예제 그린 정리를 이용하여, 타원 $\dfrac{x^2}{a^2} + \dfrac{y^2}{b^2} = 1$로 둘러싸인 단순연결영역 Ω의 면적 A를 구하시오.

(풀이) 이 타원을 매개변수로 표시하면

$$C : \mathbf{r}(t) = (a\cos t)\mathbf{i} + (b\sin t)\mathbf{j} \quad (\text{단, } 0 < t < 2\pi)$$

이므로

$$\begin{aligned} A &= \frac{1}{2}\oint_C x\,dy - y\,dx \\ &= \frac{1}{2}\int_0^{2\pi} (a\cos\theta)(b\cos\theta)\,d\theta - (b\sin\theta)(-a\sin\theta)\,d\theta \\ &= \frac{1}{2}\int_0^{2\pi} ab\,(\cos^2\theta + \sin^2\theta)\,d\theta \\ &= \frac{1}{2}\int_0^{2\pi} ab\,d\theta = \pi ab \end{aligned}$$

가 된다. 이렇게 면적을 구하는 것이 $\iint_\Omega dx\,dy$를 직접 구하는 것보다 훨씬 쉽다는 사실에 유의한다. ◆

이제 그린 정리를 이와 동치인 두 벡터형식으로 표현해 보기로 한다. 이것은 그린 정리로서 벡터를 해석하는데 있어서 매우 흥미롭고 중요하다.

참고 기호 ∇를 벡터함수 $\frac{\partial}{\partial x}\mathbf{i} + \frac{\partial}{\partial y}\mathbf{j}$로 정의할 때, $\mathbf{F} = P\,\mathbf{i} + Q\,\mathbf{j}$이면

$$\nabla \times \mathbf{F} = \begin{vmatrix} \mathbf{i} & \mathbf{j} & \mathbf{k} \\ \frac{\partial}{\partial x} & \frac{\partial}{\partial y} & 0 \\ P & Q & 0 \end{vmatrix} = \left(\frac{\partial Q}{\partial x} - \frac{\partial P}{\partial y}\right)\mathbf{k}$$

이므로 $\frac{\partial Q}{\partial x} - \frac{\partial P}{\partial y} = (\nabla \times \mathbf{F}) \cdot \mathbf{k}$가 된다. 마찬가지로

$$\nabla \cdot \mathbf{F} = \left(\frac{\partial}{\partial x}\mathbf{i} + \frac{\partial}{\partial y}\mathbf{j}\right) \cdot (P\,\mathbf{i} + Q\,\mathbf{j}) = \frac{\partial P}{\partial x} + \frac{\partial Q}{\partial y}$$

이므로

$$\frac{\partial Q}{\partial x} + \frac{\partial P}{\partial y} = \nabla \cdot \mathbf{F}$$

가 된다. □

$\mathbf{T}$가 어떤 곡선 $\mathbf{r}(t) = x(t)\mathbf{i} + y(t)\mathbf{j}$의 접선방향의 단위벡터이고, s가 호의 길이를 나타내는 매개변수이면

$$\mathbf{T} = \frac{d\mathbf{r}}{ds} \quad \text{또는} \quad d\mathbf{r} = \mathbf{T}\,ds$$

가 된다. 이제 $\mathbf{T}$가 $\partial\Omega$에 대한 단위접선벡터이고, $\mathbf{F}=P\mathbf{i}+Q\mathbf{j}$라 하면

$$\oint_{\partial\Omega} P\,dx+Q\,dy=\oint_{\partial\Omega}\mathbf{F}\cdot d\mathbf{r}=\oint_{\partial\Omega}\mathbf{F}\cdot\mathbf{T}\,ds$$

가 된다. 따라서 그린 정리를 사용하면 다음을 얻는다. 이 형식의 그린 정리를 평면에서의 스톡스 정리 (Stokes' theorem)라고도 한다.

정리 20　그린 정리의 제1벡터형식

xy 평면 안의 단순연결영역 Ω가 구분적으로 매끄러운 단순닫힌곡선 $\partial\Omega$에 의하여 둘러싸여 있다고 하자. 이때 벡터장

$$\mathbf{F}(x,\ y)=P(x,\ y)\mathbf{i}+Q(x,\ y)\mathbf{j}$$

에 대하여, 성분함수 P와 Q가 Ω를 포함하는 어떤 열린단순연결영역에서 연속인 일계 편도함수를 가지면

$$\oint_{\partial\Omega}\mathbf{F}\cdot d\mathbf{r}=\oint_{\partial\Omega}\mathbf{F}\cdot\mathbf{T}\,ds=\iint_{\Omega}(\nabla\times\mathbf{F})\cdot\mathbf{k}\,dx\,dy$$

가 성립한다.

정리 19의 식

$$\oint_{\partial\Omega} P\,dx+Q\,dy=\iint_{\Omega}\left(\frac{\partial Q}{\partial x}-\frac{\partial P}{\partial y}\right)dx\,dy$$

에서, P 대신에 $-Q$, Q 대신에 P를 대입하면

$$\oint_{\partial\Omega} -Q\,dx+P\,dy=\iint_{\Omega}\left(\frac{\partial P}{\partial x}+\frac{\partial Q}{\partial y}\right)dx\,dy$$

가 된다. 그런데 $\mathbf{T}ds$ 를 나타내는 벡터가 $dx\,\mathbf{i}+dy\,\mathbf{j}$ 이므로, $\mathbf{n}\,ds$를 나타내는 벡터는 $dy\,\mathbf{i}-dx\,\mathbf{j}$로 주어진다. 여기서 $\mathbf{n}$은 곡선에 대한 단위법선벡터이다. 따라서

$$\oint_{\partial\Omega} -Q\,dx+P\,dy=\oint_{\partial\Omega}\mathbf{F}\cdot\mathbf{n}\,ds$$

와 같이 쓸 수 있다. 이 형식의 그린 정리를 **평면에서의 발산정리** 또는 **평면에서의 가우스 정리**라고도 한다.

정리 21 **그린 정리의 제2벡터형식**

xy 평면 안의 단순연결영역 Ω가 구분적으로 매끄러운 단순닫힌곡선 $\partial\Omega$에 의하여 둘러싸여 있다고 하자. 이때 벡터장

$$\mathbf{F}(x, y) = P(x, y)\mathbf{i} + Q(x, y)\mathbf{j}$$

에 대하여, 성분함수 P와 Q가 Ω를 포함하는 어떤 열린단순연결영역에서 연속인 일계편도함수를 가지면

$$\oint_{\partial\Omega} -Q\,dx + P\,dy = \oint_{\partial\Omega} \mathbf{F}\cdot\mathbf{n}\,ds = \iint_{\Omega} \nabla\cdot\mathbf{F}\,dx\,dy$$

가 성립한다.

예 $\mathbf{T} = \dfrac{d\mathbf{r}}{ds}$이 $\mathbf{r}(t) = x(t)\mathbf{i} + y(t)\mathbf{j}$로 주어진 곡선 C에서 단위접선벡터이고, $\mathbf{n}$이 외부방향으로 주어진 단위법선벡터이면

$$\mathbf{T} = \mathbf{k}\times\mathbf{n}$$

이 성립한다. 따라서 벡터장 $\mathbf{F}(x, y) = P(x, y)\mathbf{i} + Q(x, y)\mathbf{j}$에 대하여

$$\begin{aligned} P\,dx + Q\,dy &= \mathbf{F}\cdot d\mathbf{r} = \mathbf{F}\cdot\mathbf{T}\,ds \\ &= \mathbf{F}\cdot(\mathbf{k}\times\mathbf{n})\,ds = (\mathbf{F}\times\mathbf{k})\cdot\mathbf{n}\,ds \end{aligned}$$

가 된다. 한편

$$\mathbf{F}\times\mathbf{k} = Q\,\mathbf{i} - P\,\mathbf{j}\text{이고, } \frac{\partial Q}{\partial x} - \frac{\partial P}{\partial y} = \nabla\cdot(\mathbf{F}\times\mathbf{k})$$

이므로, 평면에서의 그린 정리는

$$\oint_{\partial\Omega} P\,dx + Q\,dy = \oint_{C} (\mathbf{F}\times\mathbf{k})\cdot\mathbf{n}\,ds = \iint_{R} \nabla\cdot(\mathbf{F}\times\mathbf{k})\,dx\,dy$$

형태로 변형된다.

참고 (순환과 유동) 두 개의 벡터형식으로 표현된 그린 정리의 물리적인 설명이 흥미롭다. $\mathbf{F}(x, y)$가 평면 위의 점 (x, y)에서의 어떤 유체 흐름의 방향과 유출률을 나타내는 벡터장이라 할 때, 적분

$$\oint_{\partial\Omega} \mathbf{F}\cdot\mathbf{T}\,ds$$

는 이 흐름의 $\partial\Omega$의 접선방향에 대한 성분을 적분한 것이다. 이 적분값을 Ω의 경계에서 $\mathbf{F}$의 **순환**(the circulation of $\mathbf{F}$)이라고 하고, 특히 중적분의 평균값정리에 의하여

$$\oint_{\partial\Omega} \mathbf{F} \cdot \mathbf{T}\, ds = \iint_{\Omega} \operatorname{curl} \mathbf{F}\, dx\, dy = [\operatorname{curl} \mathbf{F}(x_0,\ y_0)] \cdot (\Omega\text{의 면적})$$

을 얻는다. 여기서 $(x_0,\ y_0) \in \Omega$이다. 만일 Ω가 작으면 $\operatorname{curl}\mathbf{F}$는 거의 상수가 되고, 모든 $(x,\ y) \in \Omega$에 대하여 $\mathbf{F}(x,\ y) \approx \mathbf{F}(x_0,\ y_0)$가 된다. 따라서 $\operatorname{curl}\mathbf{F}$는 한 점 $(x,\ y)$에서의 단위면적에 대한 순환을 나타내는 것으로 볼 수 있다. Ω의 모든 점 $(x,\ y)$에 대하여 $\operatorname{curl}\mathbf{F} = 0$일 때, 유체의 흐름 $\mathbf{F}$를 비회전적이라고 한다. 또한 $\oint_{\partial\Omega} \mathbf{F} \cdot \mathbf{n}\, ds$는 $\partial\Omega$의 외향법선방향에 대한 흐름의 성분을 적분한 것이고, 이 적분값을 $\partial\Omega$를 통과하는 **유동**(flux)이라고 한다.

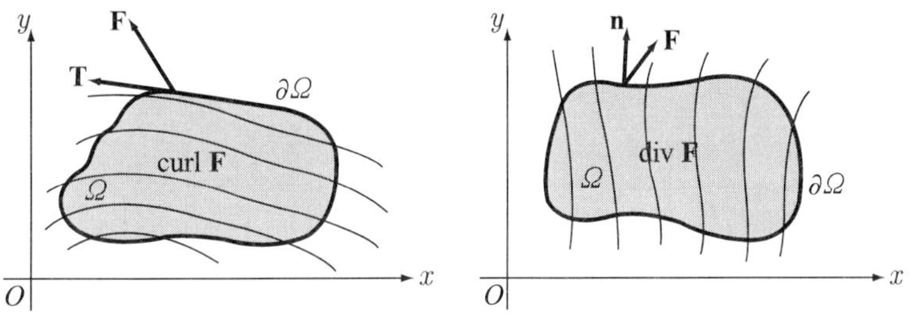

| 그림 4.15 |

유동은 Ω의 내부로부터 경계를 통하여 유체가 흘러나가는 비율을 나타낸다. 만일 Ω가 작으면

$$\oint_{\partial\Omega} \mathbf{F} \cdot \mathbf{n}\, ds = \iint_{\Omega} \operatorname{div} \mathbf{F}\, dx\, dy$$

를 얻는다. 따라서 $\mathbf{F}$의 발산은 점 $(x,\ y)$로부터 흘러나가는 순유출률(유출률 - 유입률)이 된다. 특히 Ω의 모든 점 $(x,\ y)$에 대하여 $\operatorname{div}\mathbf{F} = 0$이 성립할 때, $\mathbf{F}$를 **비압축적**(incompressible)이라고 한다. 왜냐하면 $\operatorname{div}\mathbf{F} = 0$일 때 영역 안으로 흘러드는 순유입량(유입량 - 유출량)이 0이고, 따라서 영역 안에서 유체가 축적되지 아니하기 때문이다. □

예 흐름벡터장 $\mathbf{F}(x,\ y) = \sin x\, e^x \mathbf{i} + y^{5/2}\mathbf{j}$는 비회전적이고, 흐름벡터장

$$\mathbf{F}(x,\ y) = y\sqrt{x^2 + y^2}\,\mathbf{i} - x\sqrt{x^2 + y^2}\,\mathbf{j}$$

는 비압축적이다.

그린 정리는 Ω가 유한개의 단순연결영역의 합집합일 경우로 확장될 수 있다.

$$\oint_{\partial\Omega_1 \cup \partial\Omega_2} P\,dx + Q\,dy = \iint_{\Omega_1 \cup \Omega_2} \left(\frac{\partial Q}{\partial x} - \frac{\partial P}{\partial y}\right) dx\,dy$$
$$= \iint_{\Omega} \left(\frac{\partial Q}{\partial x} - \frac{\partial P}{\partial y}\right) dx\,dy$$

는 $\Omega = \Omega_1 \cup \Omega_2$와 $\partial\Omega = \partial\Omega_1 \cup \partial\Omega_2$에 대한 그린 정리이다. 왜냐하면 이 영역의 경계는 $\partial\Omega = \partial\Omega_1 \cup \partial\Omega_2$로서 구분적으로 매끄러운 단순닫힌곡선이기 때문이다. 같은 논리로 단순연결영역의 유한개의 합집합에 대하여 그린 정리가 적용될 수 있다.

참고 (그린 정리의 확장) 평면에서의 그린 정리는 구멍이 있는 영역, 즉 단순연결영역이 아닌 영역으로 확장할 수 있다. 영역 D의 경계 C가 두 개의 단순닫힌곡선 C_1과 C_2로 구성되어 있다고 하고, C가 D를 따라 움직일 때 영역 D가 곡선 C의 왼쪽에 있도록 방향이 주어진다고 가정하자. 이때 양의 방향은 외부원 C_1에 대하여 시계반대방향이고, 내부원 C_2에 대하여 시계방향이 된다.

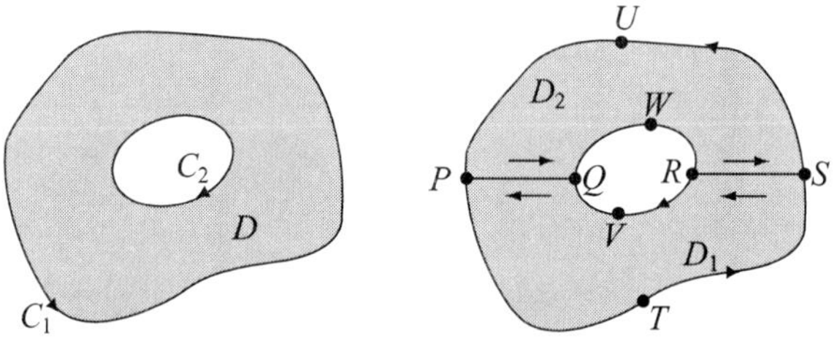

| 그림 4.16 |

이제 직선에 의하여 D를 두 개의 단순연결영역 D_1과 D_2로 나누고, D_1과 D_2의 각각에 그린 정리를 적용한다. 그러면

$$\iint_{D} \left(\frac{\partial Q}{\partial x} - \frac{\partial P}{\partial y}\right) dx\,dy$$
$$= \iint_{D_1} \left(\frac{\partial Q}{\partial x} - \frac{\partial P}{\partial y}\right) dx\,dy + \iint_{D_2} \left(\frac{\partial Q}{\partial x} - \frac{\partial P}{\partial y}\right) dx\,dy$$
$$= \oint_{\partial D_1} P\,dx + Q\,dy + \oint_{\partial D_2} P\,dx + Q\,dy$$
$$= \oint_{PQVRSUP} P\,dx + Q\,dy + \oint_{PTSRWQP} P\,dx + Q\,dy$$
$$= \oint_{PTSUP} P\,dx + Q\,dy + \oint_{QVRWQ} P\,dx + Q\,dy$$

$$= \oint_{C_1} P\,dx + Q\,dy + \oint_{C_2} P\,dx + Q\,dy$$

$$= \oint_{C} P\,dx + Q\,dy$$

를 얻는다. 이것은 단순연결영역이 아닌 영역 D에 대한 그린 정리이다. □

예제 $\mathbf{F}(x,\ y) = \dfrac{-y\mathbf{i} + x\mathbf{j}}{x^2 + y^2}$일 때, 원점을 둘러싸는 모든 구분적으로 매끄러운 단순닫힌경로

$$C : \mathbf{r}(t) = x(t)\mathbf{i} + y(t)\mathbf{j}$$

에 대하여 $\oint_C \mathbf{F} \cdot d\mathbf{r} = 2\pi$임을 보이시오.

(증명) C'을 중심이 원점이고 반지름이 a인 시계반대방향을 갖는 원이라 하고, D를 C와 C'에 의하여 둘러싸인 영역이라 하자. 단, C'이 C에 포함될 수 있도록 a를 택한다. 여기서 양의 방향으로의 D의 경계는 $C \cup (-C')$이다.

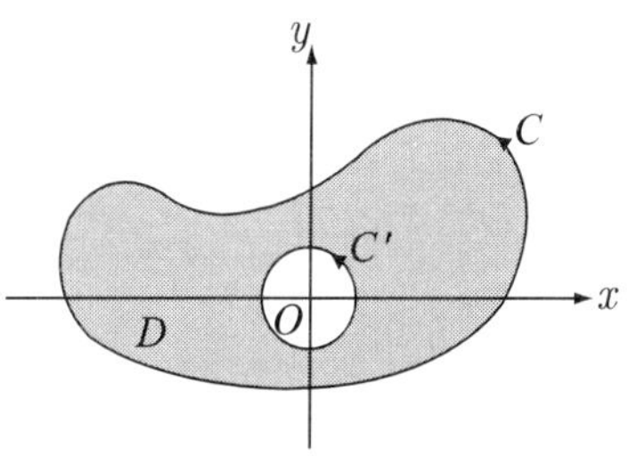

❙그림 4.17❙

그린 정리에 의하여

$$\oint_C P\,dx + Q\,dy + \oint_{-C'} P\,dx + Q\,dy$$

$$= \iint_D \left(\frac{\partial Q}{\partial x} - \frac{\partial P}{\partial y} \right) dx\,dy$$

$$= \iint_D \left[\frac{y^2 - x^2}{(x^2 + y^2)^2} - \frac{y^2 - x^2}{(x^2 + y^2)^2} \right] dx\,dy = 0$$

이므로

$$\oint_C P\,dx + Q\,dy = \oint_{C'} P\,dx + Q\,dy$$

즉

$$\oint_C \mathbf{F} \cdot d\mathbf{r} = \oint_{C'} \mathbf{F} \cdot d\mathbf{r}$$

이 된다. 따라서

$$\mathbf{r}(t) = (a\cos t)\mathbf{i} + (a\sin t)\mathbf{j} \ \ (\text{단, } 0 \le t \le 2\pi)$$

로 주어진 곡선 C'의 매개변수방정식을 이용하면

$$\begin{aligned}\oint_C \mathbf{F} \cdot d\mathbf{r} = \oint_{C'} \mathbf{F} \cdot d\mathbf{r} &= \int_0^{2\pi} \mathbf{F}(\mathbf{r}(t)) \cdot \mathbf{r}'(t)\, dt \\ &= \int_0^{2\pi} \frac{(-a\sin t)(-a\sin t) + (a\cos t)(a\cos t)}{a^2\cos^2 t + a^2\sin^2 t}\, dt \\ &= \int_0^{2\pi} dt = 2\pi\end{aligned}$$

를 얻는다. ◆

마지막으로 그린 정리를 이용하여, 4.4절의 정리 17에 대한 증명의 개요를 서술한다.

벡터장 $\mathbf{F}(x, y) = P(x, y)\mathbf{i} + Q(x, y)\mathbf{j}$의 성분함수 P와 Q가 어떤 열린단순연결영역 D에서 연속인 일계 편도함수를 가질 때, D에서 적당한 미분가능한 함수 f에 대하여 $\mathbf{F} = \nabla f$를 만족할 필요충분조건은 D에서

$$\frac{\partial P}{\partial y} = \frac{\partial Q}{\partial x}$$

가 성립하는 것이다.

(증명) 벡터장 $\mathbf{F}(x, y) = P(x, y)\mathbf{i} + Q(x, y)\mathbf{j}$의 성분함수 P와 Q가 어떤 열린단순연결영역 D에서 연속인 일계 편도함수를 가질 때, $\mathbf{F} = \nabla f$를 만족하는 미분가능한 함수 f가 존재하면 D에서

$$\frac{\partial P}{\partial y} = \frac{\partial Q}{\partial x}$$

가 성립한다(정리 15).

이제 역이 성립함을 보인다. 어떤 열린단순연결영역 D 위에서 정의된 벡터장 $\mathbf{F}(x, y) = P(x, y)\mathbf{i} + Q(x, y)\mathbf{j}$의 성분함수 P와 Q가 연속인 일계 편도함수를 갖고, D 위에서

$$\frac{\partial P}{\partial y} = \frac{\partial Q}{\partial x}$$

가 성립한다고 가정하자. C: $\mathbf{r}(t) = x(t)\mathbf{i} + y(t)\mathbf{j}$가 D에서 임의의 구분적으로 매끄러운 단순닫힌경로이고, R이 C에 의하여 둘러싸인 영역이면, 그린 정리에 의하여

$$\oint_C \mathbf{F} \cdot d\mathbf{r} = \oint_C P\,dx + Q\,dy = \iint_R \left(\frac{\partial Q}{\partial x} - \frac{\partial P}{\partial y}\right) dx\,dy = 0$$

이므로, 따름정리 3에 의하여 선적분 $\oint_C \mathbf{F} \cdot d\mathbf{r}$의 값은 D에서 경로에 독립이다. 따라서 정리 14로부터 D에서 $\mathbf{F} = \nabla f$를 만족하는 적당한 미분가능한 함수 f가 존재한다. 즉 $\mathbf{F}$가 D에서 보존벡터장임을 알 수 있다. ◆

참고 단순이 아닌 곡선은 몇 개의 단순곡선으로 나눌 수 있다. 이들 단순곡선을 따르는 $\mathbf{F}$의 선적분은 모두 0이고, 이들 적분을 합하면 임의의 닫힌곡선 C에 대하여 $\oint_C \mathbf{F} \cdot d\mathbf{r} = 0$이 된다. 따라서 $\oint_C \mathbf{F} \cdot d\mathbf{r}$은 따름정리 3에 의하여 D에서 경로에 독립이며, 정리 14에 의하여 $\mathbf{F}$는 보존벡터장이 된다. □

연습문제

1. 주이진 함수의 기울기벡터장을 구하시오.

(1) $f(x, y) = \sin(x + 2y)$ (2) $f(x, y, z) = xyz$

2. $x^2 + y^2 = 36$으로 둘러싸인 xy 평면 안의 단순연결영역 Ω에서

$$\iint_\Omega \sqrt{x^2 + y^2}\, dx\,dy$$

를 구하시오.

3. 주어진 반복적분을 극좌표로 바꾸어 구하시오.

(1) $\int_0^1 \int_0^{\sqrt{1-x^2}} e^{x^2+y^2}\, dy\, dx$ (2) $\int_0^2 \int_{-\sqrt{4-y^2}}^{\sqrt{4-y^2}} x^2y^2\, dx\, dy$

4. 주어진 도형의 부피를 구하시오.

(1) 단순연결영역 $\Omega = \{(x,\ y) \mid 0 \le x \le 1,\ x^2 \le y \le \sqrt{x}\}$과 곡면 $z = x^2 + y^2$ 사이의 입체.

(2) 4개의 평면 $x = 0,\ x + 2y + z = 6,\ z = 0$과 $x - 2y + z = 6$으로 둘러싸인 입체.

5. $x + y = u,\ x - y = v$로 변환하여, 다음 적분을 구하시오.

(1) $\iint_D (x^2 + y^2)e^{-(x+y)}dA$; $D = \{(x,\ y) \mid -1 \le x + y \le 1,\ -1 \le x - y \le 1\}$

(2) $\iint_D (x+y)\sin(x-y)\, dA$; $D = \{(x,\ y) \mid 0 \le x + y \le \pi,\ 0 \le x - y \le \pi\}$

6. $x + y = u$와 $y = uv$로 변환하여, 다음이 성립함을 보이시오.

$$\int_0^a \int_0^{a-x} f(x,\ y)\, dy\, dx = \int_0^1 \int_0^a f(u - uv,\ uv)\, u\, du\, dv$$

7. 다음 물음에 답하시오.

(1) C가 (0, 0)에서 (2, 0)까지 선분과 (2, 0)에서 (3, 2)까지 선분의 합집합으로 주어질 때, $\int_C xy\, dx + (x - y)\, dy$를 구하시오.

(2) C가 (0, 0, 0)에서 (0, 1, 1)까지 선분 C_1과 (0, 1, 1)에서 (1, 2, 3)까지 선분 C_2, 그리고 (1, 2, 3)에서 (1, 2, 4)까지의 선분 C_3의 합집합으로 주어질 때, $\int_C z^2\, dx - z\, dy + 2y\, dz$를 구하시오.

8. $\mathbf{F}(1) = 3\mathbf{i} - \mathbf{j} + \mathbf{k}$이고 $\mathbf{F}(2) = 4\mathbf{i} - 3\mathbf{j} + 2\mathbf{k}$일 때

$$\int_1^2 \mathbf{F} \cdot \frac{d\mathbf{F}}{dt}\, dt$$

를 구하시오.

9. 벡터함수 $\mathbf{F}(t)$가 구간 $a \le t \le b$에서 연속일 때, 부등식

$$\left\| \int_a^b \mathbf{F}(t)\, dt \right\| \le \int_a^b \| \mathbf{F}(t) \|\, dt$$

가 성립함을 보이시오.

10. 다음에서 $\int_C \mathbf{F} \cdot d\mathbf{r}$을 구하시오.

(1) $\mathbf{F}(x, y) = y^6\, \mathbf{i} + xy^5\, \mathbf{j}$; C는 타원 $4x^2 + y^2 = 1$

(2) $\mathbf{F}(x, y, z) = (2y+3)\mathbf{i} + xz\mathbf{j} + (yz - x)\mathbf{k}$; C는 $(0, 0, 0)$과 $(2, 1, 1)$을 연결하는 직선.

11. 물체가 포물선 $y = x^2$ 위를 벡터장 $\mathbf{F}(x, y) = 2xy\mathbf{i} + (x^2 + y^2)\mathbf{j}$로 주어진 힘을 받으면서 움직이고 있다. 힘의 단위는 뉴턴(Newton)이고, 길이의 단위는 미터(meter)일 때, 점 $(1, 1)$에서 $(3, 9)$까지 움직이면서 한 일 J (joules)을 구하시오.

12. 원점에서 y 축을 따라 $(0, 1)$까지, 직선을 따라 $(1, 0)$까지, 그리고 x 축을 따라 원점까지 어떤 물체가 벡터장 $\mathbf{F}(x, y) = (x^2 + xy)\mathbf{i} + xy^2\mathbf{j}$로 주어진 힘을 받으면서 차례로 움직일 때, 한 일을 그린 정리를 이용하여 구하시오. 여기서 힘의 단위는 뉴턴이고, 길이의 단위는 미터이다.

13. 벡터장

$$\mathbf{F}(x, y) = \left(4x^3y^3 + \frac{1}{x}\right)\mathbf{i} + \left(3x^4y^2 - \frac{1}{y}\right)\mathbf{j}$$

에 대하여, 제1사분면에 있는 임의의 열린원반에서 $\mathbf{F} = \nabla f$가 되는 함수 f를 구하시오.

14. 주어진 벡터장 $\mathbf{F}$가 보존적인지를 판별하고, $\mathbf{F} = \nabla f$를 만족하는 함수 f를 구하시오.

(1) $\mathbf{F}(x, y, z) = (4xy - 3x^2z^2)\mathbf{i} + 2x^2\mathbf{j} - 2x^3z\mathbf{k}$

(2) $\mathbf{F}(x, y, z) = (y^2\cos x + z^3)\mathbf{i} + (2y\sin x - 4)\mathbf{j} + (3xz^2 + 2)\mathbf{k}$

15. 주어진 벡터장 $\mathbf{F}$가 보존적임을 보이고, 따름정리 1을 이용하여

$$\int_C \mathbf{F} \cdot d\mathbf{r}$$

를 구하시오. 단, C는 $\mathbf{r}_0$에서 시작하여 $\mathbf{r}_1$에서 끝나는 임의의 매끄러운 한 곡선이다.

(1) $\mathbf{F}(x,\ y) = 2xy\mathbf{i} + (x^2+1)\mathbf{j}$; $\mathbf{r}_0 = (0,\ 1)$, $\mathbf{r}_1 = (2,\ 3)$

(2) $\mathbf{F}(x,\ y) = 2x(\cos y)\mathbf{i} - x^2(\sin y)\mathbf{j}$; $\mathbf{r}_0 = (0,\ \pi/2)$, $\mathbf{r}_1 = (\pi/2,\ 0)$

16. 다음 물음에 답하시오.

(1) C가 $(-1,\ 0)$에서 $(5,\ 1)$까지 움직이는 구분적으로 매끄러운 곡선일 때, 선적분

$$\int_C 2x\sin y\,dx + (x^2\cos y - 3y^2)\,dy$$

는 곡선의 경로에 독립적임을 보이시오.

(2) 성분함수 P, Q와 R이 연속인 일계 편도함수를 가질 때, 벡터장 $\mathbf{F} = P\mathbf{i} + Q\mathbf{j} + R\mathbf{k}$가 단위열린구면체 $x^2+y^2+z^2<1$에서 보존적일 필요충분조건은

$$\nabla \times \mathbf{F} = \mathbf{0}$$

임을 보이시오.

17. 벡터장 $\mathbf{F}(x,\ y)$가 R^2의 어떤 영역 Ω에서 연속일 때, $\mathbf{F} = \nabla f$를 만족하는 미분가능한 함수 f가 존재할 필요충분조건은 Ω에 포함되는 임의의 구분적으로 매끄러운 곡선

$$C:\ \mathbf{r}(t) = x(t)\mathbf{i} + y(t)\mathbf{j}$$

에 대하여 선적분

$$\int_C \mathbf{F}\cdot d\mathbf{r}$$

이 경로에 독립적인 것임을 보이시오.

18. C가 단위원일 때, $\oint_C (x^3+y^3)\,dx + (2y^3-x^3)\,dy$의 값이 $-\dfrac{3\pi}{2}$임을 보이시오.

19. 경로 $x = \theta - \sin\theta$, $y = 1-\cos\theta$를 따라

$$\int_{(0,\ 0)}^{(\pi,\ 2)} (6xy - y^2)\,dx + (3x^2 - 2xy)\,dy$$

를 구하시오.

20. 사이클로이드

$$x = a(\theta - \sin\theta),\ y = a(1 - \cos\theta)\ \ (\text{단, } a > 0)$$

의 한 반원형 (arch)과 x 축으로 둘러싸인 부분의 면적을 구하시오.

21. 벡터장 $\mathbf{F}(x,\ y,\ z)$가

$$\mathbf{F}(x,\ y,\ z) = F_1(x,\ y,\ z)\mathbf{i} + F_2(x,\ y,\ z)\mathbf{j} + F_3(x,\ y,\ z)\mathbf{k}$$

로 주어졌을 때, $F_1\,dx + F_2\,dy + F_3\,dy$가 **완전미분** (exact differential)이 될 필요충분조건은 $\nabla \times \mathbf{F} = \mathbf{0}$임을 보이시오.

22. 벡터장 $\mathbf{F}(x,\ y,\ z) = 2y\mathbf{i} - z\mathbf{j} + x\mathbf{k}$에 대하여, $t = 0$에서 $t = \frac{\pi}{2}$까지 $x = \cos t,\ y = \sin t,\ z = 2\cos t$로 주어진 곡선 C를 따라 $\int_C \mathbf{F} \times d\mathbf{r}$을 구하시오.

23. 벡터장 $\mathbf{F}(x,\ y) = xy^2\mathbf{i} + x^2y\mathbf{j}$에 대하여 Ω가 중심이 $(0,\ 0)$이고 반지름이 2인 원반일 때, 다음을 구하시오.

(1) $\text{curl}\,\mathbf{F}$

(2) $\oint_{\partial\Omega} \mathbf{F} \cdot \mathbf{T}\,ds$

(3) $\text{div}\,\mathbf{F}$

(4) $\oint_{\partial\Omega} \mathbf{F} \cdot \mathbf{n}\,ds$

24. 선적분의 정의를 이용한 직접적인 방법과, 그린 정리를 이용한 방법으로 각각 구하시오.

(1) C가 $(0,\ 0)$, $(1,\ 0)$과 $(1,\ 2)$를 꼭지점으로 하는 삼각형일 때

$$\oint_C xy\,dx + x^2y^3\,dy$$

(2) C가 $(0,\ 0)$, $(2,\ 0)$, $(2,\ 3)$과 $(0,\ 3)$을 꼭지점으로 하는 사각형일 때

$$\oint_C (x^2 + y^2)\,dx - 2xy\,dy$$

25. 그린 정리를 이용하여, 주어진 문제에 대한 선적분을 구하시오.

(1) $\oint_{\partial\Omega} 3y\,dx + 5y\,dy :\ \ \Omega = \{(x,\ y) \mid 0 \le x \le 1,\ 0 \le y \le 1\}$

(2) $\oint_{\partial\Omega} (x^2+y^2)\,dx - 2xy\,dy$: Ω는 단위원반.

26. 곡선 C가 원 $x^2+y^2=1$과 $x^2+y^2=9$ 사이의 영역에 대한 경계로 주어질 때, 그린 정리를 이용하여

$$\oint_C (x^3-y^3)\,dx + (x^3+y^3)\,dy$$

를 구하시오.

27. 그린 정리를 이용하여, 일직선 위에 있지 않는 세 점 $(a_1,\ b_1)$, $(a_2,\ b_2)$와 $(a_3,\ b_3)$를 꼭지점으로 하는 삼각형의 면적을 구하시오.

28. 벡터장 $\mathbf{F}(x,\ y) = \dfrac{y}{x^2+y^2}\mathbf{i} - \dfrac{x}{x^2+y^2}\mathbf{j}$에 대하여

(1) $\operatorname{curl}\mathbf{F} = 0$임을 보이시오.

(2) C가 시계반대방향을 가지는 단위원일 때, $\oint_{\partial\Omega} \mathbf{F}\cdot\mathbf{T}\,ds \neq 0$임을 보이시오.

29. 벡터장 $\mathbf{F}(x,\ y) = P(x,\ y)\mathbf{i} + Q(x,\ y)\mathbf{j}$에 대하여, 성분함수 P와 Q가 열린단순연결 영역 Ω에서 연속인 일계 편도함수를 갖는다고 하자. 그러면 Ω 안의 모든 닫힌곡선 C에서 $\oint_C P\,dx + Q\,dy = 0$이기 위한 필요충분조건은 Ω 안의 모든 점에서

$$\frac{\partial P}{\partial y} = \frac{\partial Q}{\partial x}$$

임을 보이시오.

제 5 장

면적분

이 장에서는 삼중적분(또는 다중적분)에 관한 내용을 서술한다. 또한 벡터함수(또는 벡터장)에 대한 면적분은 삼중적분(또는 다중적분)을 일반화한 것임을 밝히고, 적분과 관련된 중요한 응용문제를 살펴본다. 특히 물리적 개념과도 관련이 많은 스톡스 정리와 가우스의 발산 정리, 그리고 그 응용에 대하여 서술한다.

5.1 삼중적분

1. 삼중적분 구하기

이변수함수에 대하여 이중적분을 정의한 것과 같이, 삼변수함수에 대한 **삼중적분**(triple integral)을 정의할 수 있다.

먼저 어떤 직육면체 영역

$$B=\{(x,\ y,\ z)\in R^3 \mid a\le x\le b,\ c\le y\le d,\ r\le z\le s\}$$

에서 정의된 유계인 삼변수함수 $w=f(x,\ y,\ z)$의 삼중적분을 정의한다.

$$a=x_0<x_1<\cdots<x_{i-1}<x_i<\cdots<x_l=b$$
$$c=y_0<y_1<\cdots<y_{j-1}<y_j<\cdots<y_m=d$$
$$r=z_0<z_1<\cdots<z_{k-1}<z_k<\cdots<z_n=s$$

라 하고, 이 분할점들을 지나는 좌표축과 평행한 선들로부터 lmn개의 작은 직육면체

$$B_{ijk}=[x_{i-1},\ x_i]\times[y_{j-1},\ y_j]\times[z_{k-1},\ z_k]$$

로 구성되는 B의 분할 P를 택한다.

$$\Delta x_i=x_i-x_{i-1},\ \Delta y_j=y_j-y_{j-1},\ \Delta z_k=z_k-z_{k-1}$$

라 놓으면, 각 B_{ijk}의 체적은 $\Delta V_{ijk}=\Delta x_i\Delta y_j\Delta z_k$가 된다.

다음에는 B_{ijk}에서 임의의 점 $(x_{ijk}^*,\ y_{ijk}^*,\ z_{ijk}^*)$를 택하여

$$\sum_{i=1}^{l}\sum_{j=1}^{m}\sum_{k=1}^{n} f(x_{ijk}^*,\ y_{ijk}^*,\ z_{ijk}^*)\Delta V_{ijk} \qquad (*)$$

를 생각한다. 이때 분할 P의 모든 작은 직육면체의 대각선 중 최대 길이를 $\|P\|$이라 할 때, $\|P\|\to 0$일 경우 (*)의 극한으로 삼중적분을 정의할 수 있다.

정의 1 삼중적분

직육면체 영역 B에서 정의된 유계함수 $w=f(x,\ y,\ z)$에 대한 삼중적분은

$$\lim_{\|P\|\to 0}\sum_{i=1}^{l}\sum_{j=1}^{m}\sum_{k=1}^{n} f(x_{ijk}^{*},\ y_{ijk}^{*},\ z_{ijk}^{*})\Delta V_{ijk}$$

가 존재할 때

$$\iiint_B f(x,\ y,\ z)\,dV=\lim_{\|P\|\to 0}\sum_{i=1}^{l}\sum_{j=1}^{m}\sum_{k=1}^{n} f(x_{ijk}^{*},\ y_{ijk}^{*},\ z_{ijk}^{*})\Delta V_{ijk}$$

로 정의한다. 이때 f를 B에서 적분가능하다고 한다.

삼중적분 $\iiint_B f(x,\ y,\ z)\,dA$를 $\iiint_B f(x,\ y,\ z)\,dx\,dy\,dz$로 표현하기도 한다. 이중적분에서와 같이 삼중적분도 반복적분을 이용하여 구한다.

예 삼변수함수 $w=f(x,\ y,\ z)$가 직육면체 영역 B에서 연속이면, $w=f(x,\ y,\ z)$는 B에서 적분가능하다.

정리 2 푸비니 정리

삼변수함수 $w=f(x,\ y,\ z)$가 직육면체 영역

$$B=\{(x,\ y,\ z)\mid a\le x\le b,\ c\le y\le d,\ r\le z\le s\}$$

에서 적분가능할 때

$$\iiint_B f(x,\ y,\ z)\,dV=\int_r^s\int_c^d\int_a^b f(x,\ y,\ z)\,dx\,dy\,dz$$

가 성립한다. 적분할 수 있는 다섯 가지 방법이 더 존재한다.

이제 삼차원 공간에 있는 일반적인 닫힌영역에서 삼중적분을 정의한다. 삼변수 유계함수 $w=f(x,\ y,\ z)$가 닫힌영역 E에서 정의되었다고 하자. E가 어떤 직육면체 영역 B에 포함될 때 새로운 함수 F를

$$F(x,\ y,\ z)=\begin{cases} f(x,\ y,\ z), & (x,\ y,\ z)\in E \\ 0, & (x,\ y,\ z)\in B-E \end{cases}$$

로 놓는다. 이때 삼변수함수 $w=f(x, y, z)$가 B에서 적분가능하면, f는 E에서 적분가능하다고 하고, E에서 f의 삼중적분을

$$\iiint_E f(x, y, z)\,dV = \iiint_B f(x, y, z)\,dV$$

로 정의한다. 이중적분의 성질은 삼중적분으로 확장된다.

(1) E가 형태 I인 입체영역일 경우

삼변수함수 $w=f(x, y, z)$가

$$E=\{(x, y, z) \mid (x, y)\in \Omega,\ \phi_1(x, y) \le z \le \phi_2(x, y)\}$$

에서 연속일 때

$$\iiint_E f(x, y, z)\,dV = \iint_\Omega \left[\int_{\phi_1(x,y)}^{\phi_2(x,y)} f(x, y, z)\,dz\right] dA$$

로 주어진다. 여기서 Ω는 E의 xy 평면으로의 정사영이고, 함수 $\phi_1(x, y)$와 $\phi_2(x, y)$는 Ω에서 연속이다. 이때 E를 형태 I인 입체영역이라 한다.

① 정사영 Ω가 형태 I인 평면인 경우

특히 $g_1(x)$와 $g_2(x)$가 $[a, b]$에서 연속이라 하자. 이때 삼변수함수 $w=f(x, y, z)$가

$$E=\{(x, y, z) \mid a\le x\le b,\ g_1(x)\le y\le g_2(x),\ \phi_1(x, y)\le z\le \phi_2(x, y)\}$$

에서 연속이면

$$\iiint_E f(x, y, z)\,dV = \int_a^b \int_{g_1(x)}^{g_2(x)} \int_{\phi_1(x, y)}^{\phi_2(x, y)} f(x, y, z)\,dz\,dy\,dx$$

가 된다.

② 정사영 Ω가 형태 II인 평면인 경우

특히 $h_1(y)$와 $h_2(y)$가 $[c, d]$에서 연속이라 하자. 이때 삼변수함수 $w=f(x, y, z)$가

$$E=\{(x, y, z) \mid c\le y\le d,\ h_1(y)\le x\le h_2(y),\ \phi_1(x, y)\le z\le \phi_2(x, y)\}$$

에서 연속이면

$$\iiint_E f(x,\ y,\ z)\,dV = \int_c^d \int_{h_1(y)}^{h_2(y)} \int_{\phi_1(x,\ y)}^{\phi_2(x,\ y)} f(x,\ y,\ z)\,dz\,dx\,dy$$

가 된다.

예제 입체영역 E가 평면 $x=0,\ y=0,\ z=0$와 $x+y+z=1$에 의하여 둘러싸인 사면체일 때, $\iiint_E z\,dV$를 구하시오.

(풀이) $E=\{(x,\ y,\ z) \mid 0 \le x \le 1,\ 0 \le y \le 1-x,\ 0 \le z \le 1-x-y\}$이므로

$$\begin{aligned}
\iiint_E z\,dV &= \int_0^1 \int_0^{1-x} \int_0^{1-x-y} z\,dz\,dy\,dx \\
&= \int_0^1 \int_0^{1-x} \left[\frac{z^2}{2}\right]_{z=0}^{z=1-x-y} dy\,dx \\
&= \frac{1}{2}\int_0^1 \int_0^{1-x} (1-x-y)^2\,dy\,dx \\
&= \frac{1}{2}\int_0^1 \left[-\frac{(1-x-y)^3}{3}\right]_{y=0}^{y=1-x} dx \\
&= \frac{1}{6}\int_0^1 (1-x)^3\,dx = \frac{1}{6}\left[-\frac{(1-x)^4}{4}\right]_0^1 = \frac{1}{24}
\end{aligned}$$

◆

(2) E가 형태 II인 입체영역일 경우

삼변수함수 $w=f(x,\ y,\ z)$가

$$E=\{(x,\ y,\ z) \mid (y,\ z) \in \Omega,\ \phi_1(y,\ z) \le x \le \phi_2(y,\ z)\}$$

에서 연속일 때

$$\iiint_E f(x,\ y,\ z)\,dV = \iint_\Omega \left[\int_{\phi_1(y,\ z)}^{\phi_2(y,\ z)} f(x,\ y,\ z)\,dx\right] dA$$

로 주어진다. 여기서 Ω는 E의 yz 평면으로의 정사영이고, 함수 $\phi_1(y,\ z)$와 $\phi_2(y,\ z)$는 Ω에서 연속이다. 이때 E를 형태 II인 입체영역이라 한다.

(3) E가 형태 III인 입체영역일 경우

삼변수함수 $w = f(x, y, z)$가

$$E = \{(x, y, z) \mid (x, z) \in \Omega, \ \phi_1(x, z) \le y \le \phi_2(x, z)\}$$

에서 연속일 때

$$\iiint_E f(x, y, z)\, dV = \iint_\Omega \left[\int_{\phi_1(x, z)}^{\phi_2(x, z)} f(x, y, z)\, dy \right] dA$$

로 주어진다. 여기서 Ω는 E의 xz 평면으로의 정사영이고, 함수 $\phi_1(x, z)$와 $\phi_2(x, z)$가 Ω에서 연속이다. 이때 E를 형태 III인 입체영역이라 한다.

예제 E가 포물면 $y = x^2 + z^2$과 평면 $y = 4$에 의하여 둘러싸인 닫힌영역일 때, $\iiint_E \sqrt{x^2 + z^2}\, dV$를 구하시오.

풀이 $E = \left\{(x, y, z) \mid -2 \le x \le 2, \ -\sqrt{4 - x^2} \le z \le \sqrt{4 - x^2}, \ x^2 + z^2 \le y \le 4\right\}$

이고, E의 xz 평면으로의 정사영 Ω는

$$\Omega = \left\{(x, z) \mid -2 \le x \le 2, \ -\sqrt{4 - x^2} \le z \le \sqrt{4 - x^2}\right\}$$

이므로

$$\begin{aligned}\iiint_E \sqrt{x^2 + z^2}\, dV &= \iint_\Omega \left[\int_{x^2 + z^2}^{4} \sqrt{x^2 + z^2}\, dy \right] dA \\ &= \iint_\Omega \left[\int_{x^2 + z^2}^{4} (4 - x^2 - z^2)\sqrt{x^2 + z^2}\, dy \right] dA\end{aligned}$$

가 된다. 극좌표로 변환하여 계산하면

$$\begin{aligned}\iiint_E \sqrt{x^2 + z^2}\, dV &= \int_0^{2\pi} \int_0^2 (4 - r^2)\, r\, r\, dr\, d\theta \\ &= \int_0^{2\pi} d\theta \int_0^2 (4r^2 - r^4)\, dr \\ &= 2\pi \left[4\frac{r^3}{3} - \frac{r^5}{5} \right]_0^2 = \frac{128\pi}{15}\end{aligned}$$

를 얻는다. ◆

2. 원주좌표와 구면좌표에 의한 삼중적분

원주좌표 또는 구면좌표를 이용하여, 삼중적분의 값을 보다 쉽게 구할 수 있는 경우가 있다.

(1) 원주좌표에 의한 삼중적분

삼변수함수 $w=f(x,\ y,\ z)$가 입체영역

$$E=\{(x,\ y,\ z) \mid (x,\ y)\in\Omega,\ \phi_1(x,\ y)\le z\le\phi_2(x,\ y)\}$$
$$\text{단, } \Omega=\{(r,\ \theta) \mid \alpha\le\theta\le\beta,\ h_1(\theta)\le r\le h_2(\theta)\}$$

에서 연속이면

$$\iiint_E f(x,\ y,\ z)\,dV=\iint_\Omega\left[\int_{\phi_1(x,\ y)}^{\phi_2(x,\ y)} f(x,\ y,\ z)\,dz\right]dA$$
$$=\int_\alpha^\beta\int_{h_1(\theta)}^{h_2(\theta)}\int_{\phi_1(r\cos\theta,\ r\sin\theta)}^{\phi_2(r\cos\theta,\ r\sin\theta)} f(r\cos\theta,\ r\sin\theta,\ z)\,r\,dz\,dr\,d\theta$$

를 얻는다. 여기서 Ω는 E의 xy평면으로의 정사영을 극좌표로 표현한 것이고, 함수 $\phi_1(x,\ y)$와 $\phi_2(x,\ y)$는 Ω에서 연속임을 의미한다.

(2) 구면좌표에 의한 삼중적분

직교좌표와 구면좌표 사이에는

$$x=\rho\sin\phi\cos\theta,\ y=\rho\sin\phi\sin\theta,\ z=\rho\cos\phi$$

인 관계가 있다. 구면좌표계에서

$$E=\{(\rho,\ \theta,\ \phi) \mid a\le\rho\le b,\ \alpha\le\theta\le\beta,\ c\le\phi\le d\}$$

형태의 닫힌영역을 생각한다. 여기서 $a\ge 0$과 $\beta-\alpha\le 2\pi$, 그리고 $d-c\le\pi$이다. 이제 E 위에서 정의된 연속인 함수 $w=f(x,\ y,\ z)$의 적분을 구해보자. 먼저 부분닫힌영역 E_{ijk}로 주어진 E의 어떤 구면분할 P를 선택한다.

그러면 E_{ijk}의 체적 $\triangle V_{ijk}$는

$$\triangle V_{ijk}\approx{\rho_i}^2\sin\phi_k\triangle\rho_i\triangle\theta_j\triangle\phi_k$$

가 된다. 평균값정리를 이용하면

$$\triangle V_{ijk}=\overline{\rho_i}^2\sin\overline{\phi_k}\triangle\rho_i\triangle\theta_j\triangle\phi_k$$

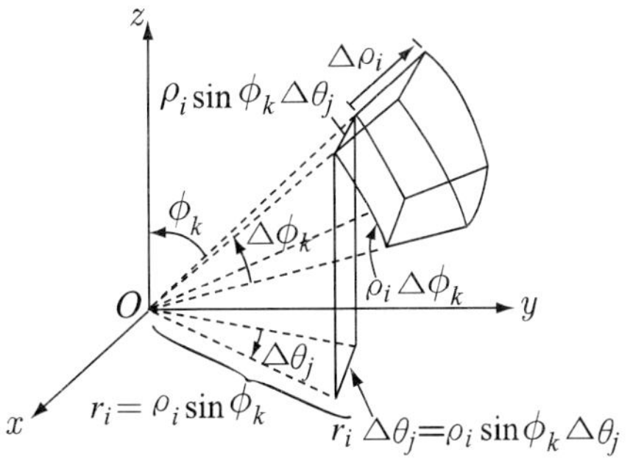

❙ 그림 5.1 ❙

를 만족하는 적당한 E_{ijk}의 점 $(\overline{\rho_i},\ \overline{\theta_j},\ \overline{\phi_k})$가 존재한다. 따라서

$$\sum_{i=1}^{l} \sum_{j=1}^{m} \sum_{i=1}^{n} f(\overline{\rho_i} \sin \overline{\phi_k} \cos \overline{\theta_j},\ \overline{\rho_i} \sin \overline{\phi_k} \sin \overline{\theta_j},\ \overline{\rho_i} \cos \overline{\phi_k}) \overline{\rho_i}^2 \sin \overline{\phi_k}\, \Delta\rho_i\, \Delta\theta_j\, \Delta\phi_k (*)$$

를 얻는다. 분할 P의 모든 부분닫힌영역의 대각선 중 최대길이를 $\|P\|$이라 할 때, $\|P\| \to 0$일 경우 (*)의 극한으로 삼중적분을 정의할 수 있다.

정리 3

삼변수함수 $w = f(x,\ y,\ z)$가

$$E = \{(\rho,\ \theta,\ \phi) \mid a \le \rho \le b,\ \alpha \le \theta \le \beta,\ c \le \phi \le d\}$$

에서 연속이면

$$\iiint_E f(x,\ y,\ z)\, dV$$
$$= \int_c^d \int_\alpha^\beta \int_a^b f(\rho \sin\phi \cos\theta,\ \rho \sin\phi \sin\theta,\ \rho\cos\phi) \rho^2 \sin\phi\, d\rho\, d\theta\, d\phi$$

가 성립한다.

예제 원주면 $z = \sqrt{x^2 + y^2}$ 위와 구면 $x^2 + y^2 + z^2 = z$ 아래에 놓인 입체영역 E의 체적을 구면좌표를 이용하여 구하시오.

(풀이) 구면좌표를 이용하여 변환하면 구면의 방정식은 $\rho = \cos\phi$가 되고, 원주면은 $\phi - \frac{\pi}{4}$가 된다. 따라서 입체영역 E가

$$E=\left\{(\rho,\ \theta,\ \phi) \mid 0 \le \theta \le 2\pi,\ 0 \le \phi \le \frac{\pi}{4},\ 0 \le \rho \le \cos\phi\right\}$$

로 표현되므로

$$\begin{aligned} V(E) &= \iiint_E dV = \int_0^{2\pi}\int_0^{\frac{\pi}{4}}\int_0^{\cos\phi} \rho^2 \sin\phi \, d\rho\, d\phi\, d\theta \\ &= \int_0^{2\pi} d\theta \int_0^{\frac{\pi}{4}} \sin\phi \left[\frac{\rho^3}{3}\right]_{\rho=0}^{\rho=\cos\phi} d\phi \\ &= \frac{2\pi}{3}\int_0^{\frac{\pi}{4}} \sin\phi\cos^3\phi\, d\phi = \frac{2\pi}{3}\left[-\frac{\cos^4\phi}{4}\right]_0^{\frac{\pi}{4}} = \frac{\pi}{8} \end{aligned}$$

◆

5.2 다중적분에서 변수의 변경과 야코비안

단적분에서의 치환적분법처럼 다중적분에도 적분변수의 변환법은 매우 유용하다. 예로서 중적분을 구할 때 극좌표로의 변수변환을 이용하여

$$\iint_W f(x,\ y)\,dx\,dy = \iint_S f(r\cos\theta,\ r\sin\theta)\,r\,dr\,d\theta$$

를 사용하였다.

이 절에서는 이중적분이나 삼중적분에서의 변수를 다른 변수로 변경하는 방법을 살펴볼 것이다.

정의 4	야코비안

$x=g(u,\ v)$와 $y=h(u,\ v)$가 미분가능한 함수일 때, $\dfrac{\partial(x,\ y)}{\partial(u,\ v)}$로 표시되는 u와 v에 관한 x와 y의 야코비안 (Jacobian)을

$$\frac{\partial(x,\ y)}{\partial(u,\ v)} = \begin{vmatrix} \dfrac{\partial x}{\partial u} & \dfrac{\partial x}{\partial v} \\ \dfrac{\partial y}{\partial u} & \dfrac{\partial y}{\partial v} \end{vmatrix}$$

로 정의한다.

예 변수변환 $u = x + y$, $v = x - y$를 생각하면

$$x = g(u,\ v) = \frac{1}{2}(u+v),\ \ y = h(u,\ v) = \frac{1}{2}(u-v)$$

이므로, u와 v에 관한 x와 y의 야코비안은

$$\frac{\partial(x,\ y)}{\partial(u,\ v)} = \begin{vmatrix} \dfrac{\partial x}{\partial u} & \dfrac{\partial x}{\partial v} \\ \dfrac{\partial y}{\partial u} & \dfrac{\partial y}{\partial v} \end{vmatrix} = -\frac{1}{2}$$

이 된다.

uv 평면에서 xy 평면으로의 일대일 대응으로 주어진 사상

$$T(u,\ v) = (x,\ y)\,;\, x = g(u,\ v),\ y = h(u,\ v)$$

를 생각한다. 그러면 xy 평면에서 uv 평면으로의 역변환 T^{-1}를 갖고 u와 v를 x와 y의 식으로 푸는 것이 가능하다.

이제 변수변환이 중적분에서 어떤 영향을 미치는지 알아보자. uv 평면에 있는 작은 직사각형 영역 S를 가지고 시작한다. S의 상을 xy 평면의 닫힌영역 W라 하고, $T(u_0,\ v_0) = (x_0,\ y_0)$라 놓자.

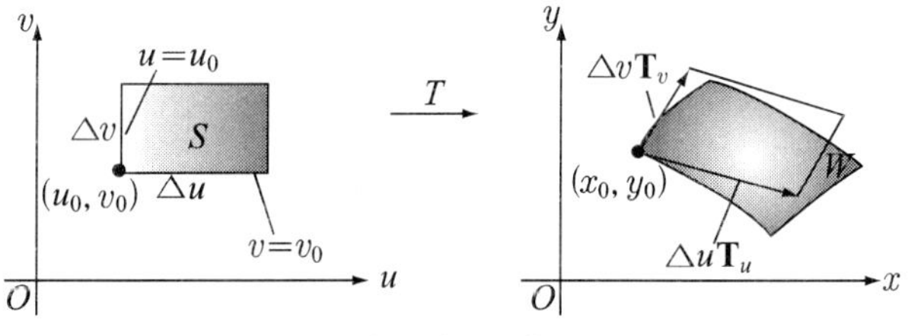

| 그림 5.2 |

S의 아래변의 식 $v = v_0$의 **상곡선**(image curve)은

$$x = g(u,\ v_0),\ y = h(u,\ v_0)$$

이므로, 이 상곡선을 벡터로 표시하면 $g(u,\ v_0)\mathbf{i} + h(u,\ v_0)\mathbf{j}$가 된다. 이 상곡선 위의 점 $(x_0,\ y_0)$에서의 접선벡터는

$$\mathbf{T}_u = g_u(u_0,\ v_0)\mathbf{i} + h_u(u_0,\ v_0)\mathbf{j} = \frac{\partial x}{\partial u}\mathbf{i} + \frac{\partial y}{\partial u}\mathbf{j}$$

이다. 또한 S의 왼쪽변의 식 $u=u_0$의 상곡선 위의 점 (x_0, y_0)에서의 접선벡터는

$$\mathbf{T}_v = g_v(u_0, v_0)\mathbf{i} + h_v(u_0, v_0)\mathbf{j} = \frac{\partial x}{\partial v}\mathbf{i} + \frac{\partial y}{\partial v}\mathbf{j}$$

가 된다. 따라서 $W=T(s)$는 $\triangle u\mathbf{T}_u$와 $\triangle v\mathbf{T}_v$에 의해 결정되는 평행사변형에 근사되므로, W의 면적은 근사적으로

$$\| \triangle u\mathbf{T}_u \times \triangle v\mathbf{T}_v \| = \| \mathbf{T}_u \times \mathbf{T}_v \| \triangle u \, \triangle v$$

라는 사실을 알 수 있다. 한편

$$\mathbf{T}_u \times \mathbf{T}_v = \begin{vmatrix} \dfrac{\partial x}{\partial u} & \dfrac{\partial x}{\partial v} \\ \dfrac{\partial y}{\partial u} & \dfrac{\partial y}{\partial v} \end{vmatrix} \mathbf{k}$$

이고, W의 면적 $\triangle A$의 근삿값이 $\| \mathbf{T}_u \times \mathbf{T}_v \| \triangle u \, \triangle v$로 주어지므로, 야코비안을 이용하면 $\triangle A \approx \left| \dfrac{\partial(x, y)}{\partial(u, v)} \right| \triangle u \triangle v$가 성립한다.

다음으로 uv 평면에 있는 어떤 닫힌영역 S를 작은 부분닫힌영역 S_{ij}로 분할하고, xy 평면 안의 S_{ij}의 상을 W_{ij}라 하자. 각각의 W_{ij}에 대하여 근사식

$$\triangle A \approx \left| \frac{\partial(x, y)}{\partial(u, v)} \right| \triangle u \triangle v$$

를 적용함으로써, W 위의 이변수함수 $z=f(x, y)$의 이중적분의 근삿값

$$\begin{aligned} \iint_W f(x, y)\,dA &\approx \sum_{i=1}^{m}\sum_{j=1}^{n} f(x_i, y_j)\triangle A_{ij} \\ &\approx \sum_{i=1}^{m}\sum_{j=1}^{n} f(g(u_i, v_j), h(u_i, v_j)) \left| \frac{\partial(x, y)}{\partial(u, v)} \right| \triangle u_i \triangle v_j \end{aligned}$$

를 얻는다. 여기서 야코비안은 (u_i, v_j)에서 구한다. 이 이중합은 적분

$$\iint_S f(g(u, v), h(u, v)) \left| \frac{\partial(x, y)}{\partial(u, v)} \right| du\,dv$$

를 정의한다.

이제 그린 정리를 이용하여 "이중적분에서 변수의 변경"에 관한 다음 정리가 성립함을 보인다.

정리 5 이중적분에서 변수의 변경

uv 평면 위의 닫힌영역 Σ에서 xy 평면 위의 닫힌영역 Ω로의 일대일 대응

$$x = g(u, v),\ y = h(u, v)$$

에 의해 주어진 변수변환을 생각한다. 이때 다음 두 조건

(1) $C_1 = \partial\Omega$와 $C_2 = \partial\Sigma$는 닫힌단순곡선이고 점 (u, v)가 C_2 주위를 양의 방향으로 한 바퀴 돌 때, 점

$$(x, y) = (g(u, v),\ h(u, v))$$

는 C_1 주위를 양의 방향 또는 음의 방향으로 한바퀴 돈다.

(2) $\sum$의 내부에서 모든 이계 편도함수가 연속이다.

를 만족하면, 이중적분에서 변수를 변경할 수 있고

$$\iint_{\Omega} f(x, y)\,dx\,dy = \pm\iint_{\Sigma} f(g(u, v),\ h(u, v))\,\frac{\partial(x, y)}{\partial(u, v)}\,du\,dv$$

가 성립한다. 여기서 (u, v)가 C_2 주위를 양의 방향으로 돌 때, $(x, y) = (g(u, v), h(u, v))$가 C_1 주위를 양의 방향으로 돌면 양의 부호 $+$를, 음의 방향으로 돌면 음의 부호 $-$를 선택한다.

(증명) $F(x, y) = \int_{x_0}^{x} f(t, y)\,dt$라 하자. 미적분학의 기본정리에 의하여, F는 연속이고

$$\frac{\partial F}{\partial x} = f(x, y)$$

가 된다. 따라서 그린 정리를 이용하여

$$\iint_{\Omega} f(x, y)\,dx\,dy = \iint_{\Omega} \frac{\partial F}{\partial x}\,dx\,dy = \oint_{C_1} F\,dy \qquad (1)$$

를 얻는다. 이제 $\oint_{C_1} F\,dy$를 uv 평면에서의 선적분으로 변형해 보자.

$$\mathbf{u} = u(t)\mathbf{i} + v(t)\mathbf{j} \quad (\text{단, } a \le t \le b)$$

를 uv 평면에서 C_2를 매개변수로 표현한 것이라고 하자. 그러면 가정 (1)에 의하여

$$\begin{aligned}\mathbf{x} &= x(t)\mathbf{i} + y(t)\mathbf{j} \\ &= g(u(t),\ v(t))\mathbf{i} + h(u(t),\ v(t))\mathbf{j}\ \ (\text{단, } a \le t \le b)\end{aligned}$$

는 C_1의 매개변수 표현식이 된다. 단지 차이가 있다면 이 매개변수방정식에서는 C_1의 방향이 양 또는 음이 될 수 있다는 것이다. 따라서

$$\oint_{C_1} F(x,\ y)\,dy = \int_a^b F(g(u(t),\ v(t)),\ h(u(t),\ v(t)))\,\frac{dy}{dt}dt \tag{2}$$

가 된다. 그리고 연쇄법칙과 $y = h(u,\ v)$라는 사실에 의하여

$$\frac{dy}{dt} = \frac{\partial h}{\partial u}u'(t) + \frac{\partial h}{\partial v}v'(t) \tag{3}$$

가 된다. 간단히 표시하기 위해서

$$\overline{F}\,(u,\ v) = F(g(u,\ v),\ h(u,\ v))$$

로 두고, (3)을 (2)에 대입하면

$$\begin{aligned}\oint_{C_1} F(x,\ y)\,dy &= \int_a^b \overline{F}\,(u(t),\ v(t))\left[\frac{\partial h}{\partial u}u'(t) + \frac{\partial h}{\partial v}v'(t)\right]dt \\ &= \int_a^b \left[\overline{F}\,\frac{\partial h}{\partial u}u'(t) + \overline{F}\,\frac{\partial h}{\partial v}v'(t)\right]dt \end{aligned} \tag{4}$$

가 된다. 선적분의 정의를 사용하여 (4)를

$$\oint_{C_1} F(x,\ y)\,dy = \pm\oint_{C_2} \overline{F}\,\frac{\partial h}{\partial u}u'(t) + \overline{F}\,\frac{\partial h}{\partial v}v'(t) \tag{5}$$

로 변형한다. 여기서 부호 ±는, t가 a에서 b까지 움직일 때, $(x,\ y)$가 C_1을 따라 도는 방향이 $(u,\ v)$가 C_2를 따라 도는 방향과 같으면 +, 다르면 −가 된다. 한편

$$P = \overline{F}\,\frac{\partial h}{\partial u},\ \ Q = \overline{F}\,\frac{\partial h}{\partial v} \tag{6}$$

로 두면, 그린 정리에 의하여

$$\oint_{C_2} P\,du + Q\,dv = \int\!\!\int_{\Sigma}\left(\frac{\partial Q}{\partial u} - \frac{\partial P}{\partial v}\right)du\,dv \tag{7}$$

가 된다. 그리고

$$\frac{\partial Q}{\partial u} = \frac{\partial \overline{F}}{\partial u}\frac{\partial h}{\partial v} + \overline{F}\,\frac{\partial^2 h}{\partial u\,\partial v} \tag{8}$$

$$\frac{\partial P}{\partial v} = \frac{\partial \overline{F}}{\partial v}\frac{\partial h}{\partial u} + \overline{F}\,\frac{\partial^2 h}{\partial v\,\partial u} \tag{9}$$

이므로, (5) ~ (9)로부터

$$\begin{aligned}\oint_{C_1} F\,dy &= \pm\iint_\Sigma \left(\frac{\partial \overline{F}}{\partial u}\frac{\partial h}{\partial v} + \overline{F}\,\frac{\partial^2 h}{\partial u\,\partial v} - \frac{\partial \overline{F}}{\partial v}\frac{\partial h}{\partial u} - \overline{F}\,\frac{\partial^2 h}{\partial v\,\partial u}\right) du\,dv \\ &= \pm\iint_\Sigma \left(\frac{\partial \overline{F}}{\partial u}\frac{\partial h}{\partial v} - \frac{\partial \overline{F}}{\partial v}\frac{\partial h}{\partial u}\right) du\,dv\end{aligned}$$

를 얻는다. 한편

$$\frac{\partial \overline{F}}{\partial u} = \frac{\partial \overline{F}}{\partial x}\frac{\partial x}{\partial u} + \frac{\partial \overline{F}}{\partial y}\frac{\partial y}{\partial u} = \frac{\partial \overline{F}}{\partial x}\frac{\partial g}{\partial u} + \frac{\partial \overline{F}}{\partial y}\frac{\partial h}{\partial u}$$

이고, $\dfrac{\partial \overline{F}}{\partial v}$도 같은 방법으로 구할 수 있다. 따라서

$$\begin{aligned}\oint_{C_1} F\,dy = \pm\iint_\Sigma &\left\{\left(\frac{\partial \overline{F}}{\partial x}\frac{\partial g}{\partial u} + \frac{\partial \overline{F}}{\partial y}\frac{\partial h}{\partial u}\right)\frac{\partial h}{\partial v}\right. \\ &\left. - \left(\frac{\partial \overline{F}}{\partial x}\frac{\partial g}{\partial v} + \frac{\partial \overline{F}}{\partial y}\frac{\partial h}{\partial v}\right)\frac{\partial h}{\partial u}\right\} du\,dv \\ = \pm\iint_\Sigma &\frac{\partial \overline{F}}{\partial x}\left(\frac{\partial g}{\partial u}\frac{\partial h}{\partial v} - \frac{\partial g}{\partial v}\frac{\partial h}{\partial u}\right) du\,dv\end{aligned}$$

가 된다. 그런데 $\dfrac{\partial \overline{F}}{\partial x} = f(g(u,\ v),\ h(u,\ v))$이고

$$\frac{\partial g}{\partial u}\frac{\partial h}{\partial v} - \frac{\partial g}{\partial v}\frac{\partial h}{\partial u} = \frac{\partial(x,\ y)}{\partial(u,\ v)}$$

이므로

$$\oint_{C_1} F\,dy = \pm\iint_\Sigma f(g(u,\ v),\ h(u,\ v))\,\frac{\partial(x,\ y)}{\partial(u,\ v)}\,du\,dv \tag{10}$$

가 성립한다. 이제 (1)과 (10)을 결합하면 증명이 완료된다. ◆

참고 uv 평면 위의 닫힌영역 Σ에서 xy 평면 위의 닫힌영역 Ω로의 일대일 대응

$$x = g(u,\ v),\ y = h(u,\ v)$$

에 의해 주어진 변수변환을 종종 확인하기 어려운 경우가 생긴다. 그러나 모든 편도함수가 Ω에서 연속이고 야코비안 $\dfrac{\partial(x, y)}{\partial(u, v)}$가 Ω에서 0이 아니면, 이들 조건들이 국소적으로 성립함을 보일 수 있다. □

예 정리 5를 이용하면, 극좌표에 관한 공식

$$\iint_{\Omega} f(x, y)\,dx\,dy = \iint_{\Sigma} f(r\cos\theta, r\sin\theta)\,r\,dr\,d\theta$$

를 쉽게 얻을 수 있다. 왜냐하면

$$x = g(r, \theta) = r\cos\theta,\ y = h(r, \theta) = r\sin\theta$$

라 놓으면

$$\frac{\partial x}{\partial r} = \cos\theta,\ \frac{\partial x}{\partial \theta} = -r\sin\theta,\ \frac{\partial y}{\partial r} = \sin\theta,\ \frac{\partial y}{\partial \theta} = r\cos\theta$$

이므로

$$\frac{\partial(x, y)}{\partial(r, \theta)} = \begin{vmatrix} \cos\theta & -r\sin\theta \\ \sin\theta & r\cos\theta \end{vmatrix} = r$$

이 성립하기 때문이다.

삼중적분에 대해서도 비슷한 변수변환 공식이 있다. uvw 공간의 닫힌영역 U를 미분가능한 함수

$$x = g(u, v, w),\ y = h(u, v, w),\ z = k(u, v, w)$$

에 의해 xyz 공간의 닫힌영역 W로 변환하면, 변환의 야코비안은

$$\frac{\partial(x, y, z)}{\partial(u, v, w)} = \begin{vmatrix} \dfrac{\partial x}{\partial u} & \dfrac{\partial x}{\partial v} & \dfrac{\partial x}{\partial w} \\ \dfrac{\partial y}{\partial u} & \dfrac{\partial y}{\partial v} & \dfrac{\partial y}{\partial w} \\ \dfrac{\partial z}{\partial u} & \dfrac{\partial z}{\partial v} & \dfrac{\partial z}{\partial w} \end{vmatrix}$$

로 주어진다.

정리 6 **삼중적분에서의 변수변환**

$x = g(u, v, w)$, $y = h(u, v, w)$와 $z = k(u, v, w)$의하여 xyz 공간 위의 닫힌영역 W에서 uvw 공간 위의 닫힌영역 U로의 일대일 대응이 주어지고, U 내부에서 모든 이계 편도함수가 연속일 때 야코비안이 0이 아니면

$$\iiint_W f(x, y, z)\,dx\,dy\,dz$$
$$= \iiint_U f(g(u, v, w), h(u, v, w), k(u, v, w))\left|\frac{\partial(x, y, z)}{\partial(u, v, w)}\right| du\,dv\,dw$$

가 성립한다.

원주좌표로의 변환 $x = r\cos\theta$, $y = r\sin\theta$와 $z = z$에 의하여

$$\frac{\partial(x, y, z)}{\partial(r, \theta, z)} = r$$

이므로

$$\iiint_W f(x, y, z)\,dV = \iiint_U f(r\cos\theta, r\sin\theta, z)\,r\,dr\,d\theta\,dz$$

가 된다.

참고 정리 6으로부터, 구면좌표에 의한 삼중적분의 공식이 유도된다.

$$x = g(\rho, \theta, \phi) = \rho\sin\phi\cos\theta$$
$$y = h(\rho, \theta, \phi) = \rho\sin\phi\sin\theta$$
$$z = k(\rho, \theta, \phi) = \rho\cos\phi$$

라 놓으면

$$\frac{\partial(x, y, z)}{\partial(u, v, w)} = \begin{vmatrix} \frac{\partial x}{\partial u} & \frac{\partial x}{\partial v} & \frac{\partial x}{\partial w} \\ \frac{\partial y}{\partial u} & \frac{\partial y}{\partial v} & \frac{\partial y}{\partial w} \\ \frac{\partial z}{\partial u} & \frac{\partial z}{\partial v} & \frac{\partial z}{\partial w} \end{vmatrix}$$
$$= -\rho^2\sin\phi\cos^2\theta - \rho^2\sin\phi\sin^2\theta = -\rho^2\sin\phi$$

이므로, $\left|\frac{\partial(x, y, z)}{\partial(u, v, w)}\right| = \rho^2\sin\phi$가 된다. 따라서

$$\iiint_W f(x,\ y,\ z)\,dV$$
$$=\iiint_U f(\rho\sin\phi\cos\theta,\ \rho\sin\phi\sin\theta,\ \rho\cos\phi)\,\rho^2\sin\phi\,d\rho\,d\theta\,d\phi$$

를 얻는다. □

5.3 면적분

xy 평면의 어떤 영역 Ω에서 연속인 일계 편도함수를 갖는 함수 $z=f(x,\ y)$가 Ω의 각 점 $(x,\ y)$에서 $f(x,\ y)>0$을 만족할 때, 곡면 $z=f(x,\ y)$의 면적을 구해보자.

먼저 각 변이 $\triangle x$와 $\triangle y$로 주어진 직사각형 $\triangle A$ 위에 있는 곡면의 면적 $\triangle S$를 구한다. 이때 $\triangle x$와 $\triangle y$가 작으면 공간 위의 영역 $PQSR$은 평행사변형 모양으로 접근하게 되므로

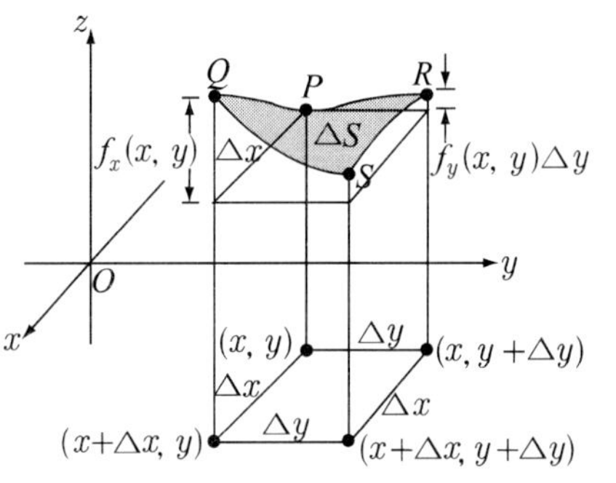

그림 5.3

$$\triangle S \approx \text{평행사변형의 면적} = |\overrightarrow{PQ}\times\overrightarrow{PR}| \tag{1}$$

으로 주어진다. 한편

$$\overrightarrow{PQ}=(x+\triangle x,\ y,\ f(x+\triangle x,\ y))-(x,\ y,\ f(x,\ y))$$
$$=(\triangle x,\ 0,\ f(x+\triangle x,\ y)-f(x,\ y))$$

가 된다. 그런데 $\triangle x$가 작으면

$$\frac{f(x+\triangle x,\ y)-f(x,\ y)}{\triangle x}\approx f_x(x,\ y)$$

이므로

$$f(x+\triangle x,\ y)-f(x,\ y)\triangle x \approx f_x(x,\ y)\,\triangle x$$

가 되고, 따라서

$$\overrightarrow{PQ} \approx (\triangle x,\ 0,\ f_x(x,\ y)\triangle x) \tag{2}$$

가 성립한다. 마찬가지로

$$\begin{aligned}\overrightarrow{PR} &= (x,\ y+\triangle y,\ f(x,\ y+\triangle y)) - (x,\ y,\ f(x,\ y)) \\ &= (0,\ \triangle y,\ f(x,\ y+\triangle y)-f(x,\ y))\end{aligned}$$

이고, $\triangle y$가 작으면

$$\overrightarrow{PR} \approx (0,\ \triangle y,\ f_y(x,\ y)\triangle y) \tag{3}$$

가 된다. (2)와 (3)으로부터

$$\begin{aligned}\overrightarrow{PQ}\times\overrightarrow{PR} &= \begin{vmatrix} \mathbf{i} & \mathbf{j} & \mathbf{k} \\ \triangle x & 0 & f_x(x,\ y)\triangle x \\ 0 & \triangle y & f_x(x,\ y)\triangle y \end{vmatrix} \\ &= -f_x(x,\ y)\triangle x\,\triangle y\,\mathbf{i} - f_y(x,\ y)\triangle x\,\triangle y\,\mathbf{j} + \triangle x\,\triangle y\,\mathbf{k} \\ &= \{-f_x(x,\ y)\mathbf{i} - f_y(x,\ y)\mathbf{j} + \mathbf{k}\}\triangle x\,\triangle y\end{aligned}$$

가 성립한다. 따라서 (1)로부터 근사식

$$\triangle S \approx \sqrt{1+f_x^{\,2}(x,\ y)+f_y^{\,2}(x,\ y)}\,\triangle A$$

를 얻게 된다. 여기서 $\triangle A = \triangle x\ \triangle y$이다.

이제 Ω를 분할하는 직사각형 위의 곡면의 면적을 모두 합하고, 극한을 취함으로써 곡면의 면적을 구할 수 있다.

정의 7	**곡면적**
	$z=f(x,\ y)$가 어떤 닫힌영역 Ω의 내부에서 연속인 일계 편도함수를 가지는 함수일 때, Ω 위에서 f의 곡면적 S를 $$S=\iint_{\Omega}\sqrt{1+f_x^{\,2}(x,\ y)+f_y^{\,2}(x,\ y)}\,dA$$ 로 정의한다.

어떤 닫힌영역 Ω의 내부에서 f의 일계 편도함수가 연속이라는 가정은 적분값이 존재함을 보장한다.

참고 **(매끄러운 곡면)** $z=f(x, y)$가 (x_0, y_0)에서 연속인 일계 편도함수를 가질 때, 곡면 $z=f(x, y)$는 (x_0, y_0, z_0)에서 매끄럽다고 한다. 만일 곡면이 f의 정의역의 모든 점에서 매끄러우면, 이 곡면을 **매끄러운 곡면**(smooth surface)이라고 한다. □

곡면 $z=f(x, y)$가 xy 평면의 닫힌영역 Ω의 점 (x, y)에서 매끄러우면, $f(x, y)$가 Ω에서 연속이므로 중적분

$$\iint_{\Omega} f(x, y)\,dA = \lim_{\|P\|\to 0} \sum_{i=1}^{m} \sum_{j=1}^{n} f(x_i^*, y_j^*)\,\triangle x\,\triangle y$$

가 존재하고, 이 극한은 직사각형 영역 D_{ij}의 점 (x_i^*, y_j^*)의 선택에 무관하다. 여기서 $\triangle x\,\triangle y$는 D_{ij}의 면적을 나타낸다.

이제 중적분과 유사한 면적분에 관하여 서술한다. 중적분은 평면 위에서의 적분이고, 면적분은 공간의 곡면 위에서의 적분일 뿐이다. S가 xy 평면에 있는 닫힌영역 Ω 위에서 정의된 함수 $z=f(x, y)$로 주어진 곡면일 때, S 위에서 정의된 함수 $F(x, y, z)$를 적분해보자.

먼저 닫힌영역 Ω를 직사각형으로 분할한다. 이 과정에서 곡면 S도 mn개의 작은 곡면, 즉 조각 S_{ij}로 분할되는데, S_{ij}를

$$S_{ij} = \{(x, y, z) \mid z=f(x, y),\ (x, y)\in D_{ij}\}$$

로 표시한다. 각 S_{ij}에서 한 점씩 선택하면, 이 점은 (x_i^*, y_j^*, z_{ij}^*)인 형태가 되고, $z_{ij}^* = f(x_i^*, y_j^*)$, $(x_i^*, y_j^*)\in D_{ij}$가 된다. 또한 곡면 S_{ij}의 면적을 $\triangle S_{ij}$라 하면, $\triangle S_{ij}$는 직사

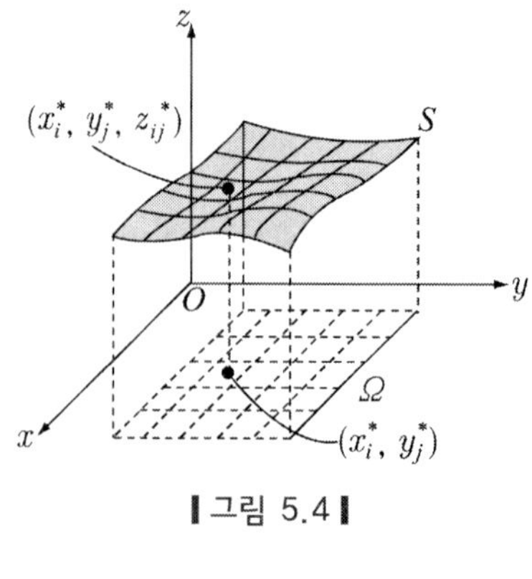

그림 5.4

각형 D_{ij}의 면적에서 $\triangle x \triangle y$와 유사하다.

이제

$$\sum_{i=1}^{m} \sum_{j=1}^{n} F(x_i^*,\ y_j^*,\ z_{ij}^*)\triangle S_{ij}$$

의 극한

$$\lim_{\|P\| \to 0} \sum_{i=1}^{m} \sum_{j=1}^{n} F(x_i^*,\ y_j^*,\ z_{ij}^*)\triangle S_{ij}$$

로써 $F(x,\ y,\ z)$의 면적분을 정의한다.

정의 8	면적분

xy 평면에 있는 닫힌영역 Ω 위에서 정의된 함수 $z=f(x,\ y)$로 주어진 곡면을 S라 할 때, S 위에서 정의된 함수 $F(x,\ y,\ z)$에 대하여 극한

$$\lim_{\|P\| \to 0} \sum_{i=1}^{m} \sum_{j=1}^{n} F(x_i^*,\ y_j^*,\ z_{ij}^*)\triangle S_{ij}$$

가 존재하고, 이 극한이 S를 분할하는 방법과 S_{ij}에서 점 $(x_i^*,\ y_j^*,\ z_{ij}^*)$를 선택하는 방법에 무관할 때, $F(x,\ y,\ z)$는 S 위에서 **적분가능**하다고 한다. 이때 $\int\int_S F(x,\ y,\ z)\,dS$로 표시되는 S 위에서의 F의 면적분은

$$\int\int_S F(x,\ y,\ z)\,dS = \lim_{\|P\| \to 0} \sum_{i=1}^{m} \sum_{j=1}^{n} F(x_i^*,\ y_j^*,\ z_{ij}^*)\triangle S_{ij} \qquad (*)$$

로 정의된다.

참고 식 (*)를 계산하기 위하여 $\triangle S_{ij}$를 접평면에 속하는 근사 평행사변형의 넓이 $\triangle T_{ij}$로 근사시키면, 그 극한은 중적분이 된다. □

이제 S 위에서의 $F(x,\ y,\ z)$의 면적분이 존재할 조건과, 면적분을 구하는 방법에 대하여 중요한 다음 결과를 얻는다.

정리 9

$z=f(x, y)$로 정의된 S가 xy 평면의 어떤 닫힌영역 Ω에서 매끄러운 곡면이라 하자. 이때 $F(x, y, z)$가 S를 포함하는 한 닫힌영역에서 연속이면, F는 S 위에서 적분가능하고

$$\iint_S F(x, y, z)\,dS = \iint_\Omega F(x, y, f(x, y))\sqrt{1+f_x^2(x, y)+f_y^2(x, y)}\,dA$$

로 주어진다.

(증명) $\Delta S_{ij} \approx \sqrt{1+f_x^2(x_i^*, y_j^*)+f_y^2(x_i^*, y_j^*)}\,\Delta x\,\Delta y$이므로, $z_{ij}^* = f(x_i^*, y_j^*)$인 사실에 유의하면

$$\begin{aligned}&\lim_{\|P\|\to 0}\sum_{i=1}^{m}\sum_{j=1}^{n} F(x_i^*, y_j^*, z_{ij}^*)\Delta S_{ij}\\ &= \lim_{\|P\|\to 0}\sum_{i=1}^{m}\sum_{j=1}^{n} F(x_i^*, y_j^*, f(x_i^*, y_j^*))\\ &\quad\cdot\sqrt{1+f_x^2(x_i^*, y_j^*)+f_y^2(x_i^*, y_j^*)}\,\Delta x\,\Delta y \qquad (*)\end{aligned}$$

를 얻는다. 만일 $z=f(x, y)$로 주어진 S가 Ω에서 매끄러운 곡면이면 f_x와 f_y가 Ω의 내부에서 연속이고, 따라서 $\sqrt{1+f_x^2+f_y^2}$도 Ω의 내부에서 연속이 된다. 더욱이 $F(x, y, z)$가 S를 포함하는 어떤 닫힌영역의 점 (x, y, z)에 대하여 연속이면

$$\iint_\Omega F(x, y, f(x, y))\sqrt{1+f_x^2(x, y)+f_y^2(x, y)}\,dA$$

가 존재하고, (*)의 극한값과 일치한다. 따라서

$$\begin{aligned}&\iint_S F(x, y, z)\,dS\\ &= \iint_\Omega F(x, y, f(x, y))\sqrt{1+f_x^2(x, y)+f_y^2(x, y)}\,dA\end{aligned}$$

로 주어진다. ◆

예제 S가 $z=x^2+y^2$과 $x^2+y^2 \le 9$로 주어진 회전포물면의 한 부분일 때

$$\iint_S (x^2+y^2+3z^2)\,dS$$

를 구하시오.

(풀이) $f(x, y)=x^2+y^2$이므로, $f_x=2x$, $f_y=2y$이고 $dS=\sqrt{1+4x^2+4y^2}\,dx\,dy$이다. 그러므로

$$\begin{aligned} I &= \iint_S (x^2+y^2+3z^2)\,dS \\ &= \iint_\Omega [x^2+y^2+3(x^2+y^2)^2]\sqrt{1+4x^2+4y^2}\,dA \end{aligned}$$

가 된다. 여기서 Ω는 xy 평면에서 원반 $x^2+y^2 \le 9$이다. 극좌표 $x^2+y^2=r^2$을 이용하여

$$\begin{aligned} I &= \int_0^{2\pi}\int_0^3 [r^2+3(r^2)^2]\sqrt{1+4r^2}\,r\,dr\,d\theta \\ &= \int_0^{2\pi}\int_0^3 (r^3+3r^5)\sqrt{1+4r^2}\,dr\,d\theta \\ &= 2\pi\int_0^3 (r^3+3r^5)\sqrt{1+4r^2}\,dr \end{aligned}$$

을 얻는다. 이 적분값을 구하면

$$\begin{aligned} I &= 2\pi\left\{21(37)^{3/2}+\frac{1}{120}[1-55(37)^{5/2}]+\frac{1}{280}(37^{7/2}-1)\right\} \\ &\approx 12{,}629.4 \end{aligned}$$

가 된다. ◆

특히 $F(x, y, z)=1$이면, 정리 9에서

$$\iint_S dS=\iint_\Omega \sqrt{1+f_x{}^2(x, y)+f_y{}^2(x, y)}\,dA$$

와 같이 되는데, 이것이 곡면의 면적을 구하는 공식이다. 또한 S가 구분적으로 매끄러운 곡면, 즉 경계에서만 만나는 유한개의 매끄러운 곡면 $S_1, S_2, \cdots, S_n$의 합집합일 때, S 위에서 f의 면적분은

$$\iint_S f(x, y, z)\,dS=\iint_{S_1} f(x, y, z)\,dS+\cdots+\iint_{S_n} f(x, y, z)\,dS$$

로 정의된다.

참고 정리 9를 이용하면, S 위에서의 면적분을 S의 xy 평면 위의 정사영인 닫힌영역 Ω 위에서의 중적분으로 변형하여 계산할 수 있다. 또한 S를 yz 평면이나 xz 평면 위로 정사영하는 것이 더욱 편리할 때, 유사한 공식이 적용된다. 예를 들면 S가 방정식 $y=h(x, y)$를 갖는 곡면이고, Ω가 S를 xz 평면 위에 내린 정사영이면

$$\begin{aligned}&\iint_S F(x, y, z)\, dS \\ &\quad= \iint_\Omega F(x, h(x, z), z)\sqrt{1+h_x^{\,2}(x, z)+h_z^{\,2}(x, z)}\, dA\end{aligned}$$

가 된다. □

예 S가 곡면 $z=x+y^2$ (단, $0 \le x \le 1$, $0 \le y \le 2$)으로 주어지면, $z_x=1$과 $z_y=2y$이므로

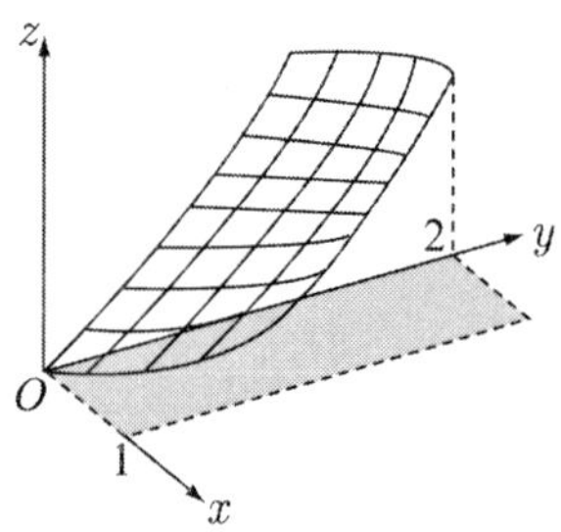

그림 5.5

$$\begin{aligned}\iint_S y\, dS &= \iint_\Omega y\sqrt{1+z_x^{\,2}+z_y^{\,2}}\, dA \\ &= \int_0^1\int_0^2 y\sqrt{2+4y^2}\, dy\, dx \\ &= \int_0^1 dx\, \sqrt{2}\int_0^2 y\sqrt{1+2y^2}\, dy \\ &= \sqrt{2}\left[\left(\frac{1}{4}\right)\frac{2}{3}(1+2y^2)^{3/2}\right]_0^2 = \frac{13\sqrt{2}}{3}\end{aligned}$$

이 된다.

참고 (매개변수로 주어지는 경우) 벡터방정식

$$\mathbf{r}(u, v)=x(u, v)\mathbf{i}+y(u, v)\mathbf{j}+z(u, v)\mathbf{k},\ (u, v)\in D$$

로 주어진 곡면 S를 생각하자. 먼저 정의역 D를 직사각형 영역이라 하고, D를 변의 길이가 각각 $\triangle u$와 $\triangle v$인 부분직사각형 D_{ij}로 나눈다. 그러면 S는 D_{ij}에 대응하는 면적이 $\triangle S_{ij}$인 작은 곡면 S_{ij}로 나누어진다.

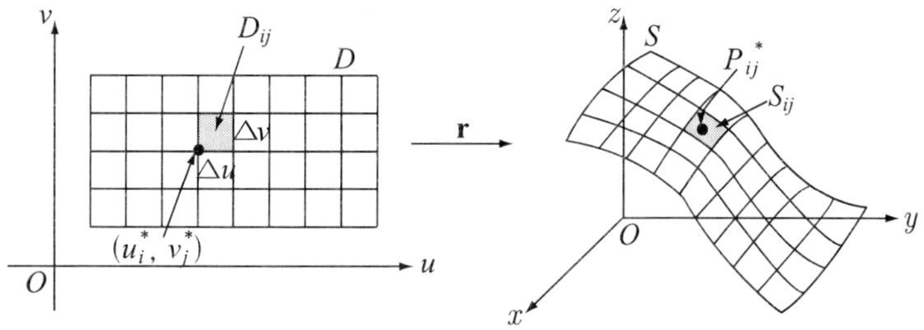

▌그림 5.6▐

이때

$$\mathbf{r}_u = \frac{\partial x}{\partial u}\mathbf{i} + \frac{\partial y}{\partial u}\mathbf{j} + \frac{\partial z}{\partial u}\mathbf{k}, \quad \mathbf{r}_v = \frac{\partial x}{\partial v}\mathbf{i} + \frac{\partial y}{\partial v}\mathbf{j} + \frac{\partial z}{\partial v}\mathbf{k}$$

를 각각 S_{ij}의 한 모서리 점에서의 접선벡터라 하면, 근사식

$$\triangle S_{ij} \approx \|\mathbf{r}_u \times \mathbf{r}_v\| \triangle u \, \triangle v$$

를 얻을 수 있다. 만일 성분함수 $x(u, v)$, $y(u, v)$와 $z(u, v)$가 연속이고, $\mathbf{r}_u$와 $\mathbf{r}_v$가 D의 내부에서 $\mathbf{0}$이 아니고 또한 평행도 아니며, 더욱이 D가 직사각형 영역이 아닐 때

$$\iint_S f(x, y, z)\, dS = \lim_{\|P\| \to 0} \sum_{i=1}^{m} \sum_{j=1}^{n} f(x_i^*, y_j^*, z_{ij}^*) \triangle S_{ij}$$

를 이용하면

$$\iint_S f(x, y, z)\, dS = \iint_D f(\mathbf{r}(u, v)) \|\mathbf{r}_u \times \mathbf{r}_v\| \, dA$$

가 된다. □

예제 $x^2 + y^2 + z^2 = 1$로 주어진 단위구면 S의 겉면적 $A(S)$를 구하시오.

(풀이) 단위구면 S의 매개변수표현(구면좌표)은

$$x = \sin\phi\cos\theta, \ y = \sin\phi\sin\theta, \ z = \cos\phi \ \ (단, \ 0 \le \phi \le \pi, \ 0 \le \theta \le 2\pi)$$

로 주어지므로

$$\mathbf{r}(\theta,\ \phi) = \sin\phi\cos\theta\,\mathbf{i} + \sin\phi\sin\theta\,\mathbf{j} + \cos\phi\,\mathbf{k}$$

가 된다. 그러므로 $\|\mathbf{r}_\theta \times \mathbf{r}_\phi\| = \sin\phi$이다. 따라서

$$\iint_S dS = \iint_D \|\mathbf{r}_\theta \times \mathbf{r}_\phi\|\,dA = A(S)$$

를 이용하면

$$\begin{aligned} A(S) &= \iint_S dS = \iint_D \|\mathbf{r}_\theta \times \mathbf{r}_\phi\|\,dA \\ &= \int_0^{2\pi}\int_0^{\pi} \sin\phi\,d\phi\,d\theta = 4\pi \end{aligned}$$

를 얻는다. ◆

그런데 벡터장의 면적분을 정의하기 위해서는 뫼비우스 띠처럼 방향을 줄 수 없는 곡면을 제외할 필요가 있다. 독일의 수학자 **뫼비우스**(Möbius)는 가우스의 제자로서, 기하학과 역학, 그리고 정수론 등에 중요한 결과를 남겼다. 뫼비우스의 이름에서 유래한 **뫼비우스 띠**는, 긴 직사각형의 종이띠를 갖고 반을 한번 비틀어서 짧은 모서리를 서로 붙여서 만든다. 뫼비우스 띠는 실제로 한 면만 가진다고 볼 수 있다.

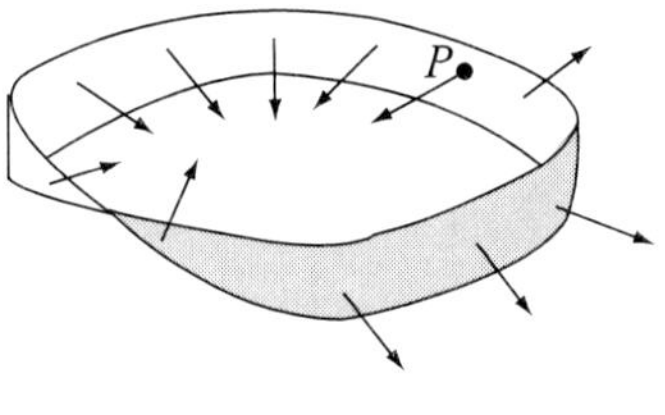

(1) 뫼비우스의 띠

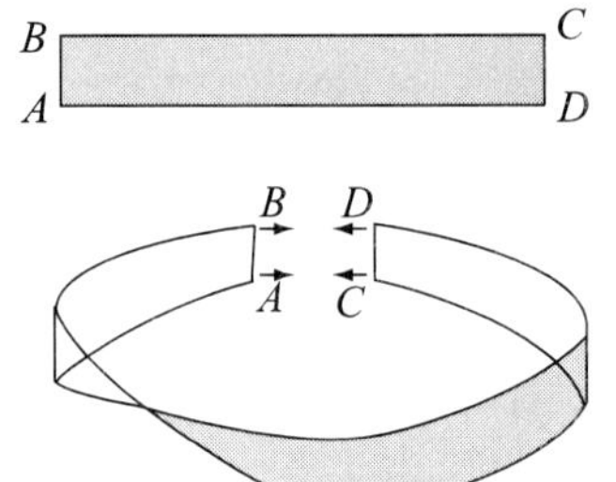

(2) 뫼비우스의 띠 구성

| 그림 5.7 |

이제부터 양면이 있는 매끄러운 곡면, 즉 S 위의 모든 점(경계점은 제외)에서 접평면을 갖는 양면이 있는 곡면 $z = f(x,\ y)$만을 생각한다. 이 곡면은 두 가지 방법

$$F(x,\ y,\ z) = f(x,\ y) - z = 0,\ \ G(x,\ y,\ z) = z - f(x,\ y) = 0$$

으로 표기할 수 있다. 기울기 ∇F와 ∇G는 모든 점 $(x,\ y,\ z)$에서 곡면에 수직이므로,

∇F와 ∇G가 $\mathbf{0}$이 아니면

$$\mathbf{n}_1 = \frac{\nabla F}{\|\nabla F\|}, \quad \mathbf{n}_2 = \frac{\nabla G}{\|\nabla G\|}$$

는 곡면에 대한 단위법선벡터가 된다. 여기서 $\mathbf{n}_1 = -\mathbf{n}_2$이다. 이 법선벡터 중 하나를 택하여 $\mathbf{n}$으로 표시하고, 이것을 **외향단위법선벡터** (the outward unit normal vector)라고 하며, $\mathbf{n}$의 방향을 각 점에서 곡면에 대한 **양의 법선 방향** (positive normal orientation)이라고 한다.

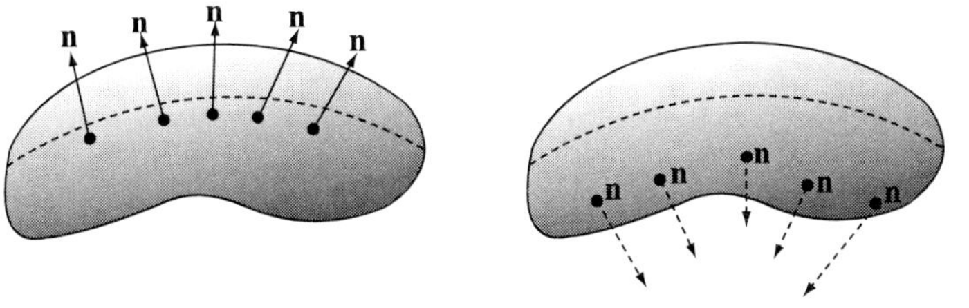

❚그림 5.8❚ 유향곡면의 두 가지 방향

한편 C를 곡면 S 위의 한 점 P_0를 지나면서 S 위에 있는 임의의 닫힌곡선이라 하면, P_0에 있는 외향단위법선벡터가 C를 따라 계속 돌아서 다시 P_0에 올 때 원래 그대로 보존되면, S를 **유향곡면** (orientable surface)이라고 한다. 곡면 S가 유향일 때, 외향단위법선벡터 $\mathbf{n}$을 일단 선택하면 S 위의 곡선을 따라 이동하는 $\mathbf{n}$의 방향에 의하여 S에는 양의 방향이 결정된다.

닫힌곡면 (closed surface), 즉 입체영역 E의 경계인 곡면에서 E의 외부쪽으로 향하는 법선벡터의 방향을 양의 방향이라고 하고, 내부쪽으로 향하는 법선벡터의 방향을 음의 방향이라 한다.

예 뫼비우스 띠는 방향을 줄 수 없는 곡면, 즉 유향곡면이 아니다. 왜냐하면 점선으로 표시된 닫힌곡선을 따라서 법선벡터가 한 바퀴 움직이면 방향이 반대가 되어 돌아오기 때문이다.

참고 (매개변수로 주어지는 경우) 벡터방정식

$$\mathbf{r}(u, v) = x(u, v)\mathbf{i} + y(u, v)\mathbf{j} + z(u, v)\mathbf{k}$$

로 주어진 곡면 S가 매끄러운 유향곡면이면, 이 곡면은 단위법선벡터

$$\mathbf{n} = \frac{\mathbf{r}_u \times \mathbf{r}_v}{\|\mathbf{r}_u \times \mathbf{r}_v\|}$$

의 방향을 갖고, 반대방향은 $-\mathbf{n}$이 된다. □

정리 10

$z=f(x,\ y)$로 정의된 S가 xy 평면의 어떤 닫힌영역 Ω에서 매끄러운 곡면이라 하자. 만약 $F(x,\ y,\ z)$가 S를 포함하는 한 닫힌영역에서 연속이면, F는 S 위에서 적분가능하고

$$\iint_S F(x,\ y,\ z)\,dS = \iint_\Omega F(x,\ y,\ f(x,\ y))\sec\gamma(x,\ y)\,dx\,dy$$

로 주어진다. 여기서 $\sec\gamma(x,\ y)=\sqrt{1+f_x^{\ 2}+f_y^{\ 2}}$ 이다.

(증명) 곡면 $z=f(x,\ y)$를 $G(x,\ y,\ z)=z-f(x,\ y)$로 표기하면

$$\nabla G = G_x\mathbf{i}+G_y\mathbf{j}+G_z\mathbf{k} = -f_x\mathbf{i}-f_y\mathbf{j}+\mathbf{k}$$

$$\mathbf{n}=\frac{\nabla G}{\|\nabla G\|}=\frac{-f_x\mathbf{i}-f_y\mathbf{j}+\mathbf{k}}{\sqrt{1+f_x^{\ 2}+f_y^{\ 2}}}$$

가 된다. 이 벡터가 S의 양의 방향을 결정한다. 이제 각 γ를 $\mathbf{n}$과 z 축 양의 방향 사이의 예각으로 정의한다.

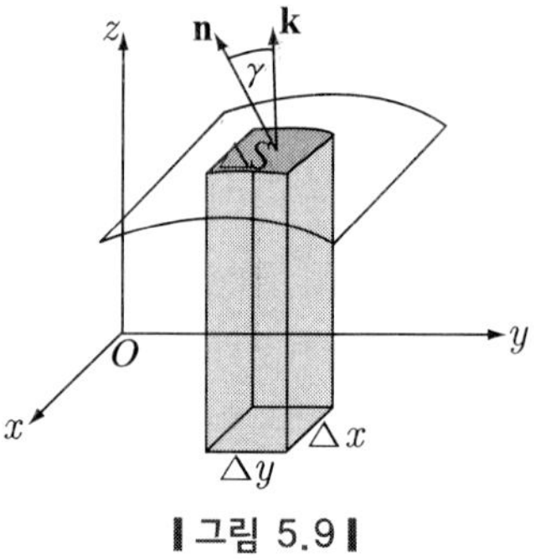

그림 5.9

$\mathbf{k}$가 단위벡터로 z 축 양의 방향과 같은 방향이므로

$$\cos\gamma(x,\ y)=\frac{\mathbf{n}\cdot\mathbf{k}}{\|\mathbf{n}\|\|\mathbf{k}\|}=\frac{1}{\sqrt{1+f_x^{\ 2}+f_y^{\ 2}}}$$

즉 $\sec\gamma(x,\ y)=\sqrt{1+f_x^{\ 2}+f_y^{\ 2}}$ 이다. 따라서

$$\iint_S F(x, y, z)\, dS = \iint_\Omega F(x, y, f(x, y)) \sec\gamma\,(x, y)\, dx\, dy$$

가 성립한다. ◆

예제 Ω는 xy 평면의 세 직선 x축, y축과 $y = 1 - 2x$로 둘러싸인 삼각형의 닫힌영역이고, S가 Ω 위에 있는 평면 $2x - y + z = 3$의 부분일 때, $\iint_S (x + 2y + 3z)\, dS$를 구하시오.

풀이 $\mathbf{N} = 2\mathbf{i} - \mathbf{j} + \mathbf{k}$가 $2x - y + z = 3$으로 주어진 평면 S에 수직을 이루므로, 외향단위법선벡터는

$$\mathbf{n} = \mathbf{N}/\|\mathbf{N}\| = (1/\sqrt{6})(2\mathbf{i} - \mathbf{j} + \mathbf{k})$$

가 된다. 따라서 $\cos\gamma = \mathbf{n} \cdot \mathbf{k} = 1/\sqrt{6}$이고, $\sec\gamma = \sqrt{6}$을 얻는다. 그러므로

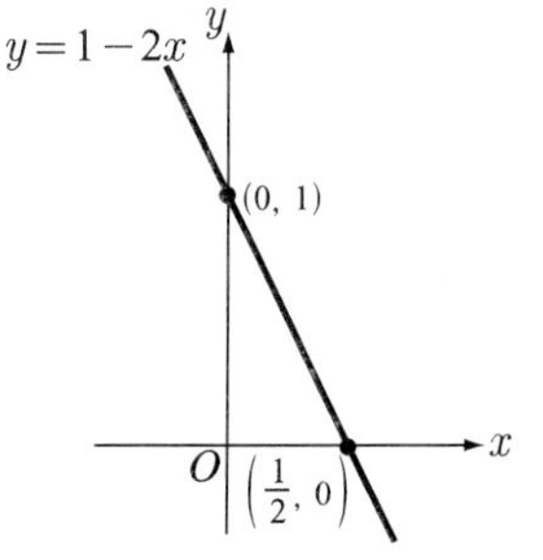

그림 5.10

$$\begin{aligned}
&\iint_S (x + 2y + 3z)\, dS \\
&= \iint_\Omega [(x + 2y) + 3(3 - 2x + y)]\sqrt{6}\, dx\, dy \\
&= \sqrt{6}\int_0^{1/2}\int_0^{1-2x} (9 - 5x + 5y)\, dy\, dx \\
&= \sqrt{6}\int_0^{1/2} \left(9y - 5xy + \frac{5y^2}{2}\right)\Bigg|_0^{1-2x} dx \\
&= \sqrt{6}\int_0^{1/2} \left[9(1 - 2x) - 5x(1 - 2x) + \frac{5}{2}(1 - 2x)^2\right] dx \\
&= \sqrt{6}\int_0^{1/2} \left(20x^2 - 33x + \frac{23}{2}\right) dx = \frac{59}{24}\sqrt{6}
\end{aligned}$$

이 된다. ◆

$\mathbf{F}$가 단위법선벡터 $\mathbf{n}$을 가지는 유향곡면 S 위에서 정의된 연속벡터장이면, S 위에서 $\mathbf{F}$의 면적분은

$$\iint_S \mathbf{F} \cdot d\mathbf{S} = \iint_S \mathbf{F} \cdot \mathbf{n}\, dS$$

로 주어진다. 이 적분을 S를 통과하는 $\mathbf{F}$의 유동이라고도 한다. 이때 곡면 S의 면적미분 dS에는 크기가 dS이고 방향이 $\mathbf{n}$인 벡터 $d\mathbf{S}$가 대응된다.

끝으로 곡면 S가 그래프로 나타나는 경우와 매개변수에 의하여 표현되는 경우로 나누어서 S 위에서 $\mathbf{F}$의 면적분을 구하면 다음과 같다.

(1) 그래프로 주어지는 경우

곡면 S가 그래프 $z = g(x, y)$에 의하여 주어진 경우에 S가 등위곡면

$$f(x, y, z) = z - g(x, y) = 0$$

인 점에 유의하면, (x, y, z)에서 곡면에 대한 단위법선벡터는

$$\mathbf{n} = \frac{\nabla f(x, y, z)}{\|\nabla f(x, y, z)\|} = \frac{-g_x\mathbf{i} - g_y\mathbf{j} + \mathbf{k}}{\sqrt{{g_x}^2 + {g_y}^2 + 1}}$$

로 주어진다. 이때 $\mathbf{n}$은 $\mathbf{k}$ 성분이 양이므로 위쪽을 향한 단위법선벡터가 된다. 이제 정리 9를 이용하여

$$\mathbf{F}(x, y, z) = P(x, y, z)\mathbf{i} + Q(x, y, z)\mathbf{j} + R(x, y, z)\mathbf{k}$$

일 때, 면적분을 구하면

$$\begin{aligned}\iint_S \mathbf{F} \cdot d\mathbf{S} &= \iint_S \mathbf{F} \cdot \mathbf{n}\, dS \\ &= \iint_\Omega (P\mathbf{i} + Q\mathbf{j} + R\mathbf{k}) \frac{-g_x\mathbf{i} - g_y\mathbf{j} + \mathbf{k}}{\sqrt{{g_x}^2 + {g_y}^2 + 1}} \sqrt{{g_x}^2 + {g_y}^2 + 1}\, dA\end{aligned}$$

또는

$$\iint_S \mathbf{F} \cdot d\mathbf{S} = \iint_\Omega (-Pg_x - Qg_y + R)\, dA$$

를 얻는다. 특히 아래로 향한 단위법선벡터일 때는 -1을 곱하면 된다. 또한 S가

$y=h(x,\ z)$ 또는 $x=k(y,\ z)$에 의하여 주어질 때도 유사한 공식을 얻을 수 있다.

(2) 매개변수로 주어지는 경우

벡터방정식

$$\mathbf{r}(u,\ v)=x(u,\ v)\mathbf{i}+y(u,\ v)\mathbf{j}+z(u,\ v)\mathbf{k}$$

로 주어진 곡면 S가 매끄러운 유향곡선이면

$$\mathbf{n}=\frac{\mathbf{r}_u\times\mathbf{r}_v}{\|\mathbf{r}_u\times\mathbf{r}_v\|}$$

로 주어지고

$$\begin{aligned}\iint_S \mathbf{F}\cdot d\mathbf{S} &= \iint_S \mathbf{F}\cdot\frac{\mathbf{r}_u\times\mathbf{r}_v}{\|\mathbf{r}_u\times\mathbf{r}_v\|}\,dS \\ &= \iint_\Omega \left[\mathbf{F}(\mathbf{r}(u,\ v))\cdot\frac{\mathbf{r}_u\times\mathbf{r}_v}{\|\mathbf{r}_u\times\mathbf{r}_v\|}\right]\|\mathbf{r}_u\times\mathbf{r}_v\|\,dA\end{aligned}$$

가 된다. 따라서

$$\iint_S \mathbf{F}\cdot d\mathbf{S}=\iint_\Omega \mathbf{F}\cdot(\mathbf{r}_u\times\mathbf{r}_v)\,dA \qquad (*)$$

를 얻는다.

참고 $z=g(x,\ y)$로 주어지는 곡면에 대하여

$$\mathbf{r}=x\mathbf{i}+y\mathbf{j}+g(x,\ y)\mathbf{k}$$

일 때

$$\mathbf{r}_x\times\mathbf{r}_y=-g_x\mathbf{i}-g_y\mathbf{j}+\mathbf{k}$$

이므로, (1)에서 식

$$\iint_S \mathbf{F}\cdot d\mathbf{S}=\iint_\Omega(-Pg_x-Qg_y+R)\,dA$$

는 (*)의 특수한 경우임을 알 수 있다. □

5.4 R^3에서 벡터의 발산과 회전

이 절에서는 공간 R^3에서 벡터장의 발산과 회전을 정의하고, 면적분에 관한 정리들에 이들이 어떻게 이용되는지를 살펴본다.

참고 $\mathbf{F}(x, y) = P(x, y)\mathbf{i} + Q(x, y)\mathbf{j}$의 발산과 회전을 각각 기호 ∇를 사용하여

$$\operatorname{div}\mathbf{F} = \nabla \cdot \mathbf{F}, \quad \operatorname{curl}\mathbf{F} = \nabla \times \mathbf{F}$$

로 정의하였다. 더욱이 평면에서의 그린 정리를 변형된 형태로 표시하는 데 $\operatorname{div}\mathbf{F}$와 $\operatorname{curl}\mathbf{F}$를 모두 사용하였다. □

함수 $F(x, y, z)$의 기울기는 점 (x, y, z)에서 미분가능한 함수를 R^3의 벡터장에 대응시키는 함수로 생각할 수 있다. 이때 기호

$$\nabla = \frac{\partial}{\partial x}\mathbf{i} + \frac{\partial}{\partial y}\mathbf{j} + \frac{\partial}{\partial z}\mathbf{k}$$

를 이용하면, 함수 $F(x, y, z)$에 대하여 ∇F는

$$\nabla F = \left(\frac{\partial}{\partial x}\mathbf{i} + \frac{\partial}{\partial y}\mathbf{j} + \frac{\partial}{\partial z}\mathbf{k}\right)F = \frac{\partial F}{\partial x}\mathbf{i} + \frac{\partial F}{\partial y}\mathbf{j} + \frac{\partial F}{\partial z}\mathbf{k}$$

로 표현된다.

정의 11	발산과 회전

벡터장 $\mathbf{F}$가

$$\mathbf{F}(x, y, z) = P(x, y, z)\mathbf{i} + Q(x, y, z)\mathbf{j} + R(x, y, z)\mathbf{k}$$

로 주어지고, 성분함수 P, Q와 R이 미분가능할 때, $\mathbf{F}$의 발산과 회전은 각각

$$\operatorname{div}\mathbf{F} = \frac{\partial P}{\partial x} + \frac{\partial Q}{\partial y} + \frac{\partial R}{\partial z}$$

$$\operatorname{curl}\mathbf{F} = \left(\frac{\partial R}{\partial y} - \frac{\partial Q}{\partial z}\right)\mathbf{i} + \left(\frac{\partial P}{\partial z} - \frac{\partial R}{\partial x}\right)\mathbf{j} + \left(\frac{\partial Q}{\partial x} - \frac{\partial P}{\partial y}\right)\mathbf{k}$$

로 정의된다.

R^3에서 $\mathrm{div}\,\mathbf{F}$는 스칼라함수이고, $\mathrm{curl}\,\mathbf{F}$는 벡터함수이다. 발산과 회전에 대하여 다음 정리를 얻는다.

정리 12

> $\mathbf{F}(x, y, z) = P(x, y, z)\mathbf{i} + Q(x, y, z)\mathbf{j} + R(x, y, z)\mathbf{k}$로 주어진 벡터장 $\mathbf{F}$에 대하여 성분함수 P, Q와 R이 미분가능할 때, $\mathbf{F}$의 발산과 회전은 각각 기호 ∇를 사용하여
>
> $$\mathrm{div}\,\mathbf{F} = \nabla \cdot \mathbf{F},\ \mathrm{curl}\,\mathbf{F} = \nabla \times \mathbf{F}$$
>
> 로 쓸 수 있다.

예제 $\mathbf{F}(x, y, z) = yz\mathbf{i} + xz\mathbf{j} + xy\mathbf{k}$의 발산과 회전을 구하시오.

(풀이) $\mathbf{F}$의 발산은

$$\mathrm{div}\,\mathbf{F} = \frac{\partial}{\partial x}(yz) + \frac{\partial}{\partial y}(xz) + \frac{\partial}{\partial z}(xy) = 0$$

이고, $\mathbf{F}$의 회전은

$$\begin{aligned}
\mathrm{curl}\,\mathbf{F} &= \begin{vmatrix} \mathbf{i} & \mathbf{j} & \mathbf{k} \\ \dfrac{\partial}{\partial x} & \dfrac{\partial}{\partial y} & \dfrac{\partial}{\partial z} \\ yz & xz & xy \end{vmatrix} \\
&= \left\{ \frac{\partial}{\partial y}(xy) - \frac{\partial}{\partial z}(xz) \right\}\mathbf{i} + \left\{ \frac{\partial}{\partial z}(yz) - \frac{\partial}{\partial x}(xy) \right\}\mathbf{j} \\
&\quad + \left\{ \frac{\partial}{\partial x}(xz) \quad \frac{\partial}{\partial y}(yz) \right\}\mathbf{k} \\
&= \mathbf{0}
\end{aligned}$$

으로 주어진다. ◆

참고 R^2에서처럼, R^3에서 벡터장 $\mathbf{F}$의 회전은 점 (x, y, z)에서 단위면적에 대한 순환을 나타낸다. 만일 R^3의 어떤 영역 W의 각 점 (x, y, z)에서 $\mathrm{curl}\,\mathbf{F} = \mathbf{0}$이면 유체의 흐름 $\mathbf{F}$는 비회전적이라 한다. 또한 W의 한 점 (x, y, z)에서의 $\mathbf{F}$의 발산은 점 (x, y, z)로부터 흘러나가는 유체의 순유출률을 나타낸다. W의 각 점에서 $\mathrm{div}\,\mathbf{F} = 0$일 때, $\mathbf{F}$를 비압축적이라고 한다. □

예 벡터장 $\mathbf{F}(x, y, z) = yz\mathbf{i} + xz\mathbf{j} + xy\mathbf{k}$는 R^3에서 비회전적이고, 비압축적이다.

4.4절에서 벡터장 $\mathbf{F}(x, y) = P(x, y)\mathbf{i} + Q(x, y)\mathbf{j}$의 성분함수 P와 Q가 어떤 열린단순연결영역에서 연속인 일계 편도함수를 가질 때

$$\frac{\partial P}{\partial y} = \frac{\partial Q}{\partial x}$$

를 만족하면, $\mathbf{F}$는 적당한 미분가능한 함수 f의 기울기가 된다는 사실을 서술하였다.

벡터장 $\mathbf{F}(x, y, z) = P(x, y, z)\mathbf{i} + Q(x, y, z)\mathbf{j} + R(x, y, z)\mathbf{k}$에 대해서도, $\nabla f = \mathbf{F}$를 만족하는 미분가능한 함수 f의 존재성을 확인할 수 있다. 즉 $\mathbf{F}$가 어떤 함수의 기울기가 되는지를 (즉 $\mathbf{F}$가 보존적이 되는지를) 판별할 수 있는 방법에 대하여 서술한다. 다만 이 사실에 대한 증명은 독자에게 남긴다.

정리 13

$\mathbf{F}(x, y, z) = P(x, y, z)\mathbf{i} + Q(x, y, z)\mathbf{j} + R(x, y, z)\mathbf{k}$로 주어진 벡터장 $\mathbf{F}$에 대하여 성분함수 P, Q와 R의 일계 편도함수 $\frac{\partial P}{\partial y}$, $\frac{\partial P}{\partial z}$, $\frac{\partial Q}{\partial x}$, $\frac{\partial Q}{\partial z}$와 $\frac{\partial R}{\partial x}$, 그리고 $\frac{\partial R}{\partial y}$이 어떤 열린단순연결영역에서 연속일 때, $\mathbf{F}$가 보존적일 필요충분조건은

$$\frac{\partial P}{\partial y} = \frac{\partial Q}{\partial x}, \quad \frac{\partial R}{\partial x} = \frac{\partial P}{\partial z}, \quad \frac{\partial Q}{\partial z} = \frac{\partial R}{\partial y}$$

이다.

참고 열린단순연결영역에서 미분가능한 벡터장 $\mathbf{F}$가 어떤 함수 f의 기울기가 될 필요충분조건은 $\text{curl}\,\mathbf{F} = \mathbf{0}$이다. □

5.5 스톡스 정리

평면에서의 그린 정리를 벡터 형태로 표현한 것 중의 하나가

"xy 평면 안의 단순연결영역 Ω가 구분적으로 매끄러운 단순닫힌곡선 $\partial\Omega$에 의하여 둘러싸여 있다고 하자. 벡터장 $\mathbf{F}(x, y) = P(x, y)\mathbf{i} + Q(x, y)\mathbf{j}$에 대하여, 성분함수 P와 Q

가 Ω를 포함하는 어떤 열린단순연결영역에서 연속인 일계 편도함수를 가지면

$$\oint_{\partial\Omega} \mathbf{F} \cdot \mathbf{T}\, ds = \iint_{\Omega} \operatorname{curl} \mathbf{F}\, dx\, dy$$

가 성립한다."

이었다 (그린 정리의 제1벡터형식). 이제 이 결과를 일반화한 **스톡스 정리** (Stokes' theorem)에 대하여 언급한다. 스톡스 정리는 R^3에서 어떤 닫힌곡선을 따르는 선적분과, 그 닫힌곡선을 경계로 가지는 어떤 닫힌곡면 위에서의 면적분 사이에 관계가 있음을 보여준다.

참고 벡터해석에서 두 번째 중요한 결과인 스톡스 정리는 아일랜드의 수리물리학자인 스톡스에 의해 증명되었다. 스톡스 정리는 평면에 있는 닫힌영역뿐만 아니라 삼차원공간 R^3에 있는 단순닫힌곡선 둘레의 벡터장 $\mathbf{F}$의 선적분이 닫힌곡선으로 둘러싸여 있는 닫힌곡면 위에서 $\operatorname{curl} \mathbf{F}$의 적분과 관계가 있음을 보인다. 반면에 그린 정리는 닫힌평면영역에서의 중적분과, 이 닫힌평면영역의 경계곡선 위의 선적분의 관계라 할 수 있다. □

평면영역 Ω를 둘러싸고 있는 시계반대방향을 갖는 닫힌곡선을 C라 하자.

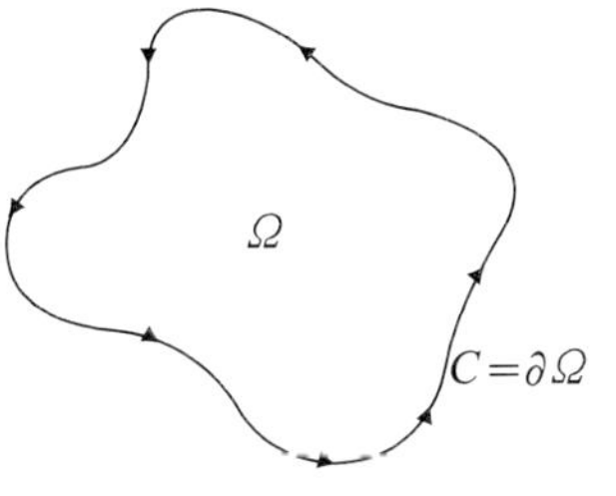

그림 5.11

또한 S를 닫힌영역 Ω에서 $z = f(x, y)$로 정의된 매끄러운 곡면이라 하고, R^3에서 S의 경계 ∂S는 구분적으로 매끄러운 단순닫힌곡선이라고 가정한다. ∂S의 양의 방향은 $\partial\Omega$의 양의 방향과 일치되게 한다. 여기서 $\partial\Omega$는 xy 평면 위의 ∂S의 정사영이다.

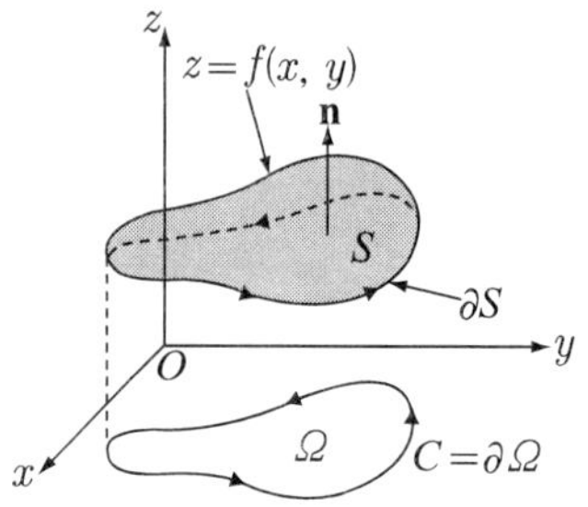

▌그림 5.12▌

정리 14 스톡스 정리

$\mathbf{F}(x, y, z) = P(x, y, z)\mathbf{i} + Q(x, y, z)\mathbf{j} + R(x, y, z)\mathbf{k}$로 주어진 벡터장 $\mathbf{F}$의 성분 함수 P, Q와 R이 매끄러운 곡면 S를 포함하고 있는 공간 위의 열린영역 W에서 연속인 일계 편도함수를 갖는다고 하자. 이때 ∂S가 구분적으로 매끄러운 단순닫힌곡선으로 양의 방향을 가지면

$$\oint_{\partial S} \mathbf{F} \cdot \mathbf{T}\, ds = \iint_S \operatorname{curl} \mathbf{F} \cdot \mathbf{n}\, dS$$

가 성립한다. 여기서 $\mathbf{T}$는 ∂S의 점 (x, y, z)에서 ∂S에 대한 단위접선벡터이고, $\mathbf{n}$은 S의 점 (x, y, z)에서 S에 대한 외향단위법선벡터이다.

(증명) 여기서는 곡선이 $z = f(x, y)$인 형태로 주어지는 경우에 한하여 정리를 증명한다. 일반적인 곡면에 대한 증명은 독자에게 남긴다. 영역 Ω의 점 (x, y)에 대하여 곡선 S가 $z = f(x, y)$로 주어지면, 단위법선벡터 $\mathbf{n}$이

$$\mathbf{n} = \frac{-f_x\mathbf{i} - f_y\mathbf{j} + \mathbf{k}}{\sqrt{f_x^{\,2} + f_y^{\,2} + 1}}$$

로 주어지고, 연속인 편도함수를 갖는 P, Q와 R에 대하여

$$\operatorname{curl} \mathbf{F} = \left(\frac{\partial R}{\partial y} - \frac{\partial Q}{\partial z}\right)\mathbf{i} + \left(\frac{\partial P}{\partial z} - \frac{\partial R}{\partial x}\right)\mathbf{j} + \left(\frac{\partial Q}{\partial x} - \frac{\partial P}{\partial y}\right)\mathbf{k}$$

이므로

$$\iint_S \operatorname{curl} \mathbf{F} \cdot \mathbf{n}\, dS$$

$$= \iint_\Omega \left[\left(\frac{\partial R}{\partial y} - \frac{\partial Q}{\partial z}\right)\left(-\frac{\partial f}{\partial x}\right) + \left(\frac{\partial P}{\partial z} - \frac{\partial R}{\partial x}\right)\left(-\frac{\partial f}{\partial y}\right) + \left(\frac{\partial Q}{\partial x} - \frac{\partial P}{\partial y}\right)\right] dx\, dy \quad (1)$$

가 성립한다. $\partial\Omega$를 매개변수화할 때

$$\mathbf{r}(t) = x(t)\mathbf{i} + y(t)\mathbf{j} \quad (\text{단, } t_0 \le t \le t_1)$$

으로 표시된다면

$$\partial S : \mathbf{r}(t) = x(t)\mathbf{i} + y(t)\mathbf{j} + f(x(t),\ y(t))\mathbf{k} \quad (\text{단, } t_0 \le t \le t_1)$$

가 된다. 따라서

$$\oint_{\partial S} \mathbf{F} \cdot \mathbf{T}\, ds = \oint_{\partial S} \mathbf{F} \cdot d\mathbf{r} = \int_{t_0}^{t_1} \left(P\frac{dx}{dt} + Q\frac{dy}{dt} + R\frac{dz}{dt} \right) dt \tag{2}$$

이고, 연쇄법칙에 의하여

$$\frac{dz}{dt} = \frac{\partial z}{\partial x}\frac{dz}{dt} + \frac{\partial z}{\partial y}\frac{dy}{dt} \tag{3}$$

가 성립한다. (3)을 (2)에 대입하면

$$\begin{aligned}\oint_{\partial S} \mathbf{F} \cdot \mathbf{T}\, ds &= \int_{t_0}^{t_1} \left[\left(P + R\frac{\partial z}{\partial x} \right)\frac{dx}{dt} + \left(Q + R\frac{\partial z}{\partial y} \right)\frac{dy}{dt} \right] dt \\ &= \oint_{\partial \Omega} \left(P + R\frac{\partial z}{\partial x} \right) dx + \left(Q + R\frac{\partial z}{\partial y} \right) dy \end{aligned} \tag{4}$$

가 된다. 그린 정리를 (4)에 적용하여

$$\oint_{\partial S} \mathbf{F} \cdot \mathbf{T}\, ds = \iint_{\Omega} \left\{ \frac{\partial\left(Q + R\frac{\partial z}{\partial y} \right)}{\partial x} - \frac{\partial\left(P + R\frac{\partial z}{\partial x} \right)}{\partial y} \right\} dx\, dy$$

를 얻는다. 우변의 적분 내부에 연쇄법칙을 적용하면

$$\begin{aligned}&\oint_{\partial S} \mathbf{F} \cdot \mathbf{T}\, ds \\ &= \iint_{\Omega} \left[\left(\frac{\partial Q}{\partial x} + \frac{\partial Q}{\partial z}\frac{\partial z}{\partial x} + \frac{\partial R}{\partial x}\frac{\partial z}{\partial y} + \frac{\partial R}{\partial z}\frac{\partial z}{\partial x}\frac{\partial z}{\partial y} + R\frac{\partial^2 z}{\partial y \partial x} \right) \right. \\ &\qquad \left. - \left(\frac{\partial P}{\partial y} + \frac{\partial P}{\partial z}\frac{\partial z}{\partial y} + \frac{\partial R}{\partial y}\frac{\partial z}{\partial x} + \frac{\partial R}{\partial z}\frac{\partial z}{\partial y}\frac{\partial z}{\partial x} + R\frac{\partial^2 z}{\partial y \partial x} \right) \right] dx\, dy \\ &= \iint_{\Omega} \left(\frac{\partial Q}{\partial x} + \frac{\partial Q}{\partial z}\frac{\partial z}{\partial x} + \frac{\partial R}{\partial x}\frac{\partial z}{\partial y} - \frac{\partial P}{\partial y} - \frac{\partial P}{\partial z}\frac{\partial z}{\partial y} - \frac{\partial R}{\partial y}\frac{\partial z}{\partial x} \right) dx\, dy \end{aligned} \tag{5}$$

가 된다. 항들을 정리하고, $\frac{\partial f}{\partial x} = \frac{\partial z}{\partial x}$와 $\frac{\partial f}{\partial y} = \frac{\partial z}{\partial y}$를 적용하면, (1)과 (5)에 있는 적분이 동일함을 알 수 있다. 따라서

$$\oint_{\partial S} \mathbf{F} \cdot \mathbf{T}\, ds = \iint_S \operatorname{curl} \mathbf{F} \cdot \mathbf{n}\, dS$$

가 성립한다. ◆

만일 ∂S가 매개변수방정식 $\mathbf{r}(t) = x(t)\mathbf{i} + y(t)\mathbf{j} + z(t)\mathbf{k}$로 표시되면

$$\mathbf{T} = \frac{d\mathbf{r}}{ds} \quad \text{또는} \quad d\mathbf{r} = \mathbf{T}\, ds$$

가 되므로, 스톡스 정리 (정리 14)는 다음과 같이 변형된다.

따름정리

$\mathbf{F}(x,\ y,\ z) = P(x,\ y,\ z)\mathbf{i} + Q(x,\ y,\ z)\mathbf{j} + R(x,\ y,\ z)\mathbf{k}$로 주어진 벡터장 $\mathbf{F}$의 성분 함수 P, Q와 R이 매끄러운 곡면 S를 포함하고 있는 공간 위의 열린영역 W에서 연속인 일계 편도함수를 갖는다고 하자. 이때

$$\mathbf{r}(t) = x(t)\mathbf{i} + y(t)\mathbf{j} + z(t)\mathbf{k}$$

로 주어진 ∂S가 구분적으로 매끄러운 단순닫힌곡선으로 양의 방향을 가지면

$$\oint_{\partial S} \mathbf{F} \cdot d\mathbf{r} = \iint_S \operatorname{curl} \mathbf{F} \cdot \mathbf{n}\, dS$$

가 성립한다.

참고 스톡스 정리는 매끄러운 곡면 S의 경계곡선 ∂S 위에서 $\mathbf{F}$의 접선성분의 선적분이 S 위에서 curl $\mathbf{F}$의 법선성분의 면적분과 같음을 보여주고 있다. 특히 '스톡스 정리'와 '제1벡터형식의 그린 정리' 사이의 유사성에 주목한다. 만약 S가 위쪽 방향을 가지고 xy 평면에 속하며 단위법선이 $\mathbf{k}$인 경우, 면적분은 중적분이 되고 스톡스 정리는

$$\oint_{\partial S} \mathbf{F} \cdot d\mathbf{r} = \iint_S \operatorname{curl} \mathbf{F} \cdot d\mathbf{S} = \iint_S \operatorname{curl} \mathbf{F} \cdot \mathbf{k}\, dA$$

가 된다. 따라서 그린 정리는 스톡스 정리의 특별한 경우라 할 수 있다. □

예제 스톡스 정리를 이용하여, 평면 $z = 2$에서의 단위원 C를 따르는 벡터장

$$\mathbf{F}(x,\ y,\ z) = (z - 2y)\mathbf{i} + (3x - 4y)\mathbf{j} + (z + 3y)\mathbf{k}$$

에 대하여 $\oint_C \mathbf{F} \cdot d\mathbf{r}$을 구하시오.

(풀이) C를 매개변수방정식으로 표시하면

$$\mathbf{r}(t) = (\cos t)\mathbf{i} + (\sin t)\mathbf{j} + 2\mathbf{k}$$

이고, C는 평면 $z=2$에서 단위원반 $x^2+y^2 \le 1$, $z=0$의 경계가 됨은 분명하다. 따라서

$$\oint_C \mathbf{F} \cdot d\mathbf{r} = \iint_S \operatorname{curl} \mathbf{F} \cdot \mathbf{n}\, dS$$

가 성립한다. 한편

$$\operatorname{curl} \mathbf{F} = \begin{vmatrix} \mathbf{i} & \mathbf{j} & \mathbf{k} \\ \dfrac{\partial}{\partial x} & \dfrac{\partial}{\partial y} & \dfrac{\partial}{\partial z} \\ z-2y & 3z-4y & z+3y \end{vmatrix} = 3\mathbf{i} + \mathbf{j} + 5\mathbf{k}$$

이고, $\mathbf{n} = \mathbf{k}$이므로

$$\operatorname{curl} \mathbf{F} \cdot \mathbf{n} = 5 \text{ 이고 } \oint_C \mathbf{F} \cdot d\mathbf{r} = 5\iint_S dS$$

가 된다. 그런데 $\iint_S dS$는 S의 면적, 즉 단위원반의 면적이므로 π이다. 그러므로 적분값은 $\oint_C \mathbf{F} \cdot d\mathbf{r} = 5\pi$이다. ◆

예제 스톡스 정리를 이용하여, 벡터장

$$\mathbf{F}(x, y, z) = (x^2+y)\mathbf{i} + (x^2+2y)\mathbf{j} + 2z^3\mathbf{k}$$

에 대하여 C가 xy평면 위의 원 $x^2+y^2=4$일 때, $\oint_C \mathbf{F} \cdot d\mathbf{r}$을 구하시오.

(풀이) 원 C: $x^2+y^2=4$로 둘러싸인 영역을 S라 하고 S의 단위법선벡터를 $\mathbf{n}$이라 하면, $\mathbf{n} = \mathbf{k}$이고

$$\operatorname{curl} \mathbf{F} = \begin{vmatrix} \mathbf{i} & \mathbf{j} & \mathbf{k} \\ \dfrac{\partial}{\partial x} & \dfrac{\partial}{\partial y} & \dfrac{\partial}{\partial z} \\ x^2+y & x^2+2y & 2z^3 \end{vmatrix} = (2x-1)\mathbf{k}$$

가 된다. 따라서 스톡스 정리를 이용하면

$$\begin{aligned}\oint_C \mathbf{F}\cdot d\mathbf{r} &= \iint_S \operatorname{curl}\mathbf{F}\cdot\mathbf{n}\,dS \\ &= \iint_S (2x-1)\,\mathbf{k}\cdot\mathbf{k}\,dS \\ &= \int_{-2}^{2}\int_{-\sqrt{4-y^2}}^{\sqrt{4-y^2}} (2x-1)\,dx\,dy \\ &= 2\int_{-2}^{2}\sqrt{4-y^2}\,dy = -4\pi\end{aligned}$$

를 얻는다. ◆

열린단순연결영역에서 미분가능한 벡터장 $\mathbf{F}$가 어떤 함수 f의 기울기가 될 필요충분조건은 $\operatorname{curl}\mathbf{F}=\mathbf{0}$이다. 따라서 만일 $\mathbf{F}$가 어떤 함수 f의 기울기이고, S가 경계를 C로 갖는 매끄러운 곡면이면

$$\oint_C \mathbf{F}\cdot d\mathbf{r} = \iint_S \operatorname{curl}\mathbf{F}\cdot\mathbf{n}\,dS = 0$$

이므로, $\oint_C \mathbf{F}\cdot d\mathbf{r}=0$이 된다.

정리 15

$\mathbf{F}(x,\ y,\ z)=P(x,\ y,\ z)\mathbf{i}+Q(x,\ y,\ z)\mathbf{j}+R(x,\ y,\ z)\mathbf{k}$로 주어진 벡터장 $\mathbf{F}$의 성분함수 P, Q와 R이 공간에 있는 열린단순연결영역 Ω에서 연속인 일계 편도함수를 가지면, 다음은 서로 동치가 된다.

(1) $\mathbf{F}$는 어떤 미분가능한 함수 f의 기울기가 된다.

(2) $\dfrac{\partial P}{\partial y}=\dfrac{\partial Q}{\partial x},\ \dfrac{\partial R}{\partial x}=\dfrac{\partial P}{\partial z},\ \dfrac{\partial Q}{\partial z}=\dfrac{\partial R}{\partial y}$

(3) Ω에 있는 임의의 구분적으로 매끄러운 단순닫힌곡선 C에 대하여

$$\oint_C \mathbf{F}\cdot d\mathbf{r}=0$$

이 된다.

(4) $\oint_C \mathbf{F}\cdot d\mathbf{r}$은 경로에 대하여 독립적이다.

(5) $\operatorname{curl}\mathbf{F}=\mathbf{0}$

스톡스 정리로부터 유도된 흥미있는 물리학의 결과들이 많이 있다.

참고 (암페어 법칙) 어떤 전선에 전류밀도가 벡터장 $\mathbf{i}$로 주어진 일정한 전류가 흐를 때, 이러한 전류는 보통 $\mathbf{B}$로 표시되는 자기장을 형성한다는 것이 알려져 있다. 유명한 **맥스웰 방정식**(Maxwell's equations) 중의 특별한 경우에 의하면

$$\operatorname{curl} \mathbf{B} = \mathbf{i}$$

가 된다. 이 방정식으로부터 물리학에서 중요한 **암페어 법칙**을 추론할 수 있다. S가 매끄러운 경계선 ∂S를 갖는 곡면이면, $\oint_{\partial S} \mathbf{B} \cdot \mathbf{T}\, ds$는 ∂S 주위의 자기장의 순환으로 정의된다. 이때 스톡스 정리에 의하여

$$\oint_{\partial S} \mathbf{B} \cdot \mathbf{T}\, ds = \iint_S \operatorname{curl} \mathbf{B} \cdot \mathbf{n}\, dS$$

가 성립한다. 한편 $\operatorname{curl} \mathbf{B} = \mathbf{i}$에 의하여, $\iint_S \operatorname{curl} \mathbf{B} \cdot \mathbf{n}\, dS = \iint_S \mathbf{i} \cdot \mathbf{n}\, dS$이므로

$$\oint_{\partial S} \mathbf{B} \cdot \mathbf{T}\, ds = \iint_S \mathbf{i} \cdot \mathbf{n}\, dS$$

를 얻는다. 즉 곡면 S에 있는 자기장을 통하여 흐르는 총전류는 ∂S의 주위를 흐르는 전류에 의하여 유도된 자기장의 순환과 같다는 것을 의미한다. □

5.6 가우스의 발산정리

평면에서의 그린 정리를 벡터 형태로 표현한 것 중의 하나가

"xy **평면 안의 단순연결영역** Ω**가 구분적으로 매끄러운 단순닫힌곡선** $\partial\Omega$**에 의하여 둘러싸여 있다고 하자. 벡터장** $\mathbf{F}(x, y) = P(x, y)\mathbf{i} + Q(x, y)\mathbf{j}$**에 대하여, 성분함수** P**와** Q**가** Ω**를 포함하는 어떤 열린단순연결영역에서 연속인 일계 편도함수를 가지면**

$$\oint_{\partial\Omega} \mathbf{F} \cdot \mathbf{n}\, ds = \iint_\Omega \operatorname{div} \mathbf{F}\, dx\, dy$$

가 성립한다."

이었다(그린 정리의 제2벡터형식). 이제 이 결과를 R^3의 벡터장으로 확장하여 벡터해석에서 세 번째 중요한 결과인 **가우스 발산정리**(Gauss' divergence theorem)를 얻는다.

참고 S가 공간에서 어떤 입체 W를 포함하는 경계곡면이라 할 때, S가 매끄럽든지 또는 구분적으로 매끄러운 곡면이라고 가정하면, S에 대한 외향단위법선벡터 $\mathbf{n}$은 $(x,\ y,\ z)$의 함수로서 연속이든지 또는 구분적으로 연속임이 보장됨에 유의한다. □

그린 정리를 증명할 때, 영역 Ω가 두 개의 곡선 "윗곡선 $y=g_2(x)$와 아랫곡선 $y=g_1(x)$, 혹은 왼쪽곡선 $x=h_1(y)$와 오른쪽곡선 $x=h_2(y)$"에 의하여 둘러싸여 있다고 가정하였다. 이것은 x축 또는 y축에 평행한 직선이 $\partial\Omega$와 많아야 두 점에서 만난다는 것과 동치이다. 발산정리를 간단하게 증명하기 위해서도 이와 비슷한 가정을 한다. 즉 W는 윗곡면과 아랫곡면으로 둘러싸여 있어서, 좌표축의 하나에 평행한 직선은 S와 많아야 두 점에서 만난다고 가정한다. 그러나 이 가정이 꼭 필요한 것은 아니며, S가 매끄럽기만 하면 증명하는 데 충분함에 유의한다.

다음 발산정리는 닫힌곡면 위에서의 면적분과, 이 곡면을 경계로 가지는 입체 위에서의 삼중적분 사이에 관계가 있음을 보인다.

정리 16 가우스 발산정리

W가 R^3에 있는 단순입체영역으로, 구분적으로 매끄러운 경계곡면 S에 의하여 둘러싸여 있다고 하자. 이때

$$\mathbf{F}(x,\ y,\ z)=P(x,\ y,\ z)\mathbf{i}+Q(x,\ y,\ z)\mathbf{j}+R(x,\ y,\ z)\mathbf{k}$$

로 주어진 $\mathbf{F}$는 성분함수들이 W를 포함하는 어떤 열린영역 위에서 연속인 편도함수를 갖는 벡터장이고, $\mathbf{n}$이 S에 대한 외향단위법선벡터를 나타낸다면

$$\iint_S \mathbf{F}\cdot d\mathbf{S}=\iint_S \mathbf{F}\cdot\mathbf{n}\,dS=\iiint_W \operatorname{div}\mathbf{F}\,dx\,dy\,dz$$

가 성립한다.

(증명) 벡터장 $\mathbf{F}$를 $\mathbf{F}=P\mathbf{i}+Q\mathbf{j}+R\mathbf{k}$라 하면

$$\operatorname{div}\mathbf{F}=\frac{\partial P}{\partial x}+\frac{\partial Q}{\partial y}+\frac{\partial R}{\partial z}$$

이므로

$$\begin{aligned}&\iiint_W \operatorname{div}\mathbf{F}\,dV\\&=\iiint_W \frac{\partial P}{\partial x}dV+\iiint_W \frac{\partial Q}{\partial y}dV+\iiint_W \frac{\partial R}{\partial z}dV\end{aligned}$$

가 된다. 그런데 α, β와 γ가 $\mathbf{n}$과 양의 방향의 좌표축들 사이의 각이라 할 때, 발산정리는 다음 형태

$$\iiint_W \operatorname{div} \mathbf{F}\, dV = \iint_S (P\cos\alpha + Q\cos\beta + R\cos\gamma)\, dS \qquad (1)$$

로 변형된다. 왜냐하면

$$\cos\alpha = \mathbf{n}\cdot\mathbf{i},\ \cos\beta = \mathbf{n}\cdot\mathbf{j},\ \cos\gamma = \mathbf{n}\cdot\mathbf{k}$$

이므로

$$\mathbf{n} = (\cos\alpha)\mathbf{i} + (\cos\beta)\mathbf{j} + (\cos\gamma)\mathbf{k}$$

가 되고, 결과적으로

$$\mathbf{F}\cdot\mathbf{n} = P\cos\alpha + Q\cos\beta + R\cos\gamma$$

가 성립하기 때문이다.

이제 간편한 증명을 위하여 제한된 조건 " W가 윗곡면과 아랫곡면으로 둘러싸여 있어서, 좌표축의 하나에 평행한 직선은 S와 많아야 두 점에서 만난다."고 가정한다.

(1)에 의하여 발산정리의 증명은 다음 세 가지 관계

$$\iint_S P\cos\alpha\, dS = \iiint_W \frac{\partial P}{\partial x}\, dx\, dy\, dz \qquad (2)$$

$$\iint_S Q\cos\beta\, dS = \iiint_W \frac{\partial Q}{\partial y}\, dx\, dy\, dz \qquad (3)$$

$$\iint_S R\cos\gamma\, dS = \iiint_W \frac{\partial R}{\partial z}\, dx\, dy\, dz \qquad (4)$$

만 증명하면 충분함에 유의한다. 그런데 (2), (3)과 (4)의 증명은 유사하므로 (4)의 증명만 하고 (2)와 (3)의 증명은 독자에게 남긴다. 가정에 의하여 S는 두 곡면, 즉 $z = f_2(x, y)$로 주어진 윗곡면 S_2와 $z = f_1(x, y)$로 주어진 아랫곡면 S_1으로 이루어져 있다고 생각할 수 있으므로

$$\iint_S R\cos\gamma\, dS = \iint_{S_1} R\cos\gamma\, dS + \iint_{S_2} R\cos\gamma\, dS$$

로 쓸 수 있다. 그런데 정리 10으로부터

$$\iint_{S_2} R(x, y, z)\cos\gamma\, dS = \iint_\Omega R(x, y, f_2(x, y))\cos\gamma\sec\gamma\, dx\, dy$$

$$= \iint_{\Omega} R(x,\ y,\ f_2(x,\ y))\,dx\,dy$$

를 얻는다. 여기서 Ω는 xy 평면에 대한 S_2의 정사영이다.

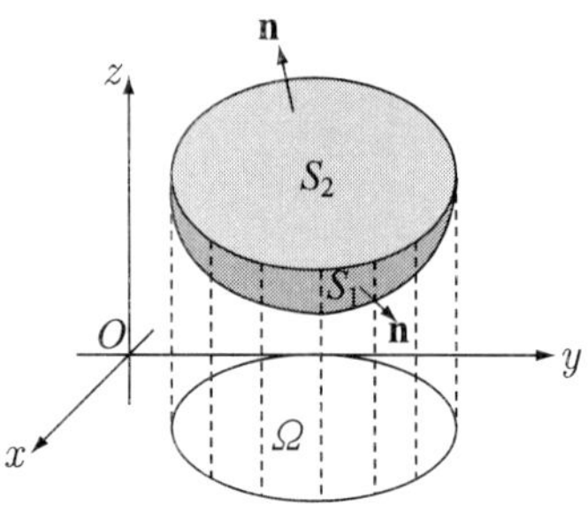

▌그림 5.13▐

또한 S_1에서는

$$\iint_{S_1} R(x,\ y,\ z)\cos\gamma\,dS = -\iint_{\Omega} R(x,\ y,\ f_1(x,\ y))\cos\gamma\sec\gamma\,dx\,dy$$
$$= -\iint_{\Omega} R(x,\ y,\ f_1(x,\ y))\,dx\,dy$$

를 얻는다. 그러므로

$$\iint_S R\cos\gamma\,dS = \iint_{\Omega} [R(x,\ y,\ f_2(x,\ y) - R(x,\ y,\ f_1(x,\ y)]\,dx\,dy$$
$$= \iint_{\Omega}\left(\int_{f_1(x,\ y)}^{f_2(x,\ y)} \frac{\partial R}{\partial z}\,dz\right)dx\,dy$$
$$= \iiint_W \frac{\partial R}{\partial z}\,dz\,dx\,dy$$

임을 알 수 있다. 이것으로 제한된 조건 아래서 증명은 완료되었다. ◆

예 $\mathbf{F}(x,\ y,\ z) = 4xz\,\mathbf{i} - y^2\,\mathbf{j} + yz\,\mathbf{k}$에 대하여, S가 $x=0$, $x=1$, $y=0$, $y=1$과 $z=0$, 그리고 $z=1$로 둘러싸인 정육면체의 곡면일 때

$$\iint_S \mathbf{F}\cdot\mathbf{n}\,dS$$

를 구해보자. $\mathrm{div}\,\mathbf{F} = 4z - y$이므로

$$\iint_S \mathbf{F}\cdot\mathbf{n}\,dS = \iiint_W (4z-y)\,dz\,dx\,dy$$
$$= \int_0^1\int_0^1\int_0^1 (4z-y)\,dz\,dy\,dx$$
$$= \int_0^1\int_0^1 (2-y)\,dy\,dx = \frac{3}{2}$$

예제 벡터장 $\mathbf{F}(x,\ y,\ z) = x^2\mathbf{i} + 2y\mathbf{j} + 4z^2\mathbf{k}$에 대하여, $x^2+y^2 \le 4$와 $0 \le z \le 2$의 겉면으로 S가 주어질 때, 발산정리를 이용하여

$$\iint_S \mathbf{F}\cdot\mathbf{n}\,dS$$

를 구하시오.

풀이 $\operatorname{div}\mathbf{F} = 2x+2+8z$이므로

$$\iint_S \mathbf{F}\cdot\mathbf{n}\,dS = \iiint_W (2x+2+8z)\,dz\,dx\,dy$$
$$= \iint_{x^2+y^2\le 4}\int_0^2 (2x+2+8z)\,dz\,dx\,dy$$
$$= \iint_{x^2+y^2\le 4}\left[(2xz+2z+4z^2)\Big|_{z=0}^{z=2}\right]dx\,dy$$
$$= \iint_{x^2+y^2\le 4}(4x+20)\,dx\,dy$$
$$= \int_0^{2\pi}\int_0^2 (4r\cos\theta+20)\,r\,dr\,d\theta$$
$$= 4\int_0^{2\pi}\left(\frac{8}{3}\cos\theta+10\right)d\theta = 80\pi$$ ◆

참고 구분적으로 매끄러운 곡면 S가 xy 평면 위로의 정사영 D를 갖고, 곡면 S에 대한 외향단위법선벡터가 $\mathbf{n}$일 때, 매끄러운 벡터장 $\mathbf{F}$에 대하여

$$\iint_S \mathbf{F}\cdot\mathbf{n}\,dS = \iint_D \mathbf{F}\cdot\mathbf{n}\,\frac{dx\,dy}{|\mathbf{n}\cdot\mathbf{k}|}$$

가 성립함에 유의한다. □

예제 S가 제1팔분공간에서 평면 $2x+3y+6z=12$으로 주어질 때, 벡터장

$$\mathbf{F}(x,\ y,\ z) = 18z\,\mathbf{i} - 12\mathbf{j} + 3y\,\mathbf{k}$$

에 대하여

$$\iint_S \mathbf{F} \cdot \mathbf{n}\, dS$$

를 구하시오.

(풀이) D를 xy 평면 위의 곡면 S의 정사영이라 하고

$$\iint_D \mathbf{F} \cdot \mathbf{n}\, \frac{dx\, dy}{|\mathbf{n} \cdot \mathbf{k}|}$$

를 구하면 된다.

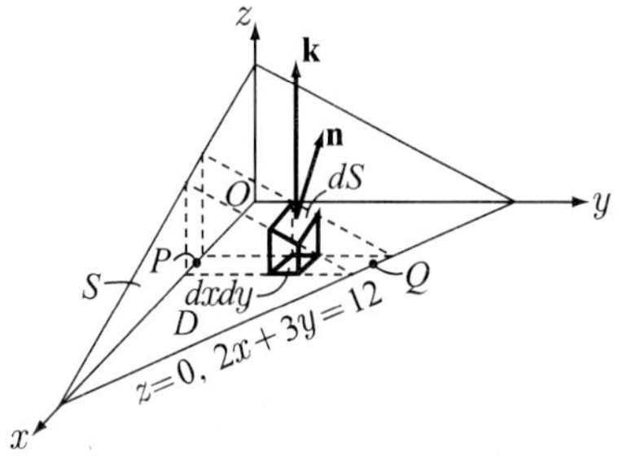

그림 5.14

곡면 $2x + 3y + 6z = 12$에 수직인 하나의 벡터는

$$\nabla(2x + 3y + 6z) = 2\mathbf{i} + 3\mathbf{j} + 6\mathbf{k}$$

이므로, S의 어떤 점에서 하나의 단위법선은

$$\mathbf{n} = \frac{2\mathbf{i} + 3\mathbf{j} + 6\mathbf{k}}{\sqrt{2^2 + 3^2 + 6^2}} = \frac{2}{7}\mathbf{i} + \frac{3}{7}\mathbf{j} + \frac{6}{7}\mathbf{k}$$

가 된다. 따라서 $\mathbf{n} \cdot \mathbf{k} = \left(\frac{2}{7}\mathbf{i} + \frac{3}{7}\mathbf{j} + \frac{6}{7}\mathbf{k}\right) \cdot \mathbf{k} = \frac{6}{7}$으로부터

$$\frac{dx\, dy}{|\mathbf{n} \cdot \mathbf{k}|} = \frac{7}{6}\, dx\, dy$$

를 얻는다. 또한

$$\mathbf{F} \cdot \mathbf{n} = (18z\,\mathbf{i} - 12\mathbf{j} + 3y\,\mathbf{k}) \cdot \left(\frac{2}{7}\mathbf{i} + \frac{3}{7}\mathbf{j} + \frac{6}{7}\mathbf{k}\right) = \frac{36 - 12x}{7}$$

이므로

$$\iint_S \mathbf{F}\cdot\mathbf{n}\,dS = \iint_D \mathbf{F}\cdot\mathbf{n}\,\frac{dx\,dy}{|\mathbf{n}\cdot\mathbf{k}|}$$

$$= \iint_D \left(\frac{36-12x}{7}\right)\frac{7}{6}\,dx\,dy = \iint_D (6-2x)\,dx\,dy$$

를 얻는다. 이제 이중적분을 구하기 위하여, x를 고정시키고 $y=0$ (그림에서 P)로부터 $y=\dfrac{12-2x}{3}$ (그림에서 Q)까지 y에 관하여 적분한 후에 $x=0$에서 $x=6$까지 x에 관하여 적분하면

$$\int_0^6\int_0^{\frac{12-2x}{3}}(6-2x)\,dy\,dx = \int_0^6\left(24-12x+\frac{4x^2}{3}\right)dx = 24$$

이므로, $\iint_S \mathbf{F}\cdot\mathbf{n}\,dS = 24$가 된다.

한편 위 그림에서 반대되는 단위법선 n을 택하면, -24를 얻는다. ◆

이제 발산정리를 이용하는 몇 가지 예를 서술한다.

예 (그린 공식) 스칼라 함수 u와 v에 대하여 $\mathbf{F}=u\nabla v$로 두면

$$\operatorname{div}\mathbf{F} = \nabla\cdot(u\nabla v) = u\nabla^2 v + \nabla u\cdot\nabla v$$
$$\mathbf{F}\cdot\mathbf{n} = u(\nabla v\cdot\mathbf{n})$$

이 성립한다. 따라서 발산정리를 이용하여, **그린의 제1공식** (Green's first formula)

$$\iiint_W (u\nabla^2 v + \nabla u\cdot\nabla v)\,dx\,dy\,dz = \iint_S \nabla(\nabla v\cdot\mathbf{n})\,dS \qquad (*)$$

를 얻는다. 또한 (*)에서 u와 v의 역할을 서로 바꾼 다음, (*)에서 이 결과를 빼면 **그린의 제2공식** (Green's second formula)

$$\iiint_W (u\nabla^2 v - v\nabla^2 u)\,dx\,dy\,dz = \iint_S (u\nabla v - v\nabla u)\cdot\mathbf{n}\,dS$$

를 얻는다.

예 함수 f가 정의역 D에서 라플라스 방정식 $\nabla^2 f=0$의 한 해라 하자. 또한 D 안에 있는 영역 W의 경계곡면 S가 구분적으로 매끄럽고, D에 포함된다고 가정하자. 이때 S에서 $f\equiv 0$이면, $u=v=f$라 두고 그린의 제1공식을 적용해서

$$\iiint_W \|\nabla f\|^2 \, dx\, dy\, dz$$
$$= \iiint_W [f \nabla^2 f + \nabla f \cdot \nabla f] \, dx\, dy\, dz = \iint_S f(\nabla f \cdot \mathbf{n}) \, dS$$

를 얻는다. ∇f가 연속이므로, 위의 식은 W에서 $\nabla f = \mathbf{0}$임을 의미한다. 따라서 f는 W에서 상수이고, 또한 S에서 0이므로 $W \cup S$에서도 $f \equiv 0$이어야 한다.

예 **(쿨롱 법칙과 가우스 법칙)** 쿨롱(coulomb) 법칙에 의하면, 점전하 q_2에 대한 q_1의 당기는 인력은

$$\mathbf{E} = \frac{1}{4\pi\varepsilon_0} \frac{q_1 q_2}{r^2} \mathbf{u}$$

로 주어진다. 여기서 r은 전하 사이의 거리, $\mathbf{u}$는 q_1에서 q_2에 이르는 방향의 단위벡터, 상수 ϵ_0는 **부전도계수**(permittivity)를 나타낸다. 특히 S가 점전하 q를 둘러싸고 있는 닫힌곡면을 나타낼 때 $\Phi_{\mathbf{E}}$가 q 주위의 전기장의 S를 통과하는 흐름속이면, 가우스 법칙은

$$\varepsilon_0 \Phi_{\mathbf{E}} = q \quad \text{또는} \quad \varepsilon_0 \iint_S \mathbf{E} \cdot \mathbf{n} \, dS = q$$

로 표시된다. 가우스 법칙은 네 개의 맥스웰 방정식 중의 하나이다. 실제로 가우스 법칙은 쿨롱 법칙으로부터 유도될 수 있다.

참고 미분형식을 이용하여 그린 정리와 스톡스 정리, 그리고 가우스 발산정리를 표현하면 다음과 같다.

(1) 그린 정리

xy 평면에서 단순연결영역인 Ω가 양의 방향을 갖는 구분적으로 매끄러운 단순닫힌곡선

$$\partial\Omega: \; \mathbf{r}(t) = x(t)\mathbf{i} + y(t)\mathbf{j}$$

에 의하여 둘러싸여 있다고 하자. 성분함수 P와 Q가 Ω를 포함하는 어떤 열린단순연결영역에서 연속인 일계 편도함수를 가지면 1-형식

$$w = P(x, y)\mathbf{i} + Q(x, y)\mathbf{j}$$

에 대하여

$$\oint_{\partial\Omega} w = \int\int_{\Omega} dw$$

가 성립한다.

(2) 스톡스 정리

구분적으로 매끄러운 유향곡면 S가 양의 방향을 갖는 구분적으로 매끄러운 단순닫힌곡선 ∂S에 의하여 둘러싸여 있다고 하자. 성분함수 P와 Q가 S를 포함하고 있는 어떤 열린단순연결영역 W에서 연속인 일계 편도함수를 가지면 1-형식

$$w = P(x,\ y)\mathbf{i} + Q(x,\ y)\mathbf{j}$$

에 대하여

$$\oint_{\partial S} w = \int\int_{S} dw$$

가 성립한다.

(3) 가우스 발산정리

양의 방향(외부쪽으로)을 갖는 ∂E에 둘러싸여 있는 단순입체영역 E에 대하여 η가 E를 포함하는 어떤 열린단순연결영역에서 정의된 2-형식일 때

$$\int\int_{\partial E} w = \int\int\int_{E} dw$$

가 성립한다. □

연습문제

1. 닫힌영역 $\Omega = \{(x,\ y) \mid 0 \le x \le y,\ 0 \le y \le 2\}$ 위에 있는 곡면 $z = x + 2y$로 주어진 부분의 면적을 구하시오.

2. 교차하는 두 원주 $x^2 + y^2 = a^2$과 $x^2 + z^2 = a^2$에 공통된 닫힌영역의 체적 V가

$\frac{16a^3}{3}$ 임을 보이시오.

3. 주어진 변환의 야코비안을 구하시오.

(1) $x = ue^v,\ y = ve^u$

(2) $x = u^2 + v^2 + w^2,\ y = u + v + w,\ z = uvw$

4. 주어진 변환을 이용하여, $(x,\ y)$에서의 적분을 $(u,\ v)$에서의 적분으로 바꾸어 적분을 구하시오.

(1) $\int\int_{\Omega} y\,dx\,dy$; Ω는 닫힌영역 $7x^2 + 6\sqrt{3}\,x(y-1) + 13(y-1)^2 \le 16$이고, 변환은 $x = \sqrt{3}\,u + \frac{1}{2}v,\ y = 1 - u + \frac{\sqrt{3}}{2}v$이다.

(2) $\int\int_{\Omega} y\,dx\,dy$; Ω는 $y = 2,\ y = x$와 $x = -y^2$으로 경계가 주어진 닫힌영역이고, 변환은 $x = v - u^2,\ y = u + v$이다.

5. 주어진 곡면에 대한 면적분을 구하시오.

(1) $\int\int_S x\,dS$; $S = \{(x,\ y,\ z) \mid z = x^2 + y,\ 0 \le x \le 1,\ -1 \le y \le 1\}$

(2) $\int\int_S z^2\,dS$; S는 단위구면 $x^2 + y^2 + z^2 = 1$

6. 곡면 S의 옆면 S_1은 원주면 $x^2 + y^2 = 1$에 의하여 주어지고, 아래면 S_2는 평면 $z = 0$ 위의 원반 $x^2 + y^2 \le 1$이며, 윗면 S_3는 위쪽에 놓여 있는 평면 $z = x + 1$의 부분이라 하자. 이때 $\int\int_S z\,dS$를 구하시오.

7. $\int\int_S \mathbf{F} \cdot d\mathbf{S}$를 구하시오.

(1) $\mathbf{F}(x,\ y,\ z) = y\mathbf{i} + x\mathbf{j} + z\mathbf{k}$이고, 곡선 S는 포물선 $z = 1 - x^2 - y^2$과 평면 $z = 0$에 의하여 둘러싸인 입체영역 E의 경계.

(2) $\mathbf{F}(x,\ y,\ z) = xy\mathbf{i} + (y^2 + e^{xz^2})\mathbf{j} + \sin xy\mathbf{k}$이고, S는 포물주면 $z = 1 - x^2$과 평면 $z = 0,\ y = 0$과 $y + z = 2$에 의하여 둘러싸인 곡면영역.

8. S가 $x^2+y^2+z^2=r^2$ (단, $z \geq 0$) 과 $x^2+y^2 \leq r^2$으로 주어진 반구일 때

$$\iint_S (x^2+y^2)\, dS = \frac{4}{3}\pi r^4$$

임을 보이시오.

9. $\iiint_V \phi\, dV$를 구하시오.

(1) V는 평면 $4x+2y+z=8$과 $x=0$, $y=0$, 그리고 $z=0$으로 둘러싸인 닫힌영역이고, $\phi = 45x^2y$

(2) V는 원주 $z=4-x^2$과 평면 $x=0$, $y=0$, $y=2$, 그리고 $z=0$으로 둘러싸인 닫힌영역이고, $\phi = 2x+y$

10. 단순입체영역 V를 둘러싸고 있는 경계곡면 S가 구분적으로 매끄러우면, $\mathbf{r}=x\mathbf{i}+y\mathbf{j}+z\mathbf{k}$에 대하여 $\iint_S \mathbf{r}\cdot\mathbf{n}\, dS$는 V의 부피의 세 배가 됨을 보이시오.

11. V가 평면 $x=0$, $y=0$, $z=0$과 $2x+2y+z=4$로 둘러싸인 닫힌영역이고

$$\mathbf{F}(x,\ y,\ z) = (2x^2-3z)\mathbf{i} - 2xy\mathbf{j} - 4x\mathbf{k}$$

일 때, 다음을 구하시오.

(1) $\iiint_V \nabla\cdot\mathbf{F}\, dV$ (2) $\iiint_V \nabla\times\mathbf{F}\, dV$

12. 주어진 벡터장의 발산과 회전을 구하시오.

(1) $\mathbf{F}(x,\ y,\ z) = xy\mathbf{i} + (z^2-2y)\mathbf{j} + \cos yz\,\mathbf{k}$

(2) $\mathbf{F}(x,\ y,\ z) = a\mathbf{i} + b\mathbf{j} + c\mathbf{k}$ (단, a, b와 c는 상수)

13. 흐름벡터 $\mathbf{F}(x,\ y) = (\cos x^2)\mathbf{i} + e^y\mathbf{j}$는 비회전적임을 보이시오.

14. f, g와 h가 미분가능한 이변수함수일 때, 벡터장

$$\mathbf{F}(x,\ y,\ z) = f(y,\ z)\mathbf{i} + g(x,\ z)\mathbf{j} + h(x,\ z)\mathbf{k}$$

는 비압축적임을 보이시오.

15. $\mathrm{div}\,(\mathrm{curl}\,\mathbf{F}) = 0$임을 보이시오.

16. R^3에서 $\mathrm{curl}\,\mathbf{F} = \mathbf{0}$이면 $\mathbf{F} = \nabla f$인 함수 f가 존재한다. 이때 벡터장

$$\mathbf{F}(x,\ y,\ z) = 4xyz\,\mathbf{i} + 2x^2z\,\mathbf{j} + 2x^2y\,\mathbf{k}$$

에 대하여, 다음 물음에 답하시오.

(1) $\mathrm{curl}\,\mathbf{F} = \mathbf{0}$임을 보이시오.

(2) $\mathbf{F} = \nabla f$를 만족하는 함수 f를 구하시오.

17. 곡면 S가 $x=0,\ x=1,\ y=0,\ y=1,\ z=0$과 $z=1$에 의해서 둘러싸인 정육면체로 주어지고

$$\mathbf{F}(x,\ y,\ z) = 4xz\,\mathbf{i} - y^2\,\mathbf{j} + yz\,\mathbf{k}$$

일 때, $\displaystyle\iint_S (\nabla \times \mathbf{F}) \cdot \mathbf{n}\, dS$를 구하시오.

18. $\displaystyle\iint_S (\nabla \times \mathbf{F}) \cdot \mathbf{n}\, dS$를 구하시오.

(1) $\mathbf{F}(x,\ y,\ z) = y\,\mathbf{i} + (x - 2xz)\,\mathbf{j} + xy\,\mathbf{k}$이고, 곡면 S는 $x^2 + y^2 + z^2 = a^2$

(2) $\mathbf{F}(x,\ y,\ z) = (x^2 + y^2 - 4)\,\mathbf{i} + 3xy\,\mathbf{j} + (2xz + z^2)\,\mathbf{k}$이고, 곡면 S는 반구면

$$x^2 + y^2 + z^2 = 16 \ \ (\text{단, } z \geq 0)$$

19. 스톡스의 정리를 이용하여, 벡터장 $\mathbf{F}(x,\ y,\ z) = y^2x^3\,\mathbf{i} + 2xyz^3\,\mathbf{j} + 3xy^2z^2\,\mathbf{k}$에 대하여 C가 매개변수방정식

$$\mathbf{r}(t) = 2\cos t\,\mathbf{i} + 3\,\mathbf{j} + 2\sin t\,\mathbf{k} \ \ (\text{단, } 0 \leq t \leq 2\pi)$$

로 주어질 때, 선적분

$$\oint_C \mathbf{F} \cdot d\mathbf{r}$$

를 구하시오.

20. 발산정리를 이용하여, 벡터장 $\mathbf{F}(x,\ y,\ z) = x^3\,\mathbf{i} + y^3\,\mathbf{j} + z^3\,\mathbf{k}$에 대하여 S가 구면

$$x^2 + y^2 + z^2 = 1$$

으로 주어질 때, 면적분

$$\iint_S \mathbf{F} \cdot \mathbf{n}\, dS$$

를 구하시오.

21. $\displaystyle\iint_S (\nabla \times \mathbf{F}) \cdot \mathbf{n}\, dS$를 구하시오.

(1) 곡면 S가 xy 평면 위의 구 $x^2+y^2+z^2=a^2$이고

$$\mathbf{F}(x,\ y,\ z) = y\mathbf{i} + (x-2xz)\mathbf{j} + xy\mathbf{k}$$

(2) 곡면 S가 제1팔분면에 포함된 두 원주 $x^2+y^2=a^2$와 $x^2+z^2=a^2$의 공통부분이고

$$\mathbf{F}(x,\ y,\ z) = 2yz\mathbf{i} - (x+3y-2)\mathbf{j} + (x^2+z)\mathbf{k}$$

22. 공간에 있는 열린단순연결영역 Ω에 대하여, 벡터장 $\mathbf{F}$의 성분함수가 Ω에서 연속인 일계 편도함수를 갖는다고 하자. 이때 Ω에 있는 임의의 구분적으로 매끄러운 단순닫힌곡선 C에 대하여 $\displaystyle\oint_C \mathbf{F} \cdot d\mathbf{r}$일 필요충분조건은 $\nabla \times \mathbf{F} = \mathbf{0}$임을 보이시오.

23. $\operatorname{curl}\mathbf{F}$가 벡터장 $\mathbf{F}$의 회전일 때, S가 경계를 닫힌곡선 C로 갖는 매끄러운 곡면이면

$$\iint_S \operatorname{curl}\mathbf{F} \cdot \mathbf{n}\, dS = 0$$

이 성립함을 보이시오.

제 6 장

텐서해석

물리법칙들을 수학적으로 설명할 때, 어떤 특별한 좌표계와는 독립적이다. 이러한 결과에 대한 연구는 일반적으로 과학과 공학의 수많은 분야에 응용되는 **텐서해석**(tensor analysis)에 이르게 된다.

6.1 n차원 공간

1. 좌표

특별한 좌표계 또는 기준좌표계를 지정함으로써, 삼차원 공간에서의 한 점은 좌표라는 세 개의 수의 순서쌍으로 표시된다. 예를 들면 $(x,\ y,\ z)$, $(r,\ \theta,\ z)$와 $(\rho,\ \theta,\ \phi)$들은 각각 직교좌표계, 원주좌표계, 그리고 구면좌표계에서 한 점의 좌표들이다. 특히 n차원 공간에서의 한 점을 순서쌍 $(x^1,\ x^2,\ \cdots,\ x^n)$으로 표시한다. 여기서 $1,\ 2,\ \cdots,\ n$은 단지 위첨자로서 취해진다.

2. 좌표변환

$(x^1,\ x^2,\ \cdots,\ x^n)$과 $(\bar{x}^1,\ \bar{x}^2,\ \cdots,\ \bar{x}^n)$을 두 개의 좌표계 또는 기준좌표계의 한 점의 좌표들이라 하고, 두 개의 좌표들 사이에 독립된 관계

$$\bar{x}^k = \bar{x}^k(x^1,\ x^2,\ \cdots,\ x^n)\ \ (\text{단},\ k=1,\ 2,\ \cdots,\ n) \tag{1}$$

이 존재한다고 하자. 여기서 주어진 함수들은 일가(single-valued)이고, 연속인 도함수를 갖는다고 가정한다. 그러면 역으로 좌표 $(\bar{x}^1,\ \bar{x}^2,\ \cdots,\ \bar{x}^n)$의 각각에

$$x^k = x^k(\bar{x}^1,\ \bar{x}^2,\ \cdots,\ \bar{x}^n)\ \ (\text{단},\ k=1,\ 2,\ \cdots,\ n) \tag{2}$$

으로 주어진 유일한 순서쌍 $(x^1,\ x^2,\ \cdots,\ x^n)$을 대응시킬 수 있다. 이때 (1)과 (2)를 서로 다른 좌표계 또는 기준좌표계에서 좌표의 변환이라 한다.

참고 $a_1x^1 + a_2x^2 + \cdots + a_nx^n$과 같은 식을 $\sum_{j=1}^{n} a_j x^j$로 나타낸다. 단, 두 첨자, 즉 아래첨자(subscript)와 위첨자(superscript)가 주어진 항에서 되풀이될 때마다 다르게 지정되지 않는 한, 1에서 n까지 합하게 된다고 약속한다. 이것을 **총합규약**(summation convention)이라 한다. □

6.2 텐서

1. 반변 텐서와 공변 텐서

정의 1	제1계수의 반변 텐서와 공변 텐서

(1) 좌표계 $(x^1, x^2, \cdots, x^n)$에서 $A^1, A^2, \cdots, A^n$들이 변환 방정식

$$\overline{A}^p = \sum_{q=1}^{n} \frac{\partial \overline{x}^p}{\partial x^q} A^q \ (\text{단}, \ p = 1, 2, \cdots, n)$$

또는 간단히

$$\overline{A}^p = \frac{\partial \overline{x}^p}{\partial x^q} A^q$$

에 의하여 다른 좌표계 $(\overline{x}^1, \overline{x}^2, \cdots, \overline{x}^n)$에서 $\overline{A}^1, \overline{A}^2, \cdots, \overline{A}^n$과 관련되어 있다면, $A^1, A^2, \cdots, A^n$을 제1계수의 **반변 벡터**(contravariant vector) 또는 **반변 텐서**(contravariant tensor)의 성분이라 한다.

(2) 좌표계 $(x^1, x^2, \cdots, x^n)$에서 $A_1, A_2, \cdots, A_n$들이 변환 방정식

$$\overline{A}_p = \sum_{q=1}^{n} \frac{\partial x^q}{\partial \overline{x}^p} A_q \ (\text{단}, \ p = 1, 2, \cdots, n)$$

또는 간단히

$$\overline{A}_p = \frac{\partial x^p}{\partial \overline{x}^q} A_q$$

에 의하여 다른 좌표계 $(\overline{x}^1, \overline{x}^2, \cdots, \overline{x}^n)$에서 $\overline{A}_1, \overline{A}_2, \cdots, \overline{A}_n$과 관련되어 있다면, $\overline{A}_1, \overline{A}_2, \cdots, \overline{A}_n$을 제1계수의 **공변 벡터**(covariant vector) 또는 **공변 텐서**(covariant tensor)의 성분이라 한다.

텐서 A^i_{jk}, B^{mn}_{ijk}과 C^m들에 대한 변환의 법칙을 구하면

$$\overline{A}^p_{qr} = \frac{\partial \overline{x}^p}{\partial x^i} \frac{\partial x^j}{\partial \overline{x}^q} \frac{\partial x^k}{\partial \overline{x}^r} A^i_{jk}$$

$$\overline{B}\,^{pq}_{rst} = \frac{\partial \overline{x}^p}{\partial x^m}\frac{\partial \overline{x}^q}{\partial x^n}\frac{\partial x^i}{\partial \overline{x}^r}\frac{\partial x^j}{\partial \overline{x}^s}\frac{\partial x^k}{\partial \overline{x}^t}B^{mn}_{ijk}$$

$$\overline{C}\,^p = \frac{\partial \overline{x}^p}{\partial x^m}C^m$$

이 된다. 한편 좌표 x^i의 함수 $A(j, k, l, m)$이

$$\overline{A}(p, q, r, s) = \frac{\partial x^j}{\partial \overline{x}^p}\frac{\partial \overline{x}^q}{\partial x^k}\frac{\partial \overline{x}^r}{\partial x^l}\frac{\partial \overline{x}^s}{\partial x^m}A(j, k, l, m)$$

에 따라 다른 좌표계 $\overline{x}^i$로 변환하면 이것은 텐서 A_j^{klm}으로 표기되고, 3계의 반변과 1계의 공변, 그리고 계수 4를 갖는다.

예 A_p는 계수 1의 공변 텐서이지만, $\frac{\partial A_p}{\partial x^q}$는 텐서가 아니다. 왜냐하면 $\overline{A}_j = \frac{\partial x^p}{\partial \overline{x}^j}A_p$를 $\overline{x}^k$에 관하여 미분하면

$$\begin{aligned}\frac{\partial \overline{A}_j}{\partial \overline{x}^k} &= \frac{\partial x^p}{\partial \overline{x}^j}\frac{\partial \overline{A}_p}{\partial \overline{x}^k} + \frac{\partial^2 x^p}{\partial \overline{x}^k \partial \overline{x}^j}A_p \\ &= \frac{\partial x^p}{\partial \overline{x}^j}\frac{\partial A_p}{\partial x^q}\frac{\partial x^q}{\partial \overline{x}^k} + \frac{\partial^2 x^p}{\partial \overline{x}^k \partial \overline{x}^j}A_p \\ &= \frac{\partial x^p}{\partial \overline{x}^j}\frac{\partial x^q}{\partial \overline{x}^k}\frac{\partial A_p}{\partial x^q} + \frac{\partial^2 x^p}{\partial \overline{x}^k \partial \overline{x}^j}A_p\end{aligned}$$

즉 오른쪽의 두 번째 항이 나타나기 때문이다.

예 한 물체가 곡선 $x^k = x^k(t)$를 따라 이동할 때, 임의의 점에서 물체의 속도는 계수 1의 반변 텐서 $v^k = \frac{dx^k}{dt}$로 표시된다.

참고 ϕ를 좌표 x^k의 함수라 하고, $\overline{\phi}$를 좌표 $\overline{x}^k$의 새로운 집합으로의 변환 아래 함수값을 표시한다고 하면, ϕ가 $\phi = \overline{\phi}$일 때 좌표 변환에 관한 불변식이라 한다. 이때 불변식을 계수 0의 텐서라 한다. □

예제 다음이 텐서임을 보이시오. 또한 반변 또는 공변인지를 결정하고, 그것의 계수를 구하시오.

(1) dx^k (2) $\dfrac{\partial\phi(x^1, x^2, \cdots, x^n)}{\partial x^k}$

(풀이) (1) 좌표 $\bar{x}^j = \bar{x}^j(x^1, x^2, \cdots, x^n)$의 변환을 가정하자. 그러면

$$d\bar{x}^j = \frac{\partial \bar{x}^j}{\partial x^k}\, dx^k$$

이다. 따라서 dx^k는 계수 1의 반변 텐서이다.

(2) 변환 $x^k = x^k(\bar{x}^1, \bar{x}^2, \cdots, \bar{x}^n)$에 대하여, ϕ는 x^k의 함수이고

$$\phi(x^1, x^2, \cdots, x^n) = \bar{\phi}(\bar{x}^1, \bar{x}^2, \cdots, \bar{x}^n)$$

을 만족하는 $\bar{x}^j$의 함수이다. 즉 ϕ는 불변식이다. 편미분에 대한 연쇄법칙에 의하여

$$\frac{\partial\bar{\phi}}{\partial\bar{x}^j} = \frac{\partial\phi}{\partial\bar{x}^j} = \frac{\partial\phi}{\partial x^k}\frac{\partial x^k}{\partial\bar{x}^j} = \frac{\partial x^k}{\partial\bar{x}^j}\frac{\partial\phi}{\partial x^k}$$

이고, $\dfrac{\partial\phi}{\partial x^k}$는 $\bar{A}_j = \dfrac{\partial x^k}{\partial\bar{x}^j}A_k$로 변환되므로 $\dfrac{\partial\phi}{\partial x^k}$는 계수 1의 공변 텐서가 된다. ◆

참고 $\dfrac{\partial\phi}{\partial x^k}$ 안에서 첨자는 분모에 나타나므로, 공변 특징을 가리키는 위첨자처럼 작용한다. 또한 텐서 $\dfrac{\partial\phi}{\partial x^k}$는 grad ϕ 또는 $\nabla\phi$로 쓰이는 ϕ의 기울기로서, 성분 $\dfrac{\partial\phi}{\partial x^k}$들을 갖는 텐서라 일컬어진다. □

2. 반변, 공변 그리고 혼합 텐서

정의 2	제2계수의 혼합 텐서의 성분

좌표계 $(x^1, x^2, \cdots, x^n)$에서 n^2량 A^{qs}들의 변환방정식

$$\bar{A}^{pr} = \sum_{s=1}^{n}\sum_{q=1}^{n}\frac{\partial\bar{x}^p}{\partial x^q}\frac{\partial\bar{x}^r}{\partial x^s}A^{qs} \quad (\text{단, } p, r = 1, 2, \cdots, n)$$

또는 간단히

$$\bar{A}^{pr} = \frac{\partial \bar{x}^p}{\partial x^q} \frac{\partial \bar{x}^r}{\partial x^s} A^{qs}$$

에 의하여 다른 좌표계 $(\bar{x}^1, \bar{x}^2, \cdots, \bar{x}^n)$에서 n^2량 $\bar{A}^{pr}$과 관련되어 있다면, $\bar{A}^{pr}$을 제2계수 텐서의 **반변 성분** (contravariant components)이라 한다. 만일

$$\bar{A}_{pr} = \frac{\partial x^q}{\partial \bar{x}^p} \frac{\partial x^s}{\partial \bar{x}^r} A_{qs}$$

라면, n^2량 A_{qs}를 제2계수 텐서의 **공변 성분** (covariant components)들이라 한다. 간단히

$$\bar{A}^p_r = \frac{\partial \bar{x}^p}{\partial x^q} \frac{\partial x^s}{\partial \bar{x}^r} A^q_s$$

라면, n^2량 A^q_s를 제2계수의 **혼합 텐서의 성분** (components of a mixed tensor)이라 한다.

2보다 큰 계수의 텐서도 쉽게 정의된다. 예를 들면 만일 A^{qst}_{kl}이 관계

$$\bar{A}^{prm}_{ij} = \frac{\partial \bar{x}^p}{\partial x^q} \frac{\partial \bar{x}^r}{\partial x^s} \frac{\partial \bar{x}^m}{\partial x^t} \frac{\partial x^k}{\partial \bar{x}^i} \frac{\partial x^l}{\partial \bar{x}^j} A^{qst}_{kl}$$

에 따라 변환된다면 계수 5의 혼합 텐서이고, 3계의 반변, 그리고 2계의 공변의 성분들이다.

정의 3	크로네커 델타

크로네커 델타 (Kronecker delta) δ는 δ^j_k로 쓰여지고

$$\delta^j_k - \begin{cases} 0, & j \neq k \\ 1, & j = k \end{cases}$$

로 정의된다. 이것은 제2계수의 혼합 텐서이다.

$p = q$이면 $\delta^p_q = 1$이고, $p \neq q$이면 $\delta^p_q = 0$이므로

$$\delta^p_q A^{qr}_s = A^{pr}_s, \quad \delta^p_q \delta^q_r = \delta^p_r$$

가 성립한다. 또한 $p = q$이면 $x^p = x^q$이므로 $\dfrac{\partial x^p}{\partial x^q} = 1$이고, $p \neq q$이면 x^p과 x^q는 독립이므로 $\dfrac{\partial x^p}{\partial x^q} = 0$이다. 따라서 $\dfrac{\partial x^p}{\partial x^q} = \delta^p_q$가 된다.

예 $\dfrac{\partial x^p}{\partial \overline{x}^q}\dfrac{\partial \overline{x}^q}{\partial x^r}=\delta_r^p$가 성립한다. 왜냐하면 좌표 x^p들은 차례로 좌표 x^r의 함수들인 좌표 $\overline{x}^q$의 함수들이므로, 연쇄법칙으로부터

$$\frac{\partial x^p}{\partial x^r}=\frac{\partial x^p}{\partial \overline{x}^q}\frac{\partial \overline{x}^q}{\partial x^r}=\delta_r^p$$

를 얻을 수 있기 때문이다.

예제 $\overline{A}^p=\dfrac{\partial \overline{x}^p}{\partial x^q}A^q$이면, $A^q=\dfrac{\partial x^q}{\partial \overline{x}^p}\overline{A}^p$가 성립한다.

(증명) 방정식 $\overline{A}^p=\dfrac{\partial \overline{x}^p}{\partial x^q}A^q$에 $\dfrac{\partial x^r}{\partial \overline{x}^p}$을 곱하고, $\dfrac{\partial x^p}{\partial \overline{x}^q}\dfrac{\partial \overline{x}^q}{\partial x^r}=\delta_r^p$를 적용하면

$$\frac{\partial x^r}{\partial \overline{x}^p}\overline{A}^p=\frac{\partial x^r}{\partial \overline{x}^p}\frac{\partial \overline{x}^p}{\partial x^q}A^q=\delta_q^r A^q=A^r$$

을 얻는다. 이제 $r=q$로 놓으면, $A^q=\dfrac{\partial x^q}{\partial \overline{x}^p}\overline{A}^p$가 된다. ◆

참고 위 예제에서는 텐서 성분들에 대한 변환 방정식들 안에서 횡선(bar)을 가지는 양들과 횡선이 없는 양들은 서로 교환될 수 있음을 보이고 있다. □

만일 확정된 텐서가 n차원 공간에서 한 영역의 각각의 점으로 대응할 때, **텐서장**(tensor field)은 정의되어 있다고 한다. 특히 텐서가 1계수 또는 0계수에 따르면 벡터장 또는 스칼라장이라 한다.

3. 대칭 및 왜대칭 텐서

정의 4	대칭 및 왜대칭 텐서

(1) 텐서의 성분들이 첨자들을 교환할 때 변하지 않으면, 주어진 텐서를 두 개의 반변 또는 두 개의 공변 첨자들에 관한 **대칭**(symmetric)이라 한다. 특히 한 텐서가 어떤 두 개의 반변과 어떤 두 개의 공변 첨자들에 관하여 대칭일 때, 주어진 텐서를 대칭이라 한다.

(2) 텐서의 성분들이 첨자들을 교환할 때 부호를 바꾸면, 주어진 텐서를 두 개의 반변

또는 두 개의 공변 첨자들에 관한 **왜대칭**(skew-symmetric)이라 한다. 특히 한 텐서가 어떤 두 개의 반변과 어떤 두 개의 공변 첨자들에 관하여 왜대칭일 때, 주어진 텐서를 왜대칭이라 한다.

$A^{mpr}_{qs} = A^{pmr}_{qs}$일 때, 텐서는 m과 p 안에서 대칭이다. 또한 $A^{mpr}_{qs} = -A^{pmr}_{qs}$일 때, 텐서는 m과 p에서 왜대칭이 된다.

예제 모든 텐서는 두 개의 텐서의 합으로 표현될 수 있다. 이때 두 개의 텐서 중 하나는 공변 또는 반변 첨자들의 쌍 안에서 대칭이고, 다른 하나는 왜대칭이 된다.

(증명) 예를 들어 텐서 B^{pq}을 생각하자. 그러면

$$B^{pq} = \frac{1}{2}(B^{pq} + B^{qp}) + \frac{1}{2}(B^{pq} - B^{qp})$$

이다. 그런데

$$R^{pq} = \frac{1}{2}(B^{pq} + B^{qp}) = R^{qp}$$

는 대칭이고

$$S^{pq} = \frac{1}{2}(B^{pq} - B^{qp}) = -S^{qp}$$

는 왜대칭이다. 유사한 방법으로 모든 텐서에 대하여 성립함을 보일 수 있다. ◆

4. 텐서의 기본연산

정의 5	덧셈과 뺄셈

같은 계수와 형태(type)를 갖는 텐서들의 합과 차는 같은 계수와 같은 형태를 갖는 텐서이다. 즉 A^{mp}_{q}와 B^{mp}_{q}가 텐서일 때

$$C^{mp}_{q} = A^{mp}_{q} + B^{mp}_{q},\ D^{mp}_{q} = A^{mp}_{q} - B^{mp}_{q}$$

로 주어진다.

예제 두 텐서 A_r^{pq}와 B_r^{pq}의 합과 차도 텐서가 된다.

(증명)

$$\overline{A}_l^{jk} = \frac{\partial \overline{x}^j}{\partial x^p} \frac{\partial \overline{x}^k}{\partial x^q} \frac{\partial x^r}{\partial \overline{x}^l} A_r^{pq}, \quad \overline{B}_l^{jk} = \frac{\partial \overline{x}^j}{\partial x^p} \frac{\partial \overline{x}^k}{\partial x^q} \frac{\partial x^r}{\partial \overline{x}^l} B_r^{pq}$$

이므로

$$(\overline{A}_l^{jk} + \overline{B}_l^{jk}) = \frac{\partial \overline{x}^j}{\partial x^p} \frac{\partial \overline{x}^k}{\partial x^q} \frac{\partial x^r}{\partial \overline{x}^l} (A_r^{pq} + B_r^{pq})$$

$$(\overline{A}_l^{jk} - \overline{B}_l^{jk}) = \frac{\partial \overline{x}^j}{\partial x^p} \frac{\partial \overline{x}^k}{\partial x^q} \frac{\partial x^r}{\partial \overline{x}^l} (A_r^{pq} - B_r^{pq})$$

가 된다. 따라서 $A_r^{pq} + B_r^{pq}$와 $A_r^{pq} - B_r^{pq}$는 각각 A_r^{pq}, B_r^{pq}와 같은 계수와 형태를 갖는 텐서이다. ◆

축약(contraction)은 텐서의 하나의 반변과 하나의 공변 첨자를 동등하게 놓을 때, 결과는 동등한 첨자들 위의 총합이 총합규약에 따라 취하게 됨을 의미한다. 예를 들면 $r = s$라 놓음으로써 5계의 텐서 A_{qr}^{mpr}에서 $A_{qr}^{mpr} = B_q^{mp}$인 3계의 텐서를 얻는다. 더욱이 $p = q$라 함으로써, $A_p^{mp} = C^m$인 1계의 텐서를 얻는다.

예제 텐서 A_q^p의 축약은 불변식이다.

(증명)

$$\overline{A}_k^j = \frac{\partial \overline{x}^j}{\partial x^p} \frac{\partial x^q}{\partial \overline{x}^k} A_q^p$$

이고, 축약($j = k$라 놓고 합하면)에 의하여

$$\overline{A}_j^j = \frac{\partial \overline{x}^j}{\partial x^p} \frac{\partial x^q}{\partial \overline{x}^j} A_q^p = \delta_p^q A_q^p = A_p^p$$

이다. 따라서 $\overline{A}_j^j = A_p^p$ 이므로, A_p^p는 불변식이 된다. 그런데 A_q^p는 계수 2의 텐서이고, 단 하나의 첨자에 관한 축약은 계수를 2만큼 더 낮추므로, 계수 0의 텐서처럼 불변식을 정의하게 된다. ◆

정의 6	외적과 내적

(1) 두 텐서의 **외적**(outer product)은 두 텐서의 계수들의 합으로 주어진 텐서이다.
(2) 두 텐서의 **내적**(inner product)은 텐서의 외적의 과정에 의한 축약에 의해 주어지는 새로운 텐서이다.

예 텐서 A_q^{mp}와 B_{st}^{r}의 외적은 $C_{qs}^{prm} = A_q^{mp} B_{st}^{r}$ 이다. 이때 $q=r$이라 하면, 내적 $A_r^{mp} B_{st}^{r}$을 얻고 $q=r$, 그리고 $p=s$라 하면 또 다른 내적 $A_r^{mp} B_{pt}^{r}$이 얻어진다. 텐서들의 외적과 내적은 교환적이고 결합적이다.

예제 텐서 A^p와 A_q의 '외적의 축약'은 불변식이다.

(증명)

$$\overline{A}^j = \frac{\partial \overline{x}^j}{\partial x^p} A^p, \quad \overline{B}_k = \frac{\partial x^q}{\partial \overline{x}^k} B_q$$

이므로

$$\overline{A}^j \overline{B}_k = \frac{\partial \overline{x}^j}{\partial x^p} \frac{\partial x^q}{\partial \overline{x}^k} A^p B_q$$

이다. 축약 ($j=k$라 놓고 합하면)에 의하여

$$\overline{A}^j \overline{B}_j = \frac{\partial \overline{x}^j}{\partial x^p} \frac{\partial x^q}{\partial \overline{x}^j} A^p B_q = \delta_p^q A^p B_q = A^p B_p$$

이므로, $A^p B_p$는 불변식이 된다. ◆

임의의 텐서 B를 가지는 X의 내적이 텐서 C가 되면, X는 텐서가 된다. 이것을 **상법칙**(quotient law)이라 한다.

참고 (행렬) m행과 n열로 정의된 성분 a_{pq}의 배열을 $m \times n$ 행렬이라 한다. 이때 $m \times n$ 행렬을

$$(a_{pq}) \text{ (단, } p=1,\ 2,\ \cdots,\ m\ ;\ q=1,\ 2,\ \cdots,\ n)$$

간단히 $(a_{pq})_{m \times n}$ 또는 더욱 간단히 (a_{pq})로 표시한다.

$m=n$일 때, 행렬을 m차의 **정사각행렬**(square matrix)이라 한다. 특히 대각성

분 a_{11}, a_{22}, $\cdots$, a_{mm}이 모두 1이고 그 밖의 다른 성분들은 0인 정사각행렬을 **단위행렬**(unit matrix)이라 하고 I로 표시한다. O으로 표시된 **영행렬**(zero matrix)은 모든 원소들이 0인 행렬이다.

정사각행렬 (a_{pq})의 행렬식(determinant)은 $|A|$ 또는 $\det A$로 표시한다. 두 정사각행렬 A, B에 대하여 $P=AB$이면, $|P|=|A||B|$이다.

정사각행렬 A의 **역행렬**(inverse matrix)은 $AA^{-1}=I=A^{-1}A$를 만족하는 행렬 A^{-1}이고, A^{-1}가 존재하는 필요충분조건은 $\det A \neq 0$이다. 특히 $\det A=0$일 때, A를 **특이행렬**(singular matrix)이라 한다.

행렬 A의 **전치행렬**(transposed matrix)은 A로부터 행과 열을 교환함으로써 형성되는 A^t이다. 즉 $A=(a_{pq})$일 때 $A^t=(a_{qp})$이다. □

예 $n=3$일 때, 변환방정식 $\overline{A}_p=\dfrac{\partial x^q}{\partial \overline{x}^p}A_q$는 열벡터들에 의하여

$$\begin{pmatrix}\overline{A}_1\\ \overline{A}_2\\ \overline{A}_3\end{pmatrix}=\begin{pmatrix}\dfrac{\partial x^1}{\partial \overline{x}^1} & \dfrac{\partial x^2}{\partial \overline{x}^1} & \dfrac{\partial x^3}{\partial \overline{x}^1}\\ \dfrac{\partial x^1}{\partial \overline{x}^2} & \dfrac{\partial x^2}{\partial \overline{x}^2} & \dfrac{\partial x^3}{\partial \overline{x}^2}\\ \dfrac{\partial x^1}{\partial \overline{x}^3} & \dfrac{\partial x^2}{\partial \overline{x}^3} & \dfrac{\partial x^3}{\partial \overline{x}^3}\end{pmatrix}\begin{pmatrix}A_1\\ A_2\\ A_3\end{pmatrix}$$

또는 행벡터들에 의하여

$$\left(\overline{A}_1\ \overline{A}_2\ \overline{A}_3\right)=\left(A_1\ A_2\ A_3\right)\begin{pmatrix}\dfrac{\partial x^1}{\partial \overline{x}^1} & \dfrac{\partial x^1}{\partial \overline{x}^2} & \dfrac{\partial x^1}{\partial \overline{x}^3}\\ \dfrac{\partial x^2}{\partial \overline{x}^1} & \dfrac{\partial x^2}{\partial \overline{x}^2} & \dfrac{\partial x^2}{\partial \overline{x}^3}\\ \dfrac{\partial x^3}{\partial \overline{x}^1} & \dfrac{\partial x^3}{\partial \overline{x}^2} & \dfrac{\partial x^3}{\partial \overline{x}^3}\end{pmatrix}$$

으로 표현된다.

예 제2행에 관한 **여인수전개**(cofactor expansion)를 이용하여, 행렬식 $g=\begin{vmatrix}g_{11} & g_{12} & g_{13}\\ g_{21} & g_{22} & g_{23}\\ g_{31} & g_{32} & g_{33}\end{vmatrix}$를 구해보자. 여기서 g_{jk}의 **여인수**는 g_{jk}의 j번째 행과 k번째 열을 제외한 소행렬식에 부호 $(-1)^{j+k}$를 곱하여 g로부터 얻어지는 행렬식이다. 따라서

$$g_{21}\text{의 여인수} = (-1)^{2+1}\begin{vmatrix} g_{12} & g_{13} \\ g_{32} & g_{33} \end{vmatrix}$$

$$g_{22}\text{의 여인수} = (-1)^{2+2}\begin{vmatrix} g_{11} & g_{13} \\ g_{31} & g_{33} \end{vmatrix}$$

$$g_{23}\text{의 여인수} = (-1)^{2+3}\begin{vmatrix} g_{11} & g_{12} \\ g_{31} & g_{32} \end{vmatrix}$$

이다. 이러한 여인수들을 각각 $G(2,\ 1)$, $G(2,\ 2)$와 $G(2,\ 3)$으로 표시하자. 그러면 제2행에 관한 여인수전개식

$$g = g_{21}G(2,\ 1) + g_{22}G(2,\ 2) + g_{23}G(2,\ 3)$$

을 얻는다. 간략하게 $g = g_{jk}\, G(j,\ k)$가 된다. 여기서 총합은 k 위에서 취해진다. 여인수는 보통의 의미에서 텐서가 아님에 유의한다.

참고 n차의 행렬식에서, $j \neq p$일 경우 $g_{jk}\, G(p,\ k) = 0$이 된다. □

5. 선소와 계량 텐서

직교좌표 $(x,\ y,\ z)$에서 호의 길이의 미분 ds는

$$ds^2 = dx^2 + dy^2 + dz^2$$

으로 주어진다. 그런데 일반적인 곡선좌표 (curvilinear coordinates) u_1, u_2와 u_3에 대하여

$$d\mathbf{r} = \frac{\partial \mathbf{r}}{\partial u_1} du_1 + \frac{\partial \mathbf{r}}{\partial u_2} du_2 + \frac{\partial \mathbf{r}}{\partial u_3} du_3 = \boldsymbol{\alpha}_1\, du_1 + \boldsymbol{\alpha}_2\, du_2 + \boldsymbol{\alpha}_3\, du_3$$

이므로, 기본적인 **이차형식** (fundamental quadratic form) 또는 **계량형식** (metric form)으로 불리는

$$ds^2 = d\mathbf{r} \cdot d\mathbf{r} = \sum_{p=1}^{3}\sum_{q=1}^{3} g_{pq}\, du_p\, du_q \ \ (\text{단, } g_{pq} = \boldsymbol{\alpha}_p \cdot \boldsymbol{\alpha}_q)$$

로 변환된다. 여기서 g_{pq}를 **계량계수** (metric coefficient)라 하고, $g_{pq} = g_{qp}$를 만족한다. 만일 $g_{pq} = 0$ (단, $p \neq q$)이면, 좌표계는 직교좌표계가 된다. 이러한 계량형식이 존재하는 공간을 **삼차원 유클리드 공간** (three dimensional Euclidean space)이라 한다.

한편 좌표 $(x^1,\ x^2,\ \cdots,\ x^n)$을 가지는 n차원 공간으로 일반화할 수 있다. 이러한 공간 안의 **선소** (element) ds를 계량형식 또는 **계량** (metric)이라 하는 이차형식

$$ds^2 = \sum_{p=1}^{n} \sum_{q=1}^{n} g_{pq}\, dx^p\, dx^q$$

로 정의한다. 여기서 g_{pq}는 **계량 텐서**(metric tensor) 또는 **기본 텐서**(fundamental tensor)라 하는 계수 2의 공변 텐서의 성분들이다. 이러한 텐서는 항상 대칭이 되도록 선택할 수 있다. 특히 계량형식이

$$(d\bar{x}^1)^2 + (d\bar{x}^2)^2 + \cdots + (d\bar{x}^n)^2$$

또는 $d\bar{x}^k\, d\bar{x}^k$로 변환되는 x^j에서 $\bar{x}^k$로 좌표의 변환이 존재할 때, **n차원 유클리드 공간**(n dimensional Euclidean space)이라 한다.

예제 (1) 원주좌표계 (2) 구면좌표계에서 계량 텐서를 결정하시오.

풀이 (1) $x = r\cos\theta,\ y = r\sin\theta$와 $z = z$이므로

$$dx = -r\sin\theta\, d\theta + \cos\theta\, dr,\ dy = r\cos\theta\, d\theta + \sin\theta\, dr,\ dz = dz$$

가 된다. 따라서

$$ds^2 = dx^2 + dy^2 + dz^2 = (dr)^2 + r^2(d\theta)^2 + (dz)^2$$

을 얻는다. 만일 $x^1 = r,\ x^2 = \theta$, 그리고 $x^3 = z$이면

$$g_{11} = 1,\ g_{22} = r^2,\ g_{33} = 1,\ g_{12} = g_{21} = 0,\ g_{23} = g_{32} = 0,\ g_{31} = g_{13} = 0$$

이 된다. 따라서 행렬형에서 계량 텐서는

$$\begin{pmatrix} g_{11} & g_{12} & g_{13} \\ g_{21} & g_{22} & g_{23} \\ g_{31} & g_{32} & g_{33} \end{pmatrix} = \begin{pmatrix} 1 & 0 & 0 \\ 0 & r^2 & 0 \\ 0 & 0 & 1 \end{pmatrix}$$

로 표현된다.

(2) $x = \rho\sin\phi\cos\theta,\ y = \rho\sin\phi\sin\theta$와 $z = \rho\cos\phi$이므로

$$dx = -\rho\sin\phi\sin\theta\, d\theta + \rho\cos\phi\cos\theta\, d\phi + \sin\phi\cos\theta\, d\rho$$
$$dy = \rho\sin\phi\cos\theta\, d\theta + r\cos\phi\sin\theta\, d\phi + \sin\phi\sin\theta\, d\rho$$
$$dz = -\rho\sin\phi\, d\phi + \cos\phi\, d\rho$$

가 된다. 따라서

$$ds^2 = dx^2 + dy^2 + dz^2 = (d\rho)^2 + \rho^2(d\phi)^2 + \rho^2\sin^2\phi(d\theta)^2$$

을 얻는다. 만일 $x^1 = \rho$, $x^2 = \phi$, 그리고 $x^3 = \theta$이면, 계량 텐서는

$$\begin{pmatrix} 1 & 0 & 0 \\ 0 & \rho^2 & 0 \\ 0 & 0 & \rho^2 \sin^2 \phi \end{pmatrix}$$

로 표현된다. ◈

6. 공액 또는 상반 텐서

정의 7	공액 또는 상반 텐서

성분 g_{pq}를 가지는 행렬식을 $g = |g_{pq}|$로 표시하고, $g \neq 0$일 때 g^{pq}를

$$g^{pq} = \frac{g_{pq}\text{의 여인수}}{g} = \frac{G(p,\ q)}{g}$$

로 정의한다. 여기서 $G(p,\ q)$는 g_{pq}의 여인수이다. 이때 g^{pq}는 g_{pq}의 **공액 텐서**(conjugate tensor) 또는 **상반 텐서**(reciprocal tensor)라 하는 계수 2의 대칭인 반변 텐서가 된다.

행렬 (g_{jk})와 (g^{jk})의 곱은 단위행렬이 됨에 유의한다.

예제 $g_{jk}\, g^{pk} = \delta^p_j$이다.

(증명)

$$g_{jk} \frac{G(j,\ k)}{g} = 1 \quad \text{또는} \quad g_{jk}\, g^{jk} = 1$$

이고

$$g_{jk} \frac{G(p,\ k)}{g} = 0 \quad \text{또는} \quad g_{jk}\, g^{pk} = 0$$

이므로

$$g_{jk}\, g^{pk} = \begin{cases} 1, & p = j \\ 0, & p \neq j \end{cases}$$

이 된다. 따라서 $g_{jk}\, g^{pk} = \delta^p_j$가 성립한다. ◈

참고 (공액 계량 텐서) g_{jk}가 대칭이므로 $C(j,\ k)$는 대칭이고, 따라서 g^{jk}는 내칭이 된다. 만일 B^p가 임의의 반변 벡터라면, $B_q = g_{pq} B^p$는 임의의 공변 벡터이다. 양

변에 g^{jq}를 곱하면

$$g^{jq} B_q = g^{jq} g_{pq} B^p = \delta_p^j B^p = B^j, \text{ 즉 } g^{jq} B_q = B^j$$

이다. B_q가 임의의 벡터이므로 상법칙의 응용에 의하여, g^{jq}는 계수 2의 반변 텐서가 된다. 이때 텐서 g^{jq}를 **공액 계량 텐서**(conjugate metric tensor)라고 한다.

□

예제 (1) 원주좌표계 (2) 구면좌표계에서 공액 계량 텐서를 결정하시오.

풀이 (1) 원주좌표계에서 계량 텐서는 행렬

$$\begin{pmatrix} 1 & 0 & 0 \\ 0 & r^2 & 0 \\ 0 & 0 & 1 \end{pmatrix}$$

로 표현되므로

$$g = \begin{vmatrix} 1 & 0 & 0 \\ 0 & r^2 & 0 \\ 0 & 0 & 1 \end{vmatrix} = r^2$$

이 된다. 따라서

$$g^{11} = \frac{g_{11}\text{의 여인수}}{g} = \frac{1}{r^2}\begin{vmatrix} r^2 & 0 \\ 0 & 1 \end{vmatrix} = 1$$

$$g^{22} = \frac{g_{22}\text{의 여인수}}{g} = \frac{1}{r^2}\begin{vmatrix} 1 & 0 \\ 0 & 1 \end{vmatrix} = \frac{1}{r^2}$$

$$g^{33} = \frac{g_{33}\text{의 여인수}}{g} = \frac{1}{r^2}\begin{vmatrix} 1 & 0 \\ 0 & r^2 \end{vmatrix} = 1$$

$$g^{12} = \frac{g_{12}\text{의 여인수}}{g} = -\frac{1}{r^2}\begin{vmatrix} 0 & 0 \\ 0 & 1 \end{vmatrix} = 0$$

을 얻는다. 유사하게 $j \neq k$일 때, $g^{jk} = 0$이 된다. 따라서 원주좌표계에서 공액 계량 텐서는 행렬

$$\begin{pmatrix} 1 & 0 & 0 \\ 0 & \frac{1}{r^2} & 0 \\ 0 & 0 & 1 \end{pmatrix}$$

로 표현된다.

(2) 구면좌표계에서 계량 텐서는 행렬

$$\begin{pmatrix} 1 & 0 & 0 \\ 0 & \rho^2 & 0 \\ 0 & 0 & \rho^2\sin^2\phi \end{pmatrix}$$

로 표현되므로

$$g = \begin{vmatrix} 1 & 0 & 0 \\ 0 & \rho^2 & 0 \\ 0 & 0 & \rho^2\sin^2\phi \end{vmatrix} = \rho^4\sin^2\phi$$

를 얻는다. (1)에서처럼

$$g^{11} = 1,\ g^{22} = \frac{1}{\rho^2},\ g^{33} = \frac{1}{\rho^2\sin^2\phi}$$

이고

$$j \neq k\text{이면},\ g^{jk} = 0$$

이 된다. 따라서 구면좌표계에서 공액 계량 텐서는 행렬

$$\begin{pmatrix} 1 & 0 & 0 \\ 0 & \dfrac{1}{\rho^2} & 0 \\ 0 & 0 & \dfrac{1}{\rho^2\sin^2\phi} \end{pmatrix}$$

로 표현된다. ◆

7. 동반 텐서

첨자들을 올리거나 더 낮게 함으로써 주어진 텐서를 다른 텐서로 유도할 수 있다. 텐서 A_{pq}에서 첨자 p를 올림으로써 텐서 $A^{p}_{\cdot q}$ (단, $\cdot$는 이동된 첨자의 최초의 위치를 가리킨다)를 얻고, 또한 첨자 q를 올림으로써 $A^{pq}_{\cdot\cdot}$를 얻었을 때, 혼란이 생기지 않는다면, $\cdot$를 생략하여 $A^{p}_{\cdot q}$를 A^{p}_{q}로, $A^{pq}_{\cdot\cdot}$를 A^{pq}로 쓰도록 한다. 이러한 텐서들은 계량 텐서 g_{pq} 또는 그것의 공액 g^{pq}를 가지는 주어진 텐서의 내적을 형성함으로써 얻어질 수 있다.

예 $A^{p}_{\cdot q} = g^{rp}A_{rq}$, $A^{pq} = g^{rp}g^{sq}A_{rs}$이고 $A^{p}_{\cdot rs} = g_{rq}A^{pq}_{\cdot\cdot s}$이며

$$A^{qm\cdot tk}_{\cdot\cdot n} = g^{pk}g_{sn}g^{rm}A^{q\cdot\varepsilon t}_{\cdot r\cdot\cdot p}$$

이다.

계량 텐서와 그것의 공액을 가지는 내적들을 형성함으로써 주어진 텐서로부터 얻어진 모든 텐서들을 주어진 텐서의 **동반 텐서**(associated tensor)라 한다.

참고 계수 1의 텐서 A^p와 A_p는 동반 텐서이다. 그들은 벡터의 반변과 공변 성분을 나타낸다. 특히 A^p와 A_p 사이의 관계는

$$A_p = g_{pq}A^q \text{ 또는 } A^p = g^{pq}A_q$$

로 주어진다. 직교좌표에 대해 $p=q$이면 $g_{pq}=1$이고, $p \neq q$이면 $g_{pq}=0$이다. 따라서 $A_p = A^p$가 된다. □

예 동반 텐서 A^{jkl}과 A_{pqr} 사이의 관계는

$$A^{jkl} = g^{jp}g^{kq}g^{lr}A_{pqr} \text{ 또는 } A_{pqr} = g_{jp}g_{kq}g_{lr}A^{jkl}$$

로 설명된다. 또한 $A_{j\cdot l}^{\cdot k}$와 A^{qkr} 사이의 관계는

$$A_{j\cdot l}^{\cdot k} = g_{jq}g_{lr}A^{qkr} \text{ 또는 } A^{qkr} = g^{jq}g^{lr}A_{j\cdot l}^{\cdot k}$$

로 설명된다.

예제 $A_j = g_{jk}A^k$일 때, $A^k = g^{jk}A_j$가 성립한다.

(증명) $A_j = g_{jk}A^k$의 양변에 g^{jq}를 곱하면

$$g^{jq}A_j = g^{jq}g_{jk}A^k = \delta_k^q = A^q, \text{ 즉 } A^q = g^{jq}A_j \text{ 또는 } A^k = g^{jk}A_j$$

가 성립한다. ◆

정의 8	벡터의 길이와 두 벡터 사이의 각

A^p와 B_p의 내적 A^pB_p는 직교좌표에서 스칼라적과 유사한 불변식이다. 이때 벡터 A^p 또는 A_p의 길이 L을

$$L^2 = A^pA_p = g^{pq}A_pA_q = g_{pq}A^pA^q$$

로 정의하고, A^p와 B_p 사이의 각 θ를

$$\cos\theta = \frac{A^p B_p}{\sqrt{(A^p A_p)(B^p B_p)}}$$

로 정의한다.

삼차원 좌표계에서 좌표곡선들 사이의 각 θ_{12}, θ_{23}와 θ_{31}은

$$\cos\theta_{12} = \frac{g_{12}}{\sqrt{g_{11}g_{22}}},\ \cos\theta_{23} = \frac{g_{23}}{\sqrt{g_{22}g_{33}}},\ \cos\theta_{31} = \frac{g_{31}}{\sqrt{g_{33}g_{11}}}$$

으로 주어진다. 따라서 직교좌표계에 대해 $g_{12} = g_{23} = g_{31} = 0$이 성립한다. 왜냐하면 $\theta_{12} = \theta_{23} = \theta_{31} = \frac{\pi}{2}$이기 때문이다. 또한 $g_{pq} = g_{qp}$라는 사실로부터 $g_{21} = g_{32} = g_{13} = 0$이 성립한다.

예제 직교좌표계에서

$$g_{11} = \frac{1}{g^{11}},\ g_{22} = \frac{1}{g^{22}},\ g_{33} = \frac{1}{g^{33}}$$

이 성립한다.

(증명) $g^{pr}g_{rq} = \delta^p_q$이므로, $p = q = 1$일 때

$$g^{1r}g_{r1} = 1 \text{ 또는 } g^{11}g_{11} + g^{12}g_{21} + g^{13}g_{31} = 1$$

이 된다. 따라서 $g_{11} = \frac{1}{g^{11}}$을 얻는다. 유사하게 $p = q = 2$일 때 $g_{22} = \frac{1}{g^{22}}$이고, $p = q = 3$일 때 $g_{33} = \frac{1}{g^{33}}$이 성립한다. ◆

참고 벡터 A^p 또는 A_p의 물리 성분들은 주어진 좌표곡선들에서 접선 위로의 벡터의 정사영이고, A_u, A_v와 A_w로 표시된다. 특히 직교좌표에서는

$$A_u = \sqrt{g_{11}}\,A^1 = \frac{A_1}{\sqrt{g_{11}}},\ A_v = \sqrt{g_{22}}\,A^2 = \frac{A_2}{\sqrt{g_{22}}},\ A_w = \sqrt{g_{33}}\,A^3 = \frac{A_3}{\sqrt{g_{33}}}$$

로 주어진다. 또한 텐서 A^{pq} 또는 A_{pq}의 물리 성분들은

$$A_{uu} = g_{11}A^{11} = \frac{A_{11}}{g_{11}},\ A_{uv} = \sqrt{g_{11}g_{22}}\,A^{12} = \frac{A_{12}}{\sqrt{g_{11}g_{22}}},$$

$$A_{uw} = \sqrt{g_{11}g_{33}}\,A^{13} = \frac{A_{13}}{\sqrt{g_{11}g_{33}}}$$

등으로 주어진다. □

8. 크리스토펠 기호와 공변도함수

정의 9	크리스토펠 기호

기호

$$[pq,\ r] = \frac{1}{2}\left(\frac{\partial g_{pr}}{\partial x^q} + \frac{\partial g_{qr}}{\partial x^p} - \frac{\partial g_{pq}}{\partial x^r}\right),\quad \begin{bmatrix} s \\ pq \end{bmatrix} = g^{sr}[pq,\ r]$$

을 각각 제1종과 제2종의 **크리스토펠 기호**(christoffel symbols)라 한다.

예 (1) $[pq,\ r] = \frac{1}{2}\left(\frac{\partial g_{pr}}{\partial x^q} + \frac{\partial g_{qr}}{\partial x^p} - \frac{\partial g_{pq}}{\partial x^r}\right) = \frac{1}{2}\left(\frac{\partial g_{qr}}{\partial x^p} + \frac{\partial g_{pr}}{\partial x^q} - \frac{\partial g_{qp}}{\partial x^r}\right) = [qp,\ r]$

(2) $\begin{bmatrix} s \\ pq \end{bmatrix} = g^{sr}[pq,\ r] = g^{sr}[qp,\ r] = \begin{bmatrix} s \\ qp \end{bmatrix}$

(3) $g_{ks}\begin{bmatrix} s \\ pq \end{bmatrix} = g_{ks}g^{sr}[pq,\ r] = \delta_k^r[pq,\ r] = [pq,\ k]$이므로

$$[pq,\ r] = g_{rs}\begin{bmatrix} s \\ pq \end{bmatrix}$$

예제 다음이 성립한다.

(1) $\frac{\partial g_{pq}}{\partial x^m} = [pm,\ q] + [qm,\ p]$ (2) $\frac{\partial g^{rk}}{\partial x^m} = -g^{ir}\begin{bmatrix} k \\ im \end{bmatrix} - g^{jk}\begin{bmatrix} r \\ jm \end{bmatrix}$

(증명) (1) $[pm,\ q] + [qm,\ p] = \frac{1}{2}\left(\frac{\partial g_{pq}}{\partial x^m} + \frac{\partial g_{mq}}{\partial x^p} - \frac{\partial g_{pm}}{\partial x^q}\right)$

$$+ \frac{1}{2}\left(\frac{\partial g_{qp}}{\partial x^m} + \frac{\partial g_{mp}}{\partial x^q} - \frac{\partial g_{qm}}{\partial x^p}\right) = \frac{\partial g_{pq}}{\partial x^m}$$

이므로

$$\frac{\partial g_{pq}}{\partial x^m} = [pm,\ q] + [qm,\ p]$$

가 성립한다.

(2) $\frac{\partial}{\partial x^m}\left(g^{jk}g_{ij}\right) = \frac{\partial}{\partial x^m}(\delta_i^k) = 0$이므로

$$g^{jk}\frac{\partial g_{ij}}{\partial x^m}+\frac{\partial g^{jk}}{\partial x^m}g_{ij}=0 \text{ 또는 } g_{ij}\frac{\partial g^{jk}}{\partial x^m}=-g^{jk}\frac{\partial g_{ij}}{\partial x^m}$$

가 된다. 양변에 g^{ir}을 곱하면

$$g^{ir}g_{ij}\frac{\partial g^{jk}}{\partial x^m}=-g^{ir}g^{jk}\frac{\partial g_{ij}}{\partial x^m}$$

즉

$$\delta_j^r\frac{\partial g^{jk}}{\partial x^m}=-g^{ir}g^{jk}([im,\ j]+[jm,\ i])$$

가 된다. 따라서

$$\frac{\partial g^{rk}}{\partial x^m}=-g^{ir}\begin{bmatrix} k \\ im \end{bmatrix}-g^{jk}\begin{bmatrix} r \\ jm \end{bmatrix}$$

이 성립한다. ◆

정리 10　크리스토펠 기호의 변환법칙

좌표계 $\bar{x}^k$에서 크리스토펠 기호를 횡선(bar)으로 표시할 때

(1) 제1종의 크리스토펠 기호에 대한 변환법칙은

$$\overline{[jk,\ m]}=\frac{\partial x^p}{\partial \bar{x}^j}\frac{\partial x^q}{\partial \bar{x}^k}\frac{\partial x^r}{\partial \bar{x}^m}[pq,\ r]+\frac{\partial^2 x^p}{\partial \bar{x}^j\partial \bar{x}^k}\frac{\partial x^q}{\partial \bar{x}^m}g_{pq}$$

로 주어지고

(2) 제2종의 크리스토펠 기호에 대한 변환법칙은

$$\overline{\begin{bmatrix} n \\ jk \end{bmatrix}}=\frac{\partial x^p}{\partial \bar{x}^j}\frac{\partial x^q}{\partial \bar{x}^k}\frac{\partial \bar{x}^n}{\partial x^s}\begin{bmatrix} s \\ pq \end{bmatrix}+\frac{\partial^2 x^p}{\partial \bar{x}^j\partial \bar{x}^k}\frac{\partial \bar{x}^n}{\partial x^p}$$

으로 주어진다.

(증명) (1) $\bar{g}_{jk}=\dfrac{\partial x^p}{\partial \bar{x}^j}\dfrac{\partial x^q}{\partial \bar{x}^k}g_{pq}$이므로

$$\frac{\partial \bar{g}_{jk}}{\partial \bar{x}^m}=\frac{\partial x^p}{\partial \bar{x}^j}\frac{\partial x^q}{\partial \bar{x}^k}\frac{\partial g_{pq}}{\partial x^r}\frac{\partial x^r}{\partial \bar{x}^m}+\frac{\partial x^p}{\partial \bar{x}^j}\frac{\partial^2 x^q}{\partial \bar{x}^m\partial \bar{x}^k}g_{pq}$$

$$+\frac{\partial^2 x^p}{\partial \bar{x}^m \partial \bar{x}^j}\frac{\partial x^q}{\partial \bar{x}^k}g_{pq} \tag{1}$$

가 된다. 첨자 j, k, m과 p, q, r의 **원순열**(cyclic permutation)에 의하여

$$\frac{\partial \bar{g}_{km}}{\partial \bar{x}^j}=\frac{\partial x^q}{\partial \bar{x}^k}\frac{\partial x^r}{\partial \bar{x}^m}\frac{\partial g_{qr}}{\partial x^p}\frac{\partial x^p}{\partial \bar{x}^j}+\frac{\partial x^q}{\partial \bar{x}^k}\frac{\partial^2 x^r}{\partial \bar{x}^j \partial \bar{x}^m}g_{qr}$$

$$+\frac{\partial^2 x^q}{\partial \bar{x}^j \partial \bar{x}^k}\frac{\partial x^r}{\partial \bar{x}^m}g_{qr} \tag{2}$$

$$\frac{\partial \bar{g}_{mj}}{\partial \bar{x}^k}=\frac{\partial x^r}{\partial \bar{x}^m}\frac{\partial x^p}{\partial \bar{x}^j}\frac{\partial g_{rp}}{\partial x^q}\frac{\partial x^q}{\partial \bar{x}^k}+\frac{\partial x^r}{\partial \bar{x}^m}\frac{\partial^2 x^p}{\partial \bar{x}^k \partial \bar{x}^j}g_{rp}$$

$$+\frac{\partial^2 x^r}{\partial \bar{x}^k \partial \bar{x}^m}\frac{\partial x^p}{\partial \bar{x}^j}g_{rp} \tag{3}$$

가 성립한다. 이제 (2)와 (3)의 합으로부터 (1)을 빼고 $\frac{1}{2}$을 곱하여, 제1종의 크리스토펠 기호의 정의를 적용하면

$$\overline{[jk,\ m]}=\frac{\partial x^p}{\partial \bar{x}^j}\frac{\partial x^q}{\partial \bar{x}^k}\frac{\partial x^r}{\partial \bar{x}^m}[pq,\ r]+\frac{\partial^2 x^p}{\partial \bar{x}^j \partial \bar{x}^k}\frac{\partial x^q}{\partial \bar{x}^m}g_{pq}$$

를 얻는다.

(2) 식 (3)에 $\bar{g}^{nm}=\frac{\partial \bar{x}^n}{\partial x^s}\frac{\partial \bar{x}^m}{\partial x^t}g^{st}$을 곱하면

$$g^{nm}\overline{[jk,\ m]}=\frac{\partial x^p}{\partial \bar{x}^j}\frac{\partial x^q}{\partial \bar{x}^k}\frac{\partial x^r}{\partial \bar{x}^m}\frac{\partial \bar{x}^n}{\partial x^s}\frac{\partial \bar{x}^m}{\partial x^t}g^{st}[pq,\ r]$$

$$+\frac{\partial^2 x^p}{\partial \bar{x}^j \partial \bar{x}^k}\frac{\partial x^q}{\partial \bar{x}^m}\frac{\partial \bar{x}^n}{\partial x^s}\frac{\partial \bar{x}^m}{\partial x^t}g_{pq}$$

를 얻는다. 그러면

$$\delta^r_t g^{st}[pq,\ r]=g^{sr}[pq,\ r]=\begin{bmatrix} s \\ pq \end{bmatrix},\ \delta^q_t g^{st}g_{pq}=g^{sq}g_{pq}=\delta^s_p$$

이므로

$$\overline{\begin{bmatrix} n \\ jk \end{bmatrix}}=\frac{\partial x^p}{\partial \bar{x}^j}\frac{\partial x^q}{\partial \bar{x}^k}\frac{\partial \bar{x}^n}{\partial x^s}\delta^r_t g^{st}[pq,\ r]+\frac{\partial^2 x^p}{\partial \bar{x}^j \partial \bar{x}^k}\frac{\partial \bar{x}^n}{\partial x^s}\delta^q_t g^{st}g_{pq}$$

$$= \frac{\partial x^p}{\partial \bar{x}^j} \frac{\partial x^q}{\partial \bar{x}^k} \frac{\partial \bar{x}^n}{\partial x^s} \begin{bmatrix} s \\ pq \end{bmatrix} + \frac{\partial^2 x^p}{\partial \bar{x}^j \partial \bar{x}^k} \frac{\partial \bar{x}^n}{\partial x^p}$$

이 된다. ◆

예 $\dfrac{\partial^2 x^m}{\partial \bar{x}^j \partial \bar{x}^k} = \overline{\begin{bmatrix} n \\ jk \end{bmatrix}} \dfrac{\partial x^m}{\partial \bar{x}^n} - \dfrac{\partial x^p}{\partial \bar{x}^j} \dfrac{\partial x^q}{\partial \bar{x}^k} \begin{bmatrix} m \\ pq \end{bmatrix}$가 성립한다. 왜냐하면 제2종의 크리스토펠 기호에 대한 변환법칙, 즉

$$\overline{\begin{bmatrix} n \\ jk \end{bmatrix}} = \frac{\partial x^p}{\partial \bar{x}^j} \frac{\partial x^q}{\partial \bar{x}^k} \frac{\partial \bar{x}^n}{\partial x^s} \begin{bmatrix} s \\ pq \end{bmatrix} + \frac{\partial^2 x^p}{\partial \bar{x}^j \partial \bar{x}^k} \frac{\partial \bar{x}^n}{\partial x^p}$$

의 양변에 $\dfrac{\partial x^m}{\partial \bar{x}^n}$을 곱하면

$$\begin{aligned} \overline{\begin{bmatrix} n \\ jk \end{bmatrix}} \frac{\partial x^m}{\partial \bar{x}^j} &= \frac{\partial x^p}{\partial \bar{x}^j} \frac{\partial x^q}{\partial \bar{x}^k} \delta^m_s \begin{bmatrix} s \\ pq \end{bmatrix} + \frac{\partial^2 x^p}{\partial \bar{x}^j \partial \bar{x}^k} \\ &= \frac{\partial x^p}{\partial \bar{x}^j} \frac{\partial x^q}{\partial \bar{x}^k} \begin{bmatrix} m \\ pq \end{bmatrix} + \frac{\partial^2 x^m}{\partial \bar{x}^j \partial \bar{x}^k} \end{aligned}$$

이 되므로, $\dfrac{\partial^2 x^m}{\partial \bar{x}^j \partial \bar{x}^k}$에 대해 풀면 결과를 얻는다.

예제 (1) 직교좌표계 (2) 원주좌표계에서 제2종의 크리스토펠 기호를 결정하시오.

풀이 (1) 직교좌표계에서, $g_{pp} = 1$이므로 $\begin{bmatrix} s \\ pq \end{bmatrix} = 0$이 된다.

(2) 원주좌표계에서, $x^1 = r$, $x^2 - \theta$와 $x^3 = z$로 주이지므로, $g_{11} = 1$, $g_{22} = r^2$과 $g_{33} = 1$을 갖는다. 제2종의 0이 아닌 크리스토펠 기호는 $p = 2$에서만 일어날 수 있고, 이것들은

$$\begin{bmatrix} 1 \\ 22 \end{bmatrix} = -\frac{1}{2g_{11}} \frac{\partial g_{22}}{\partial x^1} = -\frac{1}{2} \frac{\partial}{\partial r}(r^2) = -r$$

$$\begin{bmatrix} 2 \\ 21 \end{bmatrix} = \begin{bmatrix} 2 \\ 12 \end{bmatrix} = \frac{1}{2g_{11}} \frac{\partial g_{22}}{\partial x^1} = \frac{1}{2r^2} \frac{\partial}{\partial r}(r^2) = \frac{1}{r}$$

로 주어진다. ◆

정의 11	측지선

리만 공간에서 곡선 $x^r = x^r(t)$ 위의 점 t_1과 t_2 사이의 거리 s는

$$s = \int_{t_1}^{t_2} \sqrt{g_{pq}\frac{dx^p}{dt}\frac{dx^q}{dt}}\, dt$$

로 주어진다. 이때 두 점 사이의 거리를 최소로 만드는 곡선을 공간의 **측지선**(geodesic)이라 한다.

평면 위의 측지선은 직선이고, 구 위의 측지선은 큰 원들의 호이다.

예제 리만 공간에서 측지선은 미분방정식

$$\frac{d^2x^r}{ds^2} + \begin{bmatrix} r \\ pq \end{bmatrix} \frac{dx^p}{ds}\frac{dx^q}{ds} = 0$$

으로 주어진다. 여기서 매개변수 s는 호의 길이를 나타낸다.

(증명) $F = \sqrt{g_{pq}\dot{x}^p\dot{x}^q}$을 가지는 오일러 방정식을 이용하여

$$\int_{t_1}^{t_2} \sqrt{g_{pq}\dot{x}^p\dot{x}^q}\, dt$$

의 극값을 결정해야 한다. 그런데

$$\frac{\partial F}{\partial x^k} = \frac{1}{2}\left(g_{pq}\dot{x}^p\dot{x}^q\right)^{-1/2}\frac{\partial g_{pq}}{\partial x^k}\dot{x}^p\dot{x}^q$$

$$\frac{\partial F}{\partial \dot{x}^k} = \frac{1}{2}\left(g_{pq}\dot{x}^p\dot{x}^q\right)^{-1/2} 2g_{pk}\dot{x}^p$$

이므로 $\frac{ds}{dt} = \sqrt{g_{pq}\dot{x}^p\dot{x}^q}$를 이용하면, 오일러 방정식은

$$\frac{d}{dt}\left(\frac{g_{pk}\dot{x}^p}{\dot{s}}\right) - \frac{1}{2\dot{s}}\frac{\partial g_{pq}}{\partial x^k}\dot{x}^p\dot{x}^q = 0$$

또는

$$g_{pk}\ddot{x}^p + \frac{\partial g_{pk}}{\partial x^q}\dot{x}^p\dot{x}^q - \frac{1}{2}\frac{\partial g_{pq}}{\partial x^k}\dot{x}^p\dot{x}^q = \frac{g_{pk}\dot{x}^p\ddot{s}}{\dot{s}} \tag{1}$$

으로 변형된다. 한편

$$\frac{\partial g_{pk}}{\partial x^q}\dot{x}^p\dot{x}^q = \frac{1}{2}\left(\frac{\partial g_{pk}}{\partial x^q}+\frac{\partial g_{qk}}{\partial x^p}\right)\dot{x}^p\dot{x}^q$$

이므로, 방정식 (1)은

$$g_{pk}\ddot{x}^p + [pq,\ k]\dot{x}^p\dot{x}^q = \frac{g_{pk}\dot{x}^p\ddot{s}}{\dot{s}} \tag{2}$$

로 쓰일 수 있다. 이때 매개변수로서 호의 길이 s를 사용하면 $\dot{s}=1$, $\ddot{s}=0$이고, 방정식 (2)는

$$g_{pk}\frac{d^2x^p}{ds^2}+[pq,\ k]\frac{dx^p}{ds}\frac{dx^q}{ds}=0$$

이 된다. 따라서 양변에 g^{rk}을 곱하여

$$\frac{d^2x^r}{ds^2}+\begin{bmatrix} r \\ pq \end{bmatrix}\frac{dx^p}{ds}\frac{dx^q}{ds}=0$$

을 얻는다. ◆

정의 12	공변도함수

x^q에 관한 텐서 A_p의 **공변도함수**(covariant derivative)는 $A_{p,\ q}$로 표시되고, 제2계수의 공변 텐서

$$A_{p,\ q}=\frac{\partial A_p}{\partial x^q}-\begin{bmatrix} s \\ pq \end{bmatrix}A_s$$

로 정의된다. x^q에 관한 텐서 A^p의 공변도함수는 $A^p_{,\ q}$로 표시되고, 제2계수의 혼합 텐서

$$A^p_{,\ q}=\frac{\partial A^p}{\partial x^q}+\begin{bmatrix} p \\ qs \end{bmatrix}A^s$$

로 정의된다. 공변도함수의 개념을 더 높은 계수의 텐서로 확장할 수 있다.

예 텐서 A_{jk}와 A^j_k에 대하여, x^q에 대한 공변도함수를 구하면

$$A_{jk,\ q}=\frac{\partial A_{jk}}{\partial x^q}-\begin{bmatrix} s \\ jq \end{bmatrix}A_{sk}-\begin{bmatrix} s \\ kq \end{bmatrix}A_{js}$$

$$A^{j}_{k,\ q} = \frac{\partial A^{j}_{k}}{\partial x^{q}} - \begin{bmatrix} s \\ kq \end{bmatrix} A^{j}_{s} - \begin{bmatrix} j \\ qs \end{bmatrix} A^{s}_{k}$$

가 된다.

직교좌표계에서, 크리스토펠 기호는 0이고 공변도함수는 보통의 편도함수이다. 또한 텐서의 공변도함수는 텐서가 된다.

정리 13

텐서 A_p와 A^p에 대하여, x^q에 관한 공변도함수

(1) $A_{p,\ q} = \dfrac{\partial A_p}{\partial x^q} - \begin{bmatrix} s \\ pq \end{bmatrix} A_s$ (2) $A^{p}_{,\ q} = \dfrac{\partial A^p}{\partial x^q} + \begin{bmatrix} p \\ qs \end{bmatrix} A^s$

는 텐서가 된다.

(증명) 여기서는 (1)만 증명하고 (2)의 증명은 독자에게 남긴다. $\overline{A}_j = \dfrac{\partial x^r}{\partial \overline{x}^j} A_r$ 이므로

$$\frac{\partial \overline{A}_j}{\partial \overline{x}^k} = \frac{\partial x^r}{\partial \overline{x}^j} \frac{\partial A_r}{\partial x^t} \frac{\partial x^t}{\partial \overline{x}^k} + \frac{\partial^2 x^r}{\partial \overline{x}^j \partial \overline{x}^k} A_r \qquad (*)$$

이 된다. $\dfrac{\partial^2 x^m}{\partial \overline{x}^j \partial \overline{x}^k} = \overline{\begin{bmatrix} n \\ jk \end{bmatrix}} \dfrac{\partial x^m}{\partial \overline{x}^n} - \dfrac{\partial x^p}{\partial \overline{x}^j} \dfrac{\partial x^q}{\partial \overline{x}^k} \begin{bmatrix} m \\ pq \end{bmatrix}$ 로부터

$$\frac{\partial^2 x^r}{\partial \overline{x}^j \partial \overline{x}^k} = \overline{\begin{bmatrix} n \\ jk \end{bmatrix}} \frac{\partial x^r}{\partial \overline{x}^n} - \frac{\partial x^i}{\partial \overline{x}^j} \frac{\partial x^l}{\partial \overline{x}^k} \begin{bmatrix} r \\ il \end{bmatrix}$$

이므로, 이것을 (*)에 대입하면

$$\begin{aligned} \frac{\partial \overline{A}_j}{\partial \overline{x}^k} &= \frac{\partial x^r}{\partial \overline{x}^j} \frac{\partial x^t}{\partial \overline{x}^k} \frac{\partial A_r}{\partial x^t} + \overline{\begin{bmatrix} n \\ jk \end{bmatrix}} \frac{\partial x^r}{\partial \overline{x}^n} A_r - \frac{\partial x^i}{\partial \overline{x}^j} \frac{\partial x^l}{\partial \overline{x}^k} \begin{bmatrix} r \\ il \end{bmatrix} A_r \\ &= \frac{\partial x^p}{\partial \overline{x}^j} \frac{\partial x^q}{\partial \overline{x}^k} \frac{\partial A_p}{\partial x^q} + \overline{\begin{bmatrix} n \\ jk \end{bmatrix}} \overline{A}_n - \frac{\partial x^p}{\partial \overline{x}^j} \frac{\partial x^q}{\partial \overline{x}^k} \begin{bmatrix} s \\ pq \end{bmatrix} A_s \end{aligned}$$

또는

$$\frac{\partial \overline{A}_j}{\partial \overline{x}^k} - \overline{\begin{bmatrix} n \\ jk \end{bmatrix}} \overline{A}_n = \frac{\partial x^p}{\partial \overline{x}^j} \frac{\partial x^q}{\partial \overline{x}^k} \left(\frac{\partial A_p}{\partial x^q} - \begin{bmatrix} s \\ pq \end{bmatrix} A_s \right)$$

를 얻는다. 따라서 $A_{p,q} = \dfrac{\partial A_p}{\partial x^q} - \begin{bmatrix} s \\ pq \end{bmatrix} A_s$는 계수 2의 공변 텐서가 된다. ◆

예제 $(g_{jk} A_n^{km})_{,q} = g_{jk} A_{n,q}^{km}$이 성립한다.

(증명) $\dfrac{\partial g_{pq}}{\partial x^m} = [pm, q] + [qm, p]$이므로, x^q에 관한 g_{jk}의 공변도함수는

$$g_{jk,q} = \frac{\partial g_{jk}}{\partial x^q} - \begin{bmatrix} s \\ jq \end{bmatrix} g_{sk} - \begin{bmatrix} s \\ kq \end{bmatrix} g_{js} = \frac{\partial g_{jk}}{\partial x^q} - [jq, k] - [kq, j] = 0$$

이 된다. 따라서

$$(g_{jk} A_n^{km})_{,q} = g_{jk,q} A_n^{km} + g_{jk} A_{n,q}^{km} = g_{jk} A_{n,q}^{km}$$

을 얻는다. ◆

텐서들의 합과 곱에 대한 공변 미분의 법칙들은 일상의 미분의 법칙들과 동일하다. 미분할 때, 텐서, g_{pq}, g^{pq} 와 δ_q^p 들은 그들의 공변도함수가 0이므로 상수로서 다루어질 수 있다. 공변도함수는 물리적인 법칙을 나타내는 데 매우 중요하다.

참고 (치환 텐서) 두 개 이상의 첨자들이 같을 때 $e_{pqr} = 0$, 그밖에

$$e_{123} = e_{231} = e_{312} = 1, \quad e_{213} = e_{132} = e_{321} = -1$$

로 e_{pqr}을 정의한다. 또한 e^{pqr}도 동일한 방법으로 정의한다. 이때 기호 e_{pqr}과 e^{pqr}을 삼차원 공간에서 **치환기호**(permutation symbols)라 한다. 더욱이

$$\varepsilon_{pqr} = \frac{1}{\sqrt{g}} e_{pqr}, \quad \varepsilon^{pqr} = \sqrt{g}\, e^{pqr}$$

로 정의된 ε_{pqr}과 ε^{pqr}을 삼차원 공간에서 **치환 텐서**(permutation tensor)라 한다. 더 높은 차원으로의 일반화가 가능하다. □

정의 14	절대도함수

곡선 $x^q = x^q(t)$를 따라 A_p의 **내재적**(intrinsic) 또는 **절대도함수**(absolute derivative) $\dfrac{\delta A_p}{\delta t}$는 A_p와 $\dfrac{dx^q}{dt}$의 공변도함수의 내적, 즉 $A_{p,q}\dfrac{dx^q}{dt}$로 정의되고

$$\frac{\delta A_p}{\delta t} = \frac{dA_p}{dt} - \begin{bmatrix} r \\ pq \end{bmatrix} A_r \frac{dx^q}{dt}$$

로 주어진다. 유사하게

$$\frac{\delta A^p}{\delta t} = \frac{dA^p}{dt} + \begin{bmatrix} p \\ qr \end{bmatrix} A^r \frac{dx^q}{dt}$$

로 정의된다. 더 높은 계수를 갖는 텐서들의 절대도함수들도 유사하게 정의된다.

곡선을 따라 벡터 A_p 또는 A^p의 절대도함수가 각각 0일 때, 벡터 A_p 또는 A^p는 한 곡선을 따라 평행하게 움직인다고 한다.

예 t의 미분가능한 함수가 되도록 가정한 불변식 Φ의 절대도함수는

$$\frac{\delta \Phi}{\delta t} = \Phi_{,\,q} \frac{dx^q}{dt} = \frac{\partial \Phi}{\partial x^q} \frac{dx^q}{dt} = \frac{d\Phi}{dt}$$

로 주어진다. 한편 g_{jk}의 공변도함수가 0이므로

$$\frac{\delta g_{jk}}{\delta t} = (g_{jk,\,q}) \frac{dx^q}{dt} = 0$$

이 성립한다. 따라서 g_{jk}의 절대도함수는 0이 된다.

예 한 물체가 곡선 $x^k = x^k(t)$를 따라 이동할 때, 임의의 점에서 물체의 가속도 $\frac{dv^k}{dt} = \frac{d^2 x^k}{dt^2}$는 일반적으로 텐서가 아니므로, 가속도 a^k를 속도의 절대도함수로 정의한다. 이때 $a^k = \frac{\delta v^k}{\delta t}$는 계수 1의 반변 텐서가 된다.

참고 시각 t에 독립인 불변식이 되도록 물체의 질량 M을 가정할 때, 계수 1의 반변 텐서인 $F^k = Ma^k$을 입자 위의 힘이라 한다. 따라서 뉴턴의 법칙은 텐서 형태인 $F^k = Ma^k = M\frac{\delta v^k}{\delta t}$으로 쓰일 수 있다. □

9. 기울기, 발산과 회전의 텐서 형태

(1) 기울기

정의 15	기울기
불변식 Φ에 대하여 $\Phi_{,p}$가 x^p에 관한 Φ의 공변도함수일 때, Φ의 기울기(gradient)는 $$\nabla\Phi = \text{grad}\,\Phi = \Phi_{,p} = \frac{\partial\Phi}{\partial x^p}$$ 로 정의된다.	

(2) 발산

정의 16	발산
A^p의 발산(divergence)은 x^q에 관한 A^p의 공변도함수 $A^p_{,q}$ 또는 $A^p_{,p}$의 축약이다.	

예제 A^p의 발산 $\text{div}\,A^p$는

$$\text{div}\,A^p = A^p_{,p} = \frac{1}{\sqrt{g}}\frac{\partial}{\partial x^k}(\sqrt{g}\,A^k)$$

로 주어진다.

(증명) A^p의 발산은 x^q에 관한 A^p의 공변도함수 $A^p_{,q}$ 또는 $A^p_{,p}$의 축약이므로, $\begin{bmatrix} p \\ pq \end{bmatrix} = \frac{\partial}{\partial x^q}\ln\sqrt{g}$을 적용함으로써

$$\begin{aligned}\text{div}\,A^p = A^p_{,p} &= \frac{\partial A^k}{\partial x^k} + \begin{bmatrix} p \\ pk \end{bmatrix} A^k \\ &= \frac{\partial A^k}{\partial x^k} + \left(\frac{\partial}{\partial x^k}\ln\sqrt{g}\right)A^k \\ &= \frac{\partial A^k}{\partial x^k} + \left(\frac{1}{\sqrt{g}}\frac{\partial\sqrt{g}}{\partial x^k}\right)A^k \\ &= \frac{1}{\sqrt{g}}\frac{\partial}{\partial x^k}(\sqrt{g}\,A^k)\end{aligned}$$

을 얻는다. ◆

(3) 회전

정의 17	회전

A_p의 회전(curl)은 계수 2의 텐서인

$$A_{p,\, q} - A_{q,\, p} \quad \text{또는} \quad -\epsilon^{pqr} A_{p,\, q}$$

로 정의한다.

예

$$A_{p,\, q} - A_{q,\, p} = \left(\frac{\partial A_p}{\partial x^q} - \begin{bmatrix} s \\ pq \end{bmatrix} A_s \right) - \left(\frac{\partial A_q}{\partial x^p} - \begin{bmatrix} s \\ qp \end{bmatrix} A_s \right)$$
$$= \frac{\partial A_p}{\partial x^q} - \frac{\partial A_q}{\partial x^p}$$

가 성립한다.

(4) 라플라스 연산

정의 18	라플라스 연산

Φ의 라플라스 연산(Laplacian)은 $\operatorname{grad}\Phi$의 발산, 즉

$$\nabla^2 \Phi = \operatorname{div} \Phi_{,\, p}$$

로 정의한다.

참고 Φ의 라플라스 연산은

$$\nabla^2 \Phi = \frac{1}{\sqrt{g}} \frac{\partial}{\partial x^k} \left(\sqrt{g}\, g^{kr} \frac{\partial \Phi}{\partial x^r} \right)$$

로 주어진다. □

예제 원주좌표계에서 Φ의 라플라스 연산 $\nabla^2 \Phi$는

$$\nabla^2 \Phi = \frac{1}{r} \frac{\partial}{\partial r} \left(r \frac{\partial \Phi}{\partial r} \right) + \frac{1}{r^2} \frac{\partial^2 \Phi}{\partial \theta^2} + \frac{\partial^2 \Phi}{\partial z^2}$$

로 주어진다.

(증명) 원주좌표계에서 $g^{11}=1,\ g^{22}=\dfrac{1}{r^2}$과 $g^{33}=1$이므로

$$\begin{aligned}\nabla^2\Phi &= \frac{1}{\sqrt{g}}\frac{\partial}{\partial x^k}\left(\sqrt{g}\,g^{kr}\frac{\partial\Phi}{\partial x^r}\right)\\ &= \frac{1}{r}\left[\frac{\partial}{\partial r}\left(r\frac{\partial\Phi}{\partial r}\right)+\frac{\partial}{\partial\theta}\left(\frac{1}{r}\frac{\partial\Phi}{\partial\theta}\right)+\frac{\partial}{\partial z}\left(r\frac{\partial\Phi}{\partial z}\right)\right]\\ &= \frac{1}{r}\frac{\partial}{\partial r}\left(r\frac{\partial\Phi}{\partial r}\right)+\frac{1}{r^2}\frac{\partial\Phi^2}{\partial\theta^2}+\frac{\partial^2\Phi}{\partial z^2}\end{aligned}$$

를 얻는다. ◆

10. 상대 및 절대 텐서

텐서 $A^{p_1\cdots p_m}_{r_1\cdots r_n}$에 대하여 그것의 성분들이 방정식

$$\overline{A}^{q_1\cdots q_m}_{s_1\cdots s_n}=\left|\frac{\partial x}{\partial\overline{x}}\right|^{\omega}A^{p_1\cdots p_m}_{r_1\cdots r_n}\frac{\partial\overline{x}^{q_1}}{\partial x^{p_1}}\cdots\frac{\partial\overline{x}^{q_m}}{\partial x^{p_m}}\frac{\partial x^{r_1}}{\partial\overline{x}^{s_1}}\cdots\frac{\partial x^{r_n}}{\partial\overline{x}^{s_n}}$$

에 따라 변환될 때, 주어진 텐서 $A^{p_1\cdots p_m}_{r_1\cdots r_n}$을 무게 ω의 **상대 텐서**(relative tensor)라 한다. 여기서 $J=\left|\dfrac{\partial x}{\partial\overline{x}}\right|$은 변환의 야코비안(Jacobian)이다. 특히 $\omega=0$일 때 **절대 텐서**(absolute tensor)라 하고, $\omega=1$일 때 상대 텐서를 **텐서 밀도**(tensor density)라 한다. 상대 텐서의 덧셈과 곱셈 등의 연산은 절대 텐서의 연산과 유사하다.

예제 A^p_q와 B^{rs}_t가 각각 무게 ω_1과 ω_2의 상대 텐서일 때, 그들의 내적과 외적도 무게 $\omega_1+\omega_2$의 상대 텐서가 된다.

(증명) A^p_q와 B^{rs}_t가 각각 무게 ω_1과 ω_2의 상대 텐서이므로

$$\overline{A}^j_k=J^{\omega_1}\frac{\partial\overline{x}^j}{\partial x^p}\frac{\partial x^q}{\partial\overline{x}^k},\quad \overline{B}^{lm}_n=J^{\omega_2}\frac{\partial\overline{x}^l}{\partial x^r}\frac{\partial\overline{x}^m}{\partial x^s}\frac{\partial x^t}{\partial\overline{x}^n}B^{rs}_t$$

이다. 따라서 외적은

$$\overline{A}^j_k\,\overline{B}^{lm}_n=J^{\omega_1+\omega_2}\frac{\partial\overline{x}^j}{\partial x^p}\frac{\partial x^q}{\partial\overline{x}^k}\frac{\partial\overline{x}^l}{\partial x^r}\frac{\partial\overline{x}^m}{\partial x^s}\frac{\partial x^t}{\partial\overline{x}^n}A^p_qB^{rs}_t$$

인 무게 $\omega_1+\omega_2$이 상대 텐서이고, 외적의 축약인 내적은 무게 $\omega_1+\omega_2$의 상내 텐서가 된다. ◆

예제 $\sqrt{g}$는 무게 1의 상대 텐서이다.

(증명) g_{pq}로 주어진 행렬식 g의 원소들은 $\bar{g}_{jk} = \frac{\partial x^p}{\partial \bar{x}^j} \frac{\partial x^q}{\partial \bar{x}^k} g_{pq}$에 따라 변환된다. 양쪽에 행렬식을 취하면

$$\bar{g} = \left| \frac{\partial x^p}{\partial \bar{x}^j} \right| \left| \frac{\partial x^q}{\partial \bar{x}^k} \right| = J^2 g \text{ 또는 } \sqrt{\bar{g}} = J\sqrt{g}$$

이므로, $\sqrt{g}$는 무게 1의 상대 텐서가 된다. ◆

연습문제

1. δ^p_q는 제2계수의 혼합 텐서임을 보이시오.

2. 사차원 공간에서 계수 5의 텐서는 얼마나 많은 성분을 가지는가?

3. 텐서의 성분들이 하나의 좌표계에서 0이라면, 그들은 모든 좌표계에서 0임을 보이시오. 또한 두 텐서의 성분이 하나의 좌표계에서 동등할 때, 그들은 모든 좌표계에서 동등함을 보이시오.

4. 직교좌표계에서 텐서의 반변 성분들이 yz, 3과 $2x+y$일 때, 포물주 좌표에서 그것의 공변 성분들을 구하시오.

5. $\bar{A}_p = \frac{\partial x^q}{\partial \bar{x}^p} A_q$일 때, $A_q = \frac{\partial \bar{x}^p}{\partial x^q} \bar{A}_p$임을 보이시오.

6. A^p_q와 B_r이 텐서일 때, 텐서 $A^p_q B^r$과 $A^p_q B^q$의 계수를 구하시오.

7. 텐서가 대칭 (또는 왜대칭)일 때, 텐서의 반복 축약은 또한 대칭 (또는 왜대칭)인가?

8. 하나의 좌표계 안에서 첨자 p, q에 관한 대칭 (또는 왜대칭)인 텐서 A^{pqr}_{st}은 임의의 좌표계 안에서도 여전히 p, q에 관하여 대칭 (또는 왜대칭)임을 보이시오.

9. $ds^2 = 3(dx^1)^2 + 2(dx^2)^2 + 4(dx^3)^2 - 6\,dx^1\,dx^3$ 에 대응하는 g와 g^{jk}를 구하시오.

10. 다음 동반 텐서들 사이의 관계를 설명하시오.

(1) A^{pq}와 $A_j^{\cdot q}$ (2) $A^{p\cdot r}_{\cdot q}$과 A_{jql}

11. A^p가 벡터장일 때, 대응하는 단위벡터를 구하시오.

12. A^p와 B^q가 벡터일 때, $L^2 = g_{pq}A^pA^q$는 불변식이고 $L^2 = g^{pq}A_pA_q$가 성립함을 보이시오.

13. $p \neq q$ 일 때, $g_{pq} = 0$인 공간에 대해 제1종과 제2종의 크리스토펠 기호의 값을 구하시오.

14. 구면좌표계에서 제2종의 크리스토펠 기호를 결정하시오.

15. 텐서 A_p와 A^p에 대하여, 공변도함수

$$A^p_{,q} = \frac{\partial A^p}{\partial x^q} + \begin{bmatrix} p \\ qs \end{bmatrix} A^s$$

가 텐서가 됨을 보이시오.

16. 주어진 텐서들에 대하여 x^q에 대한 공변도함수를 구하시오.

(1) $g_{jk}A^k$ (2) A^jB_k (3) $\delta^j_kA_j$

17. g^{jk}와 δ^j_k의 공변도함수가 0임을 보이시오.

18. x^q에 관한 $A^j_k \, B^{lm}_n$의 공변도함수 $(A^j_k \, B^{lm}_n)_{,\,q}$를 구하시오.

19. 텐서 기호법을 사용하여, 다음이 성립함을 보이시오.

(1) $\text{div}\,\text{curl}\,A^r = 0$　　　(2) $\text{curl}\,\text{grad}\,\Phi = 0$

20. g^{jk}과 δ^j_k의 절대도함수가 0임을 보이시오.

21. t의 미분가능한 함수가 되도록 가정한 다음 각각의 텐서들의 절대도함수를 구하시오.

(1) A^{jk}　　　(2) $A_j B^k$　　　(3) $g_{jk} A^k$

22. Φ의 라플라스 연산은

$$\nabla^2 \Phi = \frac{1}{\sqrt{g}} \frac{\partial}{\partial x^k} \left(\sqrt{g} \; g^{kr} \frac{\partial \Phi}{\partial x^r} \right)$$

로 주어짐을 보이시오.

연습문제 해답

제 1 장

2. $\mathbf{r}=\frac{1}{10}(19\mathbf{i}+5\mathbf{j}+17\mathbf{k})$

10. $a=3$

11. (1) $\frac{11}{\sqrt{13}},\ \left(\frac{22}{13},\ \frac{33}{13}\right)$　　(2) $\frac{3}{\sqrt{5}},\ \left(\frac{6}{5},\ \frac{3}{5},\ 0\right)$

13. $\left\{\frac{2}{3}\mathbf{i}+\frac{1}{3}\mathbf{k},\ -\frac{8}{3}\mathbf{i}+\mathbf{j}-\frac{7}{3}\mathbf{k},\ -\frac{7}{3}\mathbf{i}+\mathbf{j}-\frac{5}{3}\mathbf{k}\right\}$

15. (1) $x=2-t,\ y=1+t,\ z=3-4t\ ;\ \frac{x-2}{-1}=y-1=\frac{z-3}{-4}$

(2) $x=4+3t,\ y=1+6t,\ z=-6+2t\ ;\ \frac{x-4}{3}=\frac{y-1}{6}=\frac{z+6}{2}$

16. (1) $25x+14y+8z=77$　　(2) $5x-6y-4z+3=0$

17. $\theta=\cos^{-1}\left(\frac{2}{\sqrt{42}}\right)\approx 72^{\circ}$

18. (1) $2x+3y+6z=-28$　　(2) 5

19. (1) $\frac{5\sqrt{2}}{3}$　　(2) $\frac{5\sqrt{3}}{3}$

21. $\frac{1}{2}(\mathbf{b}\times\mathbf{c}+\mathbf{c}\times\mathbf{a}+\mathbf{a}\times\mathbf{b})$

제 2 장

1. $x=\frac{1}{4}\theta-\frac{1}{4}\sin\theta\ (\mathrm{m}),\ y=\frac{1}{4}-\frac{1}{4}\cos\theta\ (\mathrm{m})$

3. $\mathbf{v}\cdot\frac{d\mathbf{v}}{dt}\times\frac{d^3\mathbf{v}}{dt^3}$

6. (1) $\sqrt{2}\pi$　　(2) $6a$

7. $\frac{2}{3}\mathbf{i}+\frac{2}{3}\mathbf{j}+\frac{1}{3}\mathbf{k}$

8. (1) $x=-3,\ y=-\dfrac{3}{5}t,\ z=4\pi+\dfrac{4}{5}t$ (2) $x=-3+t,\ y=4\pi,\ z=0$

(3) $x=-3,\ y=4\pi+\dfrac{4}{5}t,\ z=\dfrac{3}{5}t$

9. (1) $y-z+1=0$ (2) $y+z-7=0$ (3) $x=2$

10. $\kappa=\dfrac{2}{9},\ \tau=\dfrac{2}{9}$

12. $\omega=\tau\mathbf{T}+\kappa\mathbf{B}$

13. (1) 최대 ; $t=\dfrac{\pi}{4}$, 최소 ; $t=\dfrac{\pi}{2}$

14. $\dfrac{d\mathbf{r}}{ds}=\mathbf{T},\ \dfrac{d^2\mathbf{r}}{ds^2}=\dfrac{d\mathbf{T}}{ds}=\kappa\mathbf{n}$이고

$$\begin{aligned}\frac{d^3\mathbf{r}}{ds^3}&=\kappa\frac{d\mathbf{n}}{ds}+\frac{d\kappa}{ds}\mathbf{n}=\kappa(\tau\mathbf{B}-\kappa\mathbf{T})+\frac{d\kappa}{ds}\mathbf{n}\\&=\kappa\tau\mathbf{B}-\kappa^2\mathbf{T}+\frac{d\kappa}{ds}\mathbf{n}\end{aligned}$$

이므로

$$\begin{aligned}\frac{d\mathbf{r}}{ds}\cdot\frac{d^2\mathbf{r}}{ds^2}\times\frac{d^3\mathbf{r}}{ds^3}&=\mathbf{T}\cdot\kappa\mathbf{n}\times\left(\kappa\tau\mathbf{B}-\kappa^2\mathbf{T}+\frac{d\kappa}{ds}\mathbf{n}\right)\\&=\mathbf{T}\cdot\left(\kappa^2\tau\mathbf{n}\times\mathbf{B}-\kappa^3\mathbf{n}\times\mathbf{T}+\kappa\frac{d\kappa}{ds}\mathbf{n}\times\mathbf{n}\right)\\&=\mathbf{T}\cdot(\kappa^2\tau\mathbf{T}+\kappa^3\mathbf{B})=\kappa^2\tau=\frac{\tau}{\rho^2}\end{aligned}$$

가 성립한다.

15. (1) $\mathbf{T}=-\dfrac{3}{5}\sin t\,\mathbf{i}+\dfrac{3}{5}\cos t\,\mathbf{j}+\dfrac{4}{5}\mathbf{k}$

(2) $\mathbf{n}=-\cos t\,\mathbf{i}-\sin t\,\mathbf{j},\ \kappa=\dfrac{3}{25},\ \rho=\dfrac{25}{3}$

(3) $\mathbf{B}=\dfrac{4}{5}\sin t\,\mathbf{i}-\dfrac{4}{5}\cos t\,\mathbf{j}+\dfrac{3}{5}\mathbf{k},\ \tau=\dfrac{4}{25},\ \sigma=\dfrac{25}{4}$

17. $\mathbf{v}=6\cos 3t\mathbf{i}-6\sin 3t\mathbf{j}+8\mathbf{k},\ \mathbf{a}=-18\sin 3t\mathbf{i}-18\cos 3t\mathbf{j}$

$\|\mathbf{v}\|=10,\ \|\mathbf{a}\|=18$

18. 속도 $\mathbf{v}(t)=6\sin 2t\mathbf{i}+4(\cos 2t-1)\mathbf{j}+8t^2\mathbf{k}$

변위 $\mathbf{f}(t)=3(1-\cos 2t)\mathbf{i}+2(\sin 2t-2t)\mathbf{j}+\dfrac{8}{3}t^3\mathbf{k}$

19. 속도의 성분은 $\dfrac{8\sqrt{14}}{7}$이고, 가속도의 성분은 $-\dfrac{\sqrt{14}}{7}$이다.

제 3 장

1. $z^2 = x^2 + y^2$

4. $\dfrac{\partial f}{\partial s} = \dfrac{\partial f}{\partial x}\dfrac{\partial x}{\partial s} + \dfrac{\partial f}{\partial y}\dfrac{\partial y}{\partial s} = \dfrac{\partial f}{\partial x}(2s) + \dfrac{\partial f}{\partial y}(-2s)$, $\dfrac{\partial f}{\partial t} = \dfrac{\partial f}{\partial x}\dfrac{\partial x}{\partial t} + \dfrac{\partial f}{\partial y}\dfrac{\partial y}{\partial t} = \dfrac{\partial f}{\partial x}(-2t) + \dfrac{\partial f}{\partial y}(2t)$

이므로

$$t\frac{\partial f}{\partial s} + s\frac{\partial f}{\partial t} = \left(2st\frac{\partial f}{\partial x} - 2st\frac{\partial f}{\partial y}\right) + \left(-2st\frac{\partial f}{\partial x} + 2st\frac{\partial f}{\partial y}\right) = 0$$

5. $f_x = ye^{xy}\ln z$, $f_y = xe^{xy}\ln z$, $f_z = \dfrac{e^{xy}}{z}$

7. $110\,\mathrm{cm}^3$

8. $\pm\dfrac{2\mathbf{i}+4\mathbf{j}-\mathbf{k}}{\sqrt{21}}$

9. $a = \dfrac{5}{2}$, $b = 1$

10. $\cos\theta = 8\dfrac{\sqrt{21}}{63} \approx 0.5819$이므로 $\theta \approx 54^\circ 25'$

11. 단위법선벡터: $\mathbf{n}(u, v) = \dfrac{1}{\sqrt{g}}\left(\begin{vmatrix} y_u & z_u \\ y_v & z_v \end{vmatrix}\mathbf{i} + \begin{vmatrix} z_u & x_u \\ z_v & x_v \end{vmatrix}\mathbf{j} + \begin{vmatrix} x_u & y_u \\ x_v & y_v \end{vmatrix}\mathbf{k}\right)$

제1기본량: $E = {x_u}^2 + {y_u}^2 + {z_u}^2$, $F = x_u x_v + y_u y_v + z_u z_v$, $G = {x_v}^2 + {y_v}^2 + {z_v}^2$

제2기본량: $L = \dfrac{1}{\sqrt{g}}\begin{vmatrix} x_{uu} & y_{uu} & z_{uu} \\ x_u & y_u & z_u \\ x_v & y_v & z_v \end{vmatrix}$, $M = \dfrac{1}{\sqrt{g}}\begin{vmatrix} x_{uv} & y_{uv} & z_{uv} \\ x_u & y_u & z_u \\ x_v & y_v & z_v \end{vmatrix}$, $N = \dfrac{1}{\sqrt{g}}\begin{vmatrix} x_{vv} & y_{vv} & z_{vv} \\ x_u & y_u & z_u \\ x_v & y_v & z_v \end{vmatrix}$

12. (1) $w \wedge \eta = x^2\,dx\,dy\,dz$

(2) $ds^2 = 14\,du^2 + 6\,dv^2 + 6\,dw^2 + 6\,du\,dv - 6\,du\,dw + 8\,dv\,dw$

14. $\sqrt{2}\pi$

15. $4\mathbf{i} - 2\mathbf{j}$

18. $a = 4$, $b = 2$, $c = -1$

19. $\mathbf{f} \times (\nabla \times \mathbf{g}) = 18\mathbf{i} - 12\mathbf{j} + 16\mathbf{k}$, $(\mathbf{f} \times \nabla) \times \mathbf{g} = 4\mathbf{j} + 76\mathbf{k}$

20. $\phi(x, y, z) = 3x^2yxz^3 - yz + C$ (단, C는 상수)

21. $\mathbf{f}(x, y, z) = 3x\mathbf{j} + (2y - x)\mathbf{k} + \nabla\phi$ (단, ϕ는 두 번 미분가능한 임의의 함수)

23. $(2x+2)\mathbf{j}$

24. (2) $\dfrac{376}{7}$

25. $a=6,\ b=-8$

27. $\phi(x,\ y,\ z)=\dfrac{m_1 m_2 G}{\sqrt{x^2+y^2+z^2}}$에 대하여

$$\mathbf{f}(x,\ y,\ z)=\nabla\phi(x,\ y,\ z)$$

가 성립하기 때문이다.

29. (1) 접평면방정식: $7x-3y+8z=26$,

법선의 대칭방정식: $\dfrac{x-1}{7}=\dfrac{y+1}{-3}=\dfrac{z-2}{8}$

제 4 장

2. 144π

7. (1) $\dfrac{17}{3}$ (2) $\dfrac{77}{6}$

8. 9

10. (1) 0 (2) 8

11. $322\dfrac{2}{3}$ (Joules)

12. $\dfrac{1}{12}$ (Joules)

13. $f(x,\ y)=x^4y^3+\ln\left|\dfrac{x}{y}\right|+C$ (단, C는 상수)

14. (1) $f(x,\ y,\ z)=2x^2y-x^3z^2+$상수

(2) $f(x,\ y,\ z)=y^2\sin x+xz^3-4y+2z+$상수

18. Ω가 단위원반이면, $C=\partial\Omega$이다. 한편 $\dfrac{\partial Q}{\partial x}-\dfrac{\partial P}{\partial y}=-3(x^2+y^2)$이므로, 극좌표 치환을 이용하여

$$\oint_C (x^3+y^3)\,dx+(2y^3-x^3)\,dy$$

$$=-3\int\int_{\Omega}(x^2+y^2)\,dx\,dy=-3\int_0^{2\pi}\int_0^1(r^2)\,r\,dr\,d\theta$$

$$=-3\int_0^{2\pi}\left\{\frac{r^4}{4}\bigg|_0^1\right\}d\theta--\frac{3}{4}\int_0^{2\pi}d\theta--\frac{3\pi}{2}$$

를 얻는다.

19. $6\pi^2 - 4\pi$

20. $3\pi a^2$

22. $\left(2 - \frac{\pi}{4}\right)\mathbf{i} + \left(\pi - \frac{1}{2}\right)\mathbf{j}$

24. (1) $\frac{2}{3}$ (2) 6

26. 120π

제 5 장

2.
$$V = 8\int_0^a \int_0^{\sqrt{a^2-x^2}} \int_0^{a^2-x^2} dz\, dy\, dx$$
$$= 8\int_0^a \int_0^{\sqrt{a^2-x^2}} \sqrt{a^2-x^2}\, dy\, dx$$
$$= 8\int_0^a (a^2-x^2)\, dx = \frac{16a^3}{3}$$

5. (1) $\sqrt{2}\left(\sqrt{3} - \frac{1}{3}\right)$ (2) $\frac{4\pi}{3}$

6. $\left(\frac{3}{2} + \sqrt{2}\right)\pi$

7. (1) $\frac{\pi}{2}$ (2) $\frac{184}{35}$

11. (1) $\frac{8}{3}$ (2) $\frac{8}{3}(\mathbf{j} - \mathbf{k})$

17. $\frac{3}{2}$

18. (1) 0 (2) -16π

20. (2) $\frac{12\pi}{5}$

21. (1) 0 (2) $-\frac{a^2}{12}(3\pi + 8a)$

제 6 장

2. $4^5=1024$

4. $u^2vz+3v,\ 3u-uv^2z,\ u^2+uv-v^2$

6. 각각 계수 3과 계수 1이다.

7. 그렇다.

9. $g=6,\ (g^{ik})=\begin{pmatrix} 4/3 & 0 & 1 \\ 0 & 1/2 & 0 \\ 1 & 0 & 1 \end{pmatrix}$

10. (1) $A^{pq}=g^{pj}A_j^{\cdot q}$　　(2) $A^{p\cdot r}_{\cdot q}=g^{pj}g^{rl}A_{jql}$

11. $\dfrac{A^p}{\sqrt{A^pA_p}}$ 또는 $\dfrac{A^p}{\sqrt{g_{pq}\ A^pA^q}}$

12. A_j와 A^k를 벡터의 공변과 반변 성분이라 하면

$$\overline{A}_p=\frac{\partial x^j}{\partial \overline{x}^p}A_j,\quad \overline{A}^q=\frac{\partial \overline{x}^q}{\partial x^k}A^k$$

이고

$$\overline{A}_p\overline{A}^p=\frac{\partial x^j}{\partial \overline{x}^p}\frac{\partial \overline{x}^p}{\partial x^k}A_jA^k=\delta^j_kA_jA^k=A_jA^j$$

이 된다. 그러므로 A_jA^j은 L^2이라 하는 불변식이다. 따라서

$$L^2=A_jA^j=g_{jk}A^kA^j=g_{pq}A^pA^q$$

이다. 한편 $L^2=g_{pq}A^pA^q$로부터

$$L^2=A_jA^j=A_jg^{kj}A_k=g^{jk}A_jA_k=g^{pq}A_pA_q$$

가 성립한다.

16. (1) $g_{jk}A^k_{,q}$　　(2) $A^j_{,q}B_k+A^jB_{k,q}$　　(3) $\delta^j_kA_{j,q}$

18. $A^j_{k,q}B^{lm}_n+A^j_kB^{lm}_{n,q}$

21. (1) $\dfrac{dA^{jk}}{dt}+\begin{bmatrix} j \\ qs \end{bmatrix}A^{sk}\dfrac{dx^q}{dt}+\begin{bmatrix} k \\ qs \end{bmatrix}A^{js}\dfrac{dx^q}{dt}$

(2) $\dfrac{\delta A_j}{\delta t}B^k+A_j\dfrac{\delta B^k}{\delta t}=\left(\dfrac{dA_j}{dt}-\begin{bmatrix} s \\ jq \end{bmatrix}A_s\dfrac{dx^q}{dt}\right)B^k+A^j\left(\dfrac{dB^k}{dt}+\begin{bmatrix} k \\ qs \end{bmatrix}B^s\dfrac{dx^q}{dt}\right)$

(3) $g_{jk}\left(\dfrac{dA^k}{dt}+\begin{bmatrix} k \\ qs \end{bmatrix}A^s\dfrac{dx^q}{dt}\right)$

22. Φ의 기울기는 $\text{grad}\,\Phi = \nabla\Phi = \dfrac{\partial\Phi}{\partial x^r}$이고, $\Phi_{,r}$로 쓰이는 Φ의 공변도함수로서 정의된 계수 1의 공변 텐서이다. $\Phi_{,r}$과 연합된 계수 1의 반변 텐서는 $A^k = g^{kr}\dfrac{\partial\Phi}{\partial x^r}$이다. 그런데

$$\text{div}\,A^p = A^p_{,p} = \frac{1}{\sqrt{g}}\frac{\partial}{\partial x^k}(\sqrt{g}\,A^k)$$

이므로, Φ의 라플라스 연산은

$$\nabla^2\Phi = \text{div}\left(g^{kr}\frac{\partial\Phi}{\partial x^r}\right) = \frac{1}{\sqrt{g}}\frac{\partial}{\partial x^k}\left(\sqrt{g}\,g^{kr}\frac{\partial\Phi}{\partial x^r}\right)$$

로 주어진다.

참고문헌

1. 고정미 외 공저,《미분적분과 벡터해석》, 경문사, 2004.
2. 곽도영 외 4인 공저,《벡터미적분학》, 경문사, 1998.
3. 김남기 외 공역,《공업수학 1》, 학술정보, 2003.
4. 김진수 외 공저,《공업수학 I》, 영지문화사, 2006.
5. 이병무,《미분적분학의 이해와 응용(개정판)》, 교우사, 2007.
6. 이병무,《해석학》, 경문사, 2008.
7. 전재복, 김병학,《응용벡터해석학》, 경문사, 2002.
8. 황일 외 공역,《공업수학 1》, 교보문고, 2003.
9. Frank Ayres, Jr and Elliott Mendelson, *Differential and integral Calculus, 3rd ed.*, McGraw-Hill, Inc., 1990.
10. Harry F. Davis and Arthur David Steiner, *introduction to vector analysis, 5th ed.*, Allyn and Bacon, Inc., 1987.
11. J. E. Marsden and A. J. Tromba, *Vector Calculus*, Freeman, 1996.
12. Murray R. Spiegel, *Schaum's outline of theory and problem of Vector Analysis and an introduction to Tensor analysis*, McGraw-Hill Book Co., 1974.
13. Nicholas J. De Lillo, *Advanced Calculus with applications*, Macmillan Co., Inc., 1982.
14. Robert Ellis and Denny Gulick, *Calculus with Analytic Geometry, 5th ed.*, Saunders college publishing, 1996.
15. R. C. Buck and E. F. Buck, *Advanced Calculus, 3rd ed.*, McGraw-Hill, New York, 1978.
16. Watson Fulks, *Advanced Calculus, 3rd ed.*, John Wiley and Sons, Inc., 1981.

찾아보기

다양한 응용, 쉬운 설명 제3판

벡터해석의 이해와 응용

지은이 이병무
펴낸이 박문규
펴낸곳 경문사
펴낸날 2007년 9월 9일 1판 1쇄
2014년 3월 5일 3판 1쇄
등 록 1979년 11월 9일 제313-1979-23호
주 소 121-818, 서울특별시 마포구 와우산로 174
전 화 (02)332-2004 팩스 (02)336-5193
이메일 kyungmoon@kyungmoon.com

값 22,000원

ISBN 978-89-6105-793-6